中国科学院数学与系统科学研究院
中国科学院华罗庚数学重点实验室

# 数学所讲座 2015

席南华　张　晓　付保华　王友德　主编

科 学 出 版 社
北　京

## 内 容 简 介

中国科学院数学研究所一批中青年学者发起组织了数学所讲座，介绍现代数学的重要内容及其思想、方法，旨在开阔视野，增进交流，提高数学修养. 本书的文章系根据 2015 年数学所讲座 9 个报告的讲稿整理而成，按报告的时间顺序编排. 具体内容包括：三维复双有理几何、图论、双哈密顿系统与可积系统、二维共形量子场论、描述集合论、拓扑量子场论和几何不变量、图像恢复问题中的数学方法、湍流、表示论中的狄拉克上同调等.

本书可供数学专业的高年级本科生、研究生、教师和科研人员阅读参考，也可作为数学爱好者提高数学修养的学习读物.

**图书在版编目(CIP)数据**

数学所讲座 2015/席南华，张晓，付保华，王友德主编. —北京：科学出版社，2018. 1

ISBN 978-7-03-054615-9

Ⅰ. ①数… Ⅱ. ①席… Ⅲ. ①数学-普及读物 Ⅳ. ①O1-49

中国版本图书馆 CIP 数据核字（2017）第 238249 号

责任编辑：李 欣 赵彦超／责任校对：郭瑞芝
责任印制：徐晓晨／封面设计：王 浩

科学出版社出版
北京东黄城根北街 16 号
邮政编码：100717
http://www.sciencep.com
北京天宇星印刷厂印刷

科学出版社发行 各地新华书店经销
*
2018 年 1 月第 一 版 开本：720 × 1000 1/16
2025 年 2 月第三次印刷 印张：15 3/4 插页：1
字数：299 000

**定价：78.00 元**

# 序

学术交流对促进研究工作、培养人才有着十分重要的作用, 尤其对以学者个人思维为主要研究方式的数学研究, 作用更显突出. 国际上, 学术水平很高、人才辈出的研究机构与大学, 也总是学术交流活动 (Seminar, Colloquium, Workshop) 十分活跃的地方.

国内现代科学的发展已有百年历史, 学术交流也伴随着产生和发展. 近三十多年改革开放的进程, 大大加速了学术交流与科学的发展. 从数学学科来说, 许多研究机构与大学涉及专门领域的讲座或专题讨论班(Seminar) 一般进行得比较好, 对参加者尤其是青年学者帮助较大, 从而参加者的积极性也比较高. 然而综合性的讨论班 (Colloquium) 情况就有显著的不同, 听众常常感到完全听不懂, 没有什么收获, 不感兴趣. 综合讨论班进行得不理想, 原因可能是多方面的, 例如, 从大学到研究生阶段, 基础就打得比较专门与单一; 研究工作长期局限于自己的专业领域, 对其他方面缺少了解与兴趣; 演讲人讲得过于专业, 没有深入浅出的本领; 听讲人有实用主义的观点, 如果演讲内容与自己的研究工作没有联系, 报告对自己没有直接帮助, 就对演讲不感兴趣, 如此等等. 长期下去, 我们仅仅熟悉自己的研究领域, 对数学的全貌与日新月异的发展缺乏了解. 不同的领域之间, 相当隔膜, 甚至缺乏共同的语言.

这些情况, 与出高质量的研究成果和高水平人才的目标是难以符合的, 也难以形成国际上有吸引力与影响力的数学研究中心. 为此, 中国科学院数学研究所席南华院士与一批出色的中青年学者发起, 组织了数学所讲座, 正是一种适合我国当前情况的综合讨论班. 进行了近两年, 效果是很好的. 演讲人虽然都是各领域的专家, 却做了认真与精心的准备, 将该领域的主要思想、成果、方法, 用深入浅出、通俗易懂的方式介绍给大家. 听众从白发苍苍的老教授到许多中青年学者以及广大的博士后、研究生, 都十分踊跃参加, 普遍感到开拓了视野, 增进了交流, 使学术气氛更为浓郁.

现在, 演讲的学者花费了许多时间与精力, 将演讲正式整理成文, 由科学出版社出版, 这是对我国数学发展很有意义的工作. 认真阅读这些文章, 将使我们对数学的有关领域有扼要的了解, 对数学里的 “真” 与 “美” 有更多的感悟, 提高数学修养, 促进数学研究与人才培养工作.

杨　乐

2011 年 12 月 10 日

# 前　　言

“数学所讲座”始于 2010 年, 宗旨是介绍现代数学的重要内容及其思想、方法和影响, 扩展科研人员和研究生的视野, 提高数学修养和加强相互交流, 增强学术气氛. 那一年的 8 个报告整理成文后集成《数学所讲座 2010》, 杨乐先生作序, 于 2012 年由科学出版社出版发行. 2011 年和 2012 年数学所讲座 16 个报告整理成文后集成《数学所讲座 2011—2012》, 于 2014 年由科学出版社出版发行. 2013 年数学所讲座 8 个报告整理成文后集成《数学所讲座 2013》, 于 2015 年由科学出版社出版发行. 2014 年数学所讲座的 8 个报告中的 7 个整理成文后集成《数学所讲座 2014》于 2017 年由科学出版社出版发行. 这些文集均受到业内人士的欢迎. 这对报告人和编者都是很大的鼓励.

本书的文章系根据 2015 年数学所讲座的 9 个报告整理而成, 按报告的时间顺序编排. 如同前面的文集, 在整理过程中力求文章容易读, 平易近人, 流畅, 取舍得当. 文章要求数学上准确, 但对严格性的追求适度, 不以牺牲易读性和流畅为代价.

文章的选题, 也就是报告的主题, 有三维复双有理几何、图论、双哈密顿系统与可积系统、二维共形量子场论、描述集合论、拓扑量子场论和几何不变量、图像恢复问题中的数学方法、湍流、表示论中的狄拉克上同调等. 从题目可以看出, 数学所讲座的主题进一步扩展了, 包含与数学密切相关的力学, 在其他学科中数学的应用等. 数学的应用是极其广泛的, 其他学科不断产生很好的数学问题, 这些对数学的发展都是极其重要的推动力量. 报告内容的选取反映了作者对数学和应用的认识与偏好, 但有一点是共同的, 它们都是主流, 有其深刻性. 希望这些文章能对读者认识现代数学及其应用有益处.

编　者

2017 年 8 月

# 前言

# 目　　录

# 1 从形式化的终极奇点的组合律到复三维精细双有理几何

陈 猛[①]

## 1.1 问题的背景

本文根据作者在中国科学院数学与系统科学研究院的讲稿整理而成.

### 1.1.1 序言

设 $k$ 为任何一个特征为零的代数闭域. 射影代数簇, 即指射影空间 $\mathbb{P}_k^n$ (取 Zariski 拓扑, $n>0$) 中的一个不可约闭子集, 射影代数簇的任意开子集统称为代数簇 (algebraic variety). 双有理几何的根本任务是对 $k$ 上的代数簇集合进行双有理分类. 对任意两个代数簇, 它们相互双有理等价当且仅当它们的有理函数域 (作为 $k$ 上的域扩张) 相互同构. 因此双有理几何的本质是对 $k$ 上的有限生成扩域的集合作域扩张同构分类. 经典的双有理几何可追溯到射影代数曲线及射影代数曲面的分类, 其分类理论接近完美. 近几十年来, 高维双有理分类理论突飞猛进, 给现代双有理几何注入了更强劲的动力.

我们先从回顾代数曲线的分类开始. 设 $C$ 为一条光滑射影曲线, 记 $g$ 为其亏格. 我们知道光滑射影曲线的双有理等价与同构是同一件事, 因此曲线的分类最终归结为研究亏格为 $g$ 的曲线模空间 $\mathcal{M}_g$ 的结构 ($g\geqslant 0$) (读者可参阅《数学所讲座 2013》周坚教授撰写的 "代数曲线的模空间介绍"). 亏格为 0 的光滑代数曲线即为有理直线 $\mathbb{P}_k^1$; 亏格为 1 的曲线称为椭圆曲线, 所有椭圆曲线的同构类集合可以与仿射直线 $\mathbb{A}_k^1$ 上的点一一对应, 因此可简单地说椭圆曲线的模空间 $\mathcal{M}_1$ 是一维的; 亏格 $g\geqslant 2$ 的曲线为一般型曲线, 这类曲线从 "数量" 上看最多, 已知 $\dim\mathcal{M}_g=3g-3$, 研究 $\mathcal{M}_g$ 的结构至今仍是代数几何中极具挑战性的问题之一.

代数曲面的分类理论要比代数曲线的情形复杂得多. 早期的意大利学派对代数曲面的认识已经相当深入, 而现代代数曲面的理论很大程度上得益于小平邦彦 (Kodaira)、彭比埃理 (Bombieri) 和曼福德 (Mumford) 等著名数学家的推动性工作. 华人数学家对代数曲面的发展有重要贡献, 例如, 丘成桐的陈类不等式 $3c_2-c_1^2\geqslant 0$ 或 $K^2\leqslant 9\chi(\mathcal{O})$ (代数几何领域常称之为 "宫冈–丘" 不等式) 和肖刚对于代数曲面

① 复旦大学数学科学学院, 邮编: 200433, mchen@fudan.edu.cn

的“地理学”与曲面自同构群的研究工作. 稍稍地专业化一点, 我们来看看代数曲面的分类不变量. 设 $S$ 为一个光滑 (相对) 极小代数曲面, 记 $\mathrm{vol}(S)=K_S^2$ (典范体积), $p_g(S)=h^0(S,K_S)$ (几何亏格), $q(S)=h^1(\mathcal{O}_S)$ (不规则性), $\chi(\mathcal{O}_S)=1-q(S)+p_g(S)$, 这里 $K_S$ 表示 $S$ 的典范除子. 按照小平邦彦维数 $\kappa(S)$ 的取值: $-\infty$, 0, 1 及 2, 代数曲面可分为四大类, 其双有理结构大致如下:

(1) $\kappa=-\infty$. $S$ 同构于有理曲面 $\mathbb{P}_k^2$ ($p_g=q=0$, $K_S^2=9$) 或一条光滑曲线 $C$ 上的直纹面 ($p_g=0$, $q=g(C)$, $K_S^2=8\chi(\mathcal{O}_S)$).

(2) $\kappa=0$. $K_S^2=0$ 且 $S$ 同构于下列四种曲面之一:

(i) $K3$ 曲面. 此类曲面单连通且 $K\sim_{\mathrm{lin}}0$ ($p_g=1$, $q=0$).

(ii) 阿贝尔 (Abelian) 曲面 ($p_g=1$, $q=2$, $K\sim_{\mathrm{num}}0$).

(iii) 恩里克 (Enriques) 曲面 ($p_g=q=0$, $2K\sim_{\mathrm{lin}}0$).

(iv) 双椭圆 (bi-elliptic) 曲面. 此类曲面为两条椭圆曲线的积在有限群作用下的商 ($p_g=0$, $q=1$).

(3) $\kappa=1$. $S$ 为椭圆曲面 ($K_S^2=0$, $\chi(\mathcal{O}_S)\geqslant 0$). 此类曲面自然具有到一条光滑曲线 $C$ 上的椭圆纤维化结构. 小平邦彦早在 20 世纪 70 年代就对椭圆纤维化的奇异纤维作出了完整分类.

(4) $\kappa=2$. $S$ 为一般型曲面 ($K_S^2>0$, $\chi(\mathcal{O}_S)>0$). 曲面“地理学”表明:

$$2\chi(\mathcal{O}_S)-6\leqslant K_S^2\leqslant 9\chi(\mathcal{O}_S)$$

(左为诺特不等式, 右为宫冈–丘不等式); 曲面“生物学” (Gieseker 定理) 表明: 满足 $K^2=a>0$, $\chi(\mathcal{O})=b>0$ ($a,b$ 满足上面两个不等式) 的一般型曲面的模空间 $\mathcal{M}_{a,b}$ 是一个拟射影代数簇. 此外, 彭比埃理完整地研究了多典范映射 $\Phi_{|mK_S|}$ 的性状 (见 [3]); 肖刚估计出了一般型曲面的自同构群的最佳上界 (见 [24], [25]).

代数曲面理论中针对这四大类曲面的分类工作细致而全面, 有兴趣的读者可参阅有关文献 (如 [1] 等). 代数曲面的研究至今依然活跃, 代数曲面理论中还有不少很基本的问题都没有答案.

### 1.1.2 高维双有理几何概述

纵观代数曲面的研究史, 其核心理论无外乎三个方面: 极小模型理论、多典范线性系统 $|mK|$ ($m\in\mathbb{Z}$) 的几何、模空间 $\mathcal{M}_{a,b}$ 的性质研究 (或曲面的形变分类). 上述三个理论的先后建立和相互渗透才使得人们对代数曲面的理解逐步深入. 著名的 Castelnuovo 定理告诉我们: 一个光滑射影代数曲面为 (相对) 极小曲面的充要条件是它不含自相交数为 $-1$ 的有理曲线 (简称为 $(-1)$-曲线), 人们自然猜测这样的判别法在高维也有对应法则, 但很多年的尝试均无实质进展, 事实上, 三维以

上的双有理几何与曲面情形有很大差别.

比较早的系统地研究高维双有理几何的数学家至少包括上野健尔 (Kenji Ueno) (见 [22]), 而实质性地开启现代高维双有理几何研究的数学家应该是 Miles Reid, 他于 1980 年发表的著名论文*Canonical 3-folds*[18] 揭示了高维簇的极小模型上应该带有 "典范奇点"(canonical singularities), 这也是高维双有理几何理论远较曲线、曲面理论复杂的关键所在. 从今天的眼光看, Reid 的这篇论文简直就是现代双有理几何的奠基石! 几乎与 Reid 同时, 日本数学家森重文 (Shigefumi Mori) 于 1982 年在《数学年刊》(*Annals of Mathematics*) 上发表了他的著名论文 [16], 论文大致结论为: 从一个非极小的光滑射影三维簇可以实施五大类双有理收缩态射 (收缩一些有理曲线), 其中两类目标簇是光滑的, 而另三类目标簇可能带有终极奇点 (terminal singularities). 森重文的论文的重要贡献是他发明了 "锥理论" 来实施收缩, 人们从此找到了 "双有理收缩" 的代数几何机理, "极小模型" 也有了 "数值" 意义上的定义, 即典范除子 $K$ 的数值有效 (numerically effective 或 nef ) 性质可以用来定义极小性. 在森重文的开创性工作之后, 川又 (Kawamata)、Reid、Kollár、Shokurov 和森重文等著名代数几何学家的连贯性工作使得三维代数簇的极小模型理论 (minimal model program) 在 1988 年前后被成功地建立起来, 森重文在 1990 年获得菲尔兹奖.

21 世纪初文献 [2] 和 [8] 所证明的对数一般型簇的极小模型存在性结果预示着双有理几何的崭新生命力, 可以预见双有理几何今后几年的发展必将呈现其繁荣和深入. 因四维以上的高维簇不是本讲座的主要内容, 所以我们还是将主要精力集中于介绍三维簇上的精细 (explicit) 双有理几何.

### 1.1.3 三维代数簇的精细分类问题

在三维簇的极小模型理论建立之后, 分类理论的重点自然应放在极小三维簇的精细结构研究上. 但研究现状是: 三维簇的例子不多、双有理不变量的计算很困难、典范体积不是整数、第二陈不变量 $c_2$ 不易被理解甚至一般情形下的现有定义未必合理等. 这里我们仍然挑选与本课题相关的问题作些介绍, 无意面面俱到.

**定义 1.1.1** 设 $X$ 为一个正规 (normal) 簇, $K_X$ 为其典范除子. 如果 $X$ 满足下列两个条件:

(1) 存在一个正整数 $r$ 使得 $rK_X$ 为 Cartier 除子;

(2) 存在一个奇点解消 $\pi : Y \to X$ 使得

$$rK_Y = \pi^*(rK_X) + \sum_j a_j E_j$$

且所有 $a_j \geqslant 0$ (相应地, $a_j > 0$), 这里 $\sum\limits_j$ 跑遍 $\pi$ 的所有例外除子 $\{E_j\}$, 则称 $X$ 仅带有典范奇点 (相应地, 终极奇点).

**定义 1.1.2** (1) 一个簇称为是有理因子的 ($\mathbb{Q}$-factorial), 如果其上每个 Weil 除子的某个正整数倍是 Cartier 除子.

(2) 一个射影簇 $X$ 称为极小的 (minimal), 如果它仅带有终极奇点、有理因子的且 $K_X$ 是数值有效的 (即对 $X$ 上的任意一条曲线 $C$, $(K_X \cdot C) \geqslant 0$).

(3) 一个射影簇 $X$ 称为 (弱) 有理法诺 (Fano) 簇, 如果它仅带有终极奇点、有理因子的且 $-K_X$ 为 (数值有效) 丰富的 (ample).

**定义 1.1.3** (1) 对于一个正整数 $n$, 设 $\mathbb{V}_n = \{n$ 维一般型光滑射影簇 $\}$. $\forall\ X \in \mathbb{V}_n$, 定义典范体积

$$\mathrm{vol}(X) \triangleq \limsup_{m>0} \frac{n!h^0(mK_X)}{m^n}.$$

(2) 定义典范稳定性指数

$$r_s(X) \triangleq \min\{k > 0 | \Phi_{m,X} \text{ 为双有理映射}, \forall\ m \geqslant k\},$$

这里 $\Phi_{m,X}$ 是 $X$ 的 $m$-典范映射. 定义

$$v_n = \inf\{\mathrm{vol}(X) | X \in \mathbb{V}_n\};$$

$$r_n = \max\{r_s(X) | X \in \mathbb{V}_n\}.$$

我们称 $r_n$ 为第 $n$ 个典范稳定性指数.

**公开问题 1.1.4** (见 Kollár-Mori [15, 7.74], Hacon-McKernan [11, Problem, 1.5, Question 1.6 ]) $v_n$ 和 $r_n$ 的值各为多少?

根据代数曲线理论, 我们知道 $v_1 = 2$ 且 $r_1 = 3$. 著名数学家彭比埃理证明了 $r_2 = 5$, 此外 $v_2 = 1$ 是平凡事实. 本文作者与其合作者的工作 [6]—[8] 表明 $v_3 \geqslant \frac{1}{1680}$ 且 $r_3 \leqslant 61$. 当 $n \geqslant 3$ 时, 文献 [11] 中证明了 $v_n > 0$ 且 $r_n < +\infty$. 最近, 本文作者在文献 [10] 证明了 $r_3 \leqslant 57$.

本文的目的是从上述问题的一个侧面介绍我们如何运用奇点的组合性质来撬开估算 $v_3$ 和 $r_3$ 的大门. 值得强调的是, 公开问题 1.1.4 是高维精细双有理几何的根本问题, 它的解决甚至可以影响高维双有理几何的发展方向.

## 1.2 奇点篮及其组合数学

### 1.2.1 三维终极奇点

按照森重文[17] 的分类, 三维终极奇点有两类: (I) 终极商奇点; (II) 非商型终

极奇点. 类型 (II) 奇点的分类要复杂很多, 但我们的研究可以不受 (II) 型奇点的具体形态所影响.

任何一个 (I) 型终极奇点形如 $\frac{1}{r}(1,-1,b)$, 它即指解析同构于 $(\mathbb{C}^3,O)$ 在循环群 $\mu_r$ 的下列作用下的商 $\mathbb{C}^3/\mu_r$:

$$\varepsilon(x,y,z)=(\varepsilon x,\varepsilon^{-1}y,\varepsilon^b z),$$

这里 $\varepsilon\in\mu_r$ 是一个生成元, $r$ 是一个正整数, $b$ 与 $r$ 互素且 $0<b<r$.

### 1.2.2 Reid 的奇点篮及黎曼 - 洛克公式

对两个正整数 $b<r$ 且 $b$ 与 $r$ 互素, 以 “$(b,r)$” 表示一个终极奇点. 一个奇点篮 (basket) $B$ 是指有限个 (I) 型终极奇点 (允许相同) 的组合, 通常可记为

$$B\triangleq\{n_i\times(b_i,r_i)|i\in J,\ n_i\in\mathbb{Z}^+\},$$

这里 $n_i$ 表示权数或重数.

Reid [18, Page 143] 得到了下列类型的黎曼–洛克公式: 对任意带有典范奇点的三维簇 $X$, 存在一个奇点篮

$$B_X=\{(b_1,r_1),\cdots,(b_s,r_s)\}$$

使得对任意正整数 $m>1$,

$$\chi(X,\mathcal{O}_X(mK_X))=\frac{1}{12}m(m-1)(2m-1)K_X^3-(2m-1)\chi(\mathcal{O}_X)+l(m), \tag{1.2.1}$$

其中

$$l(m)=\sum_{i=1}^{s}\sum_{j=1}^{m}\frac{\overline{jb_i}(r_i-\overline{jb_i})}{2r_i}.$$

解决公开问题 1.1.4 的关键在于对 Reid 的上述公式实施有效计算, 这正是本文从现在起将要介绍的核心内容.

### 1.2.3 组合意义下的终极奇点

对两个正整数 $b<r$ (它们不一定互素), 我们仍以 “$(b,r)$” 表示一个形式上的终极奇点. 一个形式奇点篮是指有限个形式化终极奇点 (可以相同) 的组合, 通常可记为

$$B\triangleq\{n_i\times(b_i,r_i)|i\in J,\ n_i\in\mathbb{Z}^+\},$$

这里 $n_i$ 表示权数或重数. 对两个奇点篮 $B_1=\{n_i\times(b_i,r_i)\}$ 和 $B_2=\{m_i\times(b_i,r_i)\}$, 我们定义篮的 “叠加”:

$$B_1\cup B_2\triangleq\{(n_i+m_i)\times(b_i,r_i)\}.$$

对于一个终极奇点 $(b,r)$, 如果 $b \leqslant \dfrac{r}{2}$ 且 $n$ 是正整数. 记 $\delta \triangleq \left\lfloor \dfrac{bn}{r} \right\rfloor$. 则 $\dfrac{\delta+1}{n} > \dfrac{b}{r} \geqslant \dfrac{\delta}{n}$. 定义

$$\Delta^n(b,r) \triangleq \delta bn - \frac{(\delta^2+\delta)}{2}r. \tag{1.2.2}$$

我们可以看出 $\Delta^n(b,r)$ 是一个非负整数. 对一个形式化奇点篮 $B=\{(b_i,r_i)\}_{i\in I}$ 和一个正整数 $n$, 我们定义 $\Delta^n(B) \triangleq \sum\limits_{i\in I}\Delta^n(b_i,r_i)$. 由定义可知, $\Delta^2(B)=0$. 又直接计算可得

$$\frac{\overline{jb_i}(r_i-\overline{jb_i})}{2r_i} - \frac{jb_i(r_i-jb_i)}{2r_i} = \Delta^j(b_i,r_i),$$

对任意 $j>0$ 和 $i\in I$ 成立. 定义

$$\sigma(B) \triangleq \sum_{i\in I} b_i \quad 以及 \quad \sigma'(B) \triangleq \sum_{i\in I}\frac{b_i^2}{r_i}. \tag{1.2.3}$$

给定奇点篮 $B=\{(b_1,r_1),(b_2,r_2),\cdots,(b_k,r_k)\}$, 称

$$B' \triangleq \{(b_1+b_2,r_1+r_2),(b_3,r_3),\cdots,(b_k,r_k)\}$$

是 $B$ 的挤压篮 (packing basket), 挤压关系记为 $B \succ B'$, 而记号 $B \succcurlyeq B'$ 表示 $B \succ B'$ 或者 $B = B'$. 如果 $b_1r_2 - b_2r_1 = 1$, 称 $B \succ B'$ 是一个基本挤压. 总之, "$\succeq$" 给出奇点篮集合上的一个偏序关系.

**引理 1.2.1** (参见 [6, 引理 2.8]) 设 $B \succeq B'$ 是奇点篮之间的一个挤压, 则

(1) 对所有 $n \geqslant 2$, $\Delta^n(B) \geqslant \Delta^n(B')$;

(2) 结论 (1) 中等号成立当且仅当 $\dfrac{b_1}{r_1}$ 和 $\dfrac{b_2}{r_2}$ 同时落在某个闭区间 $\left[\dfrac{\delta}{n},\dfrac{\delta+1}{n}\right]$ 上, 这里 $\delta$ 是一个非负整数;

(3) $\sigma(B')=\sigma(B)$ 且$\sigma'(B)=\sigma'(B')+\dfrac{(r_1b_2-r_2b_1)^2}{r_1r_2(r_1+r_2)} \geqslant \sigma'(B')$. 因此仅当 $\dfrac{b_1}{r_1}=\dfrac{b_2}{r_2}$ 时, 等号才能成立.

**推论 1.2.2** (参见 [6, 推论 2.9]) 对整数 $m>1$, $B=\left\{m\times(b,r) \,\middle|\, b\leqslant \dfrac{r}{2}, b 与 r 互素\right\}$ 和 $B'=\{(mb,mr)\}$, 则

(i) $\sigma(B')=\sigma(B)$, $\sigma'(B')=\sigma'(B)$;

(ii) 对于任意 $n>0$, $\Delta^n(B')=\Delta^n(B)$.

**引理 1.2.3** (参见 [6, 引理 2.11]) 如果 $B=\{(b_1,r_1),(b_2,r_2)\}\succ\{(b_1+b_2,r_1+r_2)\}=B'$ 是一个基本挤压, 即 $b_1r_2-b_2r_1=1$, 那么

$$\Delta^{r_1+r_2}(b_1+b_2,r_1+r_2)=\Delta^{r_1+r_2}(b_1,r_1)+\Delta^{r_1+r_2}(b_2,r_2)-1.$$

### 1.2.4 奇点篮的典范序列

给定奇点篮 $B=\left\{(b_j,r_j)\,\middle|\, b_j\text{与}r_j\text{ 互素}, b_j\leqslant\frac{r_j}{2}\right\}_{j\in J}$, 我们来定义它的典范序列: $\{\mathscr{B}^{(n)}(B)\}$, 这里 $\mathscr{B}^{(n)}(\cdot)$ 是一个算子.

取集合 $S^{(0)}\triangleq\left\{\frac{1}{n}\right\}_{n\geqslant 2}$. 对任意单个奇点 $B_j=(b_j,r_j)\in B$, 我们可以找到唯一的整数 $n>0$ 使得 $\frac{1}{n}>\frac{b_j}{r_j}\geqslant\frac{1}{n+1}$. 则奇点 $(b_j,r_j)$ 可看作为 $B_j^{(0)}\triangleq\{(nb_j+b_j-r_j)\times(1,n),(r_j-nb_j)\times(1,n+1)\}$ 经过一系列挤压得到的. 将 $B_j^{(0)}$ 加起来, 得到 $\mathscr{B}^{(0)}(B)=\{n_{1,2}\times(1,2),n_{1,3}\times(1,3),\cdots,n_{1,r}\times(1,r)\}$, 称为 $B$ 的初始篮. 显然, $\mathscr{B}^{(0)}(B)\succcurlyeq B$. 这样定义出的奇点篮 $\mathscr{B}^{(0)}(B)$ 是由 $B$ 唯一确定的.

考虑集合 $S^{(4)}=S^{(3)}=S^{(2)}=S^{(1)}=S^{(0)}$ 和

$$S^{(5)}\triangleq S^{(0)}\bigcup\left\{\frac{2}{5}\right\},$$

甚至一般地, $S^{(n)}=S^{(n-1)}\bigcup\left\{\frac{i}{n}\right\}_{i=2,\cdots,\lfloor\frac{n}{2}\rfloor}$. 对 $S^{(n)}$ 中的元素由小到大排序, 记 $S^{(n)}=\{w_i^{(n)}\}_{i\in I}$, 使对所有 $i$, $w_i^{(n)}>w_{i+1}^{(n)}$, 则我们看到 $\left(0,\frac{1}{2}\right]=\bigcup_i[w_{i+1}^{(n)},w_i^{(n)}]$. 实际上, $w_i^{(n)}=\frac{q_i}{p_i}$, 这里 $p_i$ 与 $q_i$ 互素且 $p_i\leqslant n$; 否则, 对某 $m>n$, $w_i^{(n)}=\frac{1}{m}$.

对上述区间 $[w_{i+1}^{(n)},w_i^{(n)}]=\left[\frac{q_1}{p_1},\frac{q_2}{p_2}\right]$ 的端点, 不难证明: $p_1q_2-p_2q_1=1$.

现在对 $B_i=(b_i,r_i)\in B$, 如果 $\frac{b_i}{r_i}\in S^{(n)}$, 那么定义 $B_i^{(n)}\triangleq\{(b_i,r_i)\}$. 如果 $\frac{b_i}{r_i}\notin S^{(n)}$, 则对于源于 $S^{(n)}$ 的某个区间 $\left[\frac{q_1}{p_1},\frac{q_2}{p_2}\right]$, $\frac{q_1}{p_1}<\frac{b_i}{r_i}<\frac{q_2}{p_2}$. 此时, 可以将 $(b_i,r_i)$ 解压 (unpacking) 为 $B_i^{(n)}\triangleq\{(r_iq_2-b_ip_2)\times(q_1,p_1),(-r_iq_1+b_ip_1)\times(q_2,p_2)\}$. 将 $B_i^{(n)}$ 相加, 我们得到新的奇点篮 $\mathscr{B}^{(n)}(B)$. 根据构造可知, $\mathscr{B}^{(n)}(B)$ 是唯一确定的而且对所有 $n$, $\mathscr{B}^{(n)}(B)\succcurlyeq B$.

**引理 1.2.4** (参见 [6, Claim B]) 对所有 $n\geqslant 1$,

$$\mathscr{B}^{(n-1)}(B)=\mathscr{B}^{(n-1)}(\mathscr{B}^{(n)}(B))\succcurlyeq\mathscr{B}^{(n)}(B).$$

根据上述引理, 我们就得到下列序列:

$$\mathscr{B}^{(0)}(B)=\cdots=\mathscr{B}^{(4)}(B)\succcurlyeq\mathscr{B}^{(5)}(B)\succcurlyeq\cdots\succcurlyeq\mathscr{B}^{(n)}(B)\succcurlyeq\cdots\succcurlyeq B. \tag{1.2.4}$$

由定义可知, 对 $m\gg 0$, $B=\mathscr{B}^{(m)}(B)$. 序列 $\{\mathscr{B}^{(n)}(B)\}$ 称为 $B$ 的典范序列. 此外, 引理 1.2.4 的直接推论为: 对所有 $i\leqslant j$,

$$\mathscr{B}^{(i)}(\mathscr{B}^{(j)}(B))=\mathscr{B}^{(i)}(B). \tag{1.2.5}$$

### 1.2.5 基本挤压数 $\varepsilon_n(B)$ 的计算

现在我们考虑典范序列中的每一个步骤$\mathscr{B}^{(n-1)}(B)\succeq\mathscr{B}^{(n)}(B)$. 对 $w\in S^{(n)}$, 设 $\dfrac{b}{r}=w$ 且 $b$ 与 $r$ 互素, 记 $m(w)$ 为奇点 $(b,r)$ 在 $\mathscr{B}^{(n)}(B)$ 中出现的次数. 则可记 $\mathscr{B}^{(n)}(B)=\{m(w)\times(b,r)\}_{w=\frac{b}{r}\in S^{(n)}}$.

假设 $S^{(n)}-S^{(n-1)}=\left\{\dfrac{j_s}{n}\right\}_{s=1,\cdots,t}$. 对某 $i_s$, 有 $w_{i_s}^{(n-1)}=\dfrac{q_{i_s}}{p_{i_s}}>\dfrac{j_s}{n}>w_{i_s+1}^{(n-1)}=\dfrac{q_{i_s+1}}{p_{i_s+1}}$. 由于已经知道 $j_s=q_{i_s}+q_{i_s+1}$, $n=p_{i_s}+p_{i_s+1}$ 且 $\mathscr{B}^{(n-1)}(B)=\mathscr{B}^{(n-1)}(\mathscr{B}^{(n)}(B))$, 有

$$\mathscr{B}^{(n)}(B)=\{m(w)\times(b,r)\}_{w=\frac{b}{r}\in S^{(n-1)}}\cup\left\{m\left(\frac{j_s}{n}\right)\times(j_s,n)\right\}_{\frac{j_s}{n}}.$$

因此

$$\begin{aligned}\mathscr{B}^{(n-1)}(B)=&\{m(w)\times(b,r)\}_{w=\frac{b}{r}\in S^{(n-1)}}\\&\cup\left\{m\left(\frac{j_s}{n}\right)\times(q_{i_s},p_{i_s}),\ m\left(\frac{j_s}{n}\right)\times(q_{i_s+1},p_{i_s+1})\right\}_{\frac{j_s}{n}}.\end{aligned}$$

定义 $\varepsilon_n(B)=\sum_{s=1}^{t}m\left(\dfrac{j_s}{n}\right)$ 为满足 $\dfrac{j_s}{n}\in S^{(n)}-S^{(n-1)}$ 的奇点 $(j_s,n)$ 的个数. 换句话说, $\varepsilon_n(B)$ 计量包含于 $\mathscr{B}^{(n)}(B)$ 且满足 $j_s>1$ 和 $j_s$ 与 $n$ 互素的奇点 $\{(j_s,n)\}$ 的个数. 根据上述分析, 我们得出这样的结论: $\mathscr{B}^{(n-1)}(B)\succcurlyeq\mathscr{B}^{(n)}(B)$ 由 $\varepsilon_n(B)$ 个水平为 $n$ 的基本挤压组成.

在不致引起记号混淆的前提下, 今后将 $\mathscr{B}^{(n)}(B)$ 简记为 $B^{(n)}$.

**引理 1.2.5** (参见 [6, 引理 2.16]) 对典范序列 $\{B^{(n)}\}$, 下列结论正确:

(i) 对 $j=3,4$, $\Delta^j(B^{(0)})=\Delta^j(B)$;

(ii) 对 $j<n$, $\Delta^j(B^{(n-1)})=\Delta^j(B^{(n)})$;

(iii) $\Delta^n(B^{(n-1)})=\Delta^n(B^{(n)})+\varepsilon_n(B)$;

(iv) $\Delta^n(B^{(n)})=\Delta^n(B)$.

## 1.3 加权奇点篮的计算公式和关键不等式

### 1.3.1 加权奇点篮与不变量

**定义 1.3.1** 设 $B$ 为奇点篮, $\tilde{\chi}$ 和 $\tilde{\chi}_2$ 为整数. 我们称三元组 $\mathbb{B} \triangleq (B, \tilde{\chi}, \tilde{\chi}_2)$ 为一个加权奇点篮 (weighted basket).

我们来定义加权奇点篮的不变量：体积和欧拉特征标. 首先约定:

$$\begin{cases} \chi_2(\mathbb{B}) \triangleq \tilde{\chi}_2, \\ \chi_3(\mathbb{B}) \triangleq -\sigma(B) + 10\tilde{\chi} + 5\tilde{\chi}_2, \end{cases}$$

然后定义

$$\begin{aligned} K^3(\mathbb{B}) &\triangleq \sigma'(B) - 4\tilde{\chi} - 3\tilde{\chi}_2 + \chi_3(\mathbb{B}) \\ &= -\sigma + \sigma' + 6\tilde{\chi} + 2\tilde{\chi}_2. \end{aligned}$$

对于 $m \geqslant 4$, 欧拉特征标 $\chi_m(\mathbb{B})$ 定义为

$$\chi_{m+1}(\mathbb{B}) - \chi_m(\mathbb{B}) \triangleq \frac{m^2}{2}(K^3(\mathbb{B}) - \sigma'(B)) + \frac{m}{2}\sigma(B) - 2\tilde{\chi} + \Delta^m(B).$$

由于 $K^3(\mathbb{B}) - \sigma'(B) = -4\tilde{\chi} - 3\tilde{\chi}_2 + \chi_3(\mathbb{B})$ 与 $\sigma = 10\tilde{\chi} + 5\tilde{\chi}_2 - \chi_3(\mathbb{B})$ 具有相同的奇偶性, 故每个 $\chi_m(\mathbb{B})$ 都是整数.

### 1.3.2 加权奇点篮的挤压偏序及其性质

**定义 1.3.2** 设 $\mathbb{B} \triangleq (B, \tilde{\chi}, \tilde{\chi}_2)$ 和 $\mathbb{B}' \triangleq (B', \tilde{\chi}, \tilde{\chi}_2)$ 为两个加权奇点篮.

(1) 如果 $B \succeq B'$, 那么我们称 $\mathbb{B}'$ 是 $\mathbb{B}$ 的挤压篮, 记为 $\mathbb{B} \succeq \mathbb{B}'$. 显然, “$\succeq$” 给出加权奇点篮几何上的一个偏序关系.

(2) 如果体积 $K^3(\mathbb{B}) > 0$, 则称加权奇点篮 $\mathbb{B}$ 为正体积篮.

(3) 加权奇点篮 $\mathbb{B}$ 称为极小正的是指它既是正篮且又在挤压偏序下为极小.

**引理 1.3.1**(参见 [6, 引理 3.6]) 假设 $\mathbb{B} \triangleq (B, \tilde{\chi}, \tilde{\chi}_2) \succeq \mathbb{B}' \triangleq (B', \tilde{\chi}, \tilde{\chi}_2)$. 则

(1) $K^3(\mathbb{B}) \geqslant K^3(\mathbb{B}')$;

(2) 对任意 $m \geqslant 2$, $\chi_m(\mathbb{B}) \geqslant \chi_m(\mathbb{B}')$.

### 1.3.3 加权奇点篮的典范序列

对于给定加权奇点篮 $\mathbb{B} \triangleq (B, \tilde{\chi}, \tilde{\chi}_2)$, 由于 $B$ 有其典范序列 $\{B^{(n)}\}$, 如果定义 $\mathbb{B}^{(n)} \triangleq (B^{(n)}, \tilde{\chi}, \tilde{\chi}_2)$, 则我们自然得到加权奇点篮的典范序列:

$$\mathbb{B}^{(0)} = \cdots = \mathbb{B}^{(4)} \succcurlyeq \mathbb{B}^{(5)} \succcurlyeq \cdots \succcurlyeq \mathbb{B}^{(n)} \succcurlyeq \cdots \succcurlyeq \mathbb{B}. \tag{1.3.1}$$

### 1.3.4　用欧拉特征标表示奇点篮

我们这里的所有公式引自作者和其合作者陈荣凯的合作论文 [6, Subsection 3.4]. 将 $K^3(\mathbb{B})$ 和 $\chi_m(\mathbb{B})$ 简记为 $\tilde{K}^3$ 和 $\tilde{\chi}_m$. 首先, 由定义可知:

$$
\begin{aligned}
\tau \triangleq \sigma' - \tilde{K}^3 &= 4\tilde{\chi} + 3\tilde{\chi}_2 - \tilde{\chi}_3,\\
\sigma &= 10\tilde{\chi} + 5\tilde{\chi}_2 - \tilde{\chi}_3,\\
\Delta^3 &= 5\tilde{\chi} + 6\tilde{\chi}_2 - 4\tilde{\chi}_3 + \tilde{\chi}_4,\\
\Delta^4 &= 14\tilde{\chi} + 14\tilde{\chi}_2 - 6\tilde{\chi}_3 - \tilde{\chi}_4 + \tilde{\chi}_5,\\
\Delta^5 &= 27\tilde{\chi} + 25\tilde{\chi}_2 - 10\tilde{\chi}_3 - \tilde{\chi}_5 + \tilde{\chi}_6,\\
\Delta^6 &= 44\tilde{\chi} + 39\tilde{\chi}_2 - 15\tilde{\chi}_3 - \tilde{\chi}_6 + \tilde{\chi}_7,\\
\Delta^7 &= 65\tilde{\chi} + 56\tilde{\chi}_2 - 21\tilde{\chi}_3 - \tilde{\chi}_7 + \tilde{\chi}_8,\\
\Delta^8 &= 90\tilde{\chi} + 76\tilde{\chi}_2 - 28\tilde{\chi}_3 - \tilde{\chi}_8 + \tilde{\chi}_9,\\
\Delta^9 &= 119\tilde{\chi} + 99\tilde{\chi}_2 - 36\tilde{\chi}_3 - \tilde{\chi}_9 + \tilde{\chi}_{10},\\
\Delta^{10} &= 152\tilde{\chi} + 125\tilde{\chi}_2 - 45\tilde{\chi}_3 - \tilde{\chi}_{10} + \tilde{\chi}_{11},\\
\Delta^{11} &= 189\tilde{\chi} + 154\tilde{\chi}_2 - 55\tilde{\chi}_3 - \tilde{\chi}_{11} + \tilde{\chi}_{12},\\
\Delta^{12} &= 230\tilde{\chi} + 186\tilde{\chi}_2 - 66\tilde{\chi}_3 - \tilde{\chi}_{12} + \tilde{\chi}_{13}.
\end{aligned}
$$

回忆一下, 用 $B^{(0)} = \{n_{1,2}^0 \times (1,2), \cdots, n_{1,r}^0 \times (1,r)\}$ 表示 $B$ 的初始篮. 由引理 1.2.5 和 $\sigma(B)$ 的定义得

$$
\begin{aligned}
\sigma(B) &= \sigma(B^{(0)}) = \sum n_{1,r}^0,\\
\Delta^3(B) &= \Delta^3(B^{(0)}) = n_{1,2}^0,\\
\Delta^4(B) &= \Delta^4(B^{(0)}) = 2n_{1,2}^0 + n_{1,3}^0,
\end{aligned}
$$

因此初始篮具有下列系数:

$$
B^{(0)} = \begin{cases}
n_{1,2}^0 = 5\tilde{\chi} + 6\tilde{\chi}_2 - 4\tilde{\chi}_3 + \tilde{\chi}_4,\\
n_{1,3}^0 = 4\tilde{\chi} + 2\tilde{\chi}_2 + 2\tilde{\chi}_3 - 3\tilde{\chi}_4 + \tilde{\chi}_5,\\
n_{1,4}^0 = \tilde{\chi} - 3\tilde{\chi}_2 + \tilde{\chi}_3 + 2\tilde{\chi}_4 - \tilde{\chi}_5 - \sum_{r\geqslant 5} n_{1,r}^0,\\
n_{1,r}^0, \quad r \geqslant 5.
\end{cases}
$$

再用引理 1.2.5, 有

$$
\begin{aligned}
\varepsilon_5 \triangleq \Delta^5(B^{(0)}) - \Delta^5(B) &= 4n_{1,2}^0 + 2n_{1,3}^0 + n_{1,4}^0 - \Delta^5(B)\\
&= 2\tilde{\chi} - \tilde{\chi}_3 + 2\tilde{\chi}_5 - \tilde{\chi}_6 - \sigma_5.
\end{aligned}
$$

这里,

$$
\sigma_5 \triangleq \sum_{r\geqslant 5} n_{1,r}^0.
$$

我们可记

$$B^{(5)}=\{n_{1,2}^5\times(1,2),n_{2,5}^5\times(2,5),n_{1,3}^5\times(1,3),n_{1,4}^5\times(1,4),n_{1,5}^5\times(1,5),\cdots\},\quad(1.3.2)$$

而且

$$B^{(5)}\begin{cases}n_{1,2}^5=3\tilde{\chi}+6\tilde{\chi}_2-3\tilde{\chi}_3+\tilde{\chi}_4-2\tilde{\chi}_5+\tilde{\chi}_6+\sigma_5,\\ n_{2,5}^5=2\tilde{\chi}-\tilde{\chi}_3+2\tilde{\chi}_5-\tilde{\chi}_6-\sigma_5,\\ n_{1,3}^5=2\tilde{\chi}+2\tilde{\chi}_2+3\tilde{\chi}_3-3\tilde{\chi}_4-\tilde{\chi}_5+\tilde{\chi}_6+\sigma_5,\\ n_{1,4}^5=\tilde{\chi}-3\tilde{\chi}_2+\tilde{\chi}_3+2\tilde{\chi}_4-\tilde{\chi}_5-\sigma_5,\\ n_{1,r}^5=n_{1,r}^0,\quad r\geqslant 5,\end{cases}$$

由构造可知 $B^{(5)}=B^{(6)}$. 因此我们有 $\Delta^6(B^{(5)})=\Delta^6(B^{(6)})=\Delta^6(B)$. 由计算得

$$\begin{aligned}\Delta^6(B^{(5)})&=6n_{1,2}^5+9n_{2,5}^5+3n_{1,3}^5+2n_{1,4}^5+n_{1,5}^5\\&=44\tilde{\chi}+36\tilde{\chi}_2-16\tilde{\chi}_3+\tilde{\chi}_4+\tilde{\chi}_5-\varepsilon,\end{aligned}$$

这里

$$\varepsilon\triangleq n_{1,5}^0+2\sum_{r\geqslant 6}n_{1,r}^0=2\sigma_5-n_{1,5}^0\geqslant 0.$$

比较前面的几个式子, 有

$$\varepsilon_6=-3\tilde{\chi}_2-\tilde{\chi}_3+\tilde{\chi}_4+\tilde{\chi}_5+\tilde{\chi}_6-\tilde{\chi}_7-\varepsilon=0,\quad(1.3.3)$$

然后我们可作类似的计算并得

$$\begin{aligned}\varepsilon_7&\triangleq\Delta^7(B^{(6)})-\Delta^7(B)=\Delta^7(B^{(5)})-\Delta^7(B)\\&=9n_{1,2}^5+13n_{2,5}^5+5n_{1,3}^5+3n_{1,4}^5+2n_{1,5}^5+n_{1,6}^5-\Delta^7(B)\\&=\tilde{\chi}-\tilde{\chi}_2-\tilde{\chi}_3+\tilde{\chi}_6+\tilde{\chi}_7-\tilde{\chi}_8-2\sigma_5+2n_{1,5}^0+n_{1,6}^0.\end{aligned}$$

由于 $S^{(7)}-S^{(6)}=\left\{\dfrac{2}{7},\dfrac{3}{7}\right\}$, 只有两种基本挤压方式得到 $(b,7)$ 型的奇点, 设 $\eta\geqslant 0$ 为形如 $\{(1,3),(1,4)\}\succ\{(2,7)\}$ 的基本挤压数. 则 $\varepsilon_7-\eta\geqslant 0$ 为形如 $\{(1,2),(2,5)\}\succ\{(3,7)\}$ 的基本挤压数. 因此可记 $B^{(7)}=\{n_{b,r}^7\times(b,r)\}_{\frac{b}{r}\in S^{(7)}}$ 且

$$B^{(7)}\begin{cases}n_{1,2}^7=2\tilde{\chi}+7\tilde{\chi}_2-2\tilde{\chi}_3+\tilde{\chi}_4-2\tilde{\chi}_5-\tilde{\chi}_7+\tilde{\chi}_8+3\sigma_5-2n_{1,5}^0-n_{1,6}^0+\eta,\\ n_{3,7}^7=\tilde{\chi}-\tilde{\chi}_2-\tilde{\chi}_3+\tilde{\chi}_6+\tilde{\chi}_7-\tilde{\chi}_8-2\sigma_5+2n_{1,5}^0+n_{1,6}^0-\eta,\\ n_{2,5}^7=\tilde{\chi}+\tilde{\chi}_2+2\tilde{\chi}_5-2\tilde{\chi}_6-\tilde{\chi}_7+\tilde{\chi}_8+\sigma_5-2n_{1,5}^0-n_{1,6}^0+\eta,\\ n_{1,3}^7=2\tilde{\chi}+2\tilde{\chi}_2+3\tilde{\chi}_3-3\tilde{\chi}_4-\tilde{\chi}_5+\tilde{\chi}_6+\sigma_5-\eta,\\ n_{2,7}^7=\eta,\\ n_{1,4}^7=\tilde{\chi}-3\tilde{\chi}_2+\tilde{\chi}_3+2\tilde{\chi}_4-\tilde{\chi}_5-\sigma_5-\eta,\\ n_{1,r}^7=n_{1,r}^0,\quad r\geqslant 5.\end{cases}$$

从 $B^{(7)}$ 的表示出发, 我们可计算 $\varepsilon_8$ 和 $B^{(8)}$, 甚至所有 $B^{(n)}$ $(n \geqslant 9)$. 而运用引理 1.2.1, 我们可以直接从 $B^{(7)}$ 计算 $\varepsilon_9, \varepsilon_{10}$ 和 $\varepsilon_{12}$. 事实上, 我们有 $\varepsilon_9 \triangleq \Delta^9(B^{(8)}) - \Delta^9(B)$. 注意到 $B^{(7)} \succ B^{(8)}$ 是由一些挤压到 $\{(3,8)\}$ 的基本挤压而得到的. 每个这样的挤压, 形如 $\{(2,5),(1,3)\} \succ \{(3,8)\}$, 发生在区间 $\left[\frac{3}{9}, \frac{4}{9}\right]$ 上. 因此由引理 1.2.1(2), $\Delta^9(B^{(8)}) = \Delta^9(B^{(7)})$, 且

$$\varepsilon_9 \triangleq \Delta^9(B^{(8)}) - \Delta^9(B) = \Delta^9(B^{(7)}) - \Delta^9(B).$$

类似地, 我们看到 $\Delta^{10}(B^{(9)})=\Delta^{10}(B^{(7)})$, $\Delta^{12}(B^{(10)})=\Delta^{12}(B^{(7)})$. 但是, $\Delta^{11}(B^{(10)}) \neq \Delta^{11}(B^{(7)})$. 总之, 通过直接计算得

$$\begin{aligned}
\Delta^8(B^{(7)}) =& 12n^7_{1,2} + 30n^7_{3,7} + 18n^7_{2,5} + 7n^7_{1,3} + 11n^7_{2,7} + 4n^7_{1,4} \\
&+3n^7_{1,5} + 2n^7_{1,6} + n^7_{1,7} \\
=& 90\tilde{\chi} + 74\tilde{\chi}_2 - 29\tilde{\chi}_3 - \tilde{\chi}_4 + \tilde{\chi}_5 + \tilde{\chi}_6 - 3\sigma_5 \\
&+3n^0_{1,5} + 2n^0_{1,6} + n^0_{1,7}; \\
\Delta^9(B^{(8)}) =& \Delta^9(B^{(7)}) \\
=& 16n^7_{1,2} + 39n^7_{3,7} + 24n^7_{2,5} + 9n^7_{1,3} + 15n^7_{2,7} + 6n^7_{1,4} \\
&+4n^7_{1,5} + 3n^7_{1,6} + 2n^7_{1,7} + n^7_{1,8} \\
=& 119\tilde{\chi} + 97\tilde{\chi}_2 - 38\tilde{\chi}_3 + \tilde{\chi}_4 + \tilde{\chi}_5 - \tilde{\chi}_7 + \tilde{\chi}_8 - 3\sigma_5 + \eta \\
&+2n^0_{1,5} + 2n^0_{1,6} + 2n^0_{1,7} + n^0_{1,8}; \\
\Delta^{10}(B^{(9)}) =& \Delta^{10}(B^{(8)}) = \Delta^{10}(B^{(7)}) \\
=& 20n^7_{1,2} + 50n^7_{3,7} + 30n^7_{2,5} + 12n^7_{1,3} + 19n^7_{2,7} + 8n^7_{1,4} \\
&+5n^7_{1,5} + 4n^7_{1,6} + 3n^7_{1,7} + 2n^7_{1,8} + n^7_{1,9} \\
=& 152\tilde{\chi} + 120\tilde{\chi}_2 - 46\tilde{\chi}_3 + 2\tilde{\chi}_6 - 6\sigma_5 - \eta \\
&+5n^0_{1,5} + 4n^0_{1,6} + 3n^0_{1,7} + 2n^0_{1,8} + n^0_{1,9}; \\
\Delta^{12}(B^{(11)}) =& \Delta^{12}(B^{(10)}) = \cdots = \Delta^{12}(B^{(7)}) \\
=& 30n^7_{1,2} + 75n^7_{3,7} + 46n^7_{2,5} + 18n^7_{1,3} + 30n^7_{2,7} + 12n^7_{1,4} \\
&+9n^7_{1,5} + 6n^7_{1,6} + 5n^7_{1,7} + 4n^7_{1,8} + 3n^7_{1,9} + 2n^7_{1,10} + n^7_{1,11} \\
=& 229\tilde{\chi} + 181\tilde{\chi}_2 - 69\tilde{\chi}_3 + 2\tilde{\chi}_5 + \tilde{\chi}_6 - \tilde{\chi}_7 + \tilde{\chi}_8 - 8\sigma_5 + \eta \\
&+7n^0_{1,5} + 5n^0_{1,6} + 5n^0_{1,7} + 4n^0_{1,8} + 3n^0_{1,9} + 2n^0_{1,10} + n^0_{1,11}.
\end{aligned}$$

因此有

$$\begin{aligned}
\varepsilon_8 =& -2\tilde{\chi}_2 - \tilde{\chi}_3 - \tilde{\chi}_4 + \tilde{\chi}_5 + \tilde{\chi}_6 + \tilde{\chi}_8 - \tilde{\chi}_9 - 3\sigma_5 \\
&+3n^0_{1,5} + 2n^0_{1,6} + n^0_{1,7}; \\
\varepsilon_9 =& -2\tilde{\chi}_2 - 2\tilde{\chi}_3 + \tilde{\chi}_4 + \tilde{\chi}_5 - \tilde{\chi}_7 + \tilde{\chi}_8 + \tilde{\chi}_9 - \tilde{\chi}_{10} - 3\sigma_5 + \eta \\
&+2n^0_{1,5} + 2n^0_{1,6} + 2n^0_{1,7} + n^0_{1,8}; \\
\varepsilon_{10} =& -5\tilde{\chi}_2 - \tilde{\chi}_3 + 2\tilde{\chi}_6 + \tilde{\chi}_{10} - \tilde{\chi}_{11} - 6\sigma_5 - \eta
\end{aligned}$$

$$+5n_{1,5}^0+4n_{1,6}^0+3n_{1,7}^0+2n_{1,8}^0+n_{1,9}^0;$$

$$\varepsilon_{12}=-\tilde{\chi}-5\tilde{\chi}_2-3\tilde{\chi}_3+2\tilde{\chi}_5+\tilde{\chi}_6-\tilde{\chi}_7+\tilde{\chi}_8+\tilde{\chi}_{12}-\tilde{\chi}_{13}-8\sigma_5+\eta$$
$$+7n_{1,5}^0+5n_{1,6}^0+5n_{1,7}^0+4n_{1,8}^0+3n_{1,9}^0+2n_{1,10}^0+n_{1,11}^0.$$

由不等式 $\varepsilon_{10}+\varepsilon_{12}\geqslant 0$, 得到下列关键不等式:

$$2\tilde{\chi}_5+3\tilde{\chi}_6+\tilde{\chi}_8+\tilde{\chi}_{10}+\tilde{\chi}_{12}\geqslant\tilde{\chi}+10\tilde{\chi}_2+4\tilde{\chi}_3+\tilde{\chi}_7+\tilde{\chi}_{11}+\tilde{\chi}_{13}+R, \tag{1.3.4}$$

这里

$$R\triangleq 14\sigma_5-12n_{1,5}^0-9n_{1,6}^0-8n_{1,7}^0-6n_{1,8}^0-4n_{1,9}^0-2n_{1,10}^0-n_{1,11}^0$$
$$=2n_{1,5}^0+5n_{1,6}^0+6n_{1,7}^0+8n_{1,8}^0+10n_{1,9}^0+12n_{1,10}^0+13n_{1,11}^0+14\sum_{r\geqslant 12}n_{1,r}^0.$$

## 1.4 形式化奇点篮的组合律的几何应用

### 1.4.1 几何奇点篮

如果 $X$ 是一个极小三维簇 ($K_X$ 为数值有效) 或是一个有理法诺三维簇且仅带有终极奇点, 设 $K_X$ 为 $X$ 的典范除子, Reid ([19, Page 143]) 证明了存在一个奇点篮 $B_X$, 使公式 (1.2.1) 成立.

**定义 1.4.1** 令 $\mathbb{B}(X)\triangleq\{B_X,\chi_2(X),\chi(\mathcal{O}_X)\}$, 它是一个加权奇点篮, 称为 $X$ 的几何奇点篮.

从定义 1.4.1 和公式 (1.2.1) 直接验证可知: $K^3(\mathbb{B}(X))=K_X^3$ 且对任意 $m>1$, $\chi_m(\mathbb{B}(X))=\chi(X,\mathcal{O}_X(mK_X))$.

**注** 由于加权奇点篮的集合比几何奇点篮的集合大, 所以 1.3 节中的所有计算公式适用于研究极小三维簇和弱法诺三维簇.

### 1.4.2 一般型三维簇的精细双有理几何

设 $X$ 为一个一般型极小三维簇, 如果令 $\tilde{\chi}=\chi(\mathcal{O}_X)$ 和 $\tilde{\chi}_2=P_2(X)$, 则根据 Kawamata-Viehweg 消失定理[13, 23] 和 Serre 对偶定理可得

$$\tilde{K}^3=K_X^3;\quad \tilde{\chi}_m=P_m(X)$$

对任意正整数 $m>1$ 成立. 因此, 1.3 节的计算可以直接运用于此情形的研究.

1986 年, Janos Kollár[14] 证明了如下定理.

**定理 1.4.1** 设 $X$ 为一般型极小三维簇, 如果对某正整数 $m$, $P_m(X)\geqslant 2$, 则 $r_s(X)\leqslant 11m+5$.

基于定理 1.4.1, 如果 $\chi(\mathcal{O}_X)<0$, 则由黎曼 - 洛克公式可知 $P_2(X)\geqslant 4$, 从而这是很好的情形. 从此我们总可以假设 $\chi(\mathcal{O}_X)\geqslant 0$. 现假设对任意 $2\leqslant m\leqslant 12$ 都

有 $P_m(X) \leqslant 1$. 则根据我们的关键不等式 (1.3.4), 得到 $\chi(\mathcal{O}_X) \leqslant 8$. 因此, $\mathbb{B}^{(12)}$ 只有有限种可能性, 作为可被 $\mathbb{B}^{(12)}$ 挤压得到的几何奇点篮 $\mathbb{B}(X)$, 其自然也只有有限种可能性, 从而我们在论文 [6], [7] 中计算出了 $X$ 的不变量的下界. 当然, 很详细的理论推导不是本文的目的, 我们只是简要地介绍最终结果.

事实上, 我们可以定义下列不变量, 使得一般型三维簇的精细双有理分类成为可能. 定义 $X$ 的多典范截面指数如下:

$$\delta(X) \triangleq \min\{k|\Phi_{m,X} \text{ 为双有理}, \forall\, m \geqslant k\}.$$

关于一般型三维簇, 根据主要论文 [6]—[8], 我们得到下列结果.

**定理 1.4.2**　设 $X$ 为一般型极小三维簇, 则

(1) $1 \leqslant \delta(X) \leqslant 18$ 且 $\delta(X) \neq 16, 17$.

(2) $v_3 \geqslant \dfrac{1}{1680}$.

(3) $r_3 \leqslant 61$.

实际上, 在论文 [8] 中我们已对满足 $\delta(X) \geqslant 13$ 的三维簇的奇点篮作出了完全分类, 更细致的分类结果详见论文 [8].

### 1.4.3　有理法诺三维簇的精细有界性

我们介绍的加权奇点篮的组合计算方法还可以用于研究有理法诺三维簇的精细分类.

**定义 1.4.2**　设 $X$ 为仅带有终极奇点的三维射影簇, 如果 $-K_X$ 为数值有效的和大的 (big) (相应地, 丰富的), 则称 $X$ 为弱有理法诺三维簇 (相应地, 有理法诺三维簇).

现在我们总假设 $X$ 为一个弱法诺三维簇, 同样根据 Serre 对偶定理和 Kawamata-Viehweg 消失定理, 有

$$\chi(\mathcal{O}_X(mK_X)) = -\chi(\mathcal{O}_X((1-m)K_X)) = -h^0(X,(1-m)K_X) = -P_{1-m}(X)$$

对任意正整数 $m > 1$ 成立. 我们知道 $\chi(\mathcal{O}_X) = 1$. 如果取 $\tilde{\chi} = \chi(\mathcal{O}_X)$ 和 $\tilde{\chi}_2 = -P_{-1}$, 则 1.3 节的公式完全可以用来计算 $-K_X^3$(典范体积), $P_{-m}$ 及 $B_X$. 事实上, 一个类似的关于弱法诺三维簇的反典范几何的公开问题是: 何时反典范映射 $\varphi_{-m} = \Phi_{|-mK_X|}$ 为双有理映射?

根据论文 [5] 和论文 [9], 作者和其合作者证明了下列结果.

**定理 1.4.3**　设 $X$ 为一个终极弱有理法诺三维簇, 则

(1) $-K_X^3 \geqslant \dfrac{1}{330}$, 此下界估计最佳.

(2) 对任意整数 $m \geqslant 95$, $\Phi_{-m,X}$ 都是双有理映射.

(3) 当 $X$ 是基本有理法诺三维簇 (即 $-K_X$ 是丰富的且 $\rho(X)=1$) 时, 对任意整数 $m \geqslant 39$, $\Phi_{-m,X}$ 都是双有理映射.

### 1.4.4 加权完全交三维簇的完整分类

加权射影空间 (weighted projective space) 是射影空间的自然推广, 但通常带有商奇点. 很多带有终极商奇点的三维簇都是在加权射影空间中发现的. 早在 20 世纪 80 年代, Reid 和 Fletcher 开始用计算机搜索加权射影空间中带有终极商奇点且为完全交的三维簇, 这类三维簇可能是有理法诺簇、卡拉比 - 丘 (Calabi-Yau) 三维簇和一般型三维簇, Fletcher 在论文 [12] 中按次数和余维数分别给出了他得到的三维簇, 列表详见 [12, 15.1, 15.4, 16.6, 16.7, 18.16]. 因 Fletcher 缺少有界性的理论支持, 故在理论上不知道他的所有列表的完整性, 故 Fletcher 提出了系列猜想: 列表 [12, 15.1, 15.4, 16.6, 16.7, 18.16] 都是完整的.

运用 1.3 节的计算方法, 我与合作者在论文 [4] 中证明了 Fletcher 系列猜想, 因而由 Fletcher 开始的对加权完全交三维簇的分类工作得以最终完成.

**注** 一个有趣的问题是: 1.3 节的计算方法能否适用于研究小平邦彦维数为 1 或 2 的三维簇的分类?

**致谢** 作者衷心感谢中国科学院数学与系统科学研究院的邀请, 使得有机会介绍这一课题的最新研究进展.

## 参考文献

[1] Barth W P, Hulek K, Peters C A M, Van de Ven A. Compact complex surfaces. 2nd ed. Ergebnisse der Mathematik und ihrer Grenzgebiete. 3. Folge. A Series of Modern Surveys in Mathematics, 4. Berlin: Springer-Verlag, 2004.

[2] Birkar C, Cascini P, Hacon C D, McKernan J. Existence of minimal models for varieties of log general type. J. Amer. Math. Soc., 2010, 23(2): 405–468.

[3] Bombieri E. Canonical models of surfaces of general type. Inst. Hautes Etudes Sci. Publ. Math., 1973, 42: 171–219.

[4] Chen J J, Chen J A, Chen M. On quasismooth weighted complete intersections. J. Algebraic Geom., 2011, 20(2): 239–262.

[5] Chen J A, Chen M. An optimal boundedness on weak q-fano 3-folds. Adv. Math., 2008, 219: 2086–2104.

[6] Chen J A, Chen M. Explicit birational geometry of threefolds of general type, Ⅰ. Ann. Sci. Éc. Norm. Supér, 2010, (43): 365–394.

[7] Chen J A, Chen M. Explicit birational geometry of threefolds of general type, Ⅱ. J. Differ. Geom., 2010, 86: 237–271.

[8] Chen J A, Chen M. Explicit birational geometry of 3-folds and 4-folds of general type (Part III). Compositio Math., 2015, 151: 1041–1082.

[9] Chen M, Jiang C. On the anti-canonical geometry of Q-Fano 3-folds. J. Differ. Geom., ArXiv: 1408.6349.

[10] Chen M. On minimal 3-folds of general type with maximal pluricanonical section index. 12 pages. ArXiv: 1604.04828.

[11] Hacon C D, McKernan J. Boundedness of pluricanonical maps of varieties of general type. Invent. Math., 2006, 166: 1–25.

[12] Iano-Fletcher A R. Working with Weighted Complete Intersections. Explicit Birational Geometry of 3-Folds, 101–173, London Math. Soc. Lecture Note Ser., 281. Cambridge: Cambridge University Press, 2000.

[13] Kawamata Y. A generalization of Kodaira-Ramanujam's vanishing theorem. Math. Ann., 1982, 261(1): 43–46.

[14] Kollár J. Higher direct images of dualizing sheaves I. Ann. Math., 1986, 123: 11–42; II, ibid., 1986, 124: 171–202.

[15] Kollár J, Mori S. Birational Geometry of Algebraic Varieties. Cambridge Tracts in Mathematics, 134. Cambridge: Cambridge University Press, 1998: viii+254.

[16] Mori S. Threefolds whose canonical bundles are not numerically effective. Ann. of Math., 1982, 116(1): 133–176.

[17] Mori S. On 3-dimensional terminal singularities. Nagoya Math. J., 1985, 98: 43–66.

[18] Reid M. Canonical threefolds// Beauville A, ed. Géométric Algébrique Angers. Sijthoff & Noordhoff, 1980: 273–310.

[19] Reid M. Young person's guide to canonical singularities. Proc. Symposia in Pure Math., 1987, 46: 345–414.

[20] Siu Y T. Finite generation of canonical ring by analytic method. Sci. China Ser. A, 2008, 51(4): 481–502.

[21] Takayama S. Pluricanonical systems on algebraic varieties of general type. Invent. Math., 2006, 165: 551–587.

[22] Ueno K. Classification Theory of Algebraic Varieties and Compact Complex Spaces. Lecture Notes in Mathematics, Vol. 439. Berlin-New York: Springer-Verlag, 1975: xix+278.

[23] Viehweg E. Vanishing theorems. J. Reine Angew. Math., 1982, 335: 1–8.

[24] Xiao G. Bound of automorphisms of surfaces of general type. I. Ann. of Math., 1994, 139(1): 51–77.

[25] Xiao G. Bound of automorphisms of surfaces of general type. II. J. Algebraic Geom., 1995, 4(4): 701–793.

# 2 图论中的若干问题

范更华

图论所研究的图, 从直观上讲是由点及连接两点的线 (称为边) 所构成的, 也可以把图看作一个集合上的二元关系: 两元素有关系, 则元素之间有边, 否则无边. 现实世界中的许多事物, 如互联网、交通网、通讯网、社团网、大规模集成电路、分子结构等都可以用图来描述, 许多问题都可转化成图论问题. 对图的研究形成了一个专门的数学分支 —— 图论.

举个简单例子, 将 5 个元素所构成的所有 2- 子集作为点, 两点有边相连当且仅当对应的 2- 子集不交, 由此得到的图就是图论中非常重要的 Petersen 图, 许多著名的问题均与此图有关. 图 1 是 Petersen 图最常见的表现形式.

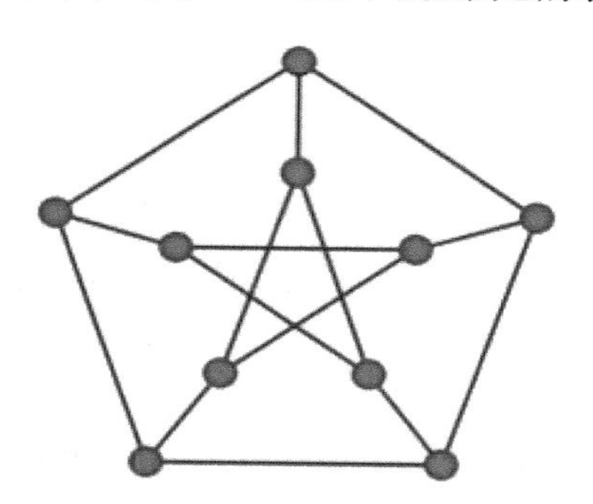

图 1　Petersen 图

Petersen 图有 10 个点, 15 条边, 每个点恰好与 3 条边关联. 从图 1 的定义可知, 它是非常对称的, 点与点之间没有什么区别, 也就是说只要一个点具有某种性质, 任何其他点也都具有这种性质, 对于边也是如此. 用代数图论的语言, Petersen 图是点传递的, 也是边传递的. 图的点传递性和边传递性是代数图论的重要研究内容. 代数图论的另一重要研究内容是与矩阵特征值、特征向量密切相关的图谱理论.

Petersen 图是非平面图, 也就是说, 把它画在平面上, 无论怎么画, 总有边在非顶点处相交. 图 1 的画法中相交数为 5, 当然, Petersen 图在平面上还有其他画法, 但无论怎么画, 至少有两条边在非顶点处相交. 将一个图画在平面上, 在所有画法中, 相交数最少的那种画法所对应的相交数称为图的**交叉数**(crossing number). 交叉数大于 0 的图称为非平面图. Petersen 图的交叉数是 2. 图的平面性和交叉数的研究属于拓扑图论的研究范畴.

定义圈为一个连续的点、边序列, 其中每个点恰好与序列上的两条边关联. Petersen 图含有点数从 5 到 9 的所有圈, 但不含点数小于 5 的圈, 也没有点数为 10 的圈. 研究类似的这种结构性质, 是结构图论的主要研究内容.

图论大致可分为：代数图论、拓扑图论、结构图论、极值图论和随机图论. 极值图论和随机图论不是研究具体的单个图, 而是考虑具有某种性质的一类图. 例如, 点数 $n$ 固定时, 求最小数值 $f(n)$, 使得边数超过 $f(n)$ 的所有 $n$ 点图具有某种性质, $f(n)$ 称为该性质的极值. 随机图论可视为图论与概率论的交集, 它研究随机产生的图. 随机图模型是研究复杂网络的重要工具.

从大的方面讲, 图论是离散数学的一个主要分支, 是当今十分活跃的研究领域, 普林斯顿大学数学系自 2008 年起, 每周有一次离散数学 Seminar, 邀请世界各地的数学家作报告, 主要侧重于图论. 中科院系统科学研究所、应用数学研究所曾引领中国图论的发展. 当年图论在系统科学研究所是个强势学科, 我是 1981 级系统科学研究所的硕士研究生, 1982 年入学, 那年整个研究所只招收了 18 位研究生, 有 4 人是图论专业的.

以史为鉴, 蒸汽机的出现所带来的工业革命促进了以微积分为基础的连续数学的发展, 可以展望, 计算机的出现所带来的信息革命将促进离散数学的发展. 这些年离散数学的迅速发展, 似乎验证了这一点. 下面我们将通过图论发展历程中的若干好问题或好猜想, 来了解这一学科的历史与现状.

我似乎给自己挖了一个坑, 因为大家可能要问, 什么样的问题或者猜想才是好问题、好猜想呢？这比较难回答, 仁者见仁、智者见智. 但我想总还是有个大致的准则. 好的数学问题或猜想应该满足若干个基本要求. 好问题首先要简洁且容易理解. 曾有位著名的数学家说：判断一个问题好不好, 到街上去找一个行人, 能不能在三分钟之内把问题给他解释清楚, 说明白. 好问题应该是有点出乎预料的, 把似乎完全不同的概念融于一体；好问题还应该具有一般性, 适用性广, 涵盖面宽；还有一个基本的准则就是具有核心性, 能否与已知的著名定理或猜想有关联. 好问题还应具备经久性, 一般来说, 至少需要 20 年的时间悬而未决, 若问题刚提出来不久就被解决了, 这应该算不上什么非常好的问题. 当然, 好问题还应拥有广泛的影响力, 就是说这个问题本身或为解决这个问题而进行的尝试产生了新的概念、新的证明技巧, 这点很重要. 大家应该都有共识, 历史上留下的一些著名的问题, 解决它本身可能意义并不大, 但是为了解决这些问题产生了新的数学分支, 促进了原有数学分支的发展.

## 2.1 七桥问题

哥尼斯堡七桥问题：在哥尼斯堡 (Königsberg) 有七座桥，将普雷格尔河中两个岛及岛与河岸连接起来 (图 2)，是否可能从四块陆地中任何一块出发，恰好通过每座桥一次，再回到起点？这个问题或许不满足前面提到的好问题的所有准则，但它是 18 世纪著名的数学问题，为了解决这个问题，产生了新的数学分支 —— 图论. 作为图论的起源问题，有必要作详细的介绍.

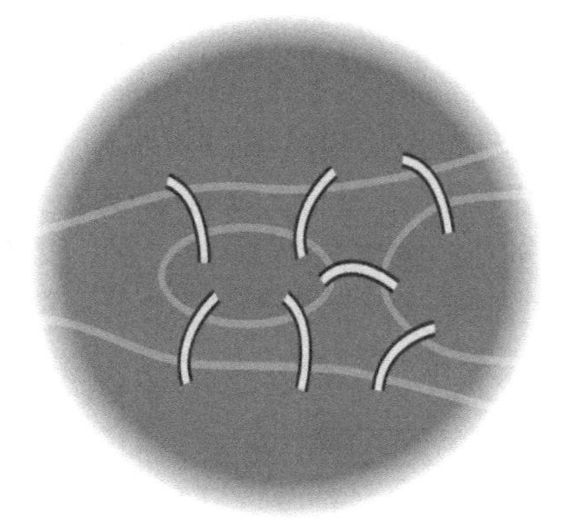

图 2

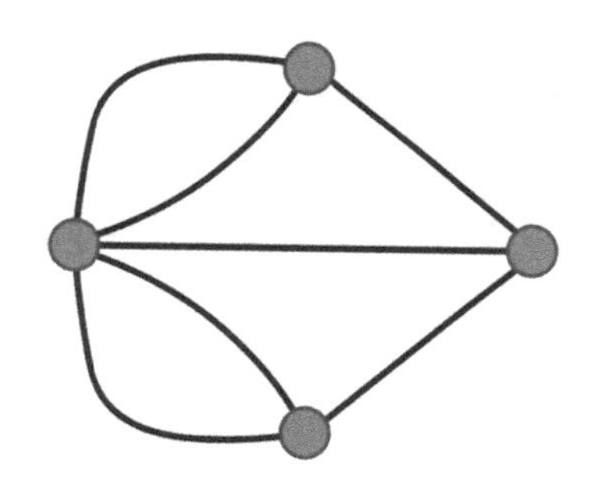

哥尼斯堡七桥

图 3

1736 年，距离哥尼斯堡约 80 英里的 Danzig 市的市长 Ehler 给在俄罗斯圣彼得堡科学院任职的数学家欧拉写信，请他帮忙解决哥尼斯堡七桥问题. 约 3 周后，欧拉给 Ehler 回了封信，信中写道："解决这个问题与数学关系不大，我不理解您为何希望数学家去研究它." 有意思的是，约 10 天后，欧拉写信给意大利数学家 Marinoni，写道："有人向我讨教哥尼斯堡七桥问题，至今为止，没人找到正确的走法，也没人能够证明不存在这种走法. 这个问题虽然索然无味，但似乎值得我去注意，是从几何的角度，而非代数或计数. 我认为它应该属于位置几何 (geometry of position). 经过认真思索，我找到了解决方案，它适用于任意多陆地和任意多桥的更一般情形." 同年，欧拉提交了有关哥尼斯堡七桥问题的论文，他将问题抽象出来，把每一块陆地看作一个点，连接两块陆地的桥看作边，这样就有了图 3 的几何图形. 把实际问题抽象成合适的 "数学模型"，这是解决问题的关键一步. 欧拉将哥尼斯堡七桥问题转化为图论问题，给出了图论的第一个定理，后人称之为**欧拉定理**：一个图存在从一点出发经过每条边恰好一次后回到该点的闭迹当且仅当图中每个点均与偶数条边关联. 根据此定理，哥尼斯堡七桥问题的解是否定的. 为纪念大数学家欧拉, 后人将图中从某点出发经过每条边恰好一次后回到该点的闭迹称为**欧拉回路**, 存在欧拉回路的图称为**欧拉图**. 欧拉对哥尼斯堡七桥问题的研究, 开创了数学新分支 —— 图论. 但是, 当时数学界对于七桥问题的圆满解决没有足够的认识, 所以图论诞生后并没有得到很好的发展.

## 2.2　欧拉图分解及相关问题

先来介绍一些基本的概念和定义. 图中点的**度数**定义为与该点关联的边的数目. 图 1 中的 Petersen 图的每个点的度数是 3; 图 3 中的图, 一个点的度数为 5, 其余各点度数为 3. 每个点的度数均为 $k$ 的图称为 $k$-正则图, Petersen 图是 3-正则图. 若图中任意两点间至多只有一条边, 则称该图为**简单图**. Petersen 图是简单图, 图 3 中的图不是简单图. 设 $x, y$ 为图中两个点, 以 $x, y$ 为端点的**路**是一个连续的点、边序列, 其中 $x, y$ 在此序列构成的子图中的度数为 1, 其余各点度数皆为 2; 端点重合 $(x = y)$ 的闭路称为**圈**. 图 4 中用黑、灰两色分别标出了两条路; 图 5 中黑、灰两色标出的是两个圈.

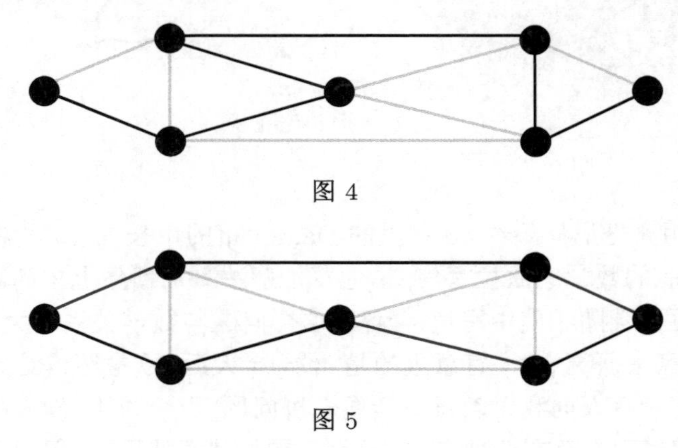

图 4

图 5

若图中任意两点间都存在一条路, 则称该图是**连通**的; 若图中任意两点间都存在 $k$ 条内点不交的路, 则称该图为 $k$-**连通**; 若任意两点间都存在 $k$ 条边不交的路, 则称为 $k$-**边连通**.Petersen 图是 3- 连通图, 而图 4 的图不是 3- 连通, 而是 2-连通.

每个点的度数都是偶数的图称为**偶图**, 如图 4 中的图为偶图, 该图每点的度数为 2 或 4. 显然, 连通偶图正是前面提到的欧拉图. 欧拉图中的欧拉回路十分自然地给出了图的一种分解: 分解成边不交的圈. 古老的欧拉定理告诉我们: 欧拉图可以分解成若干边不交的圈. 此定理给出了边不交圈分解的存在性, 但没能回答圈的个数问题. 欧拉图可以分解成多少个圈呢? 即: 欧拉图的边集可表为多少个边不交圈的边集之和 (集合运算下的并)? 两百多年来, 这个问题一直困扰着图论学家们. 应该说这是一个好问题, 也是图论领域的一个基本问题. 在这个问题的研究过程中, 出现了一些好猜想, 比较著名的有 Hajós 猜想.

**Hajós 猜想** $n$ 个点的简单欧拉图可分解成至多 $n/2$ 个边不交的圈.

考虑图 5 中的图, 该图是含有 7 个点、12 条边的简单欧拉图, 不难看出它可以分解成 4 个边不交的三角形, 但根据 Hajós 猜想, 它应当可以分解成至多 3 个边不交的圈. 图 5 中黑、灰两色标出的两个圈说明该图可分解成 2 个边不交的圈. 许多著名数学家, 如 Erdös(Wolf 奖得主)、Goodman、Pósa 等, 都考虑过这个问题. 他们认为 Hajós 猜想中的系数 1/2 太难了, 能否把猜想减弱, 寻找一个常数 $c$, 使得 $n$ 个点的简单欧拉图可以分解成 $cn$ 个圈.

**Erdös-Goodman-Pósa 猜想** 存在常数 $c$, 使得 $n$ 个点的简单欧拉图可分解成至多 $cn$ 个边不交的圈.

这个问题至今也没有解决. 匈牙利数学家 Pyber 早年的时候一直在研究这个猜想, 后来放弃了, 转去做有限群理论. 作为一种告别, Pyber[14] 在 1991 年发表了一篇有关这个问题的综述文章, 认为 Hajós 猜想的解决目前是不可及的 (out of reach at present).

根据欧拉定理, 只有每个点的度数都为偶数的图才能分解成边不交的圈, 对于一般的图, 如有奇度数顶点, 则不能分解成边不交的圈. Petersen 图和图 3 中的图均不能分解成边不交的圈. 但任何一个图一定可以分解成边不交的路, 最简单的做法, 把每条边作为一条路, 则任意 $m$ 条边的图可分解成 $m$ 条边不交的路. 于是, 一个很自然的问题, 若把一个图分解成数目尽可能少的边不交路, 可以分解成多少条路呢? 这也是图论领域的一个基本问题. 若以路的数目少为优, 将每条边作为路的分解显然不是最优的. Gallai 认为在最优的情况下, $n$ 个点的连通简单图最多只需要 $(n+1)/2$ 条路.

**Gallai 猜想** $n$ 个点的连通简单图可分解成至多 $(n+1)/2$ 条边不交的路.

图 4 中用红、绿两色分别标出的两条路给出了该图的最优路分解. Gallai 猜想在图论界很有名, Lovász[11] 研究过这个问题, 他证明若同时使用路和圈, 则 $n$ 个点的连通简单图可分解成至多 $n/2$ 条边不交的路和圈.

**Lovász 定理** $n$ 个点的连通简单图可分解成至多 $n/2$ 条边不交的路和圈.

Lovász 长期从事图论研究, 曾经担任国际数学联盟主席, 是多个国家科学院院士, 51 岁时获得 Wolf 奖. 他曾经在微软研究院任职多年, 致力于数学的应用研究. 为庆祝他的 60 岁生日, 国际上举办了一个大规模的学术会议, 会后出版了书名为 *Building Bridge* 的会议论文集, 赞誉他在数学和计算机科学之间建立了一座桥梁.

前面提到的这些猜想是寻求用最少的边不交的子图分解给定的图. 因为难度太大, 人们退而求其次: 允许这些子图有共同边, 将分解问题减弱为覆盖问题. 1980 年, Chung[4] 提出了两个猜想:

(1) $n$ 个点的简单欧拉图可被至多 $n/2$ 个圈覆盖;

(2) $n$ 个点的连通简单图可被至多 $(n+1)/2$ 条路覆盖. 范更华[7,8] 证明了这两个猜想的正确性.

## 2.3 四色问题

谈到图论中的重要问题, 就不得不提**四色问题**, 因为它不仅对图论的发展至关重要, 对整个数学的发展也影响深远. 1852 年, Morgan 教授的一位学生向他提出一个问题, 为什么只需要 4 种颜色就可以给地图上的每个国家着色, 使得具有共同边界的国家得到不同的颜色? 这就是原始的四色问题, 是数学史上最著名的问题之一. 把地图看作一个平面图, 国界看作边, 相交处作为点, 国家的区域称为面, 四色问题就可以转化为典型的图论问题: 对于每个平面图, 只用 4 种颜色对该图的面进行着色, 使得任意两个有公共边的面得到不同的颜色, 这就是四色问题的严谨数学描述. 四色问题吸引了许多著名的数学家, 近代有微分拓扑学奠基人 Whitney(Wolf 奖得主), 他早年从事图论研究. Whitney 本科毕业于耶鲁大学, 学的是物理和音乐, 但博士毕业于哈佛大学专业是数学, 其博士学位论文题目是"图的着色". 他曾经与 Tutte(英国皇家学会会员) 合作研究四色问题, 共同发表多篇关于四色问题的文章. 有意思的是, Tutte 毕业于剑桥大学, 其本科专业也不是数学, 而是化学. 第二次世界大战期间, Tutte 加入英军位于布莱切利园 (Bletchley Park) 的密码破译团队. 由于 Tutte 成功破解了"金枪鱼 (Tunny)"系统的逻辑原理, 他的团队得以破译德军最高级别的密码"金枪鱼", 为第二次世界大战的提早结束做出了重要贡献, 被誉为第二次世界大战中伟大的无名英雄. 后来, Whitney 专注于拓扑学研究, Tutte 仍坚持继续研究四色问题, 他的后半生基本上献给了四色问题的研究. 虽然 Tutte 最终没能解决四色问题, 但他为了解决四色问题, 开创了新的图论分支, 发展了新的理论, 推动了图论的发展. 1976 年, 两位计算机科学家借助计算机的帮助解决了四色问题, 不过人们还在继续研究四色问题, 希望能找到一个纯推理的数学证明.

在四色问题的研究过程中, 这个看似简单的问题让许多一流数学家栽了跟头, 其中典型的就是 Minkowski, 爱因斯坦曾经的数学老师. 据说 Minkowski 当年在上数学课的时候, 有一个学生递了张条子给他, 他把条子接过来说: "我知道你是想说四色问题, 这个问题之所以成为问题, 是到目前为止都没有一流数学家去考虑它, 我们今天就在课堂上解决这个问题. ” 结果他挂了黑板, 决定下一堂课继续, 但持续两周未能解决. 1880 年前后, Kempe 和 Tait 分别正式发表了证明四色问题的论文, 人们认为四色问题已经解决了. 但是十年之后, 人们发现 Kempe 和 Tait 的证明都是错误的. Tait 在证明过程中假定 3- 正则 3- 连通的平面图存在一个过所有的点的圈 (Petersen 图是 3- 正则 3- 连通, 但不是平面图). 这种包含图中所有点的圈称为**哈密顿圈**. 在这个假定下, Tait 证明了四色问题. 后来人们发现这个假定并不是显然成立, 至少没人能证明该假定是成立的. 半个多世纪后, Tutte[17] 给出了第一个不含哈密顿圈的 3- 正则 3- 连通平面图 (图 6, 该图被称为 Tutte 图), 从而宣告 Tait 的证明是错的, 且无法修补. Tutte 图有 46 个点, 很长时间它是唯一已知的不含哈密顿圈的 3- 正则 3- 连通平面图. 目前已知的、最小的不含哈密顿圈的 3- 正则 3- 连通平面图有 38 个点, 是 Lederberg 于 1966 年给出的. 虽然 Tait 的证明是错误的, 但这个错误的证明却推动了哈密顿圈存在性的研究.

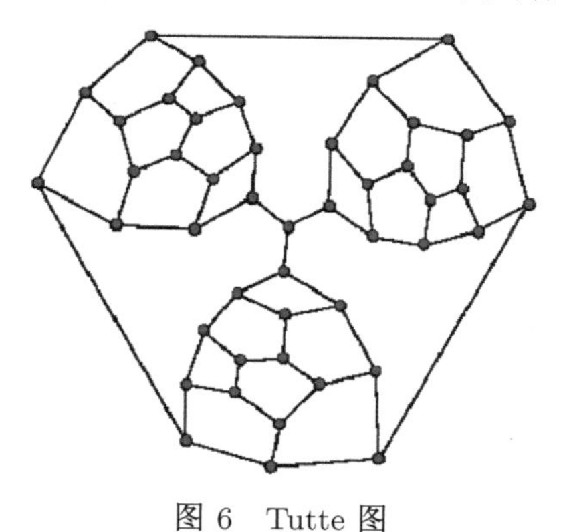

图 6　Tutte 图

## 2.4　哈密顿圈问题

前面已提到, 图中含所有点的圈称为哈密顿圈. 用哈密顿命名, 是因为哈密顿当年在给友人 Graves 的一封信中, 描述了十二面体上的一种数学游戏: 将十二面体的顶点作为点, 棱作为边, 第一个人先选定一条含 5 个点的路, 第二个人能否将这条路扩充成含所有 20 个点的圈? 哈密顿圈问题就是研究哪些图有哈密顿圈. 哈密顿圈的研究一直是图论发展史上一个热门课题, 也是图论研究中的经典问题, 吸引了许多一流的数学家. 利用哈密顿圈存在性的充分条件, 人们可以判定哪些图含有哈密顿圈. 至今为止, 有三个较著名的哈密顿圈存在性的充分条件, 分别由下面三个定理给出.

**Dirac 定理**[3] 设 $G$ 为 $n$ 个点的图 ($n \geqslant 3$), 若 $G$ 中每个点的度数至少为 $n/2$, 则 $G$ 含有哈密顿圈.

**Ore 定理**[13] 设 $G$ 为 $n$ 个点的图 ($n \geqslant 3$), 若 $G$ 中每对距离大于 1 的两个点的度数和至少为 $n$, 则 $G$ 含有哈密顿圈.

**Fan 定理**[5] 设 $G$ 为 $n$ 个点的 2- 连通图, 若 $G$ 中每对距离恰好为 2 的两个点中有一点的度数至少为 $n/2$, 则 $G$ 含有哈密顿圈.

上述定理中两点的距离定义为两点间最短路所含边的数目. 2- 连通是存在哈密顿圈的必要条件, 前两个定理中的条件均保证该图是 2- 连通的. 人们广泛使用 Dirac- 条件、Ore- 条件、Fan- 条件来概括和命名上述三个定理中的充分条件. Fan- 条件只要求在距离为 2 的局部范围内, 两个点中有一点的度数至少为 $n/2$, 是局部性的要求, 而 Dirac- 条件、Ore- 条件均为全局性要求. 还有, Dirac- 条件和 Ore- 条件可推出更强的性质: 满足该条件的图含有所有长度从 3 到 $n$ 的圈, 即具有泛圈性. 从这种意义上说, 这两个条件都 “过强” 了. 已有例子说明, Fan- 条件推不出泛圈性.

值得一提的是, 前面提到的微分拓扑学奠基人 Whitney, 曾在数学顶级期刊 *Annals of Mathematics* 上发表了一篇论文 [22], 证明 4- 连通平面三角剖分图含哈密顿圈. 这个结果被 Tutte 推广到所有 4- 连通平面图.

**Tutte 定理**[19] 每个 4- 连通平面图含有哈密顿圈.

哈密顿圈问题与著名的**旅行商问题**密切相关. 旅行商问题 (Traveling Salesman Problem): 旅行商从公司出发, 要到若干个城市去访问一遍, 然后回到公司, 希望寻找一个最优的路程安排. 将旅行商问题转化为图论问题: 将城市作为点, 两点之间的边即为对应城市间的交通, 给每条边赋权 (weight), 在该图中求最优的哈密顿圈, 也即求总权和最小的哈密顿圈. 最优哈密顿圈给出旅行商的最优行程. 对于旅行商而言, 可以要求行程最短, 也可以希望所需交通费用最少, 可以根据需要来定义边上的权. 带权图上的最优哈密顿圈问题 (即旅行商问题) 是 NP 完全问题, 目前无有效算法. 此问题应用极为广泛. 以银行自动取钞机为例, 银行在一个城市可能就有成千上万台的取钞机, 每天运钞车需要把钞票送到取钞机, 对银行来说, 设计最优路程能够节省大笔费用, 但是到目前为止, 还没有有效的算法来解决这个问题.

哈密顿圈问题与**中国邮递员问题**也是有关联的. 考虑这样一个问题: 在带权图中找一条回路, 过每条边至少一次, 要求回路上的边权之和最小. 这就是中国邮递员问题, 它的难度比旅行商问题的难度有所降低, 因为该问题允许过一个点多次, 而不像旅行商问题那样要求过每个点恰好一次. 这个问题来自于生产实践. 20 世纪 60 年代初, 国家号召科学为生产实践服务. 山东师范大学的管梅谷带领一个研究小组去当地邮局了解生产实践中的问题. 邮局向该小组提出了这样的问题: 一个邮递员负责一片街区, 带着信件挨着门牌号码去投递, 需要把所负责街区的所有街道都走遍, 最后回到邮局, 能否为邮递员设计一条最优的行走路线, 使得所走的总路程尽可能短? 将这个问题转化成图论问题: 街道为边, 街道交叉处为点, 边的权为对应街道的长度, 在此图中找一条回路, 过每条边至少一次, 要求回路上的边权之和最小. 这个图论问题被命名为中国邮递员问题, 并获得国际同行认同, 应该归功于滑铁卢大学的 Edmonds, 是他坚持认为此问题最早出现在管梅谷 [9] 1962 年发表在《数学学报》上的一篇文章, 因此应该称为中国邮递员问题. Edmonds 的求完美匹配的算法为中国邮递员问题提供了有效的多项式算法. Edmonds 因对计算机算法理论的杰出贡献, 被誉为 "算法之父", 获得 1985 年度的 von Neumann 奖.

## 2.5 Ramsey 数问题

与哈密顿圈问题一样, Ramsey 数问题也是图论中的经典问题. 先看一个有趣的命题: 任意 6 个人, 必有 3 个人互相认识或 3 个人互相不认识. 初看, 这似乎和数学问题无关, 但它确实是个数学问题. 用图论的语言描述这个命题: 用一个点代表一个人, 两个点有边相连当且仅当这两个点所对应的两人互相认识, 由此得到一个 6 个点的图, 在该图中要么存在一个三角形, 要么存在三个点, 它们两两不相连. 这个图论命题可简单证明如下. 令 $G$ 是含有 6 个点的图, $x$ 为 $G$ 中的任意点. 将与 $x$ 有边相连的点构成的集合记为 $N$, 与 $x$ 无边相连的点集记为 $R$. 分两种情形讨论:

(1) $|N| > 2$. 若 $N$ 中有两点相连, 则这两点连同 $x$ 构成一个三角形; 若 $N$ 中任意两点均不相连, 则 $N$ 含三个两两不相连的点;

(2) $|N| < 2$.

那么 $|R| > 2$. 若 $R$ 中有两点不相连, 则这两点连同 $x$ 是三个两两不相连的点; 若 $R$ 中任意两点均相连, 则 $R$ 含一个三角形.

更一般的情形, 令 $R(s,t)$ 为最小的正整数, 使得任意 $R(s,t)$ 个人中, 要么 $s$ 个人互相认识, 要么有 $t$ 个人互相不认识. 具有这种性质的最小正整数 $R(s,t)$ 就是 Ramsey 数. 由上述第一个命题可知 $R(3,3) \leqslant 6$. 容易验证 5 个点的图不具有所要求的性质, 因此 $R(3,3) = 6$. 目前已知 $R(4,4) = 18$, 即任意 18 个人, 必有 4 个人互相认识或 4 个人互相不认识, 且 18 是具有这种性质的最小正整数. 到目前为止, $R(5,5) =?$ 尚未解决, 确定 $R(5,5)$ 的数值是个世界难题. 由于对 $R(3,t)$ 上下界的估计所做的贡献, Kim 获得 1997 年度的 Fulkerson 奖. 用 $K_n$ 表示 $n$ 个点的完

全图 (任意两点均有边相连), 用更严谨的数学语言定义 Ramsey 数 $R(s,t)$ 是具有下述性质的最小正整数 $n$: 用两种颜色对 $K_n$ 的所有边着色, 要么存在一个单色的 $K_s$, 要么存在一个单色的 $K_t$. 对任意的 $s$ 和 $t$, $R(s,t)$ 存在吗? 1930 年, Ramsey 证明: 对任意的 $s$ 和 $t$, 存在这样的正整数 $R(s,t)$, 这也是我们为何称 $R(s,t)$ 为 Ramsey 数. 更一般地, Ramsey 数 $R(n_1,n_2,\cdots,n_k)$ 定义为具有下述性质的最小正整数 $n$: 用 $k$ 种颜色对 $K_n$ 的所有边着色, 一定存在一个单色的 $n_i$ 个点的完全图, 对某个 $i, 1\leqslant i\leqslant k$.

## 2.6　整数流问题

前面提到, Tutte 后半生的学术研究基本围绕四色问题, 他希望能在一个更大的框架下研究四色问题. 为此, 他创立了整数流理论. 给定一个图 $G$ 和一个 $k$ 阶可交换群 $A$, 对 $G$ 的每条边确定一个定向, 若存在一个函数 $f$: 从 $G$ 的边集到 $A$ 的非零元素, 使得对于图的每一点, 进入该点的边函数值之和等于离开该点的边函数值之和, 则称 $f$ 为 $G$ 的一个 $A$- 流. Tutte 证明了 $A$- 流的存在性与可交换群 $A$ 的结构无关, 只与 $A$ 的阶数有关, 即给定图 $G$, 若 $G$ 对某个 $k$ 阶可交换群 $A$ 有 $A$- 流, 则对所有 $k$ 阶可交换群 $B$ 均有 $B$- 流. 因此, 可以选择最简单的可交换群 —— 整数模 $k$ 群, 即 $k$ 阶循环群, 来研究这种函数的存在性. 也正因为此, 后人把 Tutte 通过群来定义的这种函数称为整数流. 若图 $G$ 对某个 $k$ 阶可交换群 $A$ 有 $A$-流, 则称图 $G$ 有 $k$-流, 不再关心是对哪个 $k$ 阶可交换群而言. 整数流是对一般图定义的. 面着色问题只是针对平面图, 而对于一般的图, 不好讨论面着色, 但有了整数流理论后, 人们可以研究一般图上的 $k$-流存在性, 其成果应用到平面图, 则给出平面图的面着色. Tutte 证明: 平面图有 $k$-流当且仅当该平面图可$k$-面着色. 所以, 整数流问题可以看作平面图面着色问题对于一般图的推广. 平面图的 4- 流存在性等价于四色问题. 整数流问题具有一定的核心性, 它与数学其他领域一些著名问题具有一定的关联, 包括组合学的孤独跑步者 (lonely runner)、数论的丢番图逼近 (diophantine approximation)、几何学的视线阻碍 (view obstruction)、有限域线性空间堆垒基 (additive basis) 等.

一个连通图存在 $k$-流的必要条件是该图 2-边连通. Tutte 当年创立整数流理论时, 无法确定是否存在整数 $k$, 使得所有 2-边连通图都有 $k$-流. 20 世纪 70 年代末, 法国数学家 Jaeger 证明这个整数存在, 且可以小到 8.

**8- 流定理 (Jaeger[10])**　每个 2- 边连通图有 8- 流.

Jaeger 早年研究整数流问题, 后来转做纽结论, 为纽结论的发展作出了重要贡献, 很可惜他英年早逝. 普林斯顿大学的 Seymour, 也对整数流理论的发展作出了重要贡献, 他改进了 Jaeger 的 8- 流定理, 证明每个 2- 边连通图有 6- 流. Seymour 在 1994 年世界数学家大会一小时的邀请报告中重点介绍了整数流理论的研究进展. 整数流问题中有三个著名的猜想, 都是 Tutte[18,20] 在 20 世纪 50 年代提出的, 至今仍未解决.

**5- 流猜想** 每个 2- 边连通图有 5- 流.

**4- 流猜想** 每个不含 Petersen 广义子图的 2- 边连通图有 4- 流.

**3- 流猜想** 每个 4- 边连通图有 3- 流.

4- 流猜想比四色定理要强, 证明了 4- 流猜想就解决了四色问题, 因为平面图是不含 Petersen 广义子图的. 丹麦数学家 Thomassen[16] 在 3- 流猜想上取得了重要突破, 证明了每个 8- 边连通图有 3- 流, 这一成果被改进到: 每个 6- 边连通图有 3- 流[12].

## 2.7 子图和问题

若一个图的边集可以表示成它的某些子图的边集之和 (集合运算下的并), 则这个图是这些子图的和. **子图和问题**就是将一个图表示为尽可能少的子图的和. 我们在此主要考虑子图是偶图的情况, 即将一个图表示成偶图的和. 图 7 中上方的图是下方它的两个子图的和.

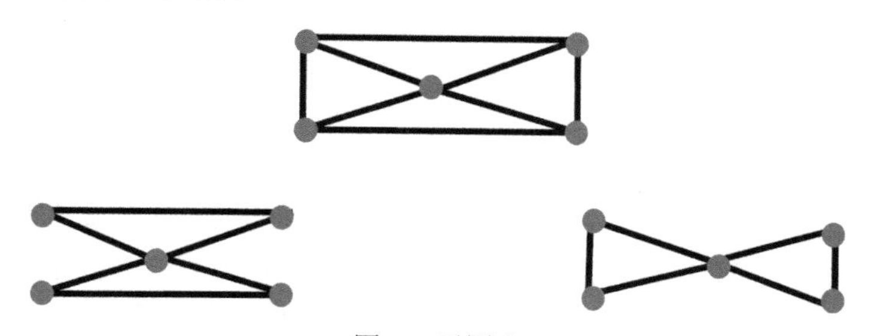

图 7 子图和

为什么要研究这个问题呢? 它与整数流问题密切相关. 已证明: 一个图可表为 $t$ 个偶图的和当且仅当该图存在 $2^t$- 流. 前面提到, 四色问题等价于 4- 流的存在, 因此取 $t = 2$, 我们得到四色问题的另一个等价形式: 2- 边连通的平面图可以表示成两个偶图的和. 就是说, 若能证明 2- 边连通的平面图可以表示成两个偶图的和, 也就解决了四色问题. 子图和问题和数论中的素数和问题有一定的类似性, 对应四色问题, 数论中有著名的哥德巴赫猜想: 每个大于 2 的偶数是两个素数之和. 它们不仅在形式上很相似, 而且已知的部分结果也有着有趣的相似性. 数论中已知, 充分大的奇数可以表示成 3 个素数的和; 对应地, 图论中有 8- 流定理: 2- 边连通图可以表示成三个偶图的和. 数论中的陈景润定理：每个充分大的偶数是一个素数与不超过两个素数的乘积之和；图论中的 6-流定理给出：2-边连通图可以表示成一个偶图与不超过两个偶图的有向并之和. 这些都是各自领域中的著名大定理, 数学的研究到了一定深度, 问题的相似性就会体现出来. 这些定理仅仅是形式上相似, 还是有某种内在的联系？目前不得而知.

设图 $G$ 是若干子图的和, 如果 $G$ 的每条边在这些子图中恰好出现 $k$ 次, 则称 $G$ 是这些子图的 $k$-和. 前面提到的欧拉图的分解与覆盖实质上就是子图和问题. Hajós 猜想可表述为：每个 $n$ 点欧拉图是不超过 $n/2$ 个圈的 1-和. 根据四色定理, 一个 2-边连通平面图是两个偶子图之和. 将这两个偶子图取对称差 (边集在集合运算下的对称差) 得到第三个偶子图. 不难看出, 该平面图是这三个偶子图的 2-和.

**四色问题的等价形式**　每个 2-边连通平面图是 3 个偶子图的 2-和.

非平面图是不是也具有这种性质？答案是否定的, 有无限多 2-边连通非平面图不可表为 3 个偶子图的 2-和. Petersen 图就是个例子, 它不能表为 3 个偶子图的 2-和. 但 Petersen 图可以表为 6 个偶子图的 4-和. 是不是所有 2-边连通的非平面图都可以表为 6 个偶子图的 4-和？这就是著名的 Fulkerson 猜想.

**Fulkerson 猜想**　每个 2-边连通图可表为 6 个偶子图的 4-和.

简单说, Fulkerson 猜想认为, 对于每个 2-边连通图, 存在 6 个偶子图, 使得该图的每条边在这 6 个偶子图中恰好出现 4 次. 从另外一个角度来看 Fulkerson 猜想, 根据 Edmonds 的匹配多面体理论, 有下述结果.

**Edmonds 定理**　给定一个 2-边连通图 $G$, 存在 $3M$ 个偶子图使得 $G$ 是这 $3M$ 个偶子图的 $2M$-和.

上述定理中的整数 $M$ 取决于给定的图 $G$, 不同的图 $G$, 就有不同的整数 $M$. 此定理只给出整数 $M$ 的存在性, 但无法确定 $M$ 的值, 根据定理的证明, 这个整数 $M$ 可能会非常大. 是否存在一个常数 $c$, 适用于所有 2-边连通图？

**未解决问题**　是否存在一个常数 $c$, 使得所有 2-边连通图都是 $3c$ 个偶子图的 $2c$-和？

Fulkerson 猜想认为这个常数 $c = 2$. Fulkerson 猜想的难点在于对偶子图个数的限制, 限于 6 个偶子图. 若不限个数, 则可将偶子图简化为圈, 因为偶子图可表为圈的 1-和. 一个自然的问题是：对哪些整数 $k$, 每个 2-边连通图均可表为圈的 $k$-和？若 $k$ 为奇数, 根据欧拉定理, 只有偶图可表为圈的 $k$-和；若 $k$ 为偶数, 此问题尚未完全解决. 欧洲三位数学家 Bermond、Jackson、Jaeger[2] 证明：每个 2-边连通图可表为圈的 4-和. 范更华[6] 证明：每个 2-边连通图可表为圈的 6-和. 由于任何大于 2 的偶数均可表为 4 和 6 的组合, 上述两个定理给出：对任意大于 2 的

偶数 $k$, 每个 2- 边连通图可表为圈的 $k$-和. 唯独 $k=2$ 的情况没有解决, 这就是图论领域著名的猜想.

**圈 2- 和猜想** 每个 2- 边连通图可表为圈的 2- 和.

此猜想更常用的名称是: **圈双覆盖猜想**: 每个 2- 边连通图存在一组圈, 使得每条边恰好出现在两个圈上.

## 2.8 图论的应用

随着计算机科学的发展, 图论的应用领域越来越广泛, 在物理、化学、生命科学、信息科学、控制理论、网络理论、社会科学及经济管理等方面都有广泛应用. 我主要谈谈图论在大规模集成电路设计中的应用. 从 2006 年起, 福州大学离散数学研究中心开始进入这一应用研究领域, 先后承担了两轮国家重点基础研究发展计划 (973 计划) 课题, 研究大规模集成电路设计所涉及的数学方法和理论.

大规模集成电路 (very large scale integration, VLSI), 简单地说就是我们熟悉的芯片. 集成电路产业可以看作三个部分: 设计、芯片制造、封装检测, 类似于写书、印刷、装订. 显然写书是最重要的, 设计是集成电路产业中的重要环节. 集成电路设计所依赖的重要工具是 EDA (electronic design automation) 软件, 目前我国基本上是依靠进口. EDA 软件的研制涉及大量图论和优化方面的问题, 我们承担的 973 计划课题就是利用在图论和优化方面的优势, 设计更有效的算法, 用于研制和改进 EDA 软件. 图 8 表示芯片的生产流程.

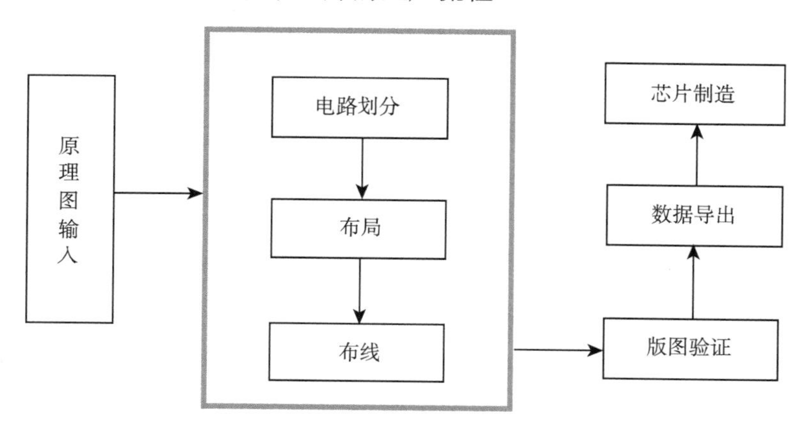


图 8 芯片生产流程

其中电路划分、布局、布线这三部分涉及大量的图论问题. 现在的芯片有着成千上万个, 甚至过亿个元器件, 是个很大的系统, 必须把它分成若干个小的系统,这就是电路划分, 它会影响到后面的布局、布线. 把元器件看作点, 元器件间的连线看成边, 这是一个很大的图. 电路划分相当于把这个图的点集分成若干个部分, 每个部分的点数有一个上下界, 使得各部分间的边尽可能少, 也就是说, 要求边尽可能在各部分的内部. 这相当于图论中的的点集划分问题. 在完成电路划分之后, 要进行布局. 电路划分后产生的小的电路系统也称为模块, 如何把这些模块放置到芯片上的正确位置, 这就是布局问题. 如果两个模块之间的连线很多, 当然希望他们在芯片上的位置能靠在一起, 如果把它们放在两个对角上, 它们之间的连线横跨整个芯片, 显然是不明智的. 这仅是布局需考虑的一个因素, 还有模块的形状, 所占用的总面积等都是需要考虑的, 它涉及大量优化问题、算法问题. 在布局之后就是布线, 分总体布线和详细布线. 总体布线涉及图论中的最小斯坦纳树的问题. 每个模块均有引角, 通过加入斯坦纳点构造最小斯坦纳树将若干模块通过引角连起来. 在完成了总体布线之后, 进行详细布线, 也就是落实具体的走线. 连线只能通过线槽, 每个线槽可通过的连线个数有个上限, 也即线槽宽度. 这个宽度需事先预估, 若太宽, 则浪费芯片上宝贵的面积; 若太窄, 则到详细布线时发现走不通, 整个芯片要重新设计. 线槽宽度的预估十分重要, 它涉及许多图论问题, 特别是某些图参数的算法.

## 附 记

本文是根据作者于 2015 年 4 月 1 日在 "数学所讲座" 所作报告的速记稿, 由陈静博士帮助整理而成. 感谢席南华院士仔细阅读了初稿, 提出了许多很好的建议, 提高了本文的可读性. 报告内容以图论领域的经典问题为主, 涉及的参考文献较多, 难以一一列出. 参考文献中仅列出现代的文献. 参考文献 [1] 和 [21] 是两本较好的图论入门书, 书中提供的参考文献基本涵盖了本文提及的经典问题的起源与发展.

## 参考文献

[1] Bondy J A, Murty U S R. Graph Theory. GTM. New York: Springer, 2008.

[2] Bermond J C, Jackson B, Jaeger F. Shortest coverings of graphs with cycles. J. Combin. Theory Ser., 1983, B 35: 297–308.

[3] Dirac G A. Some theorems on abstract graphs. Proc. London M&h. Sot., 1952, 2: 69–81.

[4] Chung F R K. On the coverings of graphs. Discrete Math., 1980, 30: 89–93.

[5] Fan G. New sufficient conditions for cycles in graphs. J. Combinatorial Theory Ser.,

1984, B 37: 221–227.

[6] Fan G. Integer flows and cycle covers. J. Combinatorial Theory Ser., 1992, B 54: 113–122.

[7] Fan G. Subgraph coverings and edge switchings. J. Combinatorial Theory Ser., 2002, B 84: 54–83.

[8] Fan G. Covers of eulerian graphs. J. Combinatorial Theory Ser., 2003, B 89: 173–187.

[9] Guan M. Graphic programming using odd and even points. Chinese Math., 1962, 1: 273–277.

[10] Jaeger F. Flows and generalized coloring theorems in graphs. J. Combin. Theory Ser., 1979, B 26: 205–216.

[11] Lovász L. On covering of graphs// Erdös P, Katona G. ed. Theory of Graphs. New York: Academic Press, 1968: 231–236.

[12] Lovász L M, Thomassen C, Wu Y Z, Zhang C Q. Nowhere-zero 3-flows and modulo $k$-orientations. J. Combin. Theory Ser., 2013, B 103: 587–598.

[13] Ore O. Note on Hamilton circuits. Amer. Math. Monthly, 1960, 67: 55.

[14] Pyber L. Covering the edges of a graph. Colloq. Math. Soc. János Bolyai, 1991, 60: 583–610.

[15] Seymour P D. Nowhere-zero 6-flows. J. Combin. Theory Ser., 1981, B 30: 130–135.

[16] Thomassen C. The weak 3-flow conjecture. J. Combin. Theory Ser., 2012, B 102: 521–529.

[17] Tutte W T. On Hamiltonian circuits. J. London Math. Soc., 1946, 21: 98–101.

[18] Tutte W T. A contribution to the theory of chromatic polynomials. Canad. J. Math., 1954, 6: 80–91.

[19] Tutte T. A theorem on planar graphs. Trans. Amer. Math. Soc., 1956, 82: 99–116.

[20] Tutte W T. A class of abelian groups. Canad. J. Math., 1956, 8: 13–28.

[21] West D B. Introduction to Graph Theory. Prentice Hall, 1996.

[22] Whitney H. A theorem on graphs. Ann. of Math., 1931, 32: 378–390.

# 3 双哈密顿上同调与非线性可积系统

张友金[①]

## 3.1 引　　言

非线性可积系统理论的发展起始于 20 世纪 60 年代中期数学和物理学家 Zabusky, Kruskal, Greene, Gardner, Miura 等关于 Korteweg-de Vries (KdV) 方程的可积性的发现和深入探索. 他们通过对这一用于描述浅水波的非线性偏微分方程的守恒律的研究发现了它和一维薛定谔方程的联系, 借助于在量子力学中已经建立起的散射与反散射理论给出了求解 KdV 方程的一类初值问题的反散射方法, 这类初值问题要求初值函数足够光滑并且当其自变量趋于无穷时充分快地趋于零. 随后由于 Lax, Zakharov, Shabat, Ablowitz, Kaup, Newell, Segur 等的工作使得人们认识到这一可积性是被其他许多出现于数学和物理学不同研究领域的重要的非线性偏微分方程所共有的, 如非线性薛定谔方程、mKdV 方程、sine-Gordon 方程, 而这些非线性偏微分方程的可积性质的一个表现是它们具有 Lax 对表示. 非线性可积系统理论的上述发展历史参见 [14, 23] 及其中的参考文献.

Novikov 等在 20 世纪 70 年代中期通过研究 KdV 方程的带有周期初条件的初值问题, 揭示了 KdV 方程的周期解与 Hill 方程的有限带势之间的联系; Dubrovin, Krichever, Flaschka, Its, Matveev, McKean, van Moerbeke 等进一步揭示了 KdV 方程及其高维推广 Kadomtsev-Petviashvili (KP) 方程的拟周期解与黎曼曲面的联系, 见 [24] 及其中文献. 20 世纪 70 年代关于 KdV 方程可积性研究的另一重要方面是关于其哈密顿结构的发现. Faddeev, Zakharov 和 Gardner 发现 KdV 方程可以表示成为一个无穷维的哈密顿系统, 由此揭示了 KdV 方程具有与有限维可积哈密顿系统类似的可积性质[13, 29]. 1978 年 Magri 发现 KdV 方程具有第二个无限维的哈密顿结构，这一哈密顿结构与 Faddeev, Zakharov, Gardner 给出的哈密顿结构是相容的, 它们构成了 KdV 方程的一个双哈密顿结构[22]. 双哈密顿结构是非线性偏微分方程可积性的另一个重要表现, 它也是可积系统与几何学联系的一个重要纽带.

---

① 清华大学数学科学系.

非线性可积系统理论在 20 世纪 80 年代初得到了进一步的发展，这主要归功于苏联数学家 Drinfeld, Sokolov 以及以 Sato, Date, Jimbo, Miwa, Kashiwara 等数学家为代表的京都学派的工作. Drinfeld 和 Sokolov 从任一仿射李代数及其上适当选定的分次出发，构造了一簇具有 Lax 对表示的非线性可积系统. 对于非扭的仿射李代数，他们利用辛约化的无穷维对应给出了相关的可积方程簇的双哈密顿结构. 特别地，对于仿射李代数 $A_1^{(1)}$，他们的构造给出了 KdV 方程以及高阶 KdV 方程，这些可积的非线性偏微分方程构成了 KdV 方程簇[3]. Drinfeld 和 Sokolov 的构造揭示了可积系统与仿射李代数之间的深刻联系，也从一个侧面揭示了非线性可积系统所蕴含的丰富的对称性. Date, Jimbo, Miwa, Kashiwara 受 Sato 发现的孤立子方程与无穷维 Grassmann 流形联系[26, 27] 的启发，利用非扭仿射李代数的基本表示的 boson-fermion 实现，揭示了其最高权向量在相应的李群作用下的轨道与某一可积方程簇的 Hirota 双线性方程的解空间之间的联系，由此也给出了从仿射李代数出发构造非线性可积方程簇的一个方法[2, 15]. 在这一构造中，仿射李代数作为无穷小对称在非线性可积方程簇的可积性研究中显得尤为重要. 随后 Kac 和 Wakimoto 利用仿射李代数的基本表示的正则顶点算子实现进一步推广了 Date, Jimbo, Miwa, Kashiwara 构造可积方程簇的方法[16]. 在 20 世纪 80 年代，数学物理领域中与非线性可积系统理论密切相关的发展还包括在共形场论中有关 W-代数的研究，量子群理论的发展，流体力学型哈密顿结构的几何刻画等.

20 世纪 80 年代末 90 年代初，物理学家 Brezin, Kazakov, Douglas, Shenker, Gross, Migdal 等在研究 2 维引力的矩阵模型量子化中揭示了 KdV 方程簇与量子场论的深刻联系. 他们发现这一矩阵模型的配分函数是 KdV 方程的某一特解的 tau 函数. Witten 随后提出了利用稳定曲线模空间上的相交数给出的 2 维引力的量子化，并且猜测这一 2 维引力的拓扑量子化模型和矩阵模型是等价的，也即稳定曲线模空间上的相交数的生成函数是 KdV 方程的某一特解的 tau 函数的对数，这一猜想于 1992 年由 Kontsevich 证明. Witten 进一步研究了引力与拓扑 sigma 模型的耦合模型以及 r-spin 曲线模空间的相交数与可积系统的联系. Witten 等数学物理学家关于 2 维拓扑场论的研究引发了 Gromov-Witten 理论、Frobenius 流形理论以及 FJRW 量子奇点理论的建立和发展. 上述工作见 [4, 5, 12, 17, 18, 25, 28] 及其中参考文献. 近 20 年来有关这些方面的研究一直是数学物理领域中的研究热点，同时与之相关的非线性可积系统理论的研究也有了重要的进展，见 [10] 及其中参考文献. 我们现在知道，类似于 Witten-Kontsevich 建立的关于 2 维拓扑引力与 KdV 方程簇之间的联系，对具有半单量子上同调的靶空间的 Gromov-Witten 不变量以及 FJRW 量子奇点理论我们也可以建立起它们与非线性可积方程簇之间的联系. 例如 $\mathbb{CP}^1$ 的 Gromov-Witten 不变量对应于拓展 Toda 方程簇[11]，而 ADE

型奇点的 FJRW 不变量对应于由 ADE 型非扭的仿射李代数出发构造的 Drinfeld-Sokolov 方程簇[12]. 这类非线性可积方程簇可以通过半单 Frobenius 流形圈空间上定义的流体力学型双哈密顿可积方程簇的形变得到, 文献 [10] 给出了如何利用 Frobenius 流形的几何结构来构造相应的形变可积方程簇的方法.

在这一讲座中我们来介绍上述与 Gromov-Witten 不变量及 2 维拓扑场论相关的非线性可积方程簇的某些重要性质. 由于这类可积方程簇是一些具有双哈密顿结构的流体力学型可积方程簇的形变, 我们将通过研究流体力学型双哈密顿结构的形变的分类问题来刻画这类可积方程簇, 而双哈密顿上同调的概念是研究这一分类问题的重要工具.

## 3.2　KdV 方程簇及其双哈密顿结构

KdV 方程是关于函数 $u=u(x,t)$ 的如下非线性演化方程

$$u_t+6uu_x+u_{xxx}=0.$$

它由 Korteweg 和 de Vries 于 1895 年导出, 用于描述 J. S. Russell 于 1834 年在英国爱丁堡附近的联盟运河中观察到的现称为孤立波的波动现象. 它的特解

$$u(x,t)=a+\frac{b}{2}\operatorname{sech}^2\left(\frac{\sqrt{b}}{2}(x-ct-x_0)\right)$$

描述了一个以固定速度右行的孤立波, 其中 $a,b$ 为常数, $b>0$, $c=b+6a$. 这一孤立波解是如下由 Korteweg 和 de Vries 给出的 KdV 方程的椭圆余弦波解

$$u(x,t)=a+\frac{k^2b}{2}\operatorname{cn}^2\left(\frac{\sqrt{b}}{2}(x-ct-x_0)\,\middle|\,k^2\right)$$

当 $k\to1$ 时的极限. KdV 方程的如下特解

$$u(x,t)=2\frac{\partial^2\log\tau(x,t)}{\partial x^2},\quad \tau(x,t)=1+a_1e^{\theta_1}+a_2e^{\theta_2}+a_1a_2\kappa e^{\theta_1+\theta_2}$$

描述的是两个以速度 $a_1^2,a_2^2$ 右行的孤立波的波动现象. 这里 $a_1>a_2>0$ 为常数,

$$\theta_i=a_ix-a_i^3t,\quad i=1,2,\quad \kappa=\frac{(a_1-a_2)^2}{(a_1+a_2)^2}.$$

在某一时刻右行速度快且位于另一个后面的孤立波会赶上前面的那个孤立波, 经过一段时间的相互作用后除了有相位改变外这两个孤立波会分开重新以各自原有的速度和形状右行. 正是由于多个孤立波解相互作用的这种类似粒子碰撞的性

质, Kruskal 和 Zabusky 将 KdV 方程的单个或多个孤立波解取名为孤立子 (soliton) 解, 而人们将 KdV 方程这样的非线性偏微分方程称为孤立子方程. 除了 KdV 方程以外, 我们还有无穷多称之为高阶 KdV 方程的孤立子方程, 它们和 KdV 方程以及由沿空间变量 $x$ 平移得到的演化方程一起构成了 KdV 方程簇. 通过适当的尺度变换并通过 $x \to \epsilon x, t \to \epsilon t$ 引入色散参数 $\epsilon$ 后 KdV 方程簇有形式

$$\begin{aligned} u_{t_0} &= u_x, \\ u_{t_1} &= u u_x + \frac{\epsilon^2}{12} u_{xxx}, \\ u_{t_2} &= \frac{1}{2} u^2 u_x + \frac{\epsilon^2}{12}(2 u_x u_{xx} + u u_{xxx}) + \frac{\epsilon^4}{240} u^{(5)}, \\ &\cdots \end{aligned} \tag{3.2.1}$$

这里我们重新记 KdV 方程的时间变量为 $t_1$, $u^{(5)} = \partial_x^5 u$. 这些演化方程给出的流之间两两可交换, 所以我们可以谈论 KdV 方程簇的解 $u = u(x, t_1, t_2, \cdots)$, 其中 $t_0 = x$. Witten-Kontsevich 关于 2 维拓扑引力和 KdV 方程簇联系的定理指出, 2 维拓扑引力的如下特殊的两点关联函数给出了 KdV 方程簇的一个特解:

$$u = \epsilon^2 \frac{\partial^2 \log \tau(t_0, t_1, \cdots)}{\partial x^2} = \sum_{g \geqslant 0} \epsilon^{2g} \frac{\partial^2 \mathcal{F}_g(t_0, t_1, \cdots)}{\partial x^2}.$$

其中 $\tau = e^{\sum_{g\geqslant 0} \epsilon^{2g-2} \mathcal{F}_g}$ 是 2 维拓扑引力的配分函数, 而

$$\mathcal{F}_g = \sum \frac{1}{k!} t_{p_1} \cdots t_{p_k} \int_{\overline{\mathcal{M}}_{g,k}} \psi_1^{p_1} \wedge \cdots \wedge \psi_k^{p_k}$$

称为亏格为 $g$ 的自由能，这里 $\overline{\mathcal{M}}_{g,k}$ 是具有 $k$ 个不同标定点的亏格为 $g$ 的稳定代数曲线所构成的模空间的 Deligne-Mumford 紧化, $\psi_k$ 是第 $k$ 个标定点对应的 $\overline{\mathcal{M}}_{g,k}$ 上的余切线丛的第一陈类. 让我们来列出 $\mathcal{F}_0$, $\mathcal{F}_1$ 的前面一些项

$$\begin{aligned} \mathcal{F}_0 = {} & \frac{t_0^3}{6} + \frac{t_0^3 t_1}{6} + \frac{t_0^3 t_1^2}{6} + \frac{t_0^3 t_1^3}{6} + \frac{t_0^3 t_1^4}{6} + \frac{t_0^4 t_2}{24} + \frac{t_0^4 t_1 t_2}{8} \\ & + \frac{t_0^4 t_1^2 t_2}{4} + \frac{t_0^5 t_2^2}{40} + \frac{t_0^5 t_3}{120} + \frac{t_0^5 t_1 t_3}{30} + \frac{t_0^6 t_4}{720} + \cdots, \\ \mathcal{F}_1 = {} & \frac{t_1}{24} + \frac{t_1^2}{48} + \frac{t_1^3}{72} + \frac{t_1^4}{96} + \frac{t_0 t_2}{24} + \frac{t_0 t_1 t_2}{12} + \frac{t_0 t_1^2 t_2}{8} + \frac{t_0^2 t_2^2}{24} \\ & + \frac{t_0^2 t_3}{48} + \frac{t_0^2 t_1 t_3}{16} + \frac{t_0^3 t_4}{144} + \cdots. \end{aligned}$$

如果记 $v$ 为如下的零亏格两点关联函数

$$v = \frac{\partial^2 \mathcal{F}_0}{\partial x^2},$$

那么从 $u$ 的按亏格展开的表达式我们知道 $v$ 满足如下的无色散 KdV 方程簇:

$$v_{t_p} = \frac{1}{p!} v^p v_x, \quad p \geqslant 0. \tag{3.2.2}$$

另一方面, 物理学家们也知道自由能 $\mathcal{F}_g$ 可以表示为

$$\mathcal{F}_1 = \frac{1}{24} \log v_x, \tag{3.2.3}$$

$$\mathcal{F}_2 = \frac{v^{(4)}}{1152 v_x^2} - \frac{7 v_{xx} v_{xxx}}{1920 v_x^3} + \frac{v_{xx}^3}{360 v_x^4}, \tag{3.2.4}$$

$$\mathcal{F}_g = F_g(v; v_x, v_{xx}, \cdots, v^{(3g-2)}), \quad g \geqslant 1. \tag{3.2.5}$$

其中 $\mathcal{F}_g$ 为 $\frac{1}{v_x}, v_x, v_{xx}, \cdots, v^{(3g-2)}$ 的多项式. 这样, 前面我们给出的 2 维拓扑引力的特殊两点关联函数 $u$ 就可以通过 $v$ 及其关于 $x$ 的各阶导数表示为

$$u = v + \frac{\partial^2}{\partial x^2} \left[ \frac{\epsilon^2}{24} \log v_x + \epsilon^4 \left( \frac{v^{(4)}}{1152 v_x^2} - \frac{7 v_{xx} v_{xxx}}{1920 v_x^3} + \frac{v_{xx}^3}{360 v_x^4} \right) + \mathcal{O}(\epsilon^6) \right] \tag{3.2.6}$$

这一关系式不仅仅是 KdV 方程簇与无色散 KdV 方程簇的两个特解之间的一个联系, 实际上它给出了这两个可积方程簇之间的一个变换, 即如果 $v$ 是无色散 KdV 方程簇的一个解, 则由上式给出的 $u$ 一定也是 KdV 方程簇的一个解 (在关于 $\epsilon$ 的形式幂级数解的意义下). 我们称这样的一个变换为联系无色散 KdV 方程簇与 KdV 方程簇的拟 Miura 变换. 我们也可以写出这一拟 Miura 变换的逆变换

$$v = u + \frac{\partial^2}{\partial x^2} \left[ -\frac{\epsilon^2}{24} \log u_x + \epsilon^4 \left( \frac{u^{(4)}}{1152 u_x^2} - \frac{u_{xx} u_{xxx}}{640 u_x^3} + \frac{u_{xx}^3}{1440 u_x^4} \right) + \mathcal{O}(\epsilon^6) \right].$$

这样的拟 Miura 变换也是唯一的, 因此如果我已经知道 2 维拓扑引力的零亏格自由能, 那么通过寻求联系无色散 KdV 方程和 KdV 方程的拟 Miura 变换我们就能得到高亏格的自由能.

我们也可以将上述 KdV 方程簇看成是无色散 KdV 方程簇的一个形变, KdV 方程簇中出现的参数 $\epsilon$ 作为形变参数. 一个自然的问题是, 除了 KdV 方程簇外是否还有其他的可积方程簇也是无色散 KdV 方程簇的形变? 如果有的话如何从这些可积形变中甄别出哪个是对应于 2 维拓扑引力的 KdV 方程簇?

事实上无色散 KdV 方程簇有很多的可积形变. 例如对于在孤立子理论中重要的 Camassa-Holm 方程

$$u_t - u_{xxt} + 3 u u_x - 2 u_x u_{xx} - u u_{xxx} = 0,$$

我们可以通过如下的尺度变换

$$t \to -3\epsilon t, \quad x \to \epsilon x$$

引入色散参数, 把其改写为

$$u_t = uu_x + \epsilon^2\left(\frac{7}{3}u_x u_{xx} + \frac{2}{3}uu_{xxx}\right) + \epsilon^4\left(\frac{23}{3}u_{xx}u_{xxx} + \frac{11}{3}u_x u^{(4)} + \frac{2}{3}uu^{(5)}\right) + \cdots.$$

这一方程由如下的拟 Miura 变换与无色散 KdV 方程相联系:

$$\begin{aligned} u = v &+ \epsilon^2\left(\frac{7}{6}v_{xx} - \frac{vv_{xx}^2}{3v_x^2} + \frac{vv_{xxx}}{3v_x}\right) + \epsilon^4\left(\frac{6\,v_{xx}^3}{5\,v_x^2} - \frac{202\,v\,v_{xx}^4}{45\,v_x^4}\right. \\ &+ \frac{32\,v^2\,v_{xx}^5}{9\,v_x^6} - \frac{181\,v_{xx}\,v_{xxx}}{90\,v_x} + \frac{398\,v\,v_{xx}^2\,v_{xxx}}{45\,v_x^3} - \frac{70\,v^2\,v_{xx}^3\,v_{xxx}}{9\,v_x^5} - \frac{191\,v\,v_{xxx}^2}{90\,v_x^2} \\ &+ \frac{19\,v^2\,v_{xx}\,v_{xxx}^2}{6\,v_x^4} + \frac{143\,v^{(4)}}{72} - \frac{133\,v\,v_{xx}\,v^{(4)}}{45\,v_x^2} + \frac{34\,v^2\,v_{xx}^2\,v^{(4)}}{15\,v_x^4} - \frac{73\,v^2\,v_{xxx}\,v^{(4)}}{90\,v_x^3} \\ &\left.+ \frac{13\,v\,v^{(5)}}{18\,v_x} - \frac{41\,v^2\,v_{xx}\,v^{(5)}}{90\,v_x^3} + \frac{v^2\,v^{(6)}}{18\,v_x^2}\right) + \cdots. \end{aligned}$$

这一拟 Miura 变换也将整个无色散 KdV 方程簇变为 Camassa-Holm 方程簇.

为了把 KdV 方程簇从无色散 KdV 方程簇的不同可积形变中区分开来, 我们要借助于这些可积方程簇的某些代数或几何结构. 在这里, 我们要借助于 KdV 方程簇的双哈密顿结构所特有的性质将它和 Camassa-Holm 等其他无色散 KdV 方程簇的可积形变区分开来. 我们知道 KdV 方程簇是一双哈密顿可积方程簇, 它有表示

$$u_{t_p} = \{u(x), H_p\}_1 = \left(p + \frac{1}{2}\right)^{-1}\{u(x), H_{p-1}\}_2, \quad p \geqslant 0,$$

其中的双哈密顿结构由如下两个相容的 Poisson 括号给出:

$$\begin{aligned} &\{u(x), u(y)\}_1 = \delta'(x-y), \\ &\{u(x), u(y)\}_2 = u(x)\delta'(x-y) + \frac{1}{2}u'(x)\delta(x-y) + \frac{\epsilon^2}{8}\delta'''(x-y), \end{aligned} \tag{3.2.7}$$

而哈密顿量 $H_p = \int h_p(u, u_x, \cdots)\mathrm{d}x$ 由 $h_{-1} = u(x)$ 以及上面的双哈密顿递推关系确定, 例如

$$h_0 = \frac{u^2}{2} + \frac{\epsilon^2}{12}u_{xx}, \quad h_1 = \frac{u^3}{6} + \frac{\epsilon^2}{24}\left(u_x^2 + 2uu_{xx}\right) + \frac{\epsilon^4}{240}u^{(4)}.$$

另一方面, 我们知道 Camassa-Holm 方程簇也可以表示为一个双哈密顿可积方程簇, 相应的双哈密顿结构由如下两个相容的 Poisson 括号给出:

$$\begin{aligned} &\{u(x), u(y)\}_1 = \delta'(x-y) - \frac{\epsilon^2}{8}\delta'''(x-y), \\ &\{u(x), u(y)\}_2 = u(x)\delta'(x-y) + \frac{1}{2}u'(x)\delta(x-y). \end{aligned} \tag{3.2.8}$$

这一双哈密顿结构和上面我们给出的 KdV 方程簇的双哈密顿结构都是如下的无色散 KdV 方程簇的双哈密顿结构的形变

$$\begin{aligned}&\{u(x),u(y)\}_1=\delta'(x-y),\\&\{u(x),u(y)\}_2=u(x)\delta'(x-y)+\frac{1}{2}u'(x)\delta(x-y).\end{aligned}\tag{3.2.9}$$

我们将在下面说明如何来通过考虑这一双哈密顿结构的形变在 Miura 型变换

$$u\to\tilde{u}=u+\sum_{k=1}^{\infty}\epsilon^k A_k(u;u_x,\cdots,u^{(k)})$$

下的分类问题来说明上述 KdV 方程簇和 Camassa-Holm 方程簇的双哈密顿结构之间的区别, 这里 $A_k(u;u_x,\cdots,u^{(k)})$ 为 $u_x,\cdots,u^{(k)}$ 的多项式. 为此我们要找出形变后的双哈密顿结构在上述 Miura 型变换下的不变量用以刻画形变的模空间.

## 3.3　无穷维哈密顿结构及其上同调

在经典力学中, 一个哈密顿系统由定义在相空间上的光滑函数之间的一个 Poisson 括号以及一个哈密顿函数确定, 这样的哈密顿系统对应于一个常微分方程组, 我们称它为有限维哈密顿系统. 哈密顿系统的概念可以推广到场论中的偏微分方程组, 这时的 Poisson 括号定义在局部泛函空间上, 而哈密顿函数相应地由哈密顿泛函代替. 我们也称这样的 Poisson 括号为相应的偏微分方程组的一个无穷维哈密顿结构. 我们知道, 在有限维情形 Poisson 括号可以由相空间上的某一 Poisson 2-矢量来实现, 而对一类无穷维哈密顿结构, 我们也可以通过定义在某一有限维流形的无穷维 jet-空间上的一个局部 2-矢量来表示局部泛函之间的 Poisson 括号. 在这节让我们来简要介绍无穷维 jet-空间上多矢量之间的 Schouten-Nijenhuis 括号, 并由此给出一类我们所关心的无穷维哈密顿结构的定义. 更为详细的叙述见文献 [20, 21].

给定一 $n$ 维光滑流形 $M$, 记 $\hat{M}=\Pi(T^*M)$ 为由 $M$ 的余切丛通过逆转其纤维上的宇称 (parity) 得到的 $(n|n)$ 维的超流形. 我们知道 $M$ 上的多矢量空间可以看成是 $\hat{M}$ 上的光滑函数空间, 即

$$C^{\infty}(\hat{M})=\Gamma(\Lambda(TM)).$$

在这样的对应关系下, $M$ 上多矢量之间的 Schouten-Nijenhuis 括号可以通过 $\hat{M}$ 上的典则超辛结构给出的 Poisson 括号给出. 假设 $\hat{U}=U\times\mathbb{R}^{0|n}$ 为 $\hat{M}$ 的一个局部平

凡化, $u^1, \cdots, u^n$ 为 $U$ 上的坐标系, $\theta_1, \cdots, \theta_n$ 为纤维 $\mathbb{R}^{0|n}$ 上相应的对偶坐标, 这些超变量满足交换关系

$$\theta_i\theta_j + \theta_j\theta_i = 0.$$

那么对 $M$ 上的两个多矢量 $P \in \Gamma(\Lambda^p(TM)), Q \in \Gamma(\Lambda^q(TM))$, 它们之间的 Schouten-Nijenhuis 括号在上述局部坐标系下可以表示为

$$[P, Q] = \frac{\partial P}{\partial \theta_i}\frac{\partial Q}{\partial u^i} + (-1)^p \frac{\partial P}{\partial u^i}\frac{\partial Q}{\partial \theta_i}.$$

为了研究无穷维哈密顿结构, 我们需要在无穷维 jet-空间 $J^\infty(\hat{M})$ 上引入类似的 Schouten-Nijenhuis 括号. 无穷维 jet-空间 $J^\infty(\hat{M})$ 是通过 $\hat{M}$ 上的 jet-空间 $J^k(\hat{M})$ 来定义的, 其中 $J^k(\hat{M})$ 是一个以 $\hat{M}$ 上的曲线芽的 $k$- 阶 Taylor 多项式空间作为纤维的 $\hat{M}$ 上的纤维丛. 设 $(\hat{U}; u^i, \theta_i, i = 1, \cdots, n)$ 为前面引入的 $\hat{M}$ 上的一个局部坐标系, 则 $J^k(\hat{M})$ 有局部平凡化 $\hat{U} \times \mathbb{R}^{nk|nk}$, 其纤维 $\mathbb{R}^{nk|nk}$ 上的坐标可以取为

$$u^{i,s} = \left.\frac{\mathrm{d}^s u^i(x)}{\mathrm{d}x^s}\right|_{x=0}, \quad \theta_i^s = \left.\frac{\mathrm{d}^s \theta_i(x)}{\mathrm{d}x^s}\right|_{x=0}, \quad s = 1, \cdots, n.$$

它们称为 $\hat{M}$ 上的 jet-变量. $\hat{M}$ 上的无穷维 jet-空间由如下的射影极限来定义:

$$J^\infty(\hat{M}) = \varprojlim_k J^k(\hat{M}),$$

相应地, $J^\infty(\hat{M})$ 上的光滑函数空间可以由如下的归纳极限来定义:

$$C^\infty(J^\infty(\hat{M})) = \varinjlim_k C^\infty(J^k(\hat{M})).$$

我们称 $f \in C^\infty(J^\infty(\hat{M}))$ 为 $\hat{M}$ 上的一个微分多项式, 如果在某一局部坐标系下 $f$ 是 jet-变量的多项式. 记 $\hat{M}$ 上所有微分多项式构成的代数为 $\hat{\mathcal{A}}$, 那么在局部坐标系下 $\hat{\mathcal{A}}$ 可以表示为

$$C^\infty(\hat{U})[u^{i,s}, \theta_i^s \mid i = 1, \cdots, n,\ s = 1, 2, \cdots].$$

我们可以在 $\hat{\mathcal{A}}$ 上通过如下的方式引入一个分次

$$\deg u^{i,s} = \deg \theta_i^s = s, \quad \deg f = 0 \text{ 对 } f \in C^\infty(\hat{U}),$$

则 $\hat{\mathcal{A}}$ 中的元素 $f$ 可以表示为齐次多项式的和

$$f = f_0 + f_1 + \cdots, \quad \deg f_k = k.$$

利用这一分次我们可以引入 $\hat{\mathcal{A}}$ 上的一个赋值

$$\nu(f)=\begin{cases}\min\{k \mid f_k\neq 0\}, & f\neq 0,\\ \infty, & f=0.\end{cases}$$

它诱导了 $\hat{\mathcal{A}}$ 上的一个距离

$$\mathrm{d}(f,g)=e^{-\nu(f-g)}.$$

利用 $\hat{\mathcal{A}}$ 上这一距离将 $\hat{\mathcal{A}}$ 完备化, 由此得到的代数我们仍然称其为 $\hat{M}$ 上的微分多项式代数并仍记之为 $\hat{\mathcal{A}}$. 在局部坐标系下, $\hat{\mathcal{A}}$ 可以表示为

$$C^\infty(\hat{U})[[u^{i,s},\theta_i^s \mid i=1,\cdots,n,\ s=1,2,\cdots]].$$

记 $\hat{\mathcal{A}}$ 中次数为 $d$ 的齐次微分多项式构成的分支为 $\hat{\mathcal{A}}_d$. 以后我们往往会用一个形式参数 $\epsilon$ 来标记一个微分多项式的齐次部分的次数, 例如我们会将一个微分多项式记为

$$f=f_0+\epsilon f_1+\epsilon^2 f_2+\cdots,$$

其中 $f_k\in\hat{\mathcal{A}}_{k+d_0}$, 而 $d_0=\nu(f)$.

在 $\hat{\mathcal{A}}$ 上我们还可以引入一个超分次使得

$$\deg\theta_i^s=1,\quad \deg u^{i,s}=0,\quad \deg f=0\ \text{当}\ f\in C^\infty(M),$$

这里 $s\geqslant 0$, 而 $\theta_i^0=\theta_i, u^{i,0}=u^i$. 记 $\hat{\mathcal{A}}$ 中在这一超分次下次数为 $d$ 的齐次微分多项式构成的分支为 $\hat{\mathcal{A}}^d$, 则有

$$\hat{\mathcal{A}}=\bigoplus_{d\geqslant 0}\hat{\mathcal{A}}_d=\bigoplus_{d\geqslant 0}\hat{\mathcal{A}}^d.$$

我们也记

$$\hat{\mathcal{A}}_q^p=\hat{\mathcal{A}}^p\cap\hat{\mathcal{A}}_q,\quad p,q\geqslant 0.$$

则 $\hat{\mathcal{A}}_0^0=C^\infty(M)$, 而 $\hat{\mathcal{A}}^0$ 称为是 $M$ 上的微分多项式代数, 记之为 $\mathcal{A}$, 它可以表示为

$$\mathcal{A}=\bigoplus_{d\geqslant 0}\mathcal{A}_d,\quad \mathcal{A}_d=\hat{\mathcal{A}}_d\cap\hat{\mathcal{A}}^0.$$

在 $J^\infty(\hat{M})$ 上有如下整体定义的向量场:

$$\partial=\sum_{s\geqslant 0}\left(u^{i,s+1}\frac{\partial}{\partial u^{i,s}}+\theta_i^{s+1}\frac{\partial}{\partial\theta_i^s}\right).$$

**定义3.3.1** 我们分别称商空间

$$\hat{\mathcal{F}}=\hat{\mathcal{A}}/\partial\hat{\mathcal{A}},\quad \mathcal{F}=\mathcal{A}/\partial\mathcal{A}$$

中的元素为 $\hat{M}$ 和 $M$ 上的局部泛函.

上面我们在 $\hat{\mathcal{A}}$ 和 $\mathcal{A}$ 上定义的分次自然诱导到局部泛函空间上得到其上的分次

$$\hat{\mathcal{F}}=\bigoplus_{d\geqslant 0}\hat{\mathcal{F}}_d=\bigoplus_{d\geqslant 0}\hat{\mathcal{F}}^d,\quad \mathcal{F}=\bigoplus_{d\geqslant 0}\mathcal{F}_d=\bigoplus_{d\geqslant 0}\mathcal{F}^d.$$

我们将用符号 $\int$ 记投射 $\hat{\mathcal{A}}\to\hat{\mathcal{F}}$, $\mathcal{A}\to\mathcal{F}$, 并称 $\hat{\mathcal{F}}^p$ 中的元素为 $J^\infty(\hat{M})$ 上的一个 $p$- 矢量. 我们注意到 $J^\infty(\hat{M})$ 上的任意一个 1- 矢量 $X$ 总可以表示为

$$X=\int X^i\theta_i,\quad X^i\in\mathcal{A}.$$

它定义了 $\mathcal{A}$ 上的一个导子

$$D_X=\sum_{s\geqslant 0}\partial^s(X^i)\frac{\partial}{\partial u^{i,s}},\tag{3.3.1}$$

以及 $J^\infty(M)$ 上的一个演化向量场 (evolutionary vector field, 仍然记之为 $X$), 因此我们有如下的一个偏微分方程组

$$\frac{\partial u^i}{\partial t}=X^i,\quad i=1,\cdots,n.$$

我们定义微分多项式关于 $u^i$ 和 $\theta_i$ 的变分导数, 使得

$$\delta^i f=\frac{\delta f}{\delta\theta_i}=\sum_{s\geqslant 0}(-\partial)^s\frac{\partial f}{\partial\theta_i^s},\quad \delta_i f=\frac{\delta f}{\delta u^i}=\sum_{s\geqslant 0}(-\partial)^s\frac{\partial f}{\partial u^{i,s}},\quad i=1,\cdots,n.$$

这里 $f\in\hat{\mathcal{A}}$. 容易验证算子 $\delta^i$ 和 $\delta_i$ 具有性质

$$\delta^i\partial=\delta_i\partial=0,$$

由此我们知道它们诱导了从 $\hat{\mathcal{F}}$ 到 $\hat{\mathcal{A}}$ 的算子, 仍然记之为 $\delta^i$ 和 $\delta_i$.

现在我们可以定义 $J^\infty(\hat{M})$ 上的多矢量空间上的 Schouten-Nijenhuis 括号了, 它定义为

$$[\ ,\ ]:\hat{\mathcal{F}}^p\times\hat{\mathcal{F}}^q\to\hat{\mathcal{F}}^{p+q-1},\quad [P,Q]=\int\left(\frac{\delta P}{\delta\theta_i}\frac{\delta Q}{\delta u^i}+(-1)^p\frac{\delta P}{\delta u^i}\frac{\delta Q}{\delta\theta_i}\right),$$

这里 $P\in\hat{\mathcal{F}}^p$, $Q\in\hat{\mathcal{F}}^q$.

**定理3.3.2** ([20]) 对任意 $P\in\hat{\mathcal{F}}^p$, $Q\in\hat{\mathcal{F}}^q$, $R\in\hat{\mathcal{F}}^r$, 我们有

(i) $[P,Q]=(-1)^{pq}[Q,P]$;

(ii) $(-1)^{pr}[[P,Q],R]+(-1)^{qp}[[Q,R],P]+(-1)^{rq}[[R,P],Q]=0$.

**定义3.3.3** 我们称一个 2-矢量 $P\in\hat{\mathcal{F}}^2$ 为 $J^\infty(\hat{M})$ 上的一个 Poisson 2-矢量或者一哈密顿结构, 如果 $[P,P]=0$. 我们称一个 1-矢量 $X$ 给出了 $J^\infty(M)$ 上的一个哈密顿向量场, 如果存在一个 Poisson 2-矢量 $P\in\hat{\mathcal{F}}^2$ 以及一个局部泛函 $F\in\mathcal{F}$ 使得 $X=-[P,F]$.

对于给定的一个 Poisson 2-矢量 $P$, 我们可以定义 $M$ 上的两个局部泛函之间的 Poisson 括号:

$$\{\ ,\ \}_P:\mathcal{F}\times\mathcal{F}\to\mathcal{F},\quad (F,G)\mapsto\{F,G\}_P,$$

其中 $\{F,G\}_P=-[F,[P,G]]$. 它满足如下的反称性和 Jacobi 恒等式:

(i) $\{F,G\}_P=-\{G,F\}_P$;

(ii) $\{F,\{G,H\}_P\}_P+\{G,\{H,F\}_P\}_P+\{H,\{F,G\}_P\}_P=0$.

一个 Poisson 2-矢量 $P\in\hat{\mathcal{F}}^2$ 可以唯一地表示为

$$P=\frac{1}{2}\int P_s^{ij}\theta_i\theta_j^s,$$

其中 $P_s^{ij}\in\mathcal{A}$ 且满足反称性条件

$$P_s^{ij}\partial^s=(-1)^{s+1}\partial^s P_s^{ji}.$$

这样, 两个局部泛函之间的 Poisson 括号就可以表示为

$$\{F,G\}_P=\int\frac{\delta F}{\delta u^i}P_s^{ij}\partial^s\frac{\delta G}{\delta u^j}.$$

称 $(P_s^{ij}\partial^s)$ 为哈密顿结构 $P$ 对应的哈密顿算子, 我们也往往称之为哈密顿结构并记之为 $P$.

**定义3.3.4** 称一个哈密顿结构 $P=(P_s^{ij}\partial^s)$ 为流体力学型的, 如果 $P\in\hat{\mathcal{F}}_1^2$ 或等价地,

$$P_0^{ij}\in\mathcal{A}_1,\quad P_1^{ij}\in\mathcal{A}_0,\quad P_s^{ij}=0,\quad s\geqslant 2,$$

并且 $(P_1^{ij})$ 是非退化的.

根据 Dubrovin 和 Novikov 的定理[8], $P=(P_s^{ij}\partial^s)$ 是一个流体力学型的哈密顿结构当且仅当 $g_{ij}=(P_1^{ij})^{-1}$ 给出了 $M$ 上的一个平坦的伪黎曼度量, 而

$$P_0^{ij}=\Gamma_l^{ij}u^{l,1},$$

其中 $\Gamma_l^{ij}$ 由 $g$ 的 Levi-Civita 联络的 Christoffel 符号通过如下关系定义:

$$\Gamma_l^{ij} = -g^{ik}\Gamma_{kl}^j.$$

**注3.3.5** 以上我们将 $M$ 上的局部泛函看成是 jet-空间 $J^\infty(M)$ 上的函数来考虑它们之间的 Poisson 括号. 我们也可以将局部泛函看成是圈空间

$$\mathcal{L}(M) = C^\infty(S^1, M)$$

上的泛函. 为此我们记 $\phi^\infty$ 为其上的元素 $\phi$ 到 $\mathcal{L}(J^\infty(M)) = C^\infty(S^1, J^\infty(M))$ 的提升, 那么对 $M$ 上的一个局部泛函 $F = \int f$, 其中 $f \in C^\infty(J^\infty(M))$, 我们有相应的 $\mathcal{L}(M)$ 上的泛函

$$\int_{S^1} f(\phi^\infty(x))dx.$$

给定一个 Poisson 2-矢量 $P$, 则它在圈空间上的泛函之间定义的 Poisson 括号可以表示为

$$\{F, G\}_P = \int_{S^1} \frac{\delta F}{\delta u^i(x)} \left(P_s^{ij}(\phi^\infty(x))\partial_x^s\right) \frac{\delta G}{\delta u^j(x)} dx.$$

如果我们引入如下由广义函数给出的"泛函"

$$u^i(y) = \int_{S^1} u^i(x)\delta(x-y)dx, \quad u^i(z) = \int_{S^1} u^i(x)\delta(x-z)dx,$$

那么它们之间的 Poisson 括号有表示

$$\{u^i(y), u^j(z)\}_P = P_s^{ij}(u(y), u'(y), \cdots)\delta^{(s)}(y-z).$$

我们在第 3.2 节中列举的 Poisson 括号就是以这种形式给出的, 下面我们也还会用这种表示形式.

**引理3.3.6** 设 $P \in \hat{\mathcal{F}}^2$ 为一哈密顿结构, 定义 $\hat{\mathcal{F}}$ 上的伴随作用

$$d_P : \hat{\mathcal{F}}^q \to \hat{\mathcal{F}}^{q+1}, \quad d_P(Q) = [P, Q], \quad \forall Q \in \hat{\mathcal{F}}.$$

则我们有 $d_P^2 = 0$.

由上述引理我们知道, 给定一个哈密顿结构 $P \in \hat{\mathcal{F}}^2$, 我们就有复形 $(\hat{\mathcal{F}}, d_P)$, 其上同调群定义为

$$H^k(\hat{\mathcal{F}}, P) = \frac{\operatorname{Ker} d_P|_{\hat{\mathcal{F}}^k}}{\operatorname{Im} d_P|_{\hat{\mathcal{F}}^{k-1}}}, \quad k \geqslant 0.$$

从这一定义我们看到, $H^0(\hat{\mathcal{F}}, P)$ 刻画的是哈密顿结构的所有 Casimir 构成的空间, 也即对 $F \in H^0(\hat{\mathcal{F}}, P) \subset \hat{\mathcal{F}}$, 有

$$\{F, G\}_P = 0, \quad \forall G \in \hat{\mathcal{F}}.$$

而 $H^1(\hat{\mathcal{F}},P)$ 则表示 $P$ 的所有对称构成的空间与相应于哈密顿结构 $P$ 的哈密顿向量场构成的空间的商空间. 下面我们要说明 $H^2(\hat{\mathcal{F}},P)$ 和 $H^3(\hat{\mathcal{F}},P)$ 刻画了 $P$ 的形变的性质, 为此先给出如下的定义.

**定义3.3.7**　(i) 我们称 $\tilde{P}=P+Q\in\hat{\mathcal{F}}^2$ 为哈密顿结构 $P$ 的一个形变, 如果 $\nu(Q)>\nu(P)$ 并且 $[\tilde{P},\tilde{P}]=0$. 称 $P$ 的两个形变 $\tilde{P}_1,\tilde{P}_2$ 是等价的, 如果存在 $X\in\hat{\mathcal{F}}^1$ 使得 $\nu(X)>0$ 且 $\tilde{P}_2=\exp(\mathrm{ad}_X)\tilde{P}_1$.

(ii) 我们称 $Q\in\hat{\mathcal{F}}^2$ 为哈密顿结构 $P$ 的一个无穷小形变, 如果 $\nu(Q)>\nu(P)$ 并且 $[P,Q]=0$. 称 $P$ 的两个无穷小形变 $Q_1,Q_2$ 是等价的, 如果存在 $X\in\hat{\mathcal{F}}^1$ 使得 $Q_2=Q_1+[P,X]$.

由上述定义, 我们知道 $H^2(\hat{\mathcal{F}},P)$ 刻画的是哈密顿结构 $P$ 的无穷小形变的等价类, 而如果 $H^3(\hat{\mathcal{F}},P)$ 是平凡的, 则 $P$ 的任意一个无穷小形变总可以拓展为 $P$ 的一个形变.

现在我们假定 $P$ 是一个流体力学型的哈密顿结构, 即 $P\in\hat{\mathcal{F}}_1^2$, 那么 $\hat{\mathcal{F}}$ 上的分次诱导了 $H^k(\hat{\mathcal{F}},P)$ 上的分次

$$H^k(\hat{\mathcal{F}},P)=\bigoplus_{d\geqslant 0}H_d^k(\hat{\mathcal{F}},d_P),$$

其中

$$H_d^k(\hat{\mathcal{F}},d_P)=\frac{\hat{\mathcal{F}}_d^k\cap\operatorname{Ker}d_P}{\hat{\mathcal{F}}_d^k\cap\operatorname{Im}d_P},\quad k,d\geqslant 0.$$

我们有如下的定理.

**定理3.3.8**　设 $P\in\hat{\mathcal{F}}_1^2$ 为一流体力学型的哈密顿结构, 则对任意 $p\geqslant 0$ 有

$$H_{>0}^p(\hat{\mathcal{F}},d_P)=0.$$

由此定理我们知道一个流体力学型的哈密顿结构的形变总是平凡的, 即其形变可以通过一个 Miura 型变换 (见下节) 得到.

## 3.4　双哈密顿结构及其上同调

我们称一对哈密顿结构 $P_1,P_2\in\hat{\mathcal{F}}^2$ 构成一双哈密顿结构 $(P_1,P_2)$, 如果它们满足条件 $[P_1,P_2]=0$, 或者等价地, 对任意 $\lambda\in\mathbb{R}$,

$$P_2+\lambda P_1$$

也是一哈密顿结构. 满足这一条件的两个哈密顿结构 $P_1,P_2$ 也称为是相容的.

现给定流体力学型双哈密顿结构 $(P_1,P_2)$, 记 $d_1=d_{P_1},d_2=d_{P_2}$. 则由双哈密顿结构的定义我们知道

$$d_1^2 = d_2^2 = 0, \quad d_1 d_2 + d_2 d_1 = 0,$$

因此我们有双复形 $(\hat{\mathcal{F}}, d_1, d_2)$, 其双哈密顿上同调定义为

$$BH_d^p(\hat{\mathcal{F}}, d_1, d_2) = \frac{\hat{\mathcal{F}}_d^p \cap \operatorname{Ker} d_1 \cap \operatorname{Ker} d_2}{\hat{\mathcal{F}}_d^p \cap \operatorname{Im}(d_1 d_2)}, \quad p, d \geqslant 0.$$

我们记

$$BH_{\geqslant k}^p(\hat{\mathcal{F}}, d_1, d_2) = \bigoplus_{d \geqslant k} BH_d^p(\hat{\mathcal{F}}, d_1, d_2), \quad p \geqslant 0,$$

则由上述定义以及定理3.3.8, 我们知道 $BH_{\geqslant 0}^0(\hat{\mathcal{F}}, d_1, d_2)$ 是由 $P_1, P_2$ 的公共 Casimir 构成的空间, $BH_{\geqslant 1}^1(\hat{\mathcal{F}}, d_1, d_2)$ 是由双哈密顿结构 $(P_1, P_2)$ 的双哈密顿向量场构成的空间, $BH_{\geqslant 2}^2(\hat{\mathcal{F}}, d_1, d_2)$ 刻画了双哈密顿结构 $(P_1, P_2)$ 的无穷小形变的等价类, 而如果 $BH_{\geqslant 2\delta}^3(\hat{\mathcal{F}}, d_1, d_2)$ 是平凡的, 那么双哈密顿结构的任一无穷小形变总可以拓展为它的一个形变, 这里 $\delta$ 是 $BH_{\geqslant 2}^2(\hat{\mathcal{F}}, d_1, d_2)$ 中元素的最小阶.

设流体力学型双哈密顿结构 $(P_1, P_2)$ 对应的反变伪黎曼度量分别为 $g_1^{ij}(u)$ 和 $g_2^{ij}(u)$, 若如下特征方程

$$\det\left(g_2^{ij}(u) - \lambda g_1^{ij}(u)\right) = 0$$

的解 $\lambda_1(u), \cdots, \lambda_n(u)$ 两两不同且不是常数, 则称 $(P_1, P_2)$ 是半单的, 而这些特征根则称为 $(P_1, P_2)$ 的正则坐标. 对于半单流体力学型双哈密顿结构的双哈密顿上同调, 我们有如下的重要结论.

**定理3.4.1** 设 $(P_1, P_2)$ 为一半单流体力学型双哈密顿结构, 则

$$BH_d^2(\hat{\mathcal{F}}, d_1, d_2) \cong \begin{cases} 0, & d = 2,\ d \geqslant 4, \\ \bigoplus_{k=1}^{n} C^\infty(\mathbb{R}), & d = 3, \end{cases}$$

$$BH_{d \geqslant 5}^3(\hat{\mathcal{F}}, d_1, d_2) \cong 0.$$

上述定理中关于 $BH_d^2(\hat{\mathcal{F}}, d_1, d_2)$ 的结果由文献 [6, 19] 给出, 对于无色散 KdV 方程簇的双哈密顿结构 $(n = 1)$

$$P_1 = \frac{1}{2}\int \theta_1 \theta_1^1, \quad P_2 = \frac{1}{2}\int u^1 \theta_1 \theta_1^1,$$

其双哈密顿上同调群 $BH_{\geqslant 5}^3(\hat{\mathcal{F}}, d_1, d_2)$ 的平凡性由文献 [21] 给出. 对于一般的半单流体力学型双哈密顿结构, $BH_{\geqslant 5}^3(\hat{\mathcal{F}}, d_1, d_2)$ 的平凡性的证明由文献 [1] 给出. 这些双哈密顿上同调群的计算并不容易, 需要借助于对某一辅助复形的上同调群的计算, 其中一个关键工具由文献 [21] 的引理 4.4 和推论 4.6 给出.

下面我们再来解释如何利用定理 3.3.8, 定理 3.4.1 来刻画流体力学型双哈密顿结构的形变的分类. 给定流体力学型双哈密顿结构 $(P_1, P_2)$ 的一个形变

$$\tilde{P}_1 = P_1 + \sum_{k\geqslant 1} \epsilon^k P_1^{[k]}, \quad \tilde{P}_2 = P_2 + \sum_{k\geqslant 1} \epsilon^k P_2^{[k]},$$

其中 $P_1^{[k]}, P_2^{[k]} \in \hat{\mathcal{F}}^2_{k+1}$. 由 $[\tilde{P}_1, \tilde{P}_1] = 0$ 我们知道 $[P_1, P_1^{[1]}] = 0$, 因此利用定理 3.3.8 的结论 $H^2_{>0}(\hat{\mathcal{F}}, d_{P_1}) = 0$ 我们知道存在向量场 $X = \displaystyle\int X^i\theta_i \in \hat{\mathcal{F}}^1$ 使得坐标变换 (我们也称之为第二类 Miura 型变换, 其中的算子 $D_X$ 由 (3.3.1) 给出)

$$u^i \mapsto w^i = e^{D_X} u^i, \quad i = 1, \cdots, n$$

诱导的局部泛函空间 $\hat{\mathcal{F}}$ 上的同构将 $\tilde{P}_1$ 变为 $P_1$, 即

$$e^{-\operatorname{ad}_X} \tilde{P}_1 = P_1.$$

相应地, 哈密顿结构 $\tilde{P}_2$ 变为

$$\bar{P}_2 = e^{-\operatorname{ad}_X} \tilde{P}_2 = P_2 + \sum_{k\geqslant 1} \epsilon^k Q^{[k]}, \quad Q^{[k]} \in \hat{\mathcal{F}}^2_k.$$

由 $[P_1, Q^{[1]}] = [P_2, Q^{[1]}] = 0$ 以及 $BH^2_2(\hat{\mathcal{F}}, d_1, d_2)$ 的平凡性可知, 存在 $F \in \mathcal{F}$ 使得

$$Q^{[1]} = [P_2, [P_1, F]].$$

现取向量场 $Y = [P_1, F] = \displaystyle\int Y^i\theta_i$, 则在 Miura 型变换 $w^i = e^{D_Y} u^i$ 下 $P_1$ 保持不变, 而 $\bar{P}_2$ 则变为

$$e^{-\epsilon \operatorname{ad}_Y} \bar{P}_2 = P_2 + \sum_{k\geqslant 2} \epsilon^k W^{[k]}.$$

因此原来给定的半单流体力学型双哈密顿结构 $(P_1, P_2)$ 的形变 $(\tilde{P}_1, \tilde{P}_2)$ 在 Miura 型变换下等价于双哈密顿结构

$$(P_1, P_2 + \epsilon^2 W_2 + \epsilon^3 W_3 + \cdots), \quad \text{其中 } W_k \in \hat{\mathcal{F}}^2_{k+1},\ k \geqslant 2.$$

而定理 3.4.1 的结论 $BH^2_3(\hat{\mathcal{F}}, d_1, d_2) \cong \bigoplus_{k=1}^n C^\infty(\mathbb{R})$ 告诉我们上述双哈密顿结构的等价类中的形变项 $W_2 \in \hat{\mathcal{F}}^2_3$ 可以依赖于 $n$ 个单变量函数作为参变量. 事实上, 由 [6] 可知, 在经过适当的 Miura 型变换后, $W_2$ 可以表示为

$$W_2 = -[P_2, [P_1, J]], \tag{3.4.1}$$

其中

$$J=\int\sum_{i=1}^{n}c_i(u^i)u^{i,1}\log u^{i,1}.$$

注意这里虽然 $J\notin\mathcal{F}$, 但是它和 $P_1,P_2$ 之间的 Schouten-Nijenhuis 括号仍可和前面定义的多矢量之间的 Schouten-Nijenhuis 括号一样计算. 这组单变量函数 $c_1(u^1),\cdots,c_n(u^n)$ 称为**双哈密顿结构** $(\tilde{P}_1,\tilde{P}_2)$ **的中心不变量**, 它们可以从 $(\tilde{P}_1,\tilde{P}_2)$ 在正则坐标下的表示给出. 我们知道, 在正则坐标 $u^1,\cdots,u^n$ 下 $(\tilde{P}_1,\tilde{P}_2)$ 对应的哈密顿算子有表示

$$\tilde{P}_1^{ij}=A_{1,0}^{ij}\partial+A_{1,1}^{ij}+\epsilon\sum_{k=0}^{2}B_{1,k}^{ij}\partial^{2-k}+\epsilon^2\sum_{k=0}^{3}C_{1,k}^{ij}\partial^{3-k}+\mathcal{O}(\epsilon^3),\tag{3.4.2}$$

$$\tilde{P}_2^{ij}=A_{2,0}^{ij}\partial+A_{2,1}^{ij}+\epsilon\sum_{k=0}^{2}B_{2,k}^{ij}\partial^{2-k}+\epsilon^2\sum_{k=0}^{3}C_{2,k}^{ij}\partial^{3-k}+\mathcal{O}(\epsilon^3),\tag{3.4.3}$$

其中 $A_{1,0}^{ij},A_{2,0}^{ij}$ 有形式

$$A_{1,0}^{ij}=f^i(u)\delta_{ij},\quad A_{2,0}^{ij}=u^if^i(u)\delta_{ij}.$$

那么由 [6] 我们知道中心不变量有表达式

$$c_i(u)=\frac{1}{3(f^i(u))^2}\left(C_{2,0}^{ii}-u^iC_{1,0}^{ii}+\sum_{k\neq i}\frac{(B_{2,0}^{ki}-u^iB_{1,0}^{ki})^2}{f^k(u)(u^k-u^i)}\right),\quad i=1,\cdots,n.$$

这组函数只依赖于流体力学型双哈密顿结构 $(P_1,P_2)$ 的形变 $(\tilde{P}_1,\tilde{P}_2)$ 在 Miura 型变换下的等价类. 由定理 3.4.1 的结论 $BH_{d\geqslant 4}^2\cong 0$ 可知, $(P_1,P_2)$ 的两个形变等价当且仅当这两个形变的双哈密顿结构有相同的中心不变量.

另一方面, 定理 3.4.1 的结论 $BH_{d\geqslant 5}^3(\hat{\mathcal{F}},d_1,d_2)\cong 0$ 说明, 任意给定一组单变量光滑函数 $c_1(u^1),\cdots,c_n(u^n)$, 则必存在 $(P_1,P_2)$ 的一个形变使得其中心不变量正好是这组给定的函数. 为说明这一形变的存在性, 我们首先通过 (3.4.1) 来定义 $W_2$, 然后让我们来说明 $(P_1,P_2)$ 的如下形式的形变的存在性:

$$(P_1,P_2+\epsilon^2W_2+\epsilon^4W_4+\epsilon^6W_6+\cdots),\quad W_k\in\hat{\mathcal{F}}_{k+1}^2.$$

由双哈密顿结构的定义可知 $W_4$ 必须满足如下方程:

$$[P_1,W_4]=0,\quad [P_2,W_4]+[W_2,W_2]=0.$$

而由 $W_2$ 的定义我们知道

$$[W_2,W_2]\in\operatorname{Ker}d_1\cap\operatorname{Ker}d_2\cap\hat{\mathcal{F}}_6^3,$$

故由 $BH^3_6(\hat{\mathcal{F}}, d_1, d_2) \cong 0$ 可知存在 $X \in \hat{\mathcal{F}}^1_4$ 使得

$$[W_2, W_2] = [P_1, [P_2, X]].$$

因此上述关于 $W_4$ 的方程有解 $W_4 = [P_1, X]$. 以此方式我们可以利用 $BH^3_{d\geqslant 7}(\hat{\mathcal{F}}, d_1, d_2)$ 的平凡性归纳地证明上述 $W_{2k}, k \geqslant 3$ 的存在性, 由此也证明了半单流体力学型双哈密顿结构具有给定中心不变量的形变的存在性.

从以上说明我们看到, 定理 3.3.8, 3.4.1 给出了半单流体力学型双哈密顿结构的形变在 Miura 型变换下的分类问题的解答. 例如对于流体力学型双哈密顿结构 (3.2.9), 双哈密顿结构 (3.2.7) 和 (3.2.8) 都是它的形变, 它们分别具有中心不变量 $c_1(u) = \frac{1}{24}$ 和 $c_1(u) = \frac{u}{24}$. 根据上述的形变分类结果, 我们知道对任意给定的光滑函数 $c(u)$, 存在双哈密顿结构 (3.2.9) 的以 $c(u)$ 为中心不变量的形变, 它可以表示为

$$\begin{aligned}
\{u(x), u(y)\}_1 =& \delta'(x-y),\\
\{u(x), u(y)\}_2 =& u(x)\delta'(x-y) + \frac{1}{2}u(x)\delta(x-y)\\
&+ \epsilon^2\left(3c(u)\delta'''(x-y) + \frac{9}{2}c'(u)u_x\delta''(x-y) + \frac{3}{2}c''(u)u_x^2\delta'(x-y)\right.\\
&\left.+\frac{3}{2}c'(u)u_{xx}\delta'(x-y)\right)\\
&+ \sum_{g\geqslant 2}\epsilon^{2g}\sum_{k=0}^{2g+1} A_{g,k}(u, u_x, \cdots, u^{(k)})\delta^{(2g+1-k)}(x-y).
\end{aligned}$$

其中 $A_{g;k}$ 为 $k$ 阶的微分多项式.

## 3.5 流体力学型双哈密顿结构的拓扑形变

对于一个给定的流体力学型双哈密顿结构 $(P_1, P_2)$, 我们称其具有中心不变量

$$c_1 = c_2 = \cdots = c_n = \frac{1}{24}$$

的形变为其拓扑形变. 之所以用这样的名称来刻画这类形变是因为在 2 维拓扑场论以及 Gromov-Witten 不变量理论中出现的可积方程簇的双哈密顿结构的中心不变量正好都是 $\frac{1}{24}$. 我们在前面已经看到 2 维拓扑引力所对应的 KdV 方程簇的双哈密顿结构是流体力学型双哈密顿结构 (3.2.9) 的拓扑形变, 而由 [11] 我们知道 $\mathbb{CP}^1$ 拓扑 sigma 模型对应的可积方程簇 (即拓展 Toda 方程簇) 的双哈密顿结构也

是某一流体力学型双哈密顿结构的拓扑形变. 同样, 由 [7, 12] 我们知道 FJRW 量子奇点理论中对应于 ADE 型奇点的可积方程簇 (即对应于 ADE 型仿射李代数的 Drinfeld-Sokolov 方程簇) 的双哈密顿结构也是其无色散极限的拓扑形变.

一般地, 一个 2 维拓扑场论的零亏格部分可以由某一 Frobenius 流形 $M^n$ 来刻画, 其零亏格自由能由定义在相应的 Frobenius 流形 jet-空间上的一个具有流体力学型双哈密顿结构的可积方程簇的某一特解的 tau 函数的对数给出, 见文献 [4]. Frobenius 流形 jet-空间上的这一可积方程簇称为 Principal Hierarchy, 它可以表示为

$$\frac{\partial v^\alpha}{\partial t^{\beta,q}} = \eta^{\alpha\gamma}\frac{\partial}{\partial x}\left(\frac{\partial\theta_{\beta,q+1}}{\partial v^\gamma}\right), \quad \alpha,\beta=1,\cdots,n, \quad q\geqslant 0. \tag{3.5.1}$$

这里 $n$ 为 Frobenius 流形的维数, $\eta$ 为 Frobenius 流形上的平坦度量, $v^1,\cdots,v^n$ 为 Frobenius 流形上的平坦度量的平坦坐标, 而 $\theta_{\beta,q}$ 为 Frobenius 流形上的一组光滑函数, 称为 Frobenius 流形的一个 calibration, 它可以通过 Frobenius 流形上的某一形变平坦联络的形变平坦坐标给出, 特别地, 我们有 $\theta_{\alpha,0}=\eta_{\alpha\gamma}v^\gamma$. 上述可积方程簇可以表示为双哈密顿可积方程簇

$$\begin{aligned}\frac{\partial v^\alpha}{\partial t^{\beta,q}} &= \{v^\alpha(x), H_{\beta,q}\}_1\\ &= \left(q+\frac{1}{2}+\mu_\beta\right)\{v^\alpha(x),H_{\beta,q-1}\}_2+\sum_{k=1}^m (R_k)^\alpha_\gamma\{v^\gamma(x),H_{\beta,q-k}\}_1.\end{aligned}$$

其中 $H_{\beta,q}=\int\theta_{\beta,q+1}(v(x))\mathrm{d}x$, 常数 $\mu_1,\cdots,\mu_n$ 以及常数矩阵 $R_1,\cdots,R_m$ 为 Frobenius 流形 $M$ 在 $z=0$ 处的单值数据 (monodromy data), 而其双哈密顿结构由如下的 Poisson 括号给出:

$$\begin{aligned}&\{v^\alpha(x),v^\beta(y)\}_1=\eta^{\alpha\beta}\delta(x-y),\\ &\{v^\alpha(x),v^\beta(y)\}_2=g^{\alpha\beta}(v(x))\delta'(x-y)+\Gamma^{\alpha\beta}_\gamma(v(x))v^\gamma_x\delta(x-y).\end{aligned}$$

这里 $g=(g^{\alpha\beta}(v))$ 为 Frobenius 流形上的相交形式, 它给出了 $M\setminus\{\text{discriminant}\}$ 上的另一平坦度量.

当相应的 Frobenius 流形具有半单性质时, 上述流体力学型双哈密顿结构也是半单的. 在正则坐标下, 其哈密顿算子具有 (3.4.2), (3.4.3) 的领头项的形式. 文献 [10] 利用 Principal Hierarchy 的 Virasoro 对称的性质构造了一个可积方程簇, 它是流体力学型双哈密顿可积方程簇 —— Principal Hierarchy 的一个形变. 这一可积方程簇可以通过如下形式的拟 Miura 变换得到

$$\tilde{w}^\alpha = v^\alpha+\eta^{\alpha\gamma}\frac{\partial^2}{\partial x\partial t^{\gamma,0}}\sum_{g\geqslant 1}\epsilon^{2g}\mathcal{F}_g(v;v_x,\cdots,v^{(3g-2)}), \quad \alpha=1,\cdots,n. \tag{3.5.2}$$

其中 $\mathcal{F}_1$ 可以表示为

$$\mathcal{F}_1 = \frac{1}{24}\log\det\left(c^\alpha_{\beta\gamma}(v)v^\gamma_x\right) + G(v).$$

这里 $c^\alpha_{\beta\gamma}$ 为 Frobenius 流形上切空间上的切向量之间定义的乘法运算所给出的结合代数的结构常数 (依赖于流形上的点, 是 $v = (v^1, \cdots, v^n)$ 的光滑函数), 它们可以由 Frobenius 流形的势函数 $F(v)$ 通过如下方式给出:

$$c^\alpha_{\beta\gamma} = \eta^{\alpha\xi}\frac{\partial^3 F(v)}{\partial v^\xi \partial v^\beta \partial v^\gamma},$$

而 $G$ 为 Frobenius 流形的 $G$- 函数 [9]. 函数 $\mathcal{F}_g, g \geqslant 2$ 可以表示为 $v^\alpha_{xx}, \cdots, \partial_x^{(3g-2)} v^\alpha$ 的多项式, 其系数为 $v^1_x, \cdots, v^n_x$ 的有理函数. 函数 $\mathcal{F}_g$ 对应于 2 维拓扑场论中的亏格为 $g$ 的自由能, 它们可以从 Frobenius 流形的圈方程递归地解得[10]. 例如, 对于 1 维 Frobenius 流形, 我们记其平坦坐标为 $v = v^1$, 则它有势函数

$$F(v) = \frac{1}{6}v^3.$$

记 $\Delta\mathcal{F} = \mathcal{F}_1 + \epsilon^2\mathcal{F}_2 + \cdots$, 则此时的圈方程为

$$\begin{aligned}
&\sum_r \frac{\partial \Delta\mathcal{F}}{\partial v^{(r)}}\partial_x^r \frac{1}{v-\lambda} + \sum_{r\geqslant 1}\frac{\partial \Delta\mathcal{F}}{\partial v^{(r)}}\sum_{k=1}^r \binom{r}{k}\partial_x^{k-1}\frac{1}{\sqrt{v-\lambda}}\partial_x^{r-k+1}\frac{1}{\sqrt{v-\lambda}} \\
&= \frac{1}{16\,\lambda^2} - \frac{1}{16(v-\lambda)^2} - \frac{\kappa_0}{\lambda^2} \\
&\quad + \frac{\epsilon^2}{2}\sum\left[\frac{\partial^2 \Delta\mathcal{F}}{\partial v^{(k)}\partial v^{(l)}} + \frac{\partial \Delta\mathcal{F}}{\partial v^{(k)}}\frac{\partial \Delta\mathcal{F}}{\partial v^{(l)}}\right]\partial_x^{k+1}\frac{1}{\sqrt{v-\lambda}}\partial_x^{l+1}\frac{1}{\sqrt{v-\lambda}} \\
&\quad - \frac{\epsilon^2}{16}\sum \frac{\partial \Delta\mathcal{F}}{\partial v^{(k)}}\partial_x^{k+2}\frac{1}{(v-\lambda)^2}.
\end{aligned}$$

上述圈方程中 $\varepsilon^0$ 的系数给出了如下方程:

$$\frac{1}{v-\lambda}\frac{\partial \mathcal{F}_1}{\partial v} - \frac{3}{2}\frac{v'}{(v-\lambda)^2}\frac{\partial \mathcal{F}_1}{\partial v'} = \frac{1}{16\,\lambda^2} - \frac{1}{16(v-\lambda)^2} - \frac{\kappa_0}{\lambda^2}.$$

由此我们得到

$$\kappa_0 = \frac{1}{16}, \quad \mathcal{F}_1 = \frac{1}{24}\log v'.$$

类似地, 圈方程中 $\varepsilon^2$ 的系数给出的方程确定了 $\mathcal{F}_2$ 的表达式

$$\mathcal{F}_2 = \frac{v^{(4)}}{1152\, v'^2} - \frac{7\, v'' v'''}{1920\, v'^3} + \frac{v''^3}{360\, v'^4}.$$

通过求解上述圈方程我们可以得到联系无色散 KdV 方程簇 (3.2.2) 和 KdV 方程簇 (3.2.1) 的拟 Miura 变换 (3.2.6). 我们也可以证明, 这一拟 Miura 变换也将无色

散 KdV 方程簇的双哈密顿结构 (3.2.9) 变为 KdV 方程簇的双哈密顿结构 (3.2.7). 换句话说, 无色散 KdV 方程簇的双哈密顿结构的拓扑形变可以利用上述拟 Miura 变换得到.

一般地, 对一个与半单 Frobenius 流形相关的流体力学型双哈密顿结构, 我们猜想由 Frobenius 流形的圈方程确定的拟 Miura 变换 (3.5.2) 给出了其拓扑形变 [10]. 文献 [11] 对 $\mathbb{CP}^1$ 拓扑 sigma 模型对应的 Frobenius 流形证明了这一猜想.

## 3.6 结　尾

以上我们介绍了半单流体力学型双哈密顿结构形变的分类问题, 以及如何借助于双哈密顿上同调的概念来解决这一问题. 与这类双哈密顿结构相联系的非线性可积方程簇中包含了许多在孤立子理论中扮演重要角色的可积系统, 如 KdV 方程、Camassa-Holm 方程、Toda 格子方程、非线性薛定谔方程等, 同时也包括了在 2 维拓扑场论和 Gromov-Witten 不变量理论中出现的可积方程簇. 从上述分类问题的解答中我们也看到, 除了人们所熟悉的可积方程簇以外, 还有许多人们所未曾研究过的与上述形变双哈密顿结构相联系的可积方程簇. 例如在单分量情形, 对应于无色散 KdV 方程簇的双哈密顿结构的形变由其中心不变量 $c(u)$ 所刻画, 当此单变量函数分别取常值 $c(u)=\dfrac{1}{24}$ 和线性函数 $c(u)=\dfrac{u}{24}$ 时, 相应的可积方程簇为 KdV 方程簇和 Camassa-Holm 方程簇. 而对于其他非常值和非线性的中心不变量 $c(u)$ 对应的形变双哈密顿结构, 人们对相应的双哈密顿可积方程簇还几乎没有任何的了解, 对这类可积方程簇的性质及其应用的研究是可积系统理论中的一个重要课题.

当所考虑的半单流体力学型双哈密顿结构由某一半单 Frobenius 流形的平坦度量和相交形式给出时, 我们猜测其中心不变量恒为 $\dfrac{1}{24}$ 的拓扑形变可以通过将 Frobenius 流形的圈方程所确定的一个拟 Miura 变换作用在给定的流体力学型双哈密顿结构上来得到. 这一形变双哈密顿结构对应的可积方程簇的一个重要性质是可以适当选取其哈密顿密度函数使得它们在此可积方程簇的解上的限制可以由某一 tau 函数表示. 如果给定的半单 Frobenius 流形由某一光滑射影簇的量子上同调所定义, 那么上述可积方程簇的某一特解所对应的 tau 函数的对数给出了相应的 Gromov-Witten 不变量的生成函数[10]. 更一般地, 我们可以考虑上述半单流体力学型双哈密顿结构的具有常值 (不一定相等) 的中心不变量的形变. 上面通过双哈密顿上同调的计算我们知道了这类形变的存在性, 而且我们也知道相应的双哈密顿可积方程簇也具有 tau 函数. 但是目前我们还不知道是否可以通过利用类似于构造拓扑形变的拟 Miura 变换来构造这类形变. 我们希望这类双哈密顿可积方程簇在数学物理的不同研究领域也有重要的应用.

## 参 考 文 献


[1] Carlet G, Posthuma H, Shadrin S. Deformations of semisimple Poisson pencils of hydrodynamic type are unobstructed. J. Diff. Geom., eprint arXiv: 1501.04295.

[2] Date E, Kashiwara M, Jimbo M, Miwa T. Transformation groups for soliton equations. Nonlinear integrable systems–classical theory and quantum theory (Kyoto, 1981), 39–119, Singapore: World Sci. Publishing, 1983.

[3] Drinfeld V, Sokolov V. Lie algebras and equations of Korteweg-de Vries type. Journal of Mathematical Sciences, 1985, 30: 1975–2036. Translated from Itogi Nauki i Tekhniki, Seriya Sovremennye Problemy Matematiki (Noveishie Dostizheniya), 1984, 24: 81–180.

[4] Dubrovin B. Geometry of 2D topological field theories. Integrable systems and quantum groups (Montecatini Terme, 1993), 120–348, Lecture Notes in Math. 1620, Berlin: Springer, 1996.

[5] Dubrovin B. Painlevé transcendents in two-dimensional topological field theory. The Painlevé property, 287–412, CRM Ser. Math. Phys., New York: Springer, 1999.

[6] Dubrovin B, Liu S Q, Zhang Y. On Hamiltonian perturbations of hyperbolic systems of conservation laws I: Quasi-triviality of bi-Hamiltonian perturbations. Comm. Pure Appl. Math. 2006, 59: 559–615.

[7] Dubrovin B, Liu S Q, Zhang Y. Frobenius manifolds and central invariants for the Drinfeld-Sokolov bihamiltonian structures. Adv. Math., 2008, 219(3): 780–837.

[8] Dubrovin B, Novikov S P. Hamiltonian formalism of one-dimensional systems of the hydrodynamic type and the Bogolyubov-Whitham averaging method. (Russian) Dokl. Akad. Nauk SSSR, 1983, 270: 781–785.

[9] Dubrovin B, Zhang Y. Bihamiltonian hierarchies in 2D topological field theory at one-loop approximation. Comm. Math. Phys., 1998, 198: 311–361.

[10] Dubrovin B, Zhang Y. Normal forms of hierarchies of integrable PDEs. Frobenius manifolds and Gromov–Witten invariants. eprint arXiv: math/0108160.

[11] Dubrovin B, Zhang Y. Virasoro symmetries of the extended Toda hierarchy. Comm. Math. Phys., 2004, 250: 161–193.

[12] Fan H, Jarvis T, Ruan Y. The Witten equation, mirror symmetry and quantum singularity theory. Ann. Math., 2013, 178: 1–106.

[13] Gardner C S. Korteweg-de Vries equation and generalizations. IV. The Korteweg-de Vries equation as a Hamiltonian system. J. Mathematical Phys., 1971, 12: 1548–1551.

[14] 谷超豪等. 孤立子理论与应用. 杭州: 浙江科学技术出版社, 1990.

[15] Jimbo M, Miwa T. Solitons and infinite-dimensional Lie algebras. Publ. Res. Inst. Math. Sci., 1983: 19: 943–1001.

[16] Kac V, Wakimoto M. Exceptional hierarchies of soliton equations. Proc. Sympos. Pure Math., 1989, 49: 191–237.

[17] Kontsevich M. Intersection theory on the moduli space of curves and the matrix Airy function. Comm. Math. Phys., 1992, 147: 1–23.

[18] Kontsevich M, Manin Yu. Gromov–Witten classes, quantum cohomology, and enumerative geometry. Comm. Math. Phys., 1994, 164: 525–562.

[19] Liu S Q, Zhang Y. Deformations of semisimple bihamiltonian structures of hydrodynamic type. J. Geom. Phys., 2005, 54: 427–453.

[20] Liu S Q, Zhang Y. Jacobi structures of evolutionary partial differential equations. Adv. Math., 2011, 227: 73–130.

[21] Liu S Q, Zhang Y. Bihamiltonian cohomologies and integrable hierarchies I: a special case. Comm. Math. Phy., 2013, 324: 897–935.

[22] Magri F. A simple model of the integrable Hamiltonian equation. J. Math. Phys., 1978, 19: 1156–1162.

[23] Newell A C. Solitons in mathematics and physics. CBMS-NSF Regional Conference Series in Applied Mathematics, 48. Society for Industrial and Applied Mathematics (SIAM), Philadelphia, PA, 1985.

[24] Novikov S, Manakov S V, Pitaevskii L P, Zakharov V E. Theory of solitons. The inverse scattering method. Translated from the Russian. Contemporary Soviet Mathematics. Consultants Bureau [Plenum], New York, 1984.

[25] Ruan Y, Tian G. A mathematical theory of quantum cohomology. J. Differential Geom., 1995, 42: 259–367.

[26] Sato M. Soliton equations as dynamical systems on infinite-dimensional Grassmann manifold. RIMS Kokyuroku, 1981, 439: 30–46.

[27] Sato M, Sato Y. Soliton equations as dynamical systems on infinite-dimensional Grassmann manifold//Nonlinear partial differential equations in applied science (Tokyo, 1982), 259?–271, North-Holland Math. Stud., 81, Amsterdam: North-Holland, 1983.

[28] Witten E. Two-dimensional gravity and intersection theory on moduli space. Surveys in differential geometry (Cambridge, MA, 1990) 1, Bethlehem, PA: Lehigh Univ: 243–310.

[29] Zakharov V E, Faddeev L D. The Korteweg-de Vries equation is a fully integrable Hamiltonian system. (Russian) Funkcional. Anal. i Prilozen., 1971, 5: 18–27.

# 二维共形量子场论: 数学定义和顶点算子代数表示理论方法

黄一知[①]

本文是关于二维共形量子场论数学研究中顶点算子代数表示理论方法的一个综述, 尤其是关于一个构造和研究二维共形量子场论的长期研究纲领的总结, 包括已经解决的问题和尚未解决的一些主要猜想和问题。

## 4.1 引　　言

量子场论在过去的四十年中已经逐渐发展成为纯数学的一个重要研究领域, 在数学中扮演着越来越重要的角色. 几乎所有的纯数学领域都和量子场论有着重要的联系. 很多数学猜想和结果也已经从对量子场论的研究中得到. 量子场论更给数学提供了新的方法、新的理解、新的思路和新的理论框架.

在各种量子场论中, 拓扑量子场论的数学构造及其在数学中的应用已经有相当深入的研究, 是最为成功的. 但非拓扑量子场论的数学构造以及随之而来的深刻猜想离数学上完整的理解还相当遥远. 关于非拓扑量子场论最著名也是最困难的数学问题之一是四维 Yang-Mills 理论的存在性和质量间隙问题. 而二维共形量子场论则是数学上了解得最多, 并且直接提供了解决数学猜想和问题的思想和方法的一种非拓扑量子场论. 很多从弦论中得到的数学猜想其实也是从二维超共形量子场论或高维超对称 Yang-Mills 理论得到的. 要完全理解这些数学猜想和问题, 我们需要构造对应的量子场论.

量子场论的早期数学研究从 20 世纪 50 年代便开始了. Wightman 公理、Osterwalder-Schrader 定理、Haag-Kastler 公理系统等都出现在这一阶段. 20 世纪 70 年代, I. Segal、Jaffe、Glimm 等在构造满足一些上面所述公理的理论方面做了重要的工作. 详细的讨论见三本经典著作 [34], [38], [123]. 但他们的方法仍然无法完整构造四维 Yang-Mills 理论等数学家和物理学家最有兴趣的理论.

从 20 世纪 80 年代开始, 在物理中路径积分方法的启发下, Kontsevich、G. Segal、Atiyah 提出了应该将量子场论看成是从几何范畴到 Hilbert 空间组成的张

① Department of Mathematics Rutgers University 110 Frelinghuysen Road Piscataway, NJ 08854 USA, 北京大学北京国际数学研究中心 北京 100871, E-mail: yzhuang@math.rutgers.edu

量范畴的函子 (见 [121] 和 [2]). 这样一种量子场论的定义和基于此定义的构造和研究在拓扑量子场论的情形下尤其成功. 这一成功的主要原因是拓扑量子场论的状态空间一般都是有限维的. 对于非拓扑量子场论, 它们的状态空间一定是无限维的. 因此这些量子场论的构造和研究要困难很多.

在所有这些非拓扑量子场论中, 已经有很多数学构造和结果的是二维共形量子场论. 本文回顾和总结一个用顶点算子表示理论构造和研究二维共形量子场论的长期研究纲领. 本文主要强调一般的理论, 而不是以例子为重点. 在这个领域的文献中, 已经有很多关于各种例子的综述和书, 但缺少的正是对一般理论的总结. 这些一般理论的威力直到最近才在一些深入的应用中显示了出来. 另一方面, 任何数学领域中的唯一性和分类结果都取决于一般理论的发展. 这个领域中至今仍然缺少实质性的唯一性和分类结果说明, 我们仍然需要进一步发展这些一般理论.

在 4.2 节中, 我们将讨论一个二维共形量子场论的定义以及一些早期的结果和猜想. 在 4.3 节中, 我们将讨论上述纲领中所得到的结果, 而在 4.4 节中, 我们将讨论有待解决的问题和猜想.

## 4.2 定义、早期结果和猜想

二维共形量子场论最早在弦论的早期研究中出现. Minkowski 空间中的经典弦量子化之后便给出一个二维共形量子场论. 一些二维共形量子场论的重要组成部分 (比如 Virasoro 代数及其表示、顶点算子等) 都在这些研究中首先被发现 (见 [35], [110]). 二维共形量子场论在物理中的系统研究则是由 Belavin、Polyakov 和 Zamolodchikov 在 1984 年的一篇文章 [5] 中开始的.

本文主要讨论共形场论严格的数学研究. 所以我们从共形场论的数学定义开始. 在这一节中, 我们先给出 Kontsevich 和 G. Segal 关于二维共形量子场论的定义. 然后讨论 20 世纪 80 年代末 90 年代初由物理学家和数学家得到的一些重要的数学结果和猜想.

### 4.2.1 定义

1987 年, Kontsevich 和 G. Segal 给出了一个二维共形量子场论的定义. 大意上就是将二维共形量子场论定义成为由适当的黎曼面所构成的一种代数结构的线性射影表示. G. Segal 还进一步引入了模函子和弱共形场论的概念, 见 [121].

更精确描述的话, Kontsevich 和 G. Segal 的定义要用一个由圆和黎曼面构成的范畴来描写. 这个范畴的对象是有限个单位圆的不相交和, 态射是带边界的黎曼面以及从两个对象中的圆到对应的黎曼面边界分量的参数化映照. 这个范畴还是一个张量范畴 (图 1).

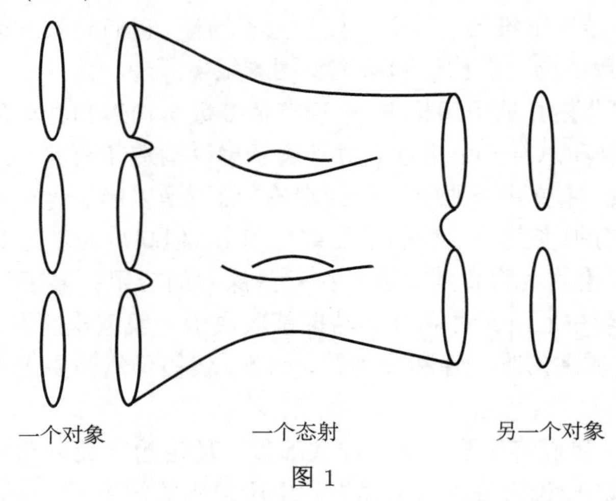


图 1

我们也考虑一个对象为 Hilbert 空间、态射为迹类算子的范畴, 和 Hilbert 空间的张量积一起, 构成一个张量范畴. 给定一个 Hilbert 空间 $H$, 所有 $H$ 的张量积幂次给出了 Hilbert 空间张量范畴的一个子范畴, 可以称为由 $H$ 生成的张量范畴. 我们也考虑同样由 $H$ 的张量积幂次为对象的一个范畴, 但它的态射则是对象之间的迹类算子张成的一维子空间. 可以将此范畴称为由 $H$ 生成的射影张量范畴. 我们将从一个范畴到由 $H$ 生成的射影张量范畴的函子称为一个从这个范畴到由 $H$ 生成的张量范畴的射影函子. 大致来说, Kontsevich 和 G. Segal 把一个二维共形量子场论定义为一个带非退化厄米形式的局部凸的拓扑向量空间 $H$, 以及一个从上面所给出的黎曼面构成的张量范畴到由 $H$ 生成的张量范畴的射影函子, 满足一些几何上很自然的条件, 包括体现二维共形量子场论主要特征的共形不变性. 空间 $H$ 被称为是这个二维共形量子场论的状态空间.

为简单起见, 我们将省略“二维”和“量子”, 将二维共形量子场论简称为共形场论. 经典的共形场论属于微分几何, 数学上早就有很多研究. 高维共形量子场论 (尤其是四维超对称 Yang-Mills 理论) 在数学和物理中 (尤其是在 AdS/CFT 对应猜想中) 扮演重要的角色. 但这些理论目前连一些基本的严格数学定义都还没有, 我们在此短文中将不作任何讨论.

早期的共形场论研究主要是关于有理共形场论的. Moore 和 Seiberg 在 [108] 中给出了有理共形场论的公理和基本假设. 限于篇幅, 这里无法给出有理共形场论的完整定义, 只能大致描述一下. 从上面共形场论的定义可以看到, 如果考虑几何范畴中从包含两个单位圆的对象到包含一个单位圆的对象的态射, 其中有一个

态射是在单位圆盘 $D$ (图 2) 中切除了两个圆所得到的黎曼面, 切除的两个圆一个圆心在 0, 另一个圆心在 $z$ $(0<|z|<1)$, 半径都小于 $\min\left\{1-|z|,\frac{|z|}{2}\right\}$. 一个共形场论给出的函子将这个黎曼面对应到一个从 $H\otimes H$ 到 $H$ 的一个态射. 这样的态射是依赖于 $z$ 的. 给定 $H$ 中的元素 $u$, 代入 $H\otimes H$ 中第一个位置, 这个态射和这个元素一起便给出了一个从 $H$ 到 $H$ 的映照. 如果作为取值在 $H$ 到 $H$ 的映照空间中自变量为 $z$ 的函数, 它可以解析延拓成为一个 $z$ 的亚纯函数 (取值也在某个映照空间), 我们就称这个亚纯函数是一个亚纯场. 所有这样的亚纯场全体有一个代数结构 (我们后面还会讲到), 我们称这个代数结构为这个共形场论的手征代数. 大致来说, 如果 $H$ 可以分解成为这个代数的不可约表示和复共轭不可约表示的张量积的有限和, 而且所有在共形场论函子下的像之内的态射都可以作类似的 (有限) 分解, 那么这个共形场论就是一个有理共形场论.

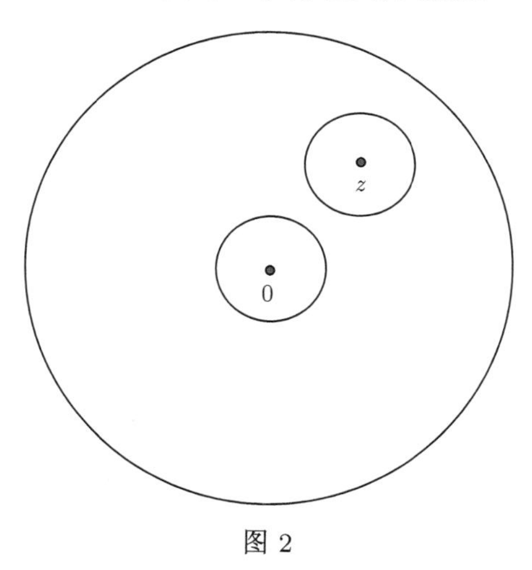


图 2

### 4.2.2 Verlinde 猜想和 Verlinde 公式

1987 年, E. Verlinde[127] 基于对两个在有理共形场论中出现的代数的研究, 提出了一个影响深远的猜想. 为描述 Verlinde 猜想, 我们需要先简单介绍一下融合规则 (fusion rule) 和模变换矩阵 $S$.

给定手征代数三个不可约表示空间中的元素, 分别放在球面的三个点上, 可以定义球面上的三点相关函数. 这样的相关函数全体给出了从这三个不可约表示的张量积到一个 (多值) 解析函数空间的线性映照. 这些线性映照全体也构成一个线性空间, 它的维数叫作融合规则. 对于有理共形场论, 手征代数不等价的不可约表示的个数是有限的, 记为 $K$. 固定一个不可约表示, 让其他两个不可约表示在所有不等价的不可约表示的集合中变, 对应的融合规则便给出一个 $K$ 乘 $K$ 的矩阵. 于是我们得到 $K$ 个这样的矩阵, 称为融合矩阵.

手征代数及其模都是阶化向量空间. 它们的齐次子空间是能量算子的有限维特征空间. 这些齐次特征子空间的特征值称为共形权或简称为权. 权为 $n$ 的齐次子空间的维数乘上一个变量 $q$ 的 $n$ 次方后再对 $n$ 求和, 便得到这个模 (手征代数也可看作是它自己的模) 的阶化维数或真空特征. 对有理共形场论, 这些阶化维数全体构成一个有限维的线性空间, 由不可约表示的阶化维数生成. 更重要的是, 这个有限维空间应该是模群 $\mathrm{SL}(2,\mathbb{Z})$ 的一个表示. 取 $\mathrm{SL}(2,\mathbb{Z})$ 中的元素

$$\begin{pmatrix} 1 & 0 \\ -1 & 1 \end{pmatrix},$$

也就是对应于模变换 $\tau \mapsto -1/\tau$ 的矩阵. 这个元素在不可约表示阶化维数上的作用给出了一个 $K$ 乘 $K$ 矩阵 $S$. 这个矩阵 $S$ 作为一个模变换的作用的矩阵, 自然是可逆的.

Verlinde 的猜想说, 矩阵 $S$ 同时对角化所有 $K$ 个融合矩阵. Verlinde 用此猜想得到了有理共形场论著名的 Verlinde 公式. 对从仿射李代数表示构造出来的有理共形场论 Wess-Zumino-Witten 模型[129] (也称为 Wess-Zumino-Novikov-Witten 模型), Verlinde 公式给出了融合规则的显式公式, 并且推广到了高亏格黎曼面上, 得到了一些代数几何公式.

### 4.2.3 Moore-Seiberg 多项式方程和猜想

1987 年和 1988 年, Moore 和 Seiberg[107, 108] 从有理共形场论的公理出发, 尤其是在手征顶点算子 (chiral vertex operator) 的算子乘积展开和模不变性两大重要假定之下, 得到了一组多项式方程, 推导出了 Verlinde 猜想, 从而得到了 Verlinde 公式. 更重要的是, Moore 和 Seiberg 发现这些多项式方程中的一些方程可以解释为张量范畴中的一些基本性质, 而另外一些和模不变性有关的方程则是经典张量范畴理论里没有的. Moore 和 Seiberg 的这一工作是模性张量范畴的起源.

Moore 和 Seiberg 是从有理共形场论的公理 (其中包括重要的手征顶点算子的算子乘积展开和模不变性以及对应于高亏格曲面的映照的收敛性) 得到了 Moore-Seiberg 多项式方程, 由此推出了 Verlinde 猜想和 Verlinde 公式. 但构造满足这些公理和假定的有理共形场论比证明 Moore-Seiberg 方程以及 Verlinde 猜想和公式难得多. Moore 和 Seiberg 的重要工作在数学上可以看作是将关于有理共形场论的研究归结为构造满足这些公理的理论, 特别是归结为证明手征顶点算子的算子乘积展开和模不变性以及对应于高亏格曲面的映照的收敛性. 其中手征顶点算子的算子乘积展开和模不变性都是在 Moore 和 Seiberg 文章中第一次明确写了下

来, 但并无任何证明. 因此, 在数学上, 这两个重要假定在当时应该被称为 Moore-Seiberg 猜想.

因为 Moore 和 Seiberg 的工作是基于共形场论的公理 (包括应该称为 Moore-Seiberg 猜想的两个重要假定) 的, 所以 Verlinde 猜想和公式以及模性张量范畴结构当时在数学上还是猜想. 这些猜想的解决以及它们的应用是后来共形场论数学理论的一个主要方向.

### 4.2.4 Witten 的猜想和问题

1989 年, Witten [130] 用 Chern-Simons 理论得到扭结和三维流形不变量的同时, 也用有理共形场论 (尤其是 Wess-Zumino-Witten 模型) 得到了这些不变量. Witten 得到这些不变量时用了有理共形场论中上面所讨论的公理和猜想. Witten 也猜想从 Wess-Zumino-Witten 模型得到的不变量应该和从 Chern-Simons 理论得到的不变量是一样的.

在上面所描述的有理共形场论的大致定义中, 我们要求这样一个场论的 Hilbert 空间 $H$ 可以分解成为手征代数的不可约表示和复共轭不可约表示的张量积的有限和, 而且所有在共形场论函子下的像之内的态射都可以作类似的 (有限) 分解. 这样的分解将所有上面所说的态射或等价的相关函数分解成为 (多值) 解析和 (多值) 反解析的部分. 这里我们称这样的分解为解析反解析分解. 对任何一个可能是有理共形场论的例子, 我们必须要证明有这样的分解.

1991 年, Witten [131] 研究了 Wess-Zumino-Witten 模型的解析反解析分解问题. Witten 在用了一个厄米形式是非退化的假设之后, 得到了这些模型的解析反解析分解. 因为这个厄米形式的非退化假设并没有被证明, Witten 的工作本质上是将 Wess-Zumino-Witten 模型的解析反解析分解问题化为了这个厄米形式的非退化问题. 这个厄米形式的非退化性是关于 Wess-Zumino-Witten 模型构造的一个重要问题.

### 4.2.5 关于 Calabi-Yau 非线性西格玛模型的猜想

1985 年, Friedan、Candelas、Horowitz、Strominger、Witten、Alvarez-Gaumé、Coleman、Ginsparg 等物理学家[1, 8, 31] (也参见 Nemeschansky 和 Sen 的文章 [109]) 提出了以 Calabi-Yau 流形为目标空间的非线性西格玛模型是 $N = 2$ 超对称共形场论的猜想.

1987 年, Gepner [33] 从 $N = 2$ 超共形极小模型构造得到了一个 $N = 2$ 超共形场论, 现在被称为 Gepner 模型. 他猜想 Gepner 模型应该同构于上面猜想中当 Calabi-Yau 流形为四维复射影空间中的费马五次超曲面所得到的非线性西格玛模型, 同时也作了计算来说明这个猜想的可信性.

从上面关于 Calabi-Yau 流形给出 $N=2$ 超共形场论的猜想以及 $N=2$ 超共形场论的基本性质, Dixon[14] (1987 年), Lerche, Vafa 和 Warner[101] (1988 年) 得到了 Calabi-Yau 流形应该有镜像对的镜像对称猜想. 1989 年, Green 和 Plesser[36] 用 Gepner 猜想、轨形 (orbifold) 构造以及 Calabi-Yau 流形和 $N=2$ 超共形场论的变形理论构造了 Calabi-Yau 流形的镜像流形. Green 和 Plesser 的工作提供了对 Calabi-Yau 流形以及镜像对称猜想的深刻理解. 但因为 Gepner 猜想、轨形构造和 $N=2$ 超共形场论的变形理论都还没有在数学上发展起来, 这些工作仍然停留在数学猜想的阶段.

这里要注意的是, 虽然 Gepner 模型是有理共形场论, 以 Calabi-Yau 流形为目标空间的非线性西格玛模型一般都不是有理共形场论. 这使得这些共形场论的数学构造和研究要困难很多.

### 4.2.6 中心荷为 24 的亚纯有理共形场论的分类猜想

共形场论研究中的一个重要问题是有理共形场论的分类. 对于一般的有理共形场论, 因为这个分类问题可能与有限群分类问题有关, 所以应该是极为困难的. 但一个相对而言可行的问题是对所谓的亚纯有理共形场论进行分类. 所谓亚纯有理共形场论是指每个对应于上面讨论有理共形场论定义时引入的亏格 0 黎曼面的映照都是从亚纯场的延拓得到的. 亚纯有理共形场论完全决定于它们的顶点算子代数. 对它们的分类等价于满足一些特殊性质的顶点算子代数的分类.

中心荷 (central charge) 为 24 的亚纯有理共形场论尤为重要. Frenkel、Lepowsky 和 Meurman[23] 构造了极为重要的月光模顶点算子代数. 一个猜想是它给出一个中心荷为 24 的亚纯有理共形场论 (仍然为猜想是因为对应于高亏格黎曼面的映照的性质尚未证明). 中心荷 24 对应于波色弦论的 26 维在取光锥规范后的维数.

1988 年 Frenkel、Lepowsky 和 Meurman[23] 提出了月光模的唯一性猜想: 假定有一个顶点算子代数满足三个条件: 第一, 中心荷为 24. 第二, 不存在权为 1 的元素. 第三, 这个顶点算子代数是它自己的唯一的不可约模. 那么这个顶点算子代数一定同构于月光模顶点算子代数. 如果这个猜想成立, 那么有限群分类中的最大例外群魔群 (monster) 便可抽象定义为这样一个顶点算子代数的自同构群.

1992 年, 基于对从亚纯有理共形场论权为 1 的齐次子空间得到的李代数的研究和猜想, Schellekens[120] 给出了权为 1 齐次子空间非零、中心荷为 24 的亚纯有理共形场论的分类猜想. 猜想说总共有 70 个这样的亚纯有理共形场论. 但 Schellekens 的文章并未给出所有这些亚纯有理共形场论, 甚至是对应的顶点算子代数的构造. 那时已经知道对应于这样的亚纯有理共形场论的顶点算子代数有 38

个, 其中 24 个是从网格 (lattice) 构造出来的, 另外 14 个是从这些网格的轨形构造得到的 (如果包括权为 1 的齐次子空间是 0 的月光模则是 15 个). Schellekens 还给出了另外两个, 但当时数学上这两个顶点算子代数还没有严格的构造. 从数学上来说, Schellekens 的分类 (即只有这 70 个) 只是一个猜想. 事实上, 就连从这样的顶点算子代数中权为 1 的子空间得到的李代数只有 Schellekens 列出的 70 个在当时也只是一个猜想.

如果 Frenkel-Lepowsky-Meurman 的月光模顶点算子代数唯一性猜想和 Schellekens 的分类猜想都被证明了, 我们就得到了中心荷为 24 的亚纯有理共形场论的完整分类: 总共有 71 个这样的亚纯有理共形场论, 其中由它们的权为 1 的向量决定的有 70 个, 其中权为 1 的齐次空间为 0 的只有 1 个, 那便是月光模顶点算子代数给出的亚纯有理共形场论.

### 4.2.7 早期结果和猜想所提出的数学问题

上面这些共形场论的早期结果和猜想提供了很多重要的数学问题. 这里我们选择一些笔者认为是最基本的问题.

**问题一** 严格表述并证明 Verlinde、Moore-Seiberg、Witten 的猜想.

**问题二** 给出满足 Kontsevich-Segal 公理的共形场论的构造, 或者至少给出满足这些公理的共形场论的存在性. 作为特例, 给出 Wess-Zumino-Witten 模型和极小模型的构造, 或至少证明它们的存在性.

**问题三** 发展共形场论的变形理论. 研究共形场论的模空间.

**问题四** 构造以 Calabi-Yau 流形为目标空间的非线性西格玛模型. 证明 Gepner 猜想. 将 Green 和 Plesser 的工作变成数学理论, 由此给出 Calabi-Yau 流形镜像对称的共形场论证明.

**问题五** 给出中心荷为 24 的亚纯有理共形场论的分类, 包括证明 Schellekens 中心荷为 24、由权为 1 的向量生成的亚纯有理共形场论的分类猜想和证明Frenkel-Lepowsky-Meurman 的月光模唯一性猜想.

问题一已经解决. 问题二已部分解决, 未解决部分主要是和高亏格黎曼面有关的一个收敛性问题. 问题三的研究才刚刚开始. 问题四在 Calabi-Yau 流形为 $K3$ 曲面情形下有一些进展, 但在一般情形下连一些基本的构造都还不知道该怎样着手. 问题五中的 Schellekens 分类猜想中的存在性部分已接近解决, 但唯一性部分还没有太多进展, Frenkel-Lepowsky-Meurman 的月光模唯一性猜想还没有任何实质性的结果. 我们将在 4.3 节和 4.4 节中更详细地讨论这些问题的现状.

## 4.3 一个长期研究纲领和已经解决的主要问题

共形场论的数学构造和研究有各种数学方法, 但都可以归类为两种方法中的一种. 一种方法是顶点算子代数表示理论方法. 另一种方法是共形网方法. 关于共形网方法的介绍, 笔者推荐 Kawahigashi 的综述文章 [85](其中也有关于顶点算子代数表示理论方法的一个综述). 本文只介绍顶点算子代数表示理论的方法. 两种方法各有优势. 虽然已有两种方法等价性的研究 (比如, Carpi、Kawahigashi、Longo 和 Weiner 的工作[15]), 但目前还没有满意的等价性定理.

本节讨论介绍一个用顶点算子代数表示理论构造共形场论的长期研究纲领, 并且讨论在这个纲领中已经解决的主要问题. 第一种方法和第二种方法的等价性将作为一个主要的问题在 4.4 节中给出.

### 4.3.1 一个构造和研究共形场论的长期纲领

在上面描述有理共形场论时, 我们已经引进了一个共形场论的手征代数. 这是由共形场论中所有亚纯场构成的代数. 如果共形场论的构造还没有, 我们就不能这样来引进手征代数. 但可以看一下在一个共形场论存在的假定下, 它的亚纯场有什么性质. 然后用这些性质来定义手征代数. 这就是 Belavin、Polyakov 和 Zamolodchikov 在他们那篇对以后发展影响巨大的共形场论文章 [5] 中的方法. 数学上 Borcherds[6] 最早基于顶点算子性质和 Frenkel-Lepowsky-Meurman 的月光模构造引进了顶点代数的概念. 一个更适合于用来构造共形场论的代数结构是 Frenkel-Lepowsky-Meurman 加了更强条件之后定义的顶点算子代数[23]. 顶点算子代数等价于一个共形场论的手征代数, 但顶点算子代数的定义不依赖于一个已经假定存在了的共形场论.

限于篇幅, 和有理共形场论一样, 我们不给出顶点算子代数完整和严格的定义, 只是给出一个大致的描述. 一个顶点算子代数是一个 $\mathbb{Z}$ 阶化向量空间 $V = \coprod_{n\in\mathbb{Z}} V_{(n)}$, 并赋予了一个顶点算子映照

$$Y_V : (V \otimes V) \times \mathbb{C}^\times \to \overline{V} = \prod_{n\in\mathbb{Z}} V_{(n)},$$
$$(u \otimes v, z) \mapsto Y_V(u, z)v,$$

一个真空元素 $\mathbf{1}$ 和一个共形元素 $\omega$, 满足一些基本公理, 其中最重要的公理是顶点算子的 (亚纯) 算子乘积展开, 或者叫顶点算子的结合律: 给定 $u, v \in V$,

$$Y_V(u, z_1)Y_V(v, z_2) = Y_V(Y_V(u, z_1 - z_2)v, z_2)$$

在区域 $|z_1| > |z_2| > |z_1 - z_2| > 0$ 内成立. 真空元素 $\mathbf{1}$ 满足类似于结合代数中恒等元的性质, 而共形元素 $\omega$ 则给了 $V$ 一个 Virasoro 代数表示的结构. 顶点算子代数的模是一个 $\mathbb{C}$ 阶化向量空间 $W = \coprod_{n\in\mathbb{C}} W_{(n)}$ 和一个顶点算子映照 $Y_W : (V \otimes W) \times \mathbb{C}^{\times} \to \overline{W} = \prod_{n\in\mathbb{C}} W_{(n)}$ 满足所有对 $W$ 和 $Y_W$ 仍然有意义的那些顶点算子代数 $V$ 的性质. 比如, $Y_W$ 仍然要满足 (亚纯) 算子乘积展开公式或者结合律.

本文主要讨论的是一个从顶点算子代数表示理论出发构造和研究共形场论的长期研究纲领. 这个纲领的第一部分是用顶点算子代数的表示理论来构造共形场论 [41, 45, 46]. 第二部分是用顶点算子代数的上同调和变形理论 [58, 59] 来研究共形场论的模空间.

到目前为止, 除了一些高亏格黎曼面上的猜想仍然需要证明之外, 有理共形场论的构造已经基本上从顶点算子代数表示理论得到了. 这已经证明了这个研究纲领的可行性. 我们相信非有理共形场论也可以用这个方法去构造.

顶点算子代数的上同调理论和变形理论已经开始发展起来. 虽然还有大量的问题要解决, 尤其是一些和收敛性有关的问题, 我们相信这些理论可以用来给出共形场论模空间的一些基本性质和结构.

在这一节其他的篇幅中, 我们讨论这个纲领中已经解决的主要问题和猜想.

### 4.3.2 顶点算子代数的几何

我们上面已经大致描述了顶点算子代数. 数学上顶点算子代数的定义最开始是用纯代数性质定义的. 纯代数定义的好处是可以用纯代数的方法构造顶点算子代数和它们的模, 不需要考虑收敛性等量子场论研究中通常会遇到的困难.

从 Heisenberg 代数、网格 (lattice)、仿射李代数、Virasoro 代数、Clifford 代数、超共形代数的模构造出来的顶点算子代数和它们的模是最熟悉的一些例子 (参见 [21], [23], [24], [86]). 一个最有名的顶点算子代数例子是 Frenkel-Lepowsky-Meurman 构造的月光模顶点算子代数 [23], 它的自同构群是单纯有限群分类中最大的例外群魔群.

要从顶点算子代数的表示理论构造和研究共形场论, 首先要证明用纯代数性质定义的顶点算子代数满足共形场论中亚纯场全体满足的所有性质, 尤其是和球面的几何性质以及和共形反常有关的性质.

这些顶点算子代数几何性质的研究可以归结为如下的问题: 找出一个顶点算子代数的几何定义并证明这个几何定义和代数定义是等价的.

这个问题由笔者在 20 世纪 90 年代初解决. 1990 年笔者在博士学位论文 [39] 中给出了一个顶点算子代数的几何定义并证明了这个定义和代数定义的等价性.

但 [39] 并没有给出共形反常或中心荷完整的几何定义. 1991 年笔者在 [40] 中给出了顶点算子代数完整的几何定义. 最后笔者在 1997 年出版的研究专著 [46] 中给出了所有的细节及证明. 笔者的几何定义将顶点算子代数定义为从带结构的黎曼球的模空间赋予了一个缝纫运算而得到的代数结构的线性射影表示.

更详细地描述的话, 我们需要考虑带有限个针孔点 (punctures) 和在针孔点为零的局部复坐标的黎曼球 (亏格为 0 的连通紧致黎曼面). 带有这样结构的黎曼球的共形等价类构成一个模空间, 这个模空间上有一个行列式解析线丛. 对任何一个复数 $c$, 可以定义一个称为这个行列式线丛的 $\frac{c}{2}$次方的解析线丛. 在这个解析线丛上可以定义缝纫运算 (sewing operation). 这个解析线丛加上缝纫运算构成了一个部分运算体 (partial operad). 对任何运算体 (包括部分运算体), 都有在这个运算体上代数的概念. 对上面的部分运算体, 我们还有亚纯代数的概念. 大致来说, 顶点算子代数的几何定义将一个中心荷为 $c \in \mathbb{C}$ 的顶点算子代数定义为上述部分运算体上的亚纯代数.

这个工作的主要定理说这个几何定义和顶点算子代数的代数定义是等价的. 这个定理证明的主要难点是要证明一些从顶点算子和 Virasoro 代数算子得到形式级数是某些从黎曼球和行列式线丛得到的解析函数的展开. 这个证明要用到复流形变形理论中 Fischer 和 Grauert 的一个定理和行列式线丛缝纫运算的解析性.

### 4.3.3 交错算子和顶点张量范畴

顶点算子代数的几何定义说明顶点算子代数大致上是亏格为 0 的黎曼面构成的代数结构的线性射影表示. 很自然地我们会试图用顶点算子代数来构造共形场论. 首先我们希望用顶点算子代数构造对应于亏格为 1 的黎曼面的映照或相关函数. 从共形场论的定义, 我们知道这样的结构如果存在, 在最简单的情形下就是顶点算子代数的阶化维数或真空特征. 亏格为 1 的黎曼面由上半复平面模掉 $\mathrm{SL}(2,\mathbb{Z})$ 所得到的空间里的元素决定. 构造对应于这些黎曼面的结构需要证明模不变性 (即在模变换群 $\mathrm{SL}(2,\mathbb{Z})$ 作用下的不变性).

顶点算子代数的阶化维数一般不是模不变的. 对于从仿射李代数或 Virasoro 代数的模构造出来的顶点算子代数, 我们需要将这个顶点算子代数所有的模的阶化维数放在一起才能得到一个在 $\mathrm{SL}(2,\mathbb{Z})$ 下不变的向量空间. 这些例子说明要得到模不变性, 我们必须考虑顶点算子代数所有的模, 不只是顶点算子代数本身.

因为要考虑顶点算子代数的模, 我们就要研究模之间的映照, 而不只是顶点算子代数的顶点算子映照. 这些模之间的映照 Moore 和 Seiberg[108] 称之为手征顶点算子 (chiral vertex operator), 而 Frenkel、Lepowsky 和笔者[22] 称之为交错算子 (intertwining operator).

顶点算子代数最重要的性质是算子乘积展开或结合律. 对交错算子也一样. 我们前面提到, 手征顶点算子或交错算子的算子乘积展开是 Moore 和 Seiberg 工作 [108] 中两大重要假定之一, 是 Moore-Seiberg 猜想之一.

Moore 和 Seiberg[108] 的另一个重要发现是他们所得到的多项式方程和张量范畴极为相似. 如前所述, 这些多项式方程是从他们关于手征顶点算子也就是交错算子的猜想而推导得到的. 显然, 要把 Moore 和 Seiberg 关于张量范畴的发现变成数学构造和定理, 我们必须证明关于交错算子的 Moore-Seiberg 猜想.

交错算子一般来说是复变量的多值函数. 所有交错算子全体构成一个向量空间. 通常用来研究顶点算子代数和模的纯代数方法一般来说无法使用, 必须发展新的方法.

1991 年, Lepowsky 和笔者[66] 在一些自然的有限可约性条件下, 用交错算子构造了顶点算子代数模的张量积. 完整的构造和证明 [67−69]在 1995 年发表. 1994 年, 基于这个张量积构造和笔者 1995 年发表的张量积结合律 ([42], 见下面的讨论), Lepowsky 和笔者[70] 引进了顶点张量范畴的概念, 并宣布了满足适当条件的顶点算子代数的模范畴是一个顶点张量范畴的结果. 同一篇文章中也说明了怎样从一个顶点张量范畴得到辫化张量范畴, 从而也宣布了满足适当条件的顶点算子代数的模范畴是一个辫化张量范畴的结果.

1995 年, 笔者[42] 证明了在满足一个有限可约条件和一个收敛和延拓性质的情况下, 交错算子的结合律成立. 笔者也证明了交错算子的结合律等价于 Lepowsky 和笔者所构造的张量积双函子的结合律同构的存在性, 由此很容易得到 1994 年在 [70] 中已经宣布的顶点张量范畴结构和辫化张量范畴结构的详细构造. 同一年, 对从 Virasoro 代数表示构造出来的极小模型中的交错算子, 笔者[44] 证明了它们的结合律. 用这个工作, 笔者[43](也参见 [61]) 得到了月光模顶点算子代数的另一个构造. 1997 年, 对从仿射李代数表示构造出来的 Wess-Zumino-Witten 模型中的交错算子, Lepowsky 和笔者[71] 证明了它们的结合律. 1999 年和 2000 年, 对从 $N=1$ 和 $N=2$ 超共形代数表示构造出来的超共形极小模型中的交错算子, Milas 和笔者[81, 82] 证明了它们的结合律.

2002 年, 笔者[49] 完全解决了这个问题. 笔者证明了如果顶点算子代数的模都满足一个叫 $C_1$- 余有限性的条件、完全可约性条件和其他一些纯代数的自然条件, 上面所提到的收敛和延拓性质成立, 从而交错算子的结合律成立. 这个证明的主要想法是用 $C_1$-余有限性的条件证明交错算子的乘积满足带正规奇点的微分方程, 用这一类微分方程的一般理论便可证明收敛和延拓性质. 上面所提到的几个模型, 都可以用这个定理得到交错算子的结合律. 这个结果也证明了在这些条件下, 顶点算子代数模范畴有自然的顶点张量范畴和辫化张量范畴结构.

上面的结果都假定顶点算子代数的模 (甚至更一般的模) 是完全可约的. 物理中把顶点算子代数模不一定都可约的共形场论称为对数共形场论, 在很多物理现象的描写中都有应用. 数学上模完全可约是一个非常强的假设, 而且即使要验证这个假设, 也必须先研究事先并不能假定是完全可约的模.

对数共形场论是近年来很活跃的研究领域, 物理上它们起源于 1991 年 Rozansky 和 Saleur[119] 对超李群上的 Wess-Zumino-Witten 模型与 1993 年 Gurarie[37] 对无序现象的研究. 用一般的顶点算子代数表示理论研究对数共形场论则是从 2001 年 Milas 的工作 [102] 开始的. 在这一时期, 物理学家和数学家已经构造并研究了一些顶点算子代数的例子和它们的模, 并且研究了这些模之间的对数交错算子. 要完全构造出对数共形场论, 除了对应的顶点算子代数、它们的模以及单个的对数交错算子外, 我们必须证明对数交错算子的算子乘积展开或结合律. 我们也需要构造出包括不完全可约模在内的顶点算子代数模范畴的张量范畴结构.

从 2001 年起, Lepowsky、张林和笔者便开始将前面讨论过的在完全可约条件下的理论推广到对数共形场论. 2003 年, 宣布这个推广的文章 [72] 首先在预印本网站贴出. 在一些自然的假定下, 最一般的理论和详细证明在 2010 年至 2011 年的一系列文章 [73]—[80] 中完整给出. 主要结果一是证明了对数交错算子的结合律 (或者叫对数算子乘积展开), 二是给出了顶点张量范畴以及辫化张量范畴的构造. 这些理论中的假定虽然自然, 它们的证明也常常是相当困难的. 笔者[55] 在 2007 年证明了如果假定代数和模都满足 $C_1$- 余有限性的条件, 并同时假定不可约模最低权之差是有界的, 便可证明上面工作中的那些自然假定成立. 这些条件通常都不难验证. 比如对三重 $\mathcal{W}$ 代数和其他一些代数都可以验证满足这些条件, 从而对这些代数的对数交错算子, 对数算子乘积展开成立, 同时在这些代数的模范畴上有顶点张量范畴和辫化张量范畴的结构.

### 4.3.4 模不变性

在 4.2.3 节中, 我们讨论了 Moore-Seiberg 猜想. 其中一个重要猜想是对于有理共形场论, 手征顶点算子 (或交错算子) 的算子乘积展开成立. 从 4.3.3 节我们知道这个猜想已经完全解决. Moore-Seiberg 的另一个重要猜想是模不变性. 这个猜想说手征顶点算子 (即交错算子) 的乘积取适当的迹 (所谓的 $q$-迹) 给出环面上所有的相关函数, 从而给出了环面上所有的共形块.

从 Moore 和 Seiberg 的工作[107, 108] 已经可以看到, 这个猜想至为重要. 很多后来得到的重要结果, 都依赖于这个猜想的彻底解决. 特别要注意到的是, 即使对 Wess-Zumino-Witten 模型和极小模型的模不变性, 在最后对一般情况彻底解决这个猜想之前, 也一直未被证明.

要证明这个猜想要做两件事情. 因为顶点算子代数的模一般都是无限维的, 所以首先要证明交错算子的乘积的 $q$-迹在适当区域里是收敛的. 其次要证明这些收敛的 $q$-迹所构成的空间在模变换下是不变的, 也就是说这些收敛的 $q$-迹全体生成一个 $\mathrm{SL}(2,\mathbb{Z})$ 的表示.

1990 年, 朱永昌在他重要的博士学位论文 [132] 中证明了这个猜想的一个特殊情况. 修改后的论文 [133] 在 1997 年发表. 朱永昌假定所考虑的顶点算子代数不存在负共形权的元素, 某一类弱模都是完全可约的, 同时假定这个顶点算子代数满足一个叫 $C_2$-余有限性的条件. 朱永昌的论文也假定了顶点算子代数可以分解成为 Virasoro 代数最低权模的直和, 但这个条件后来被董崇英、李海生和 Mason[16] 去掉了. 对一个顶点算子代数的模, 除了有一个阶化向量空间外, 还有一个顶点算子映照. 这个顶点算子映照是交错算子的特例. 朱永昌考虑了这些特殊交错算子乘积的 $q$-迹, 证明了它们在适当区域里的收敛性, 并证明了这些特殊交错算子的 $q$-迹构成的空间是模不变的.

朱永昌的定理的一个推论是一个对 Wess-Zumino-Witten 模型和极小模型已经通过直接计算得到的结果, 即所有顶点算子代数不可约模的阶化维数生成一个模不变的向量空间. 于是我们得到了在 Verlinde 猜想和 Verlinde 公式中需要用的矩阵 $S$. 但要证明 Verlinde 猜想和公式, 从 Moore 和 Seiberg 的工作 [108] 可以看出, 朱永昌的定理作为 Moore-Seiberg 猜想的一个特殊情况是远远不够的, 因为朱永昌定理中的交错算子只是模的顶点算子映照, 不是一般的交错算子, 因此无法得到模变换和一般交错算子空间的维数 (等于融合规则) 的关系 (即 Verlinde 猜想和 Verlinde 公式).

一种试图证明 Moore-Seiberg 猜想的思路是直接推广朱永昌的方法. 对一个一般的交错算子和任意个模的顶点算子映照的乘积的 $q$-迹, 朱永昌的证明可以基本上照搬. 这个推广的细节由 Miyamoto[103] 给出, 他将朱永昌的证明用在这个稍微广一些的情形下, 证明了这些 $q$-迹在同样的区域里收敛, 而且所生成的空间是模不变的. 另外, 董崇英、李海生和 Mason[16] 也用同样的方法将朱永昌定理推广到了顶点算子代数有限阶自同构的扭曲模.

然而, 朱永昌的方法只适用于这些特殊情况, 无法用来证明原来的 Moore-Seiberg 模不变性猜想. 无法用的原因是朱永昌方法中有一步是用模的顶点算子映照的交换关系推出一个递推关系, 将关于 $n$ 个顶点算子映照的乘积的 $q$-迹的问题化为关于 $n-1$ 个这样映照的乘积的 $q$-迹的问题. 问题就出在对于一般的交错算子而言, 这样的交换关系不存在.

朱永昌的方法无法使用是 Moore-Seiberg 模不变性猜想在朱永昌定理证明之后十多年之内没有实质进展的主要原因. 要证明 Moore-Seiberg 模不变性猜想, 必须发展新方法.

2003 年, 笔者[50] 在和朱永昌定理大致相同 ( 稍微弱一些) 的条件下证明了 Moore-Seiberg 模不变性猜想. 作为具体例子, 对 Wess-Zumino-Witten 模型和极小模型, Moore-Seiberg 模不变性猜想成立. 这个证明能成功的关键是使用了交错算子的结合律和一个新方法. 和朱永昌用交换关系得到递推关系不同, 这个新方法先证明这些 $q$- 迹作为形式级数满足具正规奇点的微分方程, 从而证明这些级数的收敛性. 然后用交错算子的结合律 (或算子乘积展开) 证明这些收敛级数满足亏格为 1 黎曼面上的结合律 (或亏格为 1 黎曼面上的算子乘积展开). 再用这个亏格为 1 黎曼面上的结合律将 $n$ 个交错算子的乘积的收敛 $q$- 迹 表示为 $n-1$ 个交错算子的乘积的收敛 $q$- 迹, 最后化为单个交错算子的收敛 $q$- 迹. 然后用朱永昌定理和 Miyamoto 在一个交错算子情形下的推广便得到了模不变性.

2004 年, Miyamoto[104] 将朱永昌的模不变性定理推广到了顶点算子代数的模不一定完全可约的情况, 但还要加上一个所有不可约模都是无限维的条件. 最后这个条件在中心荷不为 0 的情况下一定满足. 这个推广应该看成是对数共形场论里模不变性的一个特殊情况. 对数共形场论的一般模不变性应该是对数交错算子的模不变性. 笔者猜想对数交错算子的模不变性在同样的条件下成立. 2015 年, 在他的博士学位论文 [28] 中, Fiordalisi 取得了关于这个猜想的主要进展. 这个猜想的详细证明将在 [29] 以及 Fiordalisi 和笔者正在撰写的文章 [30] 中给出.

### 4.3.5　Verlinde 公式、刚性和模性性质

2004 年, 笔者[53] 用交错算子的结合律和交错算子的模不变性证明了 Verlinde 猜想和 Verlinde 公式. 这个结果除了模不变性定理中所需的非负共形权条件、完全可约性条件和 $C_2$- 余有限性条件之外, 还要求顶点算子代数权为 0 的子空间是由真空张成的一维空间, 并且假定顶点算子代数上非退化不变双线性形式的存在性. 这些条件是一个有理共形场论的手征代数必须满足的性质.

这个工作首先证明了一些 Moore-Seiberg 多项式方程对满足这些条件的顶点算子代数成立, 然后用线性代数便可得到 Verlinde 猜想和 Verlinde 公式. 在证明 Moore-Seiberg 多项式方程时所发展的理论作为比 Verlinde 猜想和 Verlinde 公式更强有力的方法和工具在顶点算子代数模范畴上张量范畴结构的刚性和模性性质的证明中扮演重要角色.

前面已经讨论过, 对一个满足适当性质的顶点算子代数, 用交错算子以及它们的结合律, 我们已经得到了它的模范畴上的顶点张量范畴和辫化张量范畴结构的数学构造. 要证明 Moore-Seiberg 模性张量范畴猜想, 还要证明刚性和非退化性质. 除此以外, 还需要证明模性张量范畴从最简单的链环得到的 $S$ 矩阵和模不变

性定理中对应于模变换 $\tau \mapsto -1/\tau$ 的 $S$ 矩阵是相等的. 显然, 最后一个性质成立的话, 非退化性质是一个马上得到的推论. 我们把后一个性质称为这些辫化张量范畴的模性性质.

这些关于刚性和模性性质的猜想如果从 Moore-Seiberg 的文章算起, 大约有十七年一直悬而未决. 很多数学家开始认为这两个性质应该是简单的推论. 但一直到 2005 年之前, 即使是对研究得最多的 Wess-Zumino-Witten 模型, 所对应的张量范畴的刚性也还没有一个完整证明.

2005 年, 笔者[54] 用在 Verlinde 公式证明中得到的公式, 证明了刚性和模性性质猜想. 这个定理要求顶点算子代数满足和 Verlinde 公式证明中所需要的同样的条件. 这个定理完成了模性张量范畴的构造. 笔者在 2005 年的两篇文章 [51] 和 [52] 中, 宣布并介绍了 Verlinde 猜想、Verlinde 公式的证明和模性张量范畴的构造.

结合在 [54] 中给出的模性张量范畴的构造和 Turaev[125] 从模性张量范畴构造扭结和三维流形不变量的结果, 我们便从满足上面构造定理中条件的顶点算子代数的模范畴构造了扭结和三维流形不变量, 解决了 2.4 节中讨论的 Witten 在 1989 年的猜想, 即可以从有理共形场论构造出扭结和三维流形不变量.

如上所述, 在刚性猜想的证明中, 要用到在 Verlinde 公式证明中得到的一些公式. 这些公式在逻辑上都依赖于模不变性定理. 这一点是非常出乎意料的, 因为刚性看起来似乎是一个只和亏格为 0 的黎曼面有关的性质, 而模不变性则是一个和亏格为 1 的黎曼面有关的性质.

很多年以来, 在一些广泛传播的文章、报告甚至教科书中, 都声称对 Wess-Zumino-Witten 模型, 辫化张量范畴的刚性和模性质早已被证明, 而且对一般的有理共形场论, 证明也是一样的. 近年来, 人们才发现这些声称其实是错误的. 目前已有共识, 以前声称的证明并不存在.

这里特别要讨论一下 Wess-Zumino-Witten 模型的辫化张量范畴的刚性. 对这个模型, 最早 Finkelberg 1993 年在他的博士学位论文 [25] 和修改之后 1996 年发表的文章 [26] 中声称 Beilinson、Feigin、Mazur 在一篇至今尚未发表的手稿[4] 中已经证明了辫子张量范畴的刚性. 而他的工作则用 Kazhdan 和 Lusztig [87–91] 在非半单情形下的等价性定理证明了这个刚性辫子张量范畴和对应的量子群模范畴的一个半单子商范畴是等价的. 这个等价性的一个推论是 Verlinde 公式. 但 [4] 并没有给出刚性的证明, 而且 [4] 中所用的方法也无法证明刚性. 之后很多数学家认为 Finkelberg 修改后发表的博士论文可以看作是用量子群模范畴半单子商范畴上的刚性证明了 Wess-Zumino-Witten 模型的辫化张量范畴的刚性. 如果这些工作的确证明了刚性, 说明至少对 Wess-Zumino-Witten 模型, 刚性和模不变性可能的确无关. 但笔者在 2012 年发现 Finkelberg 的文章有一个漏洞. 因为笔者发现漏洞时早已证明了 Verlinde 公式和对应张量范畴的刚性, 笔者用这些结果补上了这些漏洞. 在笔者通过 Ostrik 告知 Finkelberg 这个漏洞之后, Finkelberg[27] 也用 Faltings[20] 和 Teleman[124] 证明的 Wess-Zumino-Witten 模型的 Verlinde 公式补上了这一漏洞. 注意到 Verlinde 公式和模不变性有关, 所以补上漏洞之后的证明再次说明了即使在这个特殊情况下, 刚性也依赖于模不变性.

虽然 Finkelberg 文章中的漏洞补上了, 但 Finkelberg 的等价性定理因为 Kazhdan-Lusztig 工作中刚性性质的限制, 在几个例外情况下仍然没有证明, 其中包括李代数为 $E_8$, 水平为 2 的重要例子. 对这些例外情况, 即使补上了漏洞, Finkelberg 的工作仍然无法提供刚性的证明, 仅有的刚性的证明由 [54] 给出.

### 4.3.6　全共形场论和开 - 闭共形场论

到目前为止, 我们讨论的结果都是关于手征共形场论的, 也就是关于可能是一个共形场论的解析或反解析部分的. 为了区分手征共形场论和共形场论, 我们将满足 Kontsevich-Segal 定义的共形场论称为全共形场论. 构造共形场论不单要构造手征共形场论, 还要构造全共形场论. 更重要的是, 一些物理学家得到的猜想, 比如关于 Calabi-Yau 流形的性质、镜像对称、量子上同调等, 都需要全共形场论, 只用手征共形场论无法得到这些猜想.

要构造全共形场论, 我们必须将手征共形场论和反手征共形场论 (即将手征共形场论中的黎曼面或复变量用它们的共轭来取代得到的场论) 适当地拼起来得到全共形场论. 从 Kontsevich-Segal 的定义可以看到, 全共形场论中对应于黎曼面的映照都必须是单值的. 而上面讨论的交错算子结合律和模不变性给出了对应于亏格为 0 和 1 黎曼面的映照, 但因为交错算子一般是多值的, 这些映照也是多值的. 因为要从多值的映照构造出单值的映照, 所以从手征共形场论和反手征共形场论构造全共形场论是非常难的问题.

2005 年, 孔良和笔者[64] 构造了亏格为 0 黎曼面上的全共形场论. 2006 年, 孔良和笔者[65] 又构造了亏格为 1 黎曼面上的全共形场论. 在这两个构造中, 主要的工作是在交错算子的空间上构造一个非退化双线性形式, 而其中主要的难度在于证明所得到的双线性形式是非退化的.

我们回顾一下 4.2.4 节关于 Wess-Zumino-Witten 模型的解析反解析分解问题的讨论. Witten 的工作基于一个厄米形式非退化性的假定. 这个厄米形式的非退化性等价于上面所讨论的双线性形式的非退化性. 因此, 上面所说的构造全共形场论的工作的一个推论就是这个厄米形式的非退化性, 从而解决了另一个早期共形场论研究中的问题.

这个双线性形式非退化性的证明是另一个出乎我们意料的地方. 这个双线性

形式是定义在交错算子的空间上的, 而交错算子是对应于亏格 1 黎曼面的. 但这个双线性形式的非退化性证明却要用到笔者在证明 Verlinde 公式时得到的一个公式, 而这个公式和 Verlinde 公式的证明都依赖于交错算子的模不变性. 让我们惊讶的是, 一个定义在对应于亏格 0 黎曼面的空间上的双线性形式的非退化性居然要用对应于亏格 1 黎曼面的结构来证明.

这个非退化性其实等价于手征共形场论所对应的张量范畴的刚性. 这是另一个为什么这个刚性的证明需要用到模不变性而且那么困难的原因. 这些都说明了可能有一个非常深刻的原理, 还需要进一步的研究.

到现在为止, 所有的讨论 (包括共形场论的定义) 都是关于闭共形场论的. 闭共形场论对应于闭弦的微扰理论, 所以这些理论中黎曼面的边界连通分量都对应于闭弦. 但弦论一般情况下也应包括开弦, 而有开弦的理论里一定也包含闭弦, 所以我们也要构造描写开弦和闭弦的共形场论, 称为开 – 闭共形场论. 共形场论也可以用来描写二维物理现象. 当所描写的物理现象牵涉到二维物体的边界时, 我们需要最早由 Cardy 开始研究的边界共形场论[10–12].边界共形场论等价于开 - 闭共形场论. 这是另一个要构造开 - 闭共形场论的原因.

2004 年, 孔良和笔者[63] 用交错算子构造了开弦顶点算子代数. 开弦顶点算子代数的模对应于弦论中物理学家发现的重要的 $D$- 膜. 2006 年, 孔良[93, 94] 进一步研究了由开弦顶点算子代数和全共形场论满足适当条件构成的开 - 闭共形场论的张量范畴以及几何描述. 在开 - 闭共形场论中, 联接开共形场和闭共形场的是由 Cardy 首先发现的 Cardy 条件[12]. 孔良[95] 也用顶点算子代数模范畴上的模性张量范畴结构研究了 Cardy 条件.

### 4.3.7 上同调和变形理论

要研究共形场论的模空间, 必须发展共形场论的变形理论. 因为共形场论可以从顶点算子代数的表示出发去构造, 我们首先需要一个顶点算子代数的变形理论. 和结合代数、李代数以及其他代数类似, 要发展顶点算子代数的变形理论和研究顶点算子代数的结构与表示理论, 需要一个顶点算子代数的上同调理论.

早在 20 世纪 90 年代初, 就有关于顶点算子代数上同调理论的建议. 可惜的是, 这些建议并不给出顶点算子代数的上同调理论, 因为它们不满足一个代数的上同调理论所必须满足的基本性质, 比如一阶变形和上同调之间的关系.

顶点算子代数包含两部分结构, 第一部分由顶点算子映照给出, 第二部分由 Virasoro 表示结构给出. Virasoro 表示结构的变形可以用 Virasoro 代数的表示理论来研究, 而顶点算子映照给出的结构的变形则是之前一直研究得不够的. 去掉顶点算子代数定义中的共形元素之后剩下的代数结构称为阶限制顶点代数. 我们需要的是阶限制顶点代数的上同调和变形理论.

2010 年, 笔者[58, 60] 引进了阶限制顶点代数的上同调理论, 并证明了这个上同调理论具有上同调理论所必需有的基本性质. 这个上同调理论主要克服的困难是怎样处理阶限制顶点代数相较于结合代数和李代数等经典代数所特有的、与有理函数有关的性质. 克服这一困难的新想法是用从代数的张量积到取值于模的代数完备化空间的有理函数空间的映照全体来构造上同调, 而不是像经典代数理论里用从代数的张量积到模的映照全体来构造.

在同一个工作中, 笔者证明了阶限制顶点代数的一阶变形对应于系数在代数中的二阶上同调. 2011 年, 笔者基于大量的计算证明了阶限制顶点代数的形式变形的障碍是三阶上同调和一个这个上同调理论特有的收敛性. 这个工作计算量很大, 笔者希望在引进一些新概念和方法之后能减少计算量, 所以此工作尚未发表.

Wess-Zumino-Witten 模型、极小模型和其他一些理论都可以看作是先从经典理论的顶点算子代数经过变形和其他一些运算得到顶点算子代数, 然后用对应的表示理论通过我们描述的构造而得到. 上面的定理说明了这些变形都是由相应的经典理论的顶点算子代数的二阶上同调里面的元素决定的.

2015 年, 齐飞和笔者[83] 在一个收敛性假设下, 证明了任意系数一阶上同调为 0 的阶限制顶点代数的阶限制的有限长度广义模都是完全可约的. 虽然收敛性假设还需要证明, 这个结果给出了判定完全可约性的一个新方法.

### 4.3.8 顶点算子代数的扭曲模和不动点子代数

轨形 (orbifold) 共形场论在共形场论的构造和应用中扮演重要的角色. Frenkel、Lepowsky 和 Meurman[23] 构造的月光模顶点算子代数是轨形共形场论构造的第一个例子. 在物理学家关于镜像对称猜想的研究中, 基于轨形共形场论的猜想是一个重要的方法. 在 4.3.9 节中将要讨论的关于分类猜想的工作中, 关于轨形共形场论的结果和猜想也是一个主要的工具.

研究轨形共形场论首先要研究顶点算子代数的扭曲模. 关于有限阶自同构的扭曲模最早出现在 Frenkel-Lepowsky-Meurman[23] 和 Lepowsky[100] 关于扭曲顶点算子的工作中. 这些工作给出了网格顶点算子代数关于有限阶自同构的扭曲模. 月光模顶点算子代数的构造便用到了这样的扭曲模.

董崇英、李海生和 Mason[15, 16] 研究了满足一些基本条件的顶点算子代数关于有限阶自同构的扭曲模. 他们在 $C_2$- 余有限性条件和一些其他次要的条件下证明了这样的扭曲模的存在性. 他们也证明了在这些条件下这样的扭曲模的一个模不变性定理.

对一个顶点算子代数和这个代数的一个无限阶自同构, 上面这些关于有限阶自同构的扭曲模的定义和结果都不再有效或成立. 2009 年, 笔者[57] 引进了顶点算子代数关于任意阶自同构的扭曲模的定义, 并给出了一些例子, 包括一些从三重 $\mathcal{W}$ 代数构造的例子. 在这个无限阶情形下, 出乎意料的是, 如果所考虑的自同构在顶点算子代数上的作用不是半单的, 扭曲顶点算子不只有变量的非整数幂次, 还有变量的对数的非负整数次幂. 这个重要性质使得在这个情况下的扭曲模的研究要比有限阶自同构的情况难很多. 因为扭曲顶点算子包含变量的对数, 必须用解析延拓来描写这些算子的性质, 笔者给出的扭曲模的定义由交换律、结合律和一些次要的性质给出. 2015 年, Bakalov[3] 用扭曲顶点算子看作是变量的对数的多项式时的常数项算子来描写扭曲模, 得到了扭曲模的一个纯代数定义. 最近, 杨进伟和笔者[84] 系统研究了这些最一般的扭曲模, 希望将来能用所得到的结果来构造轨形共形场论, 尤其是对数轨形共形场论.

要研究扭曲模的表示理论, 需要先研究顶点算子代数在一个自同构群的子群作用下的不动点子代数的性质. Miyamoto 在 2013 年[106] 证明了如果一个顶点算子代数是 $C_2$- 余有限的, 那么这个代数在一个有限阶自同构作用下的不动点子代数也是 $C_2$- 余有限的. 2016 年, Carnahan 和 Miyamoto[9] 证明了如果一个顶点算子代数的弱模 (weak module) 都是完全可约的, 则在一个有限阶自同构作用下的不动点子代数的弱模也都是完全可约的. 第二个结果的证明要用到笔者在证明交错算子模不变性的文章 [50] 和证明 Verlinde 猜想的文章 [53] 中得到的结果和发展的方法, 以及 Lepowsky、张林和笔者[71–79] 关于对数交错算子和相应的辫化张量范畴理论. 这两个关于不动点子代数的结果使得前面那些需要 $C_2$- 余有限性和某些广义模完全可约性条件的定理都可以用到这些不动点子代数的模之间的交错算子以及这些模构成的范畴上去. 最近 Carnahan 宣布用所有这些结果以及下面要讨论的 van Ekeren、Möller 和 Scheithauer 的工作等, 他证明了 Norton 的广义月光猜想, 推广了 Borcherds[7] 证明的月光猜想. 这些新结果都再一次说明了共形场论的顶点算子代数表示理论方法的重要性.

### 4.3.9 关于 Schellekens 分类猜想的研究进展

在中心荷为 24 的亚纯有理共形场论的分类猜想中, Schellekens 分类猜想中的存在性部分已经有一些重要进展. 其中一些重要结果不只是纯粹技术性的计算, 也要用到前面所讨论过的一些深刻的定理.

Schellekens 分类猜想分两部分, 一部分是将 Schellekens 所列出的 70 个顶点算子代数都构造出来, 另一部分则是证明只有 70 个这样的顶点算子代数.

近年来, Lam [96]、 Lam-Shimakura[97–99]、 Miyamoto [105]、 Shimakura-Sagaki[122]、van Ekeren-Möller-Scheithauer[19] 给出了 Schellekens 所列出的 70 个顶

点算子代数中 68 个的构造. 在 [19] 中, van Ekeren、Möller 和 Scheithauer 还证明了这样一个顶点算子代数权为 1 的子空间构成的李代数只能是 Schellekens 所列出的 70 个中的一个. van Ekeren、Möller 和 Scheithauer 的工作用到了 4.3.5 节中讨论的 Verlinde 公式和模性张量范畴结构.

分类猜想中的唯一性部分, 包括由权为 1 齐次子空间非零、中心荷为 24 的亚纯有理共形场论只有 Schellekens 列出的 70 个猜想和 Frenkel-Lepowsky-Meurman 的月光模唯一性猜想, 还没有实质性的进展.

## 4.4 有待解决的问题和猜想

虽然在非拓扑量子场论中, 共形场论在数学上是我们了解得最多的, 但有待解决的问题与猜想与已经解决的相比还是要多得多. 总的来说, 一个数学理论都需要解决包括存在性、分类和在其他数学分支和其他学科中应用在内的问题. 对于共形场论而言, 虽然在有理共形场论的情况下有了亏格 0 和亏格 1 理论的构造, 但因为高亏格的理论仍然有一个重要的收敛性问题尚未解决, 目前连存在性问题都还没有彻底解决.

这一节笔者选取讨论一些公认的和一些笔者本人认为重要的有待解决的问题与猜想. 笔者希望通过强调这些问题的重要性来推动共形场论的数学研究.

2015 年 8 月 15 日和 17 日在 University of Notre Dame 举行的会议 *Lie Algebras, Vertex Operator Algebras, and Related Topics* 上, 笔者主持讨论顶点算子代数和共形场论中未解决的问题. 为此笔者准备了幻灯片, 列出了一系列问题. 本节从基于这些幻灯片而写的英文文章翻译之后改写而成. 英文文章 [60] 会在上述会议的文集中发表. 这一节应该看作是 [62] 的中文编译.

### 4.4.1 构造满足 Kontsevich-Segal-Moore-Seiberg 公理的有理共形场论

**问题 4.4.1** 给出满足 Kontsevich-Segal-Moore-Seiberg 公理的有理共形场论的构造, 或者至少证明这样的有理共形场论的存在性. 作为重要例子, 给出 Wess-Zumino-Witten 模型和极小模型的构造或证明它们的存在性.

我们在 4.3 节中已经讨论了有理共形场论的构造. 目前有理全共形场论的亏格 0 和亏格 1 的相关函数已有构造并且已被证明满足应有的性质. 但高亏格相关函数的构造还没有. 另外, 这些构造中得到的空间只是带非退化双线性或厄米形式的阶化空间, 要得到完整的共形场论, 必须构造出带非退化厄米形式的局部凸的完备拓扑向量空间.

高亏格相关函数的构造是主要没有解决的问题. 从共形场论的公理可以知道

如果共形场论的构造已经给出, 那么高亏格相关函数可以展开成为用交错算子构成的级数. 因为我们尚未构造出满足所有公理的共形场论, 虽然用交错算子仍然可以写下这些级数, 但我们并不能用共形场论的公理来推出这些级数的收敛性. 如果能证明这些级数是收敛的, 它们的和便给出了 Teichmüller 空间上的函数, 然后用已经是定理的交错算子结合律和交错算子模不变性, 便可证明这些 Teichmüller 空间上的函数给出了模空间上解析平坦向量从的平坦截面, 即相关函数. 所以高亏格相关函数的构造问题其实可以归结为这些级数的收敛性问题, 这个收敛性问题是交错算子结合律定理和交错算子模不变性定理中的收敛性在高亏格情形下的推广.

**问题 4.4.2** 证明这些用交错算子构造高亏格相关函数所得到的级数的收敛性.

要证明这个收敛性, 需要证明一些关于在带参数化边界黎曼面的无限维 Teichmüller 空间和模空间上某些函数的猜想. 近几年来, Radnell, Schipper 和 Staubach [111–118] 在这些 Teichmüller 空间和模空间的研究上取得了重要进展. 我们期待上面提到的关于无限维 Teichmüller 空间和模空间上某些函数的猜想会在不远的将来得到解决成为定理, 从而可以用来证明高亏格相关函数构造中所需要的收敛性.

构造带非退化厄米形式的局部凸的拓扑向量空间和高亏格相关函数的构造有关. 从 Kontsevich-Segal 公理可以看到, 在一个共形场论中, 一个带一个边界连通分量的黎曼面 $S$ 对应于一个从复数域到状态空间的映照 (图 3). 这样一个映照等价于一个在状态空间中的元素 $h(S)$. 于是我们看到, 一个共形场论的状态空间一定包含对应于任意亏格黎曼面的元素, 只有在构造出高亏格相关函数之后, 我们才能完整了解共形场论状态空间的结构. 4.3 节讨论的亏格 0 全共形场论也有一个阶化的状态空间, 但这个空间只是由顶点算子代数的模的张量积和直和得到的, 并不包含那些对应于高亏格黎曼面的元素. 笔者在 1998 年[47] 和 2000 年[48] 构造了顶点算子代数的局部凸拓扑完备化. 如果有了高亏格相关函数的构造, 可以将对应于高亏格黎曼面的元素用 [47] 和 [48] 中的方法加入亏格 0 全共形场论的阶化状态空间, 从而构造出所需要的完备的状态空间, 也即带非退化厄米形式的局部凸的完备拓扑向量空间.

如果亏格 0 全共形场论的阶化状态空间上有一个关于由交错算子得到的共形场不变的内积 (我们称之为相容的内积), 那么这个阶化状态空间也有一个 Hilbert 空间完备化. 我们有如下的猜想.

**猜想 4.4.1** 如果亏格 0 全共形场论的阶化状态空间上有一个相容的内积, 那么由加入高亏格元素得到的局部凸拓扑完备化和 Hilbert 空间完备化作为带阶化结构与非退化厄米形式的局部凸的完备拓扑向量空间是同构的.

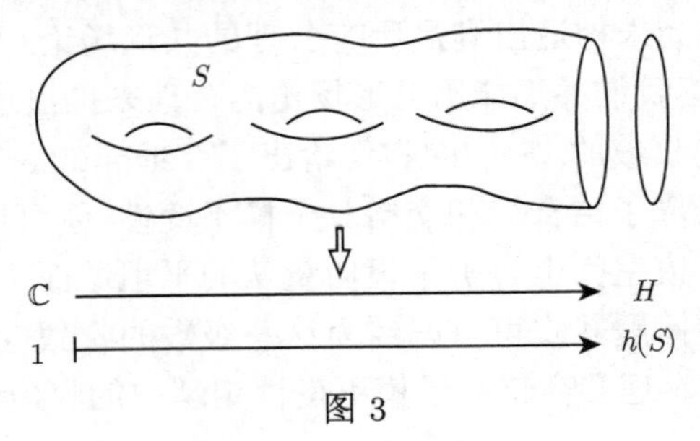


图 3

### 4.4.2 阶限制顶点代数上同调理论和模的完全可约性

在表示论中, 模的完全可约性是一个基本的问题. 对结合代数, 如果代数作为自己的模是完全可约的, 则这个代数的模都是完全可约的, 而且所有不可约模都出现在这个代数的不可约模直和分解中. 但对顶点算子代数, 即使作为自己的模是不可约的, 一般情况下也还有很多其他的不可约模和不是完全可约的模. 对于具体的顶点算子代数的例子, 模的完全可约性的证明都是化为一些其他代数模的完全可约性或者一些其他性质来得到的, 并不是从一个一般的、容易验证所需条件的完全可约性定理得到的.

一个结合代数是半单的 (等价于所有模都完全可约) 当且仅当这个代数以任何双模为系数的一阶 Hochschild 上同调都为 0. 对顶点算子代数, 完全可约性和共形元素无关. 所以我们只需要考虑阶限制顶点代数. 另一方面, 上面关于结合代数的完全可约性定理也同样适用于交换代数, 并不需要将对应的上同调换成 Harrison 上同调, 因为交换性和完全可约性无关. 阶限制顶点代数也有一个交换律, 也和模的完全可约性无关. 所以如果有一个类似的完全可约性定理, 应该是关于更一般的不一定满足交换律的代数. 笔者在 2012 年[60] 引进了一种称为亚纯开弦顶点代数的概念, 应该看作是阶限制顶点代数的非交换推广. 笔者 2010 年给出的阶限制顶点代数上同调构造其实分成两步, 第一步是构造一个类似于 Hochschild 上链复形的上链复形, 从这个上链复形也可以得到一个上同调. 第二步是定义一个类似于 Harrison 上链复形的上述上链复形的子上链复形, 这个子上链复形的上同调才是阶限制顶点代数的上同调. 第一步中构造的上同调其实是不考虑阶限制顶点代数的交换律时的上同调, 也就是将阶限制顶点代数当成是亚纯开弦顶点代数时的上同调. 这一步中的上链复形和上同调都可以推广到亚纯开弦顶点代数, 所以对这样的代数也有上同调.

如果将阶限制顶点代数类比于交换结合代数, 那么亚纯开弦顶点代数就应该类比于结合代数. 用同样的类比加上对阶限制顶点代数模的了解, 我们便可得到如下的猜想.

**猜想 4.4.2** 一个亚纯开弦顶点代数所有的阶限制的有限长度广义模都是完全可约的, 当且仅当它以任何双模为系数、阶大于 1 的上同调为 0. 特别地, 一个阶限制顶点代数所有的阶限制的有限长度广义模都是完全可约的, 当且仅当它作为一个亚纯开弦顶点代数以任何双模为系数、阶大于 1 的上同调为 0.

2015 年齐飞和笔者[83] 在假定了一个收敛性的条件下证明了当一个亚纯开弦顶点代数以任何双模为系数的一阶上同调为 0 时, 它所有的阶限制的有限长度广义模都是完全可约的. 上面的猜想也化为证明所假定的收敛性和证明当一个亚纯开弦顶点代数所有的阶限制的有限长度广义模都是完全可约时, 它的阶大于 1 的上同调为 0.

因为我们已经知道 Wess-Zumino-Witten 模型的顶点算子代数、极小模型的顶点算子代数、网格顶点算子代数和月光模顶点算子代数阶限制的有限长度广义模都是完全可约的, 所以这个猜想成立的话, 它们作为亚纯开弦顶点代数的所有上同调都为 0. 因此要加强上述猜想的可信度, 应该先验证这些顶点算子代数作为亚纯开弦顶点代数的所有上同调都为 0. 但因为这些上同调的计算都牵涉到一个收敛性问题, 所以证明这些上同调为 0 也是一个非平凡的问题.

**猜想 4.4.3** Wess-Zumino-Witten 模型的顶点算子代数、极小模型的顶点算子代数、网格顶点算子代数和月光模顶点算子代数作为亚纯开弦顶点代数的所有上同调都为 0.

猜想 4.4.2 如果能证明的话, 我们得到了一个用上同调来判定完全可约性的条件. 而且如果只是用来判定完全可约性, 上面所述 [83] 中的结果也说明这个条件可以简化为以任何双模为系数的一阶上同调为 0. 但这个条件要对所有双模成立, 仍然不容易验证. 我们希望的是这个用上同调来表述的充分必要条件能帮助我们找到一个容易验证的条件.

**问题 4.4.3** 找出一个能用所考虑的阶限制顶点代数来直接验证的判定完全可约性的条件.

笔者认为从李代数上同调和 Killing 形式之间的关系或许能找到一些解决此问题的线索.

### 4.4.3 共形场论的模空间

模空间在数学中一直都扮演着重要的角色. 从黎曼面的模空间到 Yang-Mills 方程自对偶和反自对偶解的模空间, 很多重要的数学结果都是从它们的研究中得到的. 共形场论的模空间也是一个重要的数学结构, 在物理上则和弦论的解空间有密切关系, 也可能和拓扑序有紧密联系. 但目前我们连模空间上的拓扑应该怎样定义都尚不清楚.

**问题 4.4.4** 研究共形场论的模空间. 给出模空间上的拓扑和几何结构. 证明有理共形场论在模空间里是离散点.

研究模空间的一个方法是发展共形场论的变形理论. 变形理论至少会对了解模空间可能有什么样的拓扑结构有帮助. 4.3 节中已经讨论了阶化顶点代数的变形理论.

**问题 4.4.5** 找出阶限制顶点代数形式变形收敛到解析变形的条件. 将阶化顶点代数变形理论推广到亏格 0 全共形场论.

### 4.4.4 对数共形场论的构造和研究

虽然还需要构造高亏格的相关函数并证明所有的 Kontsevich-Segal-Moore-Seiberg 公理, 我们已经有了很多关于有理共形场论的重要结果, 包括交错算子的算子乘积展开、模不变性、Verlinde 公式、模性张量范畴结构、三维拓扑量子场论、扭结和三维流形不变量、亏格 0 和亏格 1 的手征和全共形场论. 见 4.3 节的讨论. 但对于对数共形场论, 这些结果的推广很多都还没有被证明, 甚至还不知道应该怎样严格给出相应的猜想.

笔者在 2009 年[56] 给出了如下的刚性猜想.

**猜想 4.4.4** 假定一个单纯顶点算子代数 $V$ 满足下面两个条件: ① $V$ 的权为 0 的齐次子空间是由真空张成的一维向量空间, 权为负的齐次子空间都为 0, 而且作为 $V$-模, $V'$ 等价于 $V$. ② $V$ 满足 $C_2$-余有限性条件. 那么由阶限制的广义 $V$-模构成的辫化张量范畴是刚性的.

在有理共形场论的情形下, 刚性的证明是用到了模不变性的. 对满足 $C_2$-余有限性并且没有非零负权元素的顶点算子代数, 在 4.3.4 节中我们已经提到, Fiordalisi 的工作 [28], [29] 以及 Fiordalisi 和笔者正在完成的一篇文章 [30] 证明了对数交错算子的模不变性也是成立的. 我们期待这个模不变性可以用来证明刚性猜想.

对有理共形场论, 它们对应的顶点算子代数的模范畴不只是一个刚性的辫化张量范畴, 而且还满足一个非退化条件, 所以是一个模性张量范畴. 但这个非退化条件是用范畴中不可约物件 (不可约模) 给出的, 因为对有理共形场论, 范畴是半单的, 也就是说所有的物件都是不可约物件的直和. 对于对数共形场论, 因为范畴不是半单的, 我们不能只考虑不可约模, 所以什么是在对数共形场论情形下的模性张量范畴也是一个重要的有待解决的问题.

**问题 4.4.6** 给出一个非半单情形下的模性张量范畴的定义, 并证明猜想 4.4.4 中的辫化张量范畴有这样一个模性张量范畴结构. 对这样一个非半单模性张量范畴, 是否仍然可以构造出三维拓扑量子场论以及扭结和三维流形不变量?

我们在 4.3.3 节中已经讨论过, 对于满足 $C_1$- 余有限性条件的顶点算子代数, 对数交错算子的算子乘积展开已经被证明了. 从 4.3.4 节和上面的讨论, 我们也知道对于满足 $C_2$- 余有限性并且没有非零负权元素的顶点算子代数, 模不变性也已经被证明了. 这两个结果已经给出了对应的对数共形场论的亏格 0 和 1 的手征相关函数. 但我们并不知道对应的对数全共形场论亏格 0 和 1 的相关函数应该怎样构造.

**问题 4.4.7** 对于满足猜想 4.4.4 中条件的顶点算子代数, 是否能从亏格 0 和 1 的手征相关函数构造得到全共形场论亏格 0 和 1 的相关函数? 从这些亏格 0 和 1 的相关函数, 能否构造出满足 Kontsevich-Segal 公理的共形场论?

### 4.4.5 轨形共形场论

4.3.8 节中我们讨论了扭曲模的构造和研究, 但扭曲模的构造和研究离轨形共形场论的完整构造还很远. 首先笔者有下面的猜想.

**猜想 4.4.5** 假定 $V$ 是一个满足如下条件的顶点算子代数: ① $V$ 的权为 0 的齐次子空间是由真空张成的一维向量空间, 权为负的齐次子空间都为 0, 而且作为 $V$- 模, $V'$ 等价于 $V$. ② $V$ 满足 $C_2$- 余有限性条件. ③ 每个阶限制的阶化广义 $V$- 模都是完全可约的. 假定 $G$ 是一个 $V$ 的自同构组成的有限群. 那么不可约 $g$-扭曲 $V$- 模 ($g \in G$) 之间的扭曲交错算子满足交换律、结合律和模不变性.

如果我们将 Kirillov, Jr. [92] 的一个关于顶点算子代数扭曲模范畴的猜想 (见 [92] 中的 Example 5.5) 中要求顶点算子代数是有理的条件换为上面猜想中精确的条件, 那么我们得到下面这个猜想.

**猜想 4.4.6** 假定 $V$ 是满足猜想 4.4.5 中三个条件的顶点算子代数, $G$ 是一个 $V$ 的自同构组成的有限群. 那么所有 $g$- 扭曲 $V$- 模 ($g \in G$) 的范畴是一个在 Turaev 意义下的 $G$ 交叉张量范畴[126].

这两个猜想都是在完全可约假设之下的, 同时也是关于 $V$ 的有限自同构群的. 对于不是完全可约和无限自同构群的情况, 我们有如下的猜想和问题.

**猜想 4.4.7** 假定 $V$ 是一个满足猜想 4.4.5 中第一和第二个条件的顶点算子代数. 假定 $G$ 是一个 $V$ 的自同构组成的有限群, 那么 $g$- 扭曲 $V$- 模 ($g \in G$) 之间的扭曲对数交错算子满足交换律、结合律和模不变性.

**问题 4.4.8** 假定 $V$ 是一个顶点算子代数, $G$ 是一个 $V$ 的自同构组成的群. 如果 $G$ 是无限群, 在什么条件下, 扭曲 $V$- 模之间的扭曲对数交错算子的交换律、结合律和模不变性成立? 在什么条件下, 扭曲 $V$- 模范畴构成一个 $G$ 交叉张量范畴?

### 4.4.6 月光模顶点算子代数的唯一性和中心荷为 24 的亚纯有理共形场论的分类

我们在 4.3.9 节中已经讨论了近年来在 Schellekens 分类猜想上的进展. 这个分类猜想中的存在性猜想除了还有两个在 Schellekens 列表中的顶点算子代数有待构造之外, 剩下的也是难得多的问题是唯一性猜想:

**猜想 4.4.8** 假定有一个顶点算子代数满足两个条件: 第一, 中心荷为 24. 第二, 这个顶点算子代数是它自己的唯一的不可约模, 而且它所有的模都是完全可约的. 证明这个顶点算子代数由它的权为 1 的齐次子空间上的李代数结构唯一决定.

这个猜想包括最早、相信也是最难的月光模顶点算子代数的唯一性猜想.

**猜想 4.4.9**(Frenkel-Lepowsky-Meurman) 假定有一个顶点算子代数满足三个条件: 第一, 中心荷为 24. 第二, 不存在非零的、权为 1 的元素. 第三, 这个顶点算子代数是它自己的唯一的不可约模, 而且它所有的模都是完全可约的. 证明这个顶点算子代数一定同构于月光模顶点算子代数.

这两个猜想可能还需要更强的完全可约性条件. 完全可能我们需要假定所有弱模都是完全可约的.

在权为 1 的齐次子空间非零的情况下, 可以用对应的 Schellekens 列表中有限维李代数所有可能生成的顶点代数来研究猜想 4.4.8. 月光模顶点算子代数的唯一性猜想的难度在于没有这样的有限维李代数结构可以用. 这两个猜想中或许还需要加上 $C_2$- 余有限性条件. 笔者相信这些猜想的证明需要已经发展和正在发展起来的更精细的关于顶点算子代数的理论和工具.

### 4.4.7 Calabi-Yau 超共形场论

对于以 Calabi-Yau 流形为目标的非线性西格玛模型给出 $N=2$ 超共形场论的猜想, 目前数学上第一步需要构造的是对应的顶点算子代数.

**问题 4.4.9** 构造一个从 Calabi-Yau 流形的范畴到 $N=2$ 超共形顶点算子代数范畴的函子, 使得四维复射影空间中的费马五次超曲面对应于 Gepner 模型的 $N=2$ 超共形顶点算子代数, 并且使得 Calabi-Yau 流形的变形在此函子下对应于 $N=2$ 超共形顶点算子代数的变形.

虽然已有一些从 Calabi-Yau 流形的例子构造出来的 $N=2$ 超共形顶点算子代数, 目前并没有一个一般的构造可以得到上面问题中的函子.

**问题 4.4.10** 如果能构造出对应于 Calabi-Yau 流形的 $N=2$ 超共形顶点算子代数, 研究这些顶点算子代数的表示理论, 用这个表示理论构造对应的 $N=2$ 超共形场论, 包括证明交错算子的算子乘积展开、模不变性、模性张量范畴的构造, 以及全超共形场论的构造.

对于 Calabi-Yau 流形而言, 全超共形场论 (full superconformal field theories) 的构造是极为重要的, 因为物理学家给出的猜想 (比如量子上同调和镜像对称等) 很多都是从全超共形场论出发得到的. 无法只从手征共形场论得到.

**问题 4.4.11** 如果能构造出对应于 Calabi-Yau 流形的 $N=2$ 超共形顶点算子代数, 并能得到那些代数表示理论的基本结果和对应的 $N=2$ 全超共形场论, 用这些结果和构造从数学上发展物理学家的方法来严格表述和证明物理学家关于 Calabi-Yau 流形的猜想 (比如量子上同调和镜像对称).

最近关于对应于 $K3$ 曲面的全超共形场论和超共形顶点算子代数的研究有非常有意义的进展. 早在在 2001 年, 在假定全超共形场论存在的情形下, Wendland[128] 研究了对应于一个特殊 $K3$ 曲面的全超共形场论, 发现这个全超共形场论有非常大的但还是有限的自同构群. 2013 年, 同样在全超共形场论存在的假定下, Gaberdiel, Taormina, Volpato 和 Wendland[32] 用这个全超共形场论不同的描述方式完全决定了它巨大的有限自同构群. 2015 年, Duncan 和 Mack-Crane[18] 发现这个全超共形场论 Neveu-Schwarz 部分的状态空间作为 Virasoro 代数的模和他们在 2014 年[17] 构造得到的 Conway 群的月光模顶点算子代数 $V^{S\natural}$ 作为 Virasoro 代数的模是等价的. 他们也证明了这个全超共形场论 Ramond 部分的状态空间作为 Virasoro 代数的模和 $V^{S\natural}$ 的一个扭曲模作为 Virasoro 代数的模是等价的. 通过这些工作给出的联系, Taormina 和 Wendland 进一步用顶点算子代数 $V^{S\natural}$ 来描写这个对应于特殊 $K3$ 曲面的全超共形场论. 这些研究将为以后 Calabi-Yau 全超共形场论的一般构造提供重要的数学想法和例子, 包括对上面这些数学问题解答的思路和想法.

### 4.4.8 顶点算子代数方法和共形网方法的关系

我们在 4.3 节开始时提到共形场论的两种方法. 除了我们已经详细讨论的顶点算子代数表示论方法, 还有一个方法是共形网的方法. 对共形网方法, 笔者推荐 Kawahigashi 的综述 [85], 对顶点算子代数表示理论方法和共形网方法的关系的一些结果, 见 [13] . 这两种方法都得到了对应于有理共形场论的模性张量范畴, 而在其他问题的研究上各有优势.

**问题 4.4.12** 找出顶点算子代数表示论方法和共形网方法的关系. 证明至少对有理共形场论, 这两种方法是等价的.

**致谢** 本文是基于笔者于 2015 年 6 月 3 日在中科院数学所讲座所作的报告扩展而成的. 笔者感谢张晓、席南华、冯琦、付保华的邀请, 也感谢席南华、张晓、王友德、付保华为编辑数学所讲座讲稿所作的努力. 笔者感谢 Lepowsky 多年来对笔者研究工作的支持, 感谢合作者们的重要贡献, 感谢学生们的问题、讨论和研究成果. 笔者感谢 Carnahan、Duncan、Kawahigashi、Lam、Scheithauer 和 Wendland 关于他们的工作的解释和讨论. 陈凌在阅读本文初稿中发现了一些笔误, 笔者也在此表示感谢.

## 参考文献

[1] Alvarez-Gaumé L, Coleman S, Ginsparg P. Finiteness of Ricci flat $N = 2$ supersymmetric $\sigma$-models, Comm. Math. Phys., 1986, 103: 423–430.

[2] Atiyah M. Topological quantum field theories. Pub. Math. IHES, 1988, 68: 175–186.

[3] Bakalov B. Twisted logarithmic modules of vertex algebras. Comm. Math. Phys., to appear; arXiv: 1504.06381.

[4] Beilinson A, Feigin B, Mazur B. Introduction to algebraic field theory on curves. Preprint, 1991 (provided by A. Beilinson, 1996).

[5] Belavin A, Polyakov A M, Zamolodchikov A B. Infinite conformal symmetries in two-dimensional quantum field theory. Nucl. Phys., 1984, B241: 333–380.

[6] Borcherds R E. Vertex algebras, Kac-Moody algebras, and the Monster. Proc. Natl. Acad. Sci. USA, 1986, 83: 3068–3071.

[7] Borcherds R E. Monstrous Moonshine and Monstrous Lie superalgebras. Invent. Math., 1992, 109: 405–444.

[8] Candelas P, Horowitz G, Strominger A, Witten E. Vacuum configurations for superstrings. Nucl. Phys., 1985, B258: 46–74.

[9] Carnahan S, Miyamoto M. Rationality of fixed-point vertex operator algebras. to appear; arXiv:1603.05645.

[10] Cardy J L. Conformal invariance and surface critical behavior. Nucl. Phys., 1984, B240: 514–532.

[11] Cardy J L. Effect of boundary conditions on the operator content of two-dimensional conformally invariant theories. Nucl. Phys., 1986, B275: 200–218.

[12] Cardy J L. Boundary conditions, fusion rules and the verlinde formula. Nucl. Phys., 1989, B324: 581–596.

[13] Carpi S, Kawahigashi Y, Longo R, Weiner M. From vertex operator algebras to conformal nets and back. Memoirs Amer. Math. Soc., to appear; arXiv:1503.01260.

[14] Dixon L. Some world-sheet properties of superstring compactifications, on orbifolds and otherwise//Furlan G, Pati J C, Sciama D W, ed. Summer Workshop in High-energy Physics and Cosmology - Superstrings, unified theories and cosmology, June 29–August 7, 1987, Trieste, Italy, ICTP Ser. Theoret. Phys., Vol. 4, World Scientific, Singapore, 1989: 67–126.

[15] Dong C, Li H, Mason G. Twisted representations of vertex operator algebras. Math. Ann., 1998, 310: 571–600.

[16] Dong C, Li H, Mason G. Modular-invariance of trace functions in orbifold theory and generalized Moonshine. Comm. Math. Phys., 2000, 214: 1–56.

[17] Duncan J F R, Mack-Crane S. Derived equivalences of $K3$ surfaces and twined elliptic genera. Res. Math. Sci., 2016, 3: 3: 1.

[18] Duncan J F R, Mack-Crane S. The moonshine module for Conway's group. Forum Math. Sigma, 2015, 3: e10.

[19] van Ekeren J, Möller S, Scheithauer N R. Construction and classification of holomorphic vertex operator algebras, to appear; arXiv: 1507.08142.

[20] Faltings G. A proof for the Verlinde formula. J. Alg. Geom., 1994, 3: 347–374.

[21] Feingold A, Frenkel I, Ries J. Spinor Construction of Vertex Operator Algebras, Triality, and $E_8^{(1)}$. Contemporary Math., Vol. 121, Amer. Math. Soc., Providence, RI, 1991.

[22] Frenkel I B, Huang Y Z, Lepowsky J. On axiomatic approaches to vertex operator algebras and modules. preprint, 1989; Memoirs Amer. Math. Soc., 1993, 104.

[23] Frenkel I B, Lepowsky J, Meurman A. Vertex Operator Algebras and the Monster. Pure and Appl. Math., Vol. 134. Boston: Academic Press, 1988.

[24] Frenkel I B, Zhu Y. Vertex operator algebras associated to representations of affine and Virasoro algebras. Duke Math. J., 1992, 66: 123–168.

[25] Finkelberg M. Fusion categories. Harvard University Doctor of Philosophy thesis, 1993.

[26] Finkelberg M. An equivalence of fusion categories. Geom. Funct. Anal., 1996, 6: 249–267.

[27] Finkelberg M. Erratum to: An equivalence of fusion categories. Geom. Funct. Anal., 1996, 6: 249–267; Geom. Funct. Anal., 2013, 23: 810–811.

[28] Fiordalisi F. Logarithmic intertwining operators and genus-one correlation functions. Rutgers University of Doctor of Philosophy thesis, 2015.

[29] Fiordalisi F. Logarithmic intertwining operators and genus-one correlation functions. Comm. Contemp. Math., to appear; arXiv:1602.03250.

[30] Fiordalisi F, Huang Y Z. Modular invariance for logarithmic intertwining operators.

[31] Friedan D. Nonlinear models in $2+\varepsilon$ dimensions. Annals of Physics, 1985, 163: 318–419.

[32] Gaberdiel M, Taormina A, Volpato R, Wendland K. A $K3$ sigma model with $\mathbb{Z}_2^8 : \mathbb{M}_20$ symmetry. JHEP, 2014, 2: 022.

[33] Gepner D. Space-time supersymmetry in compactified string theory and superconformal models. Nucl. Phys., 1988, B296: 757–778.

[34] Glimm J, Jaffe A. Quantum Physics: A Functional Integral Point of View. 2nd ed. New York: Springer-Verlag, 1987.

[35] Green M B, Schwarz J H, Witten E. Superstring Theory Vol. 1. Introduction. 25th anniversary edition. Cambridge: Cambridge University Press, 2012.

[36] Greene B, Plesser R. Duality in Calabi - Yau moduli space. Nucl. Phys., 1990, B338: 15–37.

[37] Gurarie V. Logarithmic operators in conformal field theory. Nucl. Phys., 1993, B410: 535–549.

[38] Haag R. Local Quantum Physics: Fields, Particles, Algebras, Second Enlarged and Revised Edition, Texts and Monographs in Physics. Berlin: Springer-Verlag, 1992.

[39] Huang Y Z. On the geometric interpretation of vertex operator algebras. Ph.D. thesis, Rutgers University Doctor of Philosophy thesis, 1990.

[40] Huang Y Z. Geometric interpretation of vertex operator algebras. Proc. Natl. Acad. Sci. USA, 1991, 88: 9964–9968.

[41] Huang Y Z. Vertex operator algebras and conformal field theory. Int. J. Mod. Phys., 1992, A7: 2109–2151.

[42] Huang Y Z. A theory of tensor products for module categories for a vertex operator algebra, IV. J. Pure Appl. Alg., 1995, 100: 173–216.

[43] Huang Y Z. A nonmeromorphic extension of the moonshine module vertex operator algebra//Dong C, Mason G, ed. Moonshine, the Monster and related topics, Proc. Joint Summer Research Conference, Mount Holyoke, 1994; Contemporary Math., Vol. 193, Amer. Math. Soc., Providence, 1996: 123–148.

[44] Huang Y Z. Virasoro vertex operator algebras, (nonmeromorphic) operator product expansion and the tensor product theory. J. Alg., 1996, 182: 201–234.

[45] Huang Y Z. Intertwining operator algebras, genus-zero modular functors and genus-zero conformal field theories//Loday J L, Stasheff J, Voronov A A, ed. Operads: Proceedings of Renaissance Conferences. Contemporary Math., Amer. Math. Soc., Providence, 1997, 202: 335–355.

[46] Huang Y Z. Two-dimensional conformal geometry and vertex operator algebras. Progress in Mathematics, Vol. 148, Birkhüuser, Boston, 1997, 148.

[47] Huang Y Z. A functional-analytic theory of vertex (operator) algebras I. Comm. Math. Phys., 1999, 204: 61–84.

[48] Huang Y Z. A functional-analytic theory of vertex (operator) algebras II. Comm. Math. Phys., 2003, 242: 425–444.

[49] Huang Y Z. Differential equations and intertwining operators. Comm. Contemp. Math., 2005, 7: 375–400.

[50] Huang Y Z. Differential equations, duality and modular invariance. Comm. Contemp. Math., 2005, 7: 649–706.

[51] Huang Y Z. Vertex operator algebras, the Verlinde conjecture, and modular tensor categories. Proc. Natl. Acad. Sci. USA, 2005, 102: 5352–5356.

[52] Huang Y Z. Vertex operator algebras, fusion rules and modular transformations//Fuchs J, Mickelsson J, Rozenblioum G, Stolin A, ed. Non-commutative Ge-

ometry and Representation Theory in Mathematical Physics. Contemporary Math., Amer. Math. Soc., Providence, 2005, 391: 135–148.

[53] Huang Y Z. Vertex operator algebras and the Verlinde conjecture. Comm. Contemp. Math., 2008, 10: 103–154.

[54] Huang Y Z. Rigidity and modularity of vertex tensor categories. Comm. Contemp. Math., 2008, 10: 871–911.

[55] Huang Y Z. Cofiniteness conditions, projective covers and the logarithmic tensor product theory. J. Pure Appl. Alg., 2009, 213: 458–475.

[56] Huang Y Z. Representations of vertex operator algebras and braided finite tensor categories//Bergvelt M, Yamskulna G, Zhao W, ed. Vertex Operator Algebras and Related Topics, an International Conference in Honor of Geoffery Mason's 60th Birthday, Contemporary Math., Amer. Math. Soc., Providence, 2009, 497: 97–111.

[57] Huang Y Z. Generalized twisted modules associated to general automorphisms of a vertex operator algebra. Comm. Math. Phys., 2010, 298: 265–292.

[58] Huang Y Z. A cohomology theory of grading-restricted vertex algebras. Comm. Math. Phys., 2014, 327: 279–307.

[59] Huang Y Z. First and second cohomologies of grading-restricted vertex algebras. Comm. Math. Phys., 2014, 327: 261–278.

[60] Huang Y Z. Meromorphic open-string vertex algebras. J. Math. Phys., 2013, 54: 051702.

[61] Huang Y Z. Two constructions of grading-restricted vertex (super)algebras. J. Pure Appl. Alg., to appear; arXiv:1507.06098.

[62] Huang Y Z. Some open problem in mathematical two-dimensional conformal field theory //Barron K, Jurisich H, Li H, Milas A, Misra K C, ed. Proceedings of the Conference on Lie Algebras, Vertex Operator Algebras, and Related Topics, held at University of Notre Dame, Notre Dame, Indiana, August 14-18, 2015 Contemp. Math, American Mathematical Society, Providence, RI, to appear.

[63] Huang Y Z, Kong L. Open-string vertex algebras, tensor categories and operads. Comm. Math. Phys., 2004, 250: 433–471.

[64] Huang Y Z, Kong L. Full field algebras. Comm. Math. Phys., 2007, 272: 345–396.

[65] Huang Y Z, Kong L. Modular invariance for conformal full field algebras. Trans. Amer. Math. Soc., 2010, 362: 3027–3067.

[66] Huang Y Z, Lepowsky J. Toward a theory of tensor product for representations of a vertex operator algebra//Catto S, Rocha A, ed. Proc. 20th Intl. Conference on Diff. Geom. Methods in Theoretical Physics, New York, 1991, World Scientific, Singapore, 1992, 1: 344–354.

[67] Huang Y Z, Lepowsky J. Tensor products of modules for a vertex operator algebras and vertex tensor categories//Brylinski R, Bryliski J L, Guillemin V, Kac V, ed. Lie

Theory and Geometry, in honor of Bertram Kostant, Birkhäuser, Boston, 1994: 349–383.

[68] Huang Y Z, Lepowsky J. A theory of tensor products for module categories for a vertex operator algebra, Ⅰ. Selecta Mathematica (New Series), 1995, 1: 699–756.

[69] Huang Y Z, Lepowsky J. A theory of tensor products for module categories for a vertex operator algebra, Ⅱ. Selecta Mathematica (New Series), 1995, 1: 757–786.

[70] Huang Y Z, Lepowsky J. A theory of tensor products for module categories for a vertex operator algebra, Ⅲ. J. Pure Appl. Alg., 1995, 100: 141–171.

[71] Huang Y Z, Lepowsky J. Intertwining operator algebras and vertex tensor categories for affine Lie algebras. Duke Math. J., 1999, 99: 113–134.

[72] Huang Y Z, Lepowsky J, Zhang L. A logarithmic generalization of tensor product theory for modules for a vertex operator algebra. Internat. J. Math., 2006, 17: 975–1012.

[73] Huang Y Z, Lepowsky J, Zhang L. Logarithmic tensor category theory for generalized modules for a conformal vertex algebra, Ⅰ: Introduction and strongly graded algebras and their generalized modules//Bai C, Fuchs J, Huang Y Z, Kong L, Runkel I, Schweigert C, ed. Conformal Field Theories and Tensor Categories, Proceedings of a Workshop Held at Beijing International Center for Mathematics Research. Mathematical Lectures from Beijing University, Springer, New York, 2014, 2: 169–248.

[74] Huang Y Z, Lepowsky J, Zhang L. Logarithmic tensor category theory, Ⅱ: Logarithmic formal calculus and properties of logarithmic intertwining operators. to appear; arXiv:1012.4196.

[75] Huang Y Z, Lepowsky J, Zhang L. Logarithmic tensor category theory, Ⅲ: Intertwining maps and tensor product bifunctors. to appear; arXiv:1012.4197.

[76] Huang Y Z, Lepowsky J, Zhang L. Logarithmic tensor category theory, Ⅳ: Constructions of tensor product bifunctors and the compatibility conditions. to appear; arXiv:1012.4198.

[77] Huang Y Z, Lepowsky J, Zhang L. Logarithmic tensor category theory, Ⅴ: Convergence condition for intertwining maps and the corresponding compatibility condition. to appear; arXiv:1012.4199.

[78] Huang Y Z, Lepowsky J, Zhang L. Logarithmic tensor category theory, Ⅵ: Expansion condition, associativity of logarithmic intertwining operators, and the associativity isomorphisms. to appear; arXiv:1012.4202.

[79] Huang Y Z, Lepowsky J, Zhang L. Logarithmic tensor category theory, Ⅶ: Convergence and extension properties and applications to expansion for intertwining maps. to appear; arXiv:1110.1929.

[80] Huang Y Z, Lepowsky J, Zhang L. Logarithmic tensor category theory, Ⅷ: Braided tensor category structure on categories of generalized modules for a conformal vertex

algebra. to appear; arXiv:1110.1931.

[81] Huang Y Z, Milas A. Intertwining operator superalgebras and vertex tensor categories for superconformal algebras, I. Comm. Contemp. Math., 2002, 4: 327–355.

[82] Huang Y Z, Milas A. Intertwining operator superalgebras and vertex tensor categories for superconformal algebras, II. Trans. Amer. Math. Soc., 2002, 354: 363–385.

[83] Huang Y Z, Qi F. The first cohomology, derivations and the reductivity of a (meromorphic open-string) vertex algebra. to appear.

[84] Huang Y Z, Yang J. Associative algebras and (logarithmic) twisted modules for a vertex operator algebra. to appear; arXiv:1603.04367.

[85] Kawahigashi Y. Conformal field theory, tensor categories and operator algebras. J. Phys., 2015, A48: 303001.

[86] Kac V, Wang W. Vertex operator superalgebras and their representations. Mathematical aspects of conformal and topological field theories and quantum groups (South Hadley, MA, 1992), Contemp. Math., 1992, 175: 161–191.

[87] Kazhdan D, Lusztig G. Affine Lie algebras and quantum groups. Duke Math. J., IMRN, 1991, 2: 21–29.

[88] Kazhdan D, Lusztig G. Tensor structures arising from affine Lie algebras, Ⅰ. J. Amer. Math. Soc., 1993, 6: 905–947.

[89] Kazhdan D, Lusztig G. Tensor structures arising from affine Lie algebras, Ⅱ. J. Amer. Math. Soc., 1993, 6: 949–1011.

[90] Kazhdan D, Lusztig G. Tensor structures arising from affine Lie algebras, Ⅲ. J. Amer. Math. Soc., 1994, 7: 335–381.

[91] Kazhdan D, Lusztig G. Tensor structures arising from affine Lie algebras, Ⅳ. J. Amer. Math. Soc., 1994, 7: 383–453.

[92] Jr Kirillov A. On G–equivariant modular categories. arXiv:math/0401119.

[93] Kong L. Cardy condition for open-closed field algebras. Comm. Math. Phys., 2008, 283: 25–92.

[94] Kong L. Open-closed field algebras. Comm. Math. Phys., 2008, 280: 207–261.

[95] Kong L. Cardy condition for open-closed field algebras. Comm. Math. Phys., 2008, 283: 25–92.

[96] Lam C H. On the constructions of holomorphic vertex operator algebras of central charge 24. Comm. Math. Phys., 2011, 305: 153–198.

[97] Lam C H, Shimakura H. Quadratic spaces and holomorphic framed vertex operator algebras of central charge 24. Proc. Lond. Math. Soc., 2012, 104: 540–576.

[98] Lam C H, Shimakura H. Classification of holomorphic framed vertex operator algebras of central charge 24. Amer. J. Math., 2015, 137: 111–137.

[99] Lam C H, Shimakura H. Orbifold construction of holomorphic vertex operator algebras associated to inner automorphisms. Comm. Math. Phys., to appear; arXiv:1501.05094.

[100] Lepowsky J. Calculus of twisted vertex operators. Proc. Nat. Acad. Sci. USA, 1985, 82: 8295–8299.

[101] Lerche W, Vafa C, Warner N. Chiral rings in $\mathcal{N}=2$ superconformal theories. Nucl. Phys., 1989, B324: 427–474.

[102] Milas A. Weak modules and logarithmic intertwining operators for vertex operator algebras//Berman S, Fendley P, Huang Y Z, Misra K, Parshall B, ed. Recent Developments in Infinite-Dimensional Lie Algebras and Conformal Field Theory, Contemp. Math., American Mathematical Society, Providence, RI, 2002, 297: 201–225.

[103] Miyamoto M. Intertwining operators and modular invariance. math.QA/0010180.

[104] Miyamoto M. Modular invariance of vertex operator algebras satisfying $C_2$-cofiniteness. Duke Math. J., 2004, 122: 51–91.

[105] Miyamoto M. A $\mathbb{Z}_3$-orbifold theory of lattice vertex operator algebra and $\mathbb{Z}_3$-orbifold constructions. Symmetries, integrable systems and representations, Springer Proc. Math. Stat., Vol. 40, Springer, Heidelberg, 2013, 319–344.

[106] Miyamoto M. $C_2$-cofiniteness of cyclic-orbifold models. Comm. Math. Phys., 2015, 335: 1279–1286.

[107] Moore G, Seiberg N. Polynomial equations for rational conformal field theories. Phys. Lett., 1988, B212: 451–460.

[108] Moore G, Seiberg N. Classical and quantum conformal field theory. Comm. Math. Phys., 1989, 123: 177–254.

[109] Nemeschansky D, Sen A. Conformal invariance of supersymmetric $\sigma$-models on Calabi-Yau manifolds. Phys. Lett., 1986, B178: 365–369.

[110] Polchinski J. String theory, Vol. I, An introduction to the bosonic string. Cambridge Monographs on Mathematical Physics. Cambridge: Cambridge University Press, 1998.

[111] Radnell D, Schippers E. Quasisymmetric sewing in rigged Teichmüller space. Comm. Contemp. Math., 2006, 8: 481–534.

[112] Radnell D, Schippers E. A complex structure on the set of quasiconformally extendible nonoverlapping mappings into a Riemann surface. J. Anal. Math., 2009, 108: 277–291.

[113] Radnell D, Schippers E. Fiber structure and local coordinates for the Teichmüller space of a bordered Riemann surface. Conform. Geom. Dyn., 2010, 14: 14–34.

[114] Radnell D, Schippers E, Staubach W. A Hilbert manifold structure on the Weil-Petersson class Teichmüller space of bordered Riemann surfaces. Comm. Contemp. Math., 2015, 17: 1550016.

[115] Radnell D, Schippers E, Staubach W. Weil-Petersson class non-overlapping mappings into a Riemann surface. Comm. Contemp. Math., to appaer; DOI: 10.1142/S0219199715500601.

[116] Radnell D, Schippers E, Staubach W. Quasiconformal maps of bordered Riemann

surfaces with $L^2$ Beltrami differentials. J. Anal. Math., to appear.

[117] Radnell D, Schippers E, Staubach W. Convergence of the Weil-Petersson metric on the Teichmüller space of Bordered Riemann Surfaces. to appear.

[118] Radnell D, Schippers E, Staubach W. Quasiconformal Teichmüller theory as an analytical foundation for two dimensional conformal field theory//Barron K, Jurisich E, Li H, Milas A, Misra C, ed. Proceedings of the Conference on Lie Algebras, Vertex Operator Algebras, and Related Topics, held at University of Notre Dame, Notre Dame, Indiana, August 14-18, 2015, Contemp. Math, American Mathematical Society, Providence, RI, to appear.

[119] Rozansky L, Saleur H. Quantum field theory for the multi-variable Alexander-Conway polynomial. Nucl. Phys., 1991, B376: 461–509.

[120] Schellekens A N. Meromorphic $c = 24$ conformal field theories. Comm. Math. Phys., 1993, 153: 159–186.

[121] Segal G. The definition of conformal field theory//Tillman V, ed. Topology, Geometry and Quantum Field Theory: Proceedings of the 2002 Oxford Symposium in Honour of the 60th Birthday of Graeme Segal. London Mathematical Society Lecture Note Series, Vol. 308. Cambridge: Cambridge University Press, 2004: 421–577.

[122] Sagaki D, Shimakura H. Application of a Z3-orbifold construction to the lattice vertex operator algebras associated to Niemeier lattices, Trans. Amer. Math. Soc., 2016, 368: 1621–1646.

[123] Streater R F, Wightman A S. PCT, Spin and Statistics, and All That. 3rd ed. Princeton Landmarks in Physics. Princeton: Princeton University Press, 2000.

[124] Teleman C. Lie algebra cohomology and the fusion rules. Comm. Math. Phys., 1995, 173: 265–311.

[125] Turaev V. Quantum Invariants of Knots and 3-manifolds. de Gruyter Studies in Math., Vol. 18, Walter de Gruyter, Berlin, 1994.

[126] Turaev V. Homotopy field theory in dimension 3 and crossed group-categories. arxiv:math.GT/0005291.

[127] Verlinde E. Fusion rules and modular transformations in 2D conformal field theory. Nucl. Phys., 1988, B300: 360–376.

[128] Wendland K. Orbifold constructions of $K3$: A link between conformal field theory and geometry//Adem A, Morava J, Ruan Y, ed. Proceedings of the Conference on Mathematical Aspects of Orbifold String Theory held at the University of Wisconsin, Madison, WI, May 4–8, 2001. Contemp. Math., 2002, 310: 333–358.

[129] Witten E. Non-Abelian bosonization in two dimensions. Comm. Math. Phys., 1984, 92: 455–472.

[130] Witten E. Quantum field theory and the Jones polynomial. Comm. Math. Phys., 1989, 121: 351–399.

[131] Witten E. On holomorphic factorization of WZW and coset models. Comm. Math. Phys., 1992, 144: 189–212.

[132] Zhu Y. Vertex operators, elliptic functions and modular forms. Yale University Doctor of Philosophy Thesis, 1990.

[133] Zhu Y. Modular invariance of characters of vertex operator algebras. J. Amer. Math. Soc., 1996, 9: 237–307.

# 5 等价关系、分类问题与描述集合论

高 速

在数学的许多分支中, 对所研究的数学对象进行分类是这些分支中非常重要, 甚至是核心的问题. 这是现代数学经过不断的抽象化的发展到今天一个普遍的现象. 比如, 代数中群的概念的提出源于研究代数方程解的需要. 但在今天, 对于群的完全分类成为代数中更为重要的问题. 再比如, von Neumann 在 20 世纪 30 年代创立遍历论之初提出保测变换这个中心概念的同时就提出, 对于保测变换进行分类应该是遍历论的核心问题之一. 他身体力行和他的学生 Halmos 一起给出了对保测变换进行分类的第一个重要结果. 我们甚至可以这样讲, 每出现一个新的重要的数学对象 (空间、结构、系统等), 也就出现了一个新的重要的分类问题.

从 20 世纪 80 年代开始, 一些描述集合论的研究工作者发展出一套关于等价关系复杂度的数学理论 (我们今天称之为不变量描述集合论), 并将这一理论成功地应用于数学分类问题的研究中. 这个理论开始于一个微不足道的事实, 那就是所有的分类问题本质上也就是等价关系. 经过三十多年快速的发展和越来越多的来自各个分支的数学家的共同努力, 我们现在已经对很多数学中重要的分类问题的复杂度有了一个统一的和相当深入的认识. 当然, 也还有更多的问题等待我们去研究、去回答.

描述集合论作为数理逻辑和集合论的一个分支可能不为广大中国数学工作者所熟悉. 但它在分类问题的研究中的成功不是偶然的. 首先, 不变量描述集合论集中了一个复杂度理论所需的所有元素. 这个理论的中心概念, 即 Borel 归约的概念, 来自数理逻辑的另外一个分支 —— 可计算性理论. 而要得到 Borel 归约的基本性质, 则要用到经典描述集合论近百年发展中得到的几乎所有重要的结果. 而这些结果已经集成了数学中很多其他分支的方法和结果, 包括分析、拓扑、代数、逻辑等. 另外, 不变量描述集合论现在广受关注, 也因为它真正关心和可以解决其他数学分支关心的问题, 而不是仅仅为了应用去发现一些问题来研究. 这种双向的甚至是多向的交流和相互渗入正是作为统一的现代数学发展的活力所在.

在本文中我尝试对不变量描述集合论, 特别是它在分类问题研究中的应用作一个初步的介绍. 希望借此能够促进一些新的合作机会的产生, 以及吸引有兴趣的学生来从事这方面的研究. 特别感谢数学所提供的这个难得的机会. 在数学所讲座报告和本文写作的过程中席南华院士、冯琦研究员和南开大学的丁龙云教授提出了宝贵的意见和建议, 在此一并表示衷心感谢.

## 5.1 等价关系

等价关系是数学中一个常用的初等概念. 它是指一个集合上满足自反律、对称律和传递律的任何二元关系. 为了确立记号的需要, 我们回顾一下这一定义的细节.

**定义 5.1.1** 设 $X$ 为一集合及 $E \subseteq X \times X$ 为 $X$ 上的二元关系. 如果对任意 $x, y, z \in X$ 满足:

(i) (自反律) $(x, x) \in E$,

(ii) (对称律) 若 $(x, y) \in E$, 则 $(y, x) \in E$,

(iii) (传递律) 若 $(x, y) \in E$ 及 $(y, z) \in E$, 则 $(x, z) \in E$,

那么称 $E$ 为等价关系.

在实践中经常把 $(x, y) \in E$ 写成 $xEy$. 比如, 我们见到的最常用的等价关系就是集合元素的相等关系 $x = y$, 而不写成 $(x, y) \in =$.

等价关系无处不在. 我们看几个例子.

**例 5.1.1** (1) 陪集等价关系: 如果 $G$ 是一个群而 $H \leqslant G$ 是 $G$ 的子群, 则可定义

$$g_1 \sim g_2 \iff g_1^{-1} g_2 \in H \iff g_1 H = g_2 H,$$

也就是说, $g_1$ 和 $g_2$ 等价当且仅当它们的左陪集相等. 这样定义的 $\sim$ 是一个等价关系.

(2) 轨道等价关系: 如果 $G \curvearrowright X$ 是一个群 $G$ 在集合 $X$ 上的作用, 则可定义

$$x_1 \sim x_2 \iff \exists g \in G \ g \cdot x_1 = x_2 \iff \{g \cdot x_1 : g \in G\} = \{g \cdot x_2 : g \in G\}.$$

因为集合 $\{g \cdot x : g \in G\}$ 称为 $x$ 的轨道, 这里的 $\sim$ 实际上是 $X$ 上元素之间轨道相等的关系. 当然, 前面例子中的陪集等价关系是轨道等价关系的特例.

(3) Vitali等价关系 $\sim_V$: 若 $x, y \in \mathbb{R}$, 定义

$$x \sim_V y \iff x - y \in \mathbb{Q},$$

因为有理数 $\mathbb{Q}$ 的加法群是实数 $\mathbb{R}$ 加法群的子群, 这里的 $\sim_V$ 实际上是一个具体的陪集等价关系. 历史上 Vitali 利用这个等价关系, 以及利用选择公理, 构造出了著名的非 Lebesgue 可测集的例子, 称为 Vitali 集. 一个 Vitali 集是由每个 $\sim_V$ 的等价类中任选一个元素所组成的集合.

(4) 测度等价关系$\equiv_m$: 两个测度的等价定义为它们相对彼此绝对连续. 而测度 $\mu$ 相对于测度 $\nu$ 绝对连续则定义为

$$\mu \ll \nu \iff \forall A(\nu(A)=0 \to \mu(A)=0),$$

所以

$$\mu \equiv_m \nu \iff \mu \ll \nu \text{ 且} \nu \ll \mu.$$

以上几个随机检选的例子应该是所有数学系研究生在基础课中已经接触过的. 读者应该还可以想出很多其他等价关系的例子.

在不变量描述集合论中, 我们研究不同等价关系之间的相对复杂度. 而这里一个关键概念就是归约的概念.

**定义 5.1.2** 设 $E$ 和 $F$ 分别为集合 $X$ 和 $Y$ 上的等价关系. 如果存在函数 $f: X \to Y$ 使得对任何 $x_1, x_2 \in X$,

$$x_1 E x_2 \iff f(x_1) F f(x_2),$$

则称 $E$归约到 $F$, 记为 $E \leqslant F$.

$E$ 归约到 $F$ 的直观意义就是将关于 $E$ 的问题转化为关于 $F$ 的问题. 如果关于 $F$ 的问题可以得到回答, 那么通过归约关于 $E$ 的问题也可以得到回答. 在这个意义下 $E$ 的复杂度不超过 $F$ 的复杂度.

简单地说, 不变量描述集合论的目标就是确定各个等价关系之间的归约或不归约, 从而建立起一个等价关系复杂度的全景图. 但在我们做到这一点之前, 还有一些障碍需要清除. 为了说明这些障碍是什么, 我们先来看一些分类问题, 特别是已经得到满意解决的分类问题的例子.

## 5.2 作为等价关系的分类问题

**例 5.2.1** 在线性代数中我们考虑对复方矩阵 (以及它们所代表的线性算子) 的相似形进行分类. 两个矩阵 $A$ 和 $B$ 称为相似当且仅当存在一个非奇异矩阵 $S$ 使得 $A = S^{-1}BS$.

对这一问题我们在线性代数中已经有了完整而满意的回答. 那就是给定任意的复方矩阵, 我们可以计算出它的 Jordan 标准形, 而两个矩阵相似当且仅当它们的 Jordan 标准形实质上是相等的.

对这个例子稍加进一步分析, 我们可以发现这实际上是一个轨道等价关系的例子. 这里的作用群就是复域 $\mathbb{C}$ 上的一般线性群, 而群作用则是在所有复方矩阵所组成的空间上的共轭作用. 我们所谓对这一问题的满意回答, 则本质上是找到了一个归约, 使得看上去比较艰难的原始问题, 转化成为一个我们认为比较容易的问题 (即比较两个 Jordan 标准形是否一样的问题). 再进一步, 一个 Jordan 标准形对应着一系列特征值、阶次和它们的重数, 而这些数值总体的信息完全可以用一个复数 (甚至实数) 来编码. 也就是说, 事实上存在着一个值域为 $\mathbb{R}$ 的归约函数, 将复方矩阵之间的相似关系归约到实数集上的相等关系.

我们对这一分类结果满意, 有两个原因. 一是所归约到的等价关系非常简单具体. 二是, 也是更重要的, 就是这个归约函数也非常具体, 可以计算.

**例 5.2.2**　考虑对有限生成的交换群进行分类. 代数中的分类问题通常对应于代数结构间的同构关系.

抽象代数中一个熟知而初等的定理, 有时称为有限生成交换群基本定理, 说的是任意一个有限生成的交换群同构于一个唯一的如下形式的直和

$$\mathbb{Z}/p_1^{r_1}\mathbb{Z}\oplus\cdots\oplus\mathbb{Z}/p_n^{r_n}\mathbb{Z}\oplus\mathbb{Z}^m,$$

而其中 $n$ 和 $m$ 是非负整数, $p_1,\cdots,p_n$ 为不同的素数, 以及 $r_1,\cdots,r_n$ 为正整数. 按照我们通常的理解, 这个分类问题就此已经得到了完满的回答, 因为所有的有限生成交换群的同构类型就由这样的一组数据完全刻画了. 但仔细想来, 这里似乎还缺一个环节, 那就是定理叙述本身并没有指出如何由任意给定的有限生成交换群去计算它的标准形式. 这样的算法是有的, 而且可以从该定理的证明中提取出来. 至此这个分类问题才算彻底解决了.

和前一个例子一样, 这里的一组数据可以由一个数来进行编码而不失信息, 而且在这里可以用自然数而不需要所有实数. 这样一来, 我们实际上得到一个值域为 $\mathbb{N}$ 的归约函数, 来把某个空间上的同构等价关系归约到 $\mathbb{N}$ 上的相等关系.

虽然同为相等关系, 但因为在不同集合上, 它们的复杂度是不同的. 我们用 $=_{\mathbb{R}}$ 来记 $\mathbb{R}$ 上的相等关系, 而用 $=_{\mathbb{N}}$ 来记 $\mathbb{N}$ 上的相等关系. 容易得到 $=_{\mathbb{N}}\leqslant=_{\mathbb{R}}$ 而 $=_{\mathbb{R}}\not\leqslant=_{\mathbb{N}}$. 记为 $=_{\mathbb{N}}<=_{\mathbb{R}}$. 这个陈述的直观意义就是说 $=_{\mathbb{R}}$ 的复杂度要高出 $=_{\mathbb{N}}$ 的复杂度.

到目前为止我们举的例子都是初等浅显的例子, 其中包含的数学知识来自于大学水平的基础课程. 下面要举的例子则要用到相当深刻的结果.

**例 5.2.3**　考虑对 Bernoulli 推移的同构类型进行分类. Bernoulli 推移是一个四元组 $(X,\mathcal{B},\mu,T)$, 其中

(1) $X=\{1,2,\cdots,n\}^{\mathbb{Z}}$, $n\geqslant 1$ 为正整数,

(2) $\mathcal{B}$ 是由 $X$ 上乘积拓扑生成的 Borel $\sigma$- 代数,

(3) $\mu$ 是由 $\{1,2,\cdots,n\}$ 上某个概率分布 $(p_1,\cdots,p_n)$(满足 $\sum_{i=1}^n p_i=1$) 所决定的乘积测度,

(4) $T$ 是 $X$ 上的推移变换：若 $x = (x_k)_{k\in\mathbb{Z}}$, 则

$$(Tx)_k = x_{k-1},$$

Bernoulli 推移是保测变换最重要的实例之一, 在概率论和动力系统研究中有着不可替代的历史价值和实用价值. 作为保测变换, 它们之间的同构是这样定义的. 两个保测变换 $(X,\mathcal{B},\mu,T)$ 和 $(Y,\mathcal{C},\nu,S)$ 同构, 是指存在子集 $A\subseteq X$, $B\subseteq Y$ 及保测度的双射 $\varphi : A \to B$ 满足 $\mu(A) = 1$, $\nu(B) = 1$ 及 $\varphi\circ T = S\circ\varphi$ a.e.

为了研究这一分类问题, Kolmogorov 和他的学生 Sinai 定义了熵的概念. 从计算的角度, 上面的 Bernoulli 推移的熵是非常简单的：

$$H(X) = -\sum_{i=1}^{n} p_i \log p_i,$$

他们证明了熵是任何保测变换的一个 (同构) 不变量, 即同构的保测变换具有相同的熵. Ornstein 在 1970 年发表了他的惊人结果[29]：熵也是 Bernoulli 推移的完全不变量, 即两个 Bernoulli 推移同构当且仅当它们有相同的熵.

因为熵是一个非负实数, 在这一个例子中我们又一次看到一个与分类问题相对应的等价关系经由一个容易计算的归约函数归约到实数上的相等关系.

**定义 5.2.1** 设 $E$ 为等价关系. 如果 $E \leqslant =_{\mathbb{R}}$, 我们就称 $E$ 为*流畅的*(smooth).

如果一个分类问题对应着流畅的等价关系, 我们也称这个分类问题为流畅的. 我们已经看到, 流畅的分类问题并不见得有相同的复杂度, 但它们都被认为是有了完满的解答. 在过去的几十年中还出现了很多类似的结果. 我们下面再举两个非初等的例子.

1965 年 Effros[8] 证明了对 I 型可分 $C^*$- 代数的表示进行酉等价分类是一个流畅的分类问题. 事实上, 流畅一词的使用来源于此结果.

1999 年 Gromov[20] 证明了对紧度量空间的等距同构类型进行分类是一个流畅的分类问题.

我想读者读到这里, 一定有很多的问题. 比如, 有没有分类问题已经被证明是非流畅的? 事实上, 上面加起来共五个例子, 每一个都可以问出更一般性的分类问题. 我们下面罗列一些这样的问题, 并注明它们所属的数学分支.

(1) 无穷维 Hilbert 空间上所有有界线性算子的酉等价关系 (泛函分析),

(2) 所有可数群的同构关系 (代数),

(3) 所有保测变换的同构关系 (动力系统和遍历论)(这就是 von Neumann 提出的问题),

(4) 所有可分 $C^*$- 代数表示的酉等价关系 (算子代数),

(5) 所有可分完备度量空间的等距同构关系 (几何),

(6) 所有紧度量空间的同胚关系 (拓扑),

……

这里的每一个问题都是相应领域里面的大问题, 是数学家真正关心的, 希望解决的问题. 在后面我们会讲到, 所有这些问题都被考虑过, 我们现在已经有了部分的或完整的答案. 但也还有一些重要的遗留问题.

有些读者的问题可能不是上面这些, 而是对于我们理论框架的疑虑. 比如, 到目前为止我们只看到了两个复杂度不同的等价关系的例子, 即 $=_{\mathbb{N}}$ 和 $=_{\mathbb{R}}$. 直观上说, 它们之所以不同是它们有着不同数目的等价类, 即一个是可数的而另一个是不可数的. 如果整个不变量描述集合论只是在讨论等价类的个数, 那么这个理论就没有存在的必要. 但一个细心的读者可能会意识到, 我们关于归约的定义 5.1.2 恰恰有这方面的问题. 如果可以用选择公理, 那么 $E \leqslant F$ 当且仅当 $E$ 的等价类的个数小于或等于 $F$ 的等价类的个数. 这就是我们在 5.1 节结尾时所指的障碍!

所以我们有必要对归约的定义作一定的修改和补充, 而修改和补充的依据则是注意到, 在所有流畅的分类问题的讨论中, 我们都坚持了归约函数要具体、可以计算. 如果只是借助选择公理而声称存在一个归约函数, 对于具体的分类问题是没有帮助的. 在 5.3 节中, 我们要给出一些细节来实现这些想法. 有些细节刚看上去可能不很自然, 但是却是经过三十多年的研究而确立的最合适的理论框架.

## 5.3　等价关系的描述集合论

传统上, 描述集合论研究实数集 $\mathbb{R}$ 的可定义子集. 哪些 $\mathbb{R}$ 的子集是可定义的不是一个一成不变的概念. 最常用的可定义子集的概念是 Borel(可测) 集 (即来自 Borel $\sigma$- 代数中的集合). 这是不是意味着描述集合论的研究范畴比较狭窄呢? 我们下面会看到, 绝非如此.

我们先给一个一般性的定义. 设 $X$ 为集合及 $\mathcal{B} \subseteq \mathcal{P}(X)$ 为 $X$ 的幂集的子集. 如果 $\mathcal{B}$ 是一个 $\sigma$-代数 (即对可数并、可数交和补集运算封闭), 则称 $(X, \mathcal{B})$ 为 Borel 空间.

**定义 5.3.1**　设 $(X, \mathcal{B})$ 为 Borel 空间. 记 $\mathbb{R}$ 上 Borel 集的全体为 $\mathcal{B}_{\mathbb{R}}$. 如果存在从 $(X, \mathcal{B})$ 到 $(\mathbb{R}, \mathcal{B}_{\mathbb{R}})$ 的同构嵌入, 即单射 $f: X \to \mathbb{R}$ 使得对任何 $A \in \mathcal{P}(X)$,

$$A \in \mathcal{B} \iff f(A) = \{f(x) : x \in A\} \in \mathcal{B}_{\mathbb{R}},$$

则我们称 $(X, \mathcal{B})$ 为标准 Borel 空间.

只要没有歧义, 我们通常略去 $\mathcal{B}$ 而直接称 $X$ 为标准 Borel 空间. 简而言之, 所有标准 Borel 空间都同构于 $\mathbb{R}$ 的 Borel 子空间. 描述集合论的研究范畴由此可以扩大到所有标准 Borel 空间.

标准 Borel 空间是一个极为宽广的概念. 它的例子不仅包括我们熟悉的 $\mathbb{N}, \mathbb{R}, \mathbb{C}$ 等, 也包括它们的乘积, 如 $\mathbb{N}^{\mathbb{N}}, \mathbb{R}^{\mathbb{N}}$ 等, 从有穷和无穷维的 Hilbert 空间, 到所有的 Banach 空间都是标准 Borel 空间的例子. 通过适当的编码我们可以把所有可数结构看成标准 Borel 空间的元素. 比如, 所有的可数有向图可以看成 $\{0,1\}^{\mathbb{N}\times\mathbb{N}}$ 的元素. 这样, 所有可数有向图就组成了一个标准 Borel 空间. 类似地, 我们也可以考虑所有可数群的空间等.

更进一步, 有很多超空间 (hyperspace) 也是标准 Borel 空间. 其中最著名的例子就是 Effros 标准 Borel 空间. 它是这样定义的. 设 $X$ 为任意可分的完备度量空间. 考虑 $X$ 上的所有闭集的集合, 记为 $F(X)$. 定义 $F(X)$ 上 Borel 结构 $\mathcal{B}$ 为由如下形式的集合所生成的最小 $\sigma$- 代数:

$$\mathcal{A}_U = \{F \in F(X) : F \cap U \neq \varnothing\},$$

其中 $U \subseteq X$ 是 $X$ 的非空开子集.

利用 Effros 标准 Borel 结构可以使很多超空间都变成标准 Borel 空间. 比如, 全体可分 Banach 空间所组成的超空间 (每一个可分 Banach 空间是这个超空间的一个点); 全体可分完备度量空间所组成的超空间; 全体紧度量空间所组成的超空间, 等等. 通过适当的编码我们也可以考虑算子的空间、函数的空间; 甚至群表示的空间等; 它们也大都可以组成标准 Borel 空间.

这样一来, 描述集合论的研究对象就包罗万象, 涵盖了数学几乎所有的分支. 而我们前面提到的数学中的分类问题, 也就自然成为标准 Borel 空间上的等价关系. 有了这个基本认识, 我们就可以弥补前面两节中理论上的不足, 而给出如下定义.

**定义 5.3.2** 设 $(X,\mathcal{B})$ 和 $(Y,\mathcal{C})$ 为标准 Borel 空间. 函数 $f : X \to Y$ 称为Borel函数, 如果对任意 $C \in \mathcal{C}$,

$$f^{-1}(C) = \{x \in X : f(x) \in C\} \in \mathcal{B},$$

我们把 Borel 函数作为具体、可计算的函数的典型.

**定义 5.3.3** 设 $E$ 和 $F$ 分别为标准 Borel 空间 $X$ 和 $Y$ 上的等价关系. 如果存在 Borel 函数 $f : X \to Y$ 使得对任何 $x_1, x_2 \in X$,

$$x_1 E x_2 \iff f(x_1) F f(x_2),$$

则称 $E$ Borel归约到 $F$, 记为 $E \leqslant_B F$.

如果 $E \leqslant_B F$ 但 $F \nleqslant_B E$, 记为 $E <_B F$. 如果 $E \leqslant_B F$ 且 $F \leqslant_B E$, 则称 $E$ 和 $F$ Borel等价, 记为 $E \sim_B F$.

**定义 5.3.4** 设 $E$ 为标准 Borel 空间上的等价关系. 如果 $E \leqslant_B =_{\mathbb{R}}$, 我们就称 $E$ 为流畅的(smooth).

在 5.2 节所有五个流畅分类的例子中, 数学对象都可以用标准 Borel 空间的元素来编码, 而所有的归约函数也都是 Borel 函数. 事实上, 除了例 5.2.2 的分类问题和 $=_{\mathbb{N}}$ Borel 等价以外, 其他四个分类问题都 Borel 等价于 $=_{\mathbb{R}}$.

至此我们才做好了发展不变量描述集合论的概念准备. 不变量描述集合论理论的中心任务是确立大量的基准 (benchmark) 等价关系并且搞清楚这些基准等价关系之间的 Borel 归约或不归约. 一般说来, 一个等价关系之所以被确立为基准等价关系有两个可能的原因. 一个原因就是它等价于一系列自然而重要的分类问题. 而另一个可能的原因是它在 Borel 归约分层中被证明有极为特殊的性质. 而不变量描述集合论的应用则是将新的分类问题与基准等价关系进行比较, 从而确定分类问题的相对复杂度. 从这里就可以看出, 不变量描述集合论的理论和应用不是界线分明的, 而是相互促进、相辅相成的.

在前两节中我们提到四个具体的等价关系, 分别是 $\mathbb{N}$ 上的相等关系 $=_{\mathbb{N}}$、$\mathbb{R}$ 上的相等关系 $=_{\mathbb{R}}$、Vitali 等价关系 $\sim_V$ 和测度等价关系 $\equiv_m$. 它们之间的 Borel 归约如下:

$$=_{\mathbb{N}} <_B =_{\mathbb{R}} <_B \sim_V <_B \equiv_m,$$

这几个关系都被认为是基准等价关系, 其中原因各不相同. 在这一节后半部分, 我们专就这四个等价关系做一个详细的说明.

从前面的讨论中我们已经看到, 与 $=_{\mathbb{R}}$ 具有相同复杂度的分类问题大量存在. 所以 $=_{\mathbb{R}}$ 是一个当之无愧的基准等价关系. 所有流畅的分类问题, 也就是复杂度不高于 $=_{\mathbb{R}}$ 的分类问题, 都可以用一个实数作为完全不变量进行分类. 现已证明, 所有流畅的等价关系 (或分类问题)$E$ 的复杂度, 只能有如下三种可能性:

(1) $E$ 仅有有穷多个等价类;

(2) $E$ 的等价类个数为可数无穷多, 此时 $E \sim_B =_{\mathbb{N}}$;

(3) $E \sim_B =_{\mathbb{R}}$.

在描述集合论中, 第一种情况被视为平凡的, 但在数学中它也许对应着极不平凡的结果. 举例来说, Poincaré 猜测也可以理解为一个分类问题, 只不过结论是只有一个等价类. 对于这样的问题, 描述集合论起不上什么作用. 第二种情况我们前面举了一个例子. 在数学中类似的例子还很多. 比如, 大家熟知的紧有向曲面的分类问题, 完全不变量可以由 Euler 示性数给出. 这说明只有可数无穷多个同胚等价类, 而它的复杂度等同于 $=_{\mathbb{N}}$. 等价类个数为可数无穷多的问题在数学中非常普遍, 因此 $=_{\mathbb{N}}$ 也就自然地成为一个基准等价关系.

人们早就知道 Vitali 等价关系 $\sim_V$ 不是流畅的. 事实上它的证明可以归结为, 如果 $\sim_V \leqslant_B =_{\mathbb{R}}$, 则可以作出 $\mathbb{R}$ 的一个 Borel 子集 $S$ 使得 $S$ 与每个 $\sim_V$ 的等价类的交是一个单点集, 也就是说, 可以作出一个 Borel 的 Vitali 集, 矛盾! 关于 Vitali 等价关系 $\sim_V$ 的有趣现象是, 和它具有相同复杂度的等价关系不断出现. 最著名的例子就是等价关系 $E_0$. $E_0$ 是无穷 0, 1 串的空间 $\{0,1\}^{\mathbb{N}}$ 上的终极相等关系:

$$(x,y) \in E_0 \iff \exists n \forall m \geqslant n\ x(m) = y(m).$$

因为 $E_0$ 的定义形式是组合的, 在数学证明中比较好处理, 在描述集合论中 $E_0$ 的应用要多于 $\sim_V$. 在不变量描述集合论作为一个分支出现之前, 数学家们已经开始用 $E_0$ 来证明有些分类问题不是流畅的. 也就是说, 因为我们已经知道 $E_0$ 不流畅, 那么要证明某个等价关系 $E$ 不流畅, 只需证明 $E_0 \leqslant_B E$.

举例来说, 在 Ornstein 证明了用熵可以对 Bernoulli 推移进行完全分类后, 一个自然的问题就是: 对于更一般的保测变换, 熵是否还是完全不变量? 更进一步问, 是否存在一个更一般的熵的概念, 可以作为所有保测变换的完全不变量? 有很多数学家真正致力于推广熵的概念, 这应该是非常有意义的工作. 然而早在 20 世纪 90 年代, Feldman[9] 已经证明了 $E_0$ 可以 Borel 归约到一般保测变换的分类问题. 这就是说, 一般保测变换的分类问题不是流畅的, 不可能用一个实数作为完全不变量对所有保测变换的同构类型进行分类. 那么, 任何推广的熵的概念, 要么不会是完全不变量, 要么不再是一个简单的相等关系.

关于保测变换的分类问题, 也就是 von Neumann 提出的遍历论中的同构问题, 我们在此再提两个相关的重要结果. 一个就是在引言里我们提到的关于这个问题的历史上第一个重要结果, 是由 von Neumann 本人和他的学生 Halmos 共同证明的. 他们考虑了所有具有离散谱的保测变换, 证明了这些变换的谱集本身就是完全不变量. 这里的谱集都是可数的复数集合. 另一个结果是关于遍历的保测变换的同构分类. 一般的保测变换总可以唯一分解为它的遍历分支的积分和, 所以对于遍历的保测变换进行分类在某种意义上等同于解决原来的分类问题. 2011 年, Foreman、Rudolph 和 Weiss 在《数学年刊》上发表文章 [11], 证明了遍历保测变换的分类问题是一个非 Borel 的等价关系. 由此可以推出, 这个分类问题不是流畅的. 为什么呢? 我们先给个定义.

**定义 5.3.5** 设 $X$ 为标准 Borel 空间及 $E$ 为 $X$ 上的等价关系. 若 $E$ 作为 $X \times X$ 的子集是 Borel 的, 则称 $E$ 为 Borel等价关系.

从 Borel 归约的定义容易看出, 如果 $E \leqslant_B F$ 并且 $F$ 是 Borel 等价关系, 则 $E$

一定也是 Borel 等价关系. $=_{\mathbb{R}}$ 当然是 Borel 等价关系; 事实上, 我们现在所考虑的全部四个等价关系都是 Borel 等价关系. 这样一来, 如果一个等价关系不是 Borel 的, 那么它也就不是流畅的.

在 5.4 节再接着讨论 $\sim_V$ 及与它具有相同复杂度的等价关系. 现在我们来看看测度等价关系 $\equiv_m$. 现在我们已经知道, $\equiv_m$ 是一个 Borel 等价关系, 并且它的复杂度高于 $E_0$ 的复杂度. 但为什么把它看成是一个基准等价关系呢? 这是因为它和数学中重要的分类问题相关. 泛函分析中的谱理论给出了对各种有界线性算子的酉等价类型进行分类的理论基础. 这一理论最成功的应用在于对自伴算子和酉算子的研究. 从谱的角度来说, 自伴算子和酉算子的区别在于, 自伴算子的谱是实数集的子集, 而酉算子的谱是复平面上单位圆的子集. 从谱理论可以得出, 自伴算子 (或酉算子) 的酉等价类型完全取决于所谓的谱测度的等价. (实际情况是还要考虑所谓的重数理论, 我们这里为讨论方便作一些简化. ) 也就是说, 这些重要的分类问题实际上可以 Borel 归约到 $\equiv_m$. 进一步还可以证明, 它们的复杂度实际上和 $\equiv_m$ 是相同的.

## 5.4 不变量描述集合论

在前面几节中我们定义了不变量描述集合论的基本概念, 也给出了大量的分类问题的实例来说明描述集合论的框架可以为分类问题的研究提供有用的信息. 在这一节中我们的注意力将暂时离开分类问题, 着重介绍一些不变量描述集合论的独特的理论成果.

我们的讨论从 $E_0$ 在 Borel 归约分层中的独特地位开始. 20 世纪 60 年代, 在对算子代数的研究中, Glimm[19] 和 Effros[8] 得到了如下结果. (事实上, Effros Borel 结构也是这一时期的成果. )

**定理 5.4.1** (Glimm–Effros 二分定理) 设 $G$ 为局部紧的可分拓扑群及 $X$ 为标准 Borel 空间. 假定 $G \curvearrowright X$ 是 Borel 的群作用而引出轨道等价关系 $E$, 则要么 $E$ 是流畅的, 要么 $E_0 \leqslant_B E$.

在这个定理的叙述中出现了拓扑群在 Borel 空间上的 Borel 作用的概念, 我们给一个一般性定义. 设 $G$ 为拓扑群且 $X$ 为 Borel 空间. 一个 $G$ 在 $X$ 上的作用, 前面我们记为 $G \curvearrowright X$, 实际上是一个函数 $\alpha : G \times X \to X$ (当然它要满足群作用的几条公理). 如果 $\alpha$ 是 Borel 函数, 则称 $G$ 在 $X$ 上的作用为 Borel 作用. 一般来说, Borel 群作用并不一定引出 Borel 等价关系. 但在作用群为局部紧的情形下, 所得到的轨道等价关系确实是 Borel 的.

以上定理于 1990 年由 Harrington、Kechris 和 Louveau[21] 推广到所有标准

Borel 空间上的 Borel 等价关系.

**定理 5.4.2** (Harrington–Kechris–Louveau) 设 $E$ 为某标准 Borel 空间上的 Borel 等价关系, 则要么 $E$ 是流畅的, 要么 $E_0 \leqslant_B E$.

从这个定理我们可以得出, 在 $=_{\mathbb{R}}$ 和 $E_0$ 之间没有任何其他的复杂度. 也就是说, $E_0$ 是在 Borel 归约分层中 $=_{\mathbb{R}}$ 后的最小的 Borel 等价关系. 这就给出了确定 $E_0$ 为基准等价关系的一个强有力的理论证据.

为了进一步说明 $E_0$ 作为一个复杂度的基准所具有的广泛内涵, 我们来定义几个新的概念.

**定义 5.4.1** 设 $E$ 为不可数标准 Borel 空间 $X$ 上的等价关系. 若 $E$ 的每个等价类都是有限的, 就称 $E$ 为*有限的*(finite). 若 $E$ 可以写成可数多个上升的有限等价关系 $E_n$ 的并, 即 $E = \bigcup_n E_n$ 而且对任意的 $n \in \mathbb{N}$, 有 $E_n \subseteq E_{n+1}$, 则称 $E$ 为*超限的*(hyperfinite). 若 $E$ 是超限的而 $F \leqslant_B E$, 则称 $F$ 为*本质上超限的*(essentially hyperfinite), 简称*本超限的*.

可以证明, 所有有限的 Borel 等价关系都是流畅的. 而 $E_0$ 和 $\sim_V$ 则是超限的. $E_0$ 的超限性特别容易从定义得到. 超限性的概念是 Ornstein 和 Weiss 在 20 世纪 80 年代早期在遍历论中引入的概念. 他们在 [30] 中证明了如下结果.

**定理 5.4.3** (Ornstein–Weiss) *设 $\Gamma$ 为可数可控 (amenable) 群及 $X$ 为标准概率空间. 假定 $\Gamma \curvearrowright X$ 是 Borel 群作用而引出轨道等价关系 $E$, 则存在 $X$ 的满测度子集使得 $E$ 在这个子集上是超限的.*

到今天为止不变量描述集合论中一个重要问题仍然是: 是否可以在如上定理中去掉所有与测度相关的表述? 也就是说, 是否所有可数可控群作用引出的轨道等价关系都是超限的?

从下面的结果可以看到, 对于超限性的研究是和 $E_0$ 息息相关的.

**定理 5.4.4** (Dougherty–Jackson–Kechris[7]) *设 $E$ 为某标准 Borel 空间上的等价关系, 则 $E$ 是本超限的当且仅当 $E \leqslant_B E_0$.*

考虑 $\mathbb{Z}$ 在 $\{0,1\}^{\mathbb{Z}}$ 上的推移作用:

$$(g \cdot x)(h) = x(h - g)$$

Slaman 和 Steel 在 20 世纪 80 年代证明了这个作用所引出的轨道等价关系是超限的. 1994 年, Dougherty、Jackson 和 Kechris[7] 推广了这一结果, 证明了任何 $\mathbb{Z}^n$ 作用所引出的轨道等价关系是超限的. 2002 年, Jackson、Kechris 和 Louveau[23] 进一步推广到所有具有多项式增长率的可数群的作用. (具有多项式增长率的可数群是几何群论中重要的研究对象. Gromov 的著名定理给出了这类群的代数刻画: 有限生成的、幂零群的有限扩张群 (nilpotent-by-finite)).

2015 年, 笔者和 Jackson[15] 证明了所有可数交换群的作用所引出的轨道等价关系都是超限的. 这是近期关于可控群作用问题的一个突破. 笔者的学生 Seward 与合作者 Schneider[32] 最近也进一步将此结果推广到局部幂零群. 在越来越多的年轻数学工作者的不断关注下, 相信这一问题还会不断取得进展.

在这一节中到目前为止我们考虑的复杂度都是围绕着 $E_0$ 的, 但具体的等价关系则林林总总, 来自不同的背景. 读者可能已经注意到了, 我们的很多来自理论的等价关系的例子都是轨道等价关系, 或者 Borel 等价于轨道等价关系. 事实上, 我们在本文中到目前为止考虑过的所有等价关系或分类问题都是如此. 比如, $=_{\mathbb{R}}$ 可以看成来自于平凡群的平凡作用, $E_0$ 也可以看成来自于群作用; 这里的群是可数无穷多个二元群的直和. $\equiv_m$ 虽然不直接来自群作用, 但它 Borel 等价于一个无穷维酉群的作用所引出的轨道等价关系.

轨道等价关系确实是基准等价关系最主要的来源. 下面我们对它们作一个系统的介绍. 首先来确定作用群的范畴.

**定义 5.4.2**　设 $G$ 为拓扑群. 若 $G$ 上的拓扑为可分的并且可以完备度量化, 则称 $G$ 为 *Polish 群*.

具有离散拓扑的可数群都是 Polish 群, 前面提到的无穷维酉群也是 Polish 群等. 总之, 到目前为止我们在本文中遇到的群都是 Polish 群.

**定义 5.4.3**　设 $G$ 为 Polish 群及 $X$ 为标准 Borel 空间. 若 $G \curvearrowright X$ 为 Borel 群作用, 则称它引出的轨道等价关系为 *$G$-轨道等价关系*.

1993 年, Becker 和 Kechris[1] 证明了如下的有趣结果.

**定理 5.4.5** (Becker–Kechris)　固定任意 Polish 群 $G$, 都存在 $G$- 轨道等价关系 $E$, 使得对任何 $G$- 轨道等价关系 $F$, 都有 $F \leqslant_B E$.

也就是说, 对于任意 Polish 群 $G$ 都存在一个复杂度最高的 $G$- 轨道等价关系. 我们把它记为 $E_G^\infty$. 因为我们只关心等价关系的复杂度, $E_G^\infty$ 的具体定义并不重要.

那么, 不同的 Polish 群之间的这种极大轨道等价关系之间是否有联系呢? 确实如此. 早在 1963 年, Mackey[27] 就研究了不同 Polish 群的作用之间的联系. 利用 Mackey 的方法, 可以得出如下结论.

**定理 5.4.6** (Mackey)　*设 $G$ 和 $H$ 为 Polish 群. 若 $G$ 是 $H$ 的闭子群或者 $G$ 是 $H$ 的拓扑商群, 则 $E_G^\infty \leqslant_B E_H^\infty$.*

由此可见, 如果我们对 Polish 群有很好的了解, 则对和它们相应的极大轨道等价关系之间的 Borel 归约也就有了一定的了解. 发展到这一步, 不变量描述集合论就和拓扑群理论紧密联系起来了.

1986 年 Uspenskij[33] 证明了存在最大的 Polish 群, 即一个包含所有其他

Polish 群为闭子群的 Polish 群. 由此我们可以推出, 存在一个最复杂的轨道等价关系, 即所有其他的轨道等价关系都 Borel 归约于它. Uspenskij 的最大 Polish 群是 Hilbert 方体 $[0,1]^{\mathbb{N}}$ 的自同胚群. 1990 年 Uspenskij[34] 又发现了另一个同样是最大的 Polish 群, 即最大 Urysohn 空间的等距同构群.

受 Uspenskij 结果的启发, 在 20 世纪 80 年代后期 Kechris 提出如下的问题: 是否存在一个 Polish 群, 使得任何其他 Polish 群都是它的拓扑商群? 这样的群后来被称作最大映满 Polish 群.

在这个问题上我们中国数学家做了很好的工作. 2012 年, 南开大学的丁龙云用非常复杂的构造作出了最大映满 Polish 群的例子[5].

## 5.5 轨道等价关系

前面讲到, 和 Polish 群相应的极大轨道等价关系是基准等价关系的主要来源. 比如, $=_{\mathbb{R}}$ 可以看成平凡群的极大轨道等价关系, 而 $E_0$ 则对应于极大 $\mathbb{Z}$- 轨道等价关系 (或任何可数无穷交换群). 在 Polish 群中这些是比较小的群. 在这一节中我们着重介绍三个比较大的 Polish 群. 它们的极大轨道等价关系也比较复杂.

我们要介绍的第一个 Polish 群是无穷置换群 $S_\infty$. $S_\infty$ 的元素是所有 $\mathbb{N}$ 的置换, 即 $\mathbb{N}$ 到它自己的一一对应. 在代数或组合中有时也把 $S_\infty$ 记为 $\mathrm{Sym}(\mathbb{N})$. 这里的群运算是置换和置换的复合, 而 $S_\infty$ 上的拓扑则是逐点收敛拓扑. 在这样的结构下 $S_\infty$ 构成一个 Polish 群.

所有可数群都可以作为离散群嵌入 $S_\infty$, 因此所有可数群作用引出的轨道等价关系都 Borel 归约于 $E_{S_\infty}^\infty$. 这样的例子包括 $E_0$. 虽然连续群不能嵌入 $S_\infty$(因为 $S_\infty$ 是零维的), 但并不妨碍有些连续群的轨道等价关系 Borel 归约到 $S_\infty$- 轨道等价关系. 1992 年 Kechris[24] 就证明了所有局部紧 Polish 群的轨道等价关系都 Borel 归约到 $E_{S_\infty}^\infty$.

$E_{S_\infty}^\infty$ 是一个重要的基准等价关系, 因为它对应着众多自然的分类问题. 在数理逻辑的分支模型论中早就知道 $E_{S_\infty}^\infty$ 对应着可数 (有向或无向) 图的同构问题. 所以在很多文献中也用图同构来代表 $E_{S_\infty}^\infty$.

1989 年 Friedman 和 Stanley[12] 证明了和 $E_{S_\infty}^\infty$ 具有相同复杂度的分类问题还包括: 可数群的同构问题、可数树的同构问题、可数域的同构问题等. 2001 年 Camerlo 和笔者[3] 证明了和 $E_{S_\infty}^\infty$ 具有相同复杂度的分类问题还包括: 可数布尔代数的同构问题、所有零维紧度量空间的同胚问题、所有几乎有限维 (AF)$C^*$- 代数的同构问题等.

直观地说, 要判断一个等价关系或分类问题是否 Borel 归约到 $E_{S_\infty}^\infty$, 等同于确定是否可以用某种可数结构作为完全不变量来对分类问题的对象进行分类. 比如, 几乎有限维 $C^*$- 代数的同构类型是由 Bratteli 图或维数群的同构决定的, 而这些结构都是可数的. 所以, 由 $C^*$- 代数中熟知的结果很快可以知道几乎有限维 $C^*$- 代数的同构问题可以 Borel 归约到 $E^{\infty}_{S_\infty}$. 上述结果的重点其实在于证明逆方向, 即不可能用比 $E^{\infty}_{S_\infty}$ 简单的等价关系来对几乎有限维 $C^*$- 代数进行分类.

那么有没有不能用可数结构来进行分类的分类问题呢? 其实我们已经遇到了这样的例子, 就是测度等价关系 $\equiv_m$. 笔者的已故导师 Hjorth 在 20 世纪 90 年代后期发展了一套完整的理论, 来探讨何种条件可以保证一个等价关系不 Borel 归约到 $E^{\infty}_{S_\infty}$. 这一理论被称为动荡 (turbulence) 理论 (参看 [22]). 动荡理论的基本概念是 Hjorth 定义的动荡作用的概念, 这是由简单的可验证的拓扑条件来描述的. Hjorth 证明了动荡作用引出的轨道等价关系不可能 Borel 归约到 $E^{\infty}_{S_\infty}$. 而最初的几个动荡作用的例子全部来自于经典 Banach 空间的群作用, 如 $\ell_p(p \geqslant 1)$ 或 $c_0$ 作为 $\mathbb{R}^{\mathbb{N}}$ 的加法子群在 $\mathbb{R}^{\mathbb{N}}$ 上的陪集等价关系. 而测度等价关系 $\equiv_m$ 因为复杂度高于 $\ell_2$ 在 $\mathbb{R}^{\mathbb{N}}$ 上的陪集等价关系 (这来自于 20 世纪 30 年代 Kakutani 的一个有趣结果), 从而不可能 Borel 归约到 $E^{\infty}_{S_\infty}$.

自从动荡理论问世以来已经有众多的应用, 大批分类问题被发现不能用可数结构来进行分类. 在这里不一一赘述, 有兴趣的读者可以查阅相关文献.

这一节要介绍的第二个大 Polish 群是无穷维酉群 $U_\infty$. $U_\infty$ 的元素是可分无穷维复 Hilbert 空间 $\mathbb{H}$(这样的空间是唯一的) 上所有的酉变换. $U_\infty$ 上的群运算是酉变换的复合, 而拓扑是 (强或弱) 算子拓扑. 这样的结构使得 $U_\infty$ 成为一个 Polish 群. 在泛函分析和算子代数中也经常将 $U_\infty$ 记为 $U(\mathbb{H})$. 这里我们用 $U_\infty$ 来强调它上的标准拓扑为算子拓扑 (因为在泛函分析和算子代数中也经常讨论 $U(\mathbb{H})$ 上的范数拓扑, 而 $U(\mathbb{H})$ 在范数拓扑下不是 Polish 群) 以及强调它与 $S_\infty$ 一脉相承的关系.

$S_\infty$ 是 $U_\infty$ 的闭子群, 于是有 $E^{\infty}_{S_\infty} \leqslant_B E^{\infty}_{U_\infty}$. 2003 年笔者和 Pestov[18] 证明了所有交换 Polish 群都是 $U_\infty$ 一个闭子群的拓扑商群. 由此可以推出, 所有交换 Polish 群的轨道等价关系都 Borel 归约到 $E^{\infty}_{U_\infty}$. 前面提到的经典 Banach 空间的加法群都是交换群, 所以它们的轨道等价关系也就属于这一范畴. 特别是, 动荡理论告诉我们, $E^{\infty}_{U_\infty}$ 的复杂度高于 $E^{\infty}_{S_\infty}$ 的复杂度.

在讨论 $E^{\infty}_{U_\infty}$ 复杂度的具体例子之前我们先看一个特殊的 $U_\infty$- 轨道等价关系的例子, 那就是 $U_\infty$ 在它自身上的共轭作用所引出的轨道等价关系. 不难看出, 这实际上是在考虑酉算子的酉等价问题, 而我们前面已经说过, 谱理论的成果是说这个分类问题和测度等价关系 $\equiv_m$ 的复杂度相同. 总之, 我们现在真正了解了 $\equiv_m$ 的地位, 那就是它是一个 $U_\infty$- 轨道等价关系, 并且它不能归约到任何 $S_\infty$- 轨道等价关系.

关于 $E^{\infty}_{U_\infty}$ 复杂度的具体例子, 到目前为止只知道一个. 2005 年笔者[13] 证明了如下结果. 考虑所有可以等距嵌入 $\mathbb{H}$ 的可分完备度量空间. 它们之间的等距同构关系与 $E^{\infty}_{U_\infty}$ 具有相同的复杂度.

下面要介绍最后一个大 Polish 群, 就是前一节提到的 Uspenskij 的最大 Polish 群. 实际上 Uspenskij 给出了两个这样的群的例子. 一个是 Hilbert 方体 $[0,1]^{\mathbb{N}}$ 的自同胚群, 另一个是最大 Urysohn 空间的等距同构群. 无论哪一个, 都对应着最复杂的轨道等价关系, 称之为最大轨道等价关系.

读者可能已经猜到, 最大轨道等价关系也有实际分类问题的例子. 2003 年, 笔者和 Kechris[17] 给出了第一个这样的例子, 即所有可分完备度量空间的等距同构分类问题. 2007 年 Melleray[28] 给出了第二个例子, 即所有可分 Banach 空间的等距同构 (对于 Banach 空间来说等距同构一定是线性的). 最近几年, 又有几个重要的例子被发现: 所有可分 $C^*$-代数的同构问题 (Sabok[31])、所有紧度量空间的同胚问题 (Zielinski[35])、所有可分连续统的同胚问题 (笔者和其学生常晟[4]). 虽然这些例子来自不同的数学领域, 涵盖几何、分析、代数、拓扑等不同数学分支, 但奇特的是所有以上结果的证明都是相连的. 这再一次有力地证明, 数学是一个整体, 数学的各个分支之间有着极为深刻的联系.

读者可能已经注意到, 在本节提到的轨道等价关系中我们对 $E^{\infty}_{U_\infty}$ 知道的最少. 事实上, 笔者认为关于轨道等价关系最重要的未知问题就是 $E^{\infty}_{U_\infty}$ 是否和最大轨道等价关系具有相同的复杂度. 如果答案是否定的, 那么我们应该可以发展出一套新的超动荡理论, 这将是对不变量描述集合论的一个巨大贡献. 而如果答案是肯定的, 那么是否可以说, 泛函分析和算子代数中蕴藏着解决数学其他领域中问题的秘密呢? 无论结论如何, 这都是一个极为重要的问题.

## 5.6 非轨道等价关系

好奇的读者可能会问: 除了轨道等价关系之外还有哪些等价关系呢? 在这一节中我们作一个极为简要的介绍.

首先定义一个具体的等价关系. 考虑无穷 0, 1 串的无穷序列组成的空间, 即 $(\{0,1\}^{\mathbb{N}})^{\mathbb{N}}$. 定义 $E_1$ 为这个空间上的终极相等关系:

$$(x,y) \in E_1 \iff \exists n,\ \forall m \geqslant n,\ x(m) = y(m).$$

看上去这个定义和 $E_0$ 的定义一模一样, 但区别是这里的 $x(m)$ 和 $y(m)$ 是无穷 0, 1 串.

1997 年 Kechris 和 Louveau[26] 证明了 $E_1$ 的一系列独特性质. 首先, $E_1$ 不能 Borel 归约到任何 Polish 群作用的轨道等价关系. 其次, $E_0 <_B E_1$ 并且在它们之间没有任何其他复杂度. 从这个意义上讲 $E_1$ 可以看成是一个极小的非轨道等价关系. Kechris 和 Louveau 进一步问：是否所有非轨道等价关系的复杂度都高于或等于 $E_1$? 这一问题到目前还没有解决.

和轨道等价关系一样, 有很多非轨道等价关系也有对应的自然分类问题. 对于这些问题来说, 无论实数、可数结构, 或测度等都不可能给它们完全分类. 举例来说, 所有可分 Banach 空间的一致同胚问题就是这样一个问题 (笔者、Jackson 和 Sari, 2011 年[16]).

我们现在的讨论已经超出了轨道等价关系的范畴, 但还没有超出解析等价关系的范畴. 在描述集合论中, 解析集是指标准 Borel 空间之间 Borel 函数的像集合. 解析集是比 Borel 集更广的一个概念. 在本文中遇到的所有集合都是解析集. 这包括所有的轨道等价关系. 而 $E_1$ 实际上是 Borel 的, 所以也是解析等价关系.

从经典描述集合论容易证明, 存在一个最大解析等价关系. 2009 年, Ferenczi、Louveau 和 Rosendal[10] 发现了一系列和最大解析等价关系复杂度相同的自然分类问题的例子. 他们的例子之一是所有可分 Banach 空间的同构问题.

## 5.7 结论与前景

到这里读者对不变量描述集合论的全貌应该已经有了不错的了解. 在最后一节里我们对 5.2 节末尾所提出的六个分类问题作一总结.

这六个问题中的三个已经得到了满意的解答. 这里的满意, 不再指流畅的分类, 而是指完全确定该分类问题在 Borel 归约分层中的地位. 比如, 所有可数群的同构关系和 $S_\infty$- 极大轨道等价关系有相同的复杂度. 而所有可分完备度量空间的等距同构问题, 以及所有紧度量空间的同胚问题, 都和最大轨道等价关系有相同的复杂度. 有了这些知识我们就知道, 前一个问题的复杂度低于后两个问题的复杂度, 而后面两个问题, 虽然来自不同的数学分支, 但具有相同的复杂度.

另外的三个问题则有待数学工作者的进一步研究. 无穷维 Hilbert 空间上所有有界线性算子的酉等价问题, 是泛函分析和算子代数中极为重要的问题. 我们现在还不知道它的确切复杂度在哪里. 数学家们一直想找到一种推广的谱理论来解决这一问题. 从描述集合论的观点来看, 我们可以先问这个等价关系是否是 Borel 的. 如果结论是否定的, 那么在某种意义上说, 推广谱理论就是不可能的. 2014 年, 丁龙云和笔者[6] 发现, 这个等价关系确实是 Borel 的, 这就表明推广谱理论是有希望的.

至于 von Neumann 提出的所有保测变换的同构问题, 似乎还有很长的路要走. 现在已经知道, 这个等价关系的复杂度高于 $S_\infty$- 极大轨道等价关系, 但不高于 $U_\infty$- 极大轨道等价关系. 但它的确切复杂度还是个谜.

最后, 关于所有可分 $C^*$- 代数表示的酉等价问题, 还没有明确的结论. 但近期关于所有可分 $C^*$- 代数的同构问题的研究, 应该给这个问题的解决, 带来了一线曙光.

不变量描述集合论已经发展成了一个庞大的理论体系. 它的基本概念, 即 Borel 归约的概念, 相对来说非常简单. 但它的方法和结果则集成了百年以来描述集合论发展的成果, 同时也融入了拓扑群理论、动力系统和遍历论, 以及数理逻辑的其他分支, 如可计算性理论、模型论和组合集合论 (特别是力迫法) 的方法与成果. 在应用方面, 它和其他数学分支的联系就更多了.

由于篇幅所限, 这篇介绍性的文章不可能包罗不变量描述集合论的所有重要结果. 比如这一理论中还有一系列的二分定理, 我们并没有提到. 有时甚至整个研究方向, 比如关于所谓可数等价关系的研究, 又比如对 Vaught 猜想的研究, 都没有提及. 这样一个庞杂的理论体系, 对于初学者来说可能也有些无所适从. 我们在本文的最后介绍一下学习描述集合论和等价关系理论的入门教材. 关于标准 Borel 空间的基本知识, 读者可以参看经典描述集合论的教材 [25]. 学习不变量描述集合论, 则可以参考 [2] 和 [14]. 虽然学习描述集合论需要比较多的准备知识, 但只要坚持不懈, 并且永远保持一个开放的心态, 相信有志者一定可以在这个充满活力和挑战的领域中大显身手.

## 参考文献


[1] Becker H, Kechris A S. Borel ations of Polish groups. Bull. Amer. Math. Soc., 1993, 28 (2): 334–341.

[2] Becker H, Kechris A S. The Descriptive Set Theory of Polish Group Actions. London Mathematical Society Lecture Note Series, vol. 232, Cambridge: Cambridge University Press, 1996.

[3] Camerlo R, Gao S. The completeness of the isomorphism relation for countable Boolean algebras. Trans. Amer. Math. Soc., 2011, 353(2): 491–518.

[4] Chang C, Gao S. The complexity of the classification problem of continua, manuscript, Proc. Amer. Math. Soc., 2017, 145(3): 1329–1342.

[5] Ding L Y. On surjectively universal Polish groups. Adv. Math., 2012, 231(5): 2557–2572.

[6] Ding L Y, Gao S. Is there a Spectral Theory for all bounded linear operators? Notices Amer. Math. Soc., 2014, 61 (7): 730–735.

[7] Dougherty R, Jackson S, Kechris A S. The structure of hyperfinite Borel equivalence relations. Trans. Amer. Math. Soc., 1994, 341(1): 193–225.

[8] Effros E G. Transformation groups and $C^*$-algebras. Ann. Math., 1965, (2) 81(1): 38–55.

[9] Feldman J. Borel structures and invariants for measurable transformations. Proc. Amer. Math. Soc., 1974, 46: 383–394.

[10] Ferenczi V, Louveau A, Rosendal C. The complexity of classifying separable Banach spaces up to isomorphism. J. Lond. Math. Soc., 2009, 79(2): 323–345.

[11] Foreman M, Rudolph D J, Weiss B. The conjugacy problem in ergodic theory. Ann. Math., 2011, 173(2): 1529–1586.

[12] Friedman H, Stanley L. A Borel reducibility theory for classes of countable structures. J. Symb. Logic, 1989, 54(3): 894–914.

[13] Gao S. Unitary group actions and Hilbertian Polish metric spaces. Logic and Its Applications. Contemporary Mathematics 380, American Mathematical Society, RI, 2005: 53–72.

[14] Gao S. Invariant Descriptive Set Theory. Pure and Applied Mathematics, vol. 293, Taylor & Francis Group, 2009.

[15] Gao S, Jackson S. Countable abelian group actions and hyperfinite equivalence relations. Invent. Math., 2015, 201(1): 309–383.

[16] Gao S, Jackson S, Sari B. On the complexity of the uniform homeomorphism relation between separable Banach spaces. Trans. Amer. Math. Soc., 2011, 363(6): 3071–3099.

[17] Gao S, Kechris A S. On the classification of Polish metric spaces up to isometry. Mem. Amer. Math. Soc., 2003, 161(766): vii+78.

[18] Gao S, Pestov V. On a universality property of some abelian Polish groups. Fund. Math., 2003, 179(1): 1–15.

[19] Glimm J. Locally compact transformation groups. Trans. Amer. Math. Soc., 1961, 101: 124–138.

[20] Gromov M. Metric Structure for Riemannian and Non-Riemannian Spaces. Progress in Mathematics 152. Boston: Birkh´auser, 1999.

[21] Harrington L A, Kechris A S, Louveau A. A Glimm–Effros dichotomy for Borel equivalence relations. J. Amer. Math. Soc., 1990, 3(4): 903–928.

[22] Hjorth G. Classifications and Orbit Equivalence Relations. Mathematics Surveys and Monographs 75. American Mathematical Society, Providence, RI, 2000.

[23] Jackson S, Kechris A S, Louveau A. Countable Borel equivalence relations. J. Math. Logic, 2002, 2(1): 1–80.

[24] Kechris A S. Countable actions for locally compact group actions. Ergodic Theory Dynam. Systems, 1992, 12(2): 283–295.

[25] Kechris A S. Classical Descriptive Set Theory. Graduate Texts in Mathematics, vol.

156, New York: Springer-Verlag, 1995.

[26] Kechris A S, Louveau A. The classification of hypersmooth Borel equivalence relations. J. Amer. Math. Soc., 1997, 10(1): 215–242.

[27] Mackey G W. Infinite-dimensional group representations. Bull. Amer. Math. Soc., 1963, 69: 628–686.

[28] Melleray J. Computing the complexity of the relation of isometry between separable Banach spaces. MLQ Math. Log. Q., 2007, 53(2): 128–131.

[29] Ornstein D. Bernoulli shifts with the same entropy are isomorphic. Adv. Math., 1970, 4: 337–352.

[30] Ornstein D, Weiss B. Ergodic theory of amenable group actions. I. The Rohlin Lemma. Bull. Amer. Math. Soc. (N.S.), 1980, 2(1): 161–164.

[31] Sabok M. Completeness of the isomorphism problem for separable $C^*$-algebras. Invent. Math., 2016, 204(3): 833–868.

[32] Seward B, Schneider S. Locally nilpotent groups and hyperfinite equivalence relations. manuscript, 2013. Available at arXiv: 1308.5853.

[33] Uspenskij V V. A universal topological group with a countable basis. Funct. Anal. Appl., 1986, 20: 86–87.

[34] Uspenskij V V. On the group of isometries of the Urysohn universal metric space. Comm. Math. Univ. Carolinae, 1990, 31(1): 181–182.

[35] Zielinski J. The complexity of the homeomorphism relation between compact metric spaces. Adv. Math., 2016, 291: 635–645.

# 拓扑量子场论和几何不变量

阮勇斌

我很高兴有这个机会到数学所做报告, 其实我也多次来这里做报告, 也很高兴见到我的老朋友冯琦教授, 我们 1989 年就认识了. 可能了解我的朋友都知道, 我最早是做集合论和点集拓扑的. 在美国读研究生时期先是做规范场论后来是做辛几何和拓扑不变量的, 我们知道这都跟物理有关. 1996 年我拿到终身职位后, 做了一个大的决定, 既然现在已经有工作了, 干脆去了解了解与我所做工作有关的物理到底是怎么回事, 在这里我想特别感谢两位物理学家. 当初是吴可老师介绍当时很年轻的物理学家高怡泓, 我请他到美国来教我物理, 我从 1996 年到 1998 年花两年时间学物理, 像个学生一样, 早上两个小时, 下午两个小时, 有时晚上还有习题课, 做作业. 后来将近二十年的工作, 都跟我那两年的经历有关, 通过那两年的学习, 我可以念懂物理文章, 能够与物理学家交流, 所以特别利用这个机会感谢这两位物理学家.

大家可能都知道, 过去三十年, 量子场论和弦论深刻地影响着数学的发展, 引发了多个数学领域的革命, 检索一下近二十几年菲尔兹奖获奖人的工作领域, 大概有 1/3 左右都和物理有密切关系. 过去三十年, 逐渐形成了一个新数学方向 —— 几何物理, 这个名字不是我取的, 现在已经有一些研究机构专门研究几何物理, 最著名的与我们数学界一个有钱人有关, 他叫 Simons, 是个亿万富翁, 他设立了西蒙斯几何物理中心 (The Simons Center for Geometry and Physics), 其实不止这一家, 比如说韩国前几年也设立了一个几何物理研究中心. 日本也有一个相关的研究中心, 名字很怪 —— 宇宙物理和数学研究所 (Institute for the Physics and Mathematics of the Universe). 现在几何物理在国际上非常受重视, 可能是最重要的研究方向之一吧.

今天我想利用这个机会给大家介绍几何物理比较重要的几个方面. 基本上大家公认几何物理对数学的贡献, 无论从广度和深度上都是前所未有的, 一方面, 它涉及多个数学领域, 另一方面也解决了很多数学难题. 我这儿举一个例子, 当然还有很多别的例子, Donaldson 当年他证明了四维空间有无穷多个微分结构, 这也是他得菲尔兹奖最主要的工作之一. 今天的报告主要介绍物理理论引发的几个重要数学不变量, 一个是 Donaldson 不变量, 这个是在拓扑量子场论之前, 拓扑量子场论是 Witten 引进的, 他实际上是受 Donaldson 理论的启发. 二是 Seiberg-Witten 不变量, Seiberg-Witten 先从物理上简化了 Donaldson 理论, 然后产生了一个新的数学不变量. 三, 非常重要的不变量是 Gromov-Witten 不变量, 这个跟我自己的工作有关, 他的拓扑量子场论叫拓扑希格玛模型, 我后面还会讲到这个东西. 然后最近十年还有 FJRW 不变量, 它对应的拓扑量子场论叫拓扑 LG 模型. 作为一个数学家的话, 我不知道是一件喜事还是我们应该探讨的事情, 几何物理数学方向最主要的奠基人不是数学家, 而是物理学家.

我在网上搜出了 Witten 的素描, 现在可能查不到了, 如果大家见到过 Witten 本人的话, 会同意画得真是很传神, 如果大家没有见过他, 没有跟他聊过天, 我建议有机会跟他聊聊天, 这是一个很有意思的人, 一见面就会给你留下非常深刻的印象, 他讲话很有意思, 非常平易近人. 我个人认为 Witten 对几何物理这个方向最重要的贡献, 当然他的贡献很多了, 就是引进了拓扑量子场论的概念, 什么是拓扑量子场论呢? 在物理学中, 量子场论主要有两种方式, Hamiltonian 类型的, Lagrangian 类型的. Lagrangian 型量子场论主要考虑路径积分

$$\langle\theta_1,\cdots,\theta_k\rangle=\int[\mathrm{d}\Phi]\mathrm{e}^{-S(\Phi)}\theta_1(\Phi)\cdots\theta_k(\Phi).$$

这个问题的困难之处在于, 这是个无穷维空间上的积分, 我们学微积分的时候都知道, 你首先需要引进一个测度, 在无穷维空间上引进一个合适的测度, 使得这个积分有意义非常困难, 至今为止仍然是一个没有解决的问题. 一般来说, 对与几何有关的问题, 积分一般与度量有关, 如果这个积分与度量无关, 我们就叫它拓

扑量子场论. 如果说这个积分只与复结构有关, 就叫共形场论. 比较简单的例子包括颇著名的三维 Chern-Simons 理论, 它的定义形式上没有用到度量, 所以是一个拓扑量子场论. 其实这是个稍微有点不很诚实的说法, 因为这个积分的值是无穷大, 需要重整化, 而重整化会引进度量, 所以还是一样, 证明它与度量无关是一件非常困难的事情, 而应用最广泛的还不是 Chern-Simons 理论, 而是一种上同调拓扑量子场论.

下面我们简单地介绍一下他的基本思想 (见参考文献 [1]). 上同调理论中有一个边界算子 $\delta$, 满足 $\delta\delta$=0. 一个上链 $c$, 如果 $\delta c = 0$, 称为闭链, $\delta$ 的像里面的上链称为正合链.

$$\text{上同调群} = \frac{\{\delta\text{- 闭链}\}}{\{\delta\text{- 正合链}\}}.$$

上同调拓扑量子场论的边界算子 $\delta$ 叫 BRST 算子, 满足 $\delta\delta = 0$. Witten 的主要观察是某一类路径积分只依赖 BRST 算子的上同调类. 如果扰动度量, 只产生 BRST 算子的正合链, 从而不影响其路径积分. 因而是一个拓扑不变量. 应该说 Witten 的上同调拓扑量子场论是受数学的启发, 尤其是 Donaldson 理论的启发. 上同调拓扑量子场论很漂亮, 问题是有没有新的例子. 他发明了一个办法 Twisting, 大致思想如下: 从一个至少有两个 “超对称”, 即 $N \geqslant 2$ 的 “超对称理论” 出发, 物理的超对称理论只在平坦空间上有定义, 要得到拓扑理论, 就要想办法修改, 使得在流形上也有意义. Witten 的办法是把多个超对称算子巧妙地组合在一起, 使得它在一般流形上有意义. 这个过程当中会牺牲大多数超对称算子, 只剩下一个, 即所需要的 BRST 算子.

他做了几个例子, 他最早用这个办法给出了 Donaldson 理论的物理解释. 差不多同时, 他另外写了一篇文章给出了一个二维拓扑量子场论: 拓扑希格玛模型, 那个理论有四个超对称算子. 过去这十几年, 我跟北京大学的范辉军老师等提出了一个新理论, 对应于 $N = 2$ 拓扑 LG 模型.

这些都是物理, 跟数学有什么关系呢? 一个比较神奇的事情是, 在平坦空间, 它的真空解往往是平凡的, 通过组合过程, 把一些项组合在一起, 就得到高度非平凡的非线性 PDE, 这种方程很难去猜的. 作为数学家, 大多数时候, 可以不管前面的物理问题, 直接从这里开始. 物理学家是利用超对称理论的一个不动点定理计算这个路径积分

$$\int [\mathrm{d}\Phi]\mathrm{e}^{-S(\Phi)}\theta_1(\Phi)\cdots\theta_k(\Phi) = \int_{\delta\text{fixed point}} (\text{微分形式}).$$

这样无穷维路径积分化成一个有限维空间上的积分, 这个有限维空间就是上

面 PDE 的解, 物理学家叫做 Instanton 模空间.

数学家可能不理解无穷维空间路径积分, 但是我们理解有限维空间上的积分. 也可以认为物理学家的工作已经结束了, 剩下的是数学家的工作, 数学家的事情. 但是哪怕你不关心物理, 物理还是很有用的, 后面我会提到, 因为它来自于物理, 物理里不同模型的等价性自然转化成很多数学上非常深刻的猜测. 我过去二十几年的工作都围绕这个思路.

刚才已经把路径积分转化成一个 PDE 解空间上的积分. 从物理出来的 PDE 与以前几何分析不太一样, 几何分析里面, 一般解存在唯一, 拓扑量子场论里的 PDE 的解一般不唯一, 也经常没有解. 物理学家想数解的个数, 这是一个很困难的事情. 现在还不知道任何分析的办法可以告诉我们一个非线性 PDE 有 5 个或 7 个解, 问题难, 可以刺激经济, 需要我们做, 这样我们就有工作, 有饭碗.

下面稍微详细介绍一下拓扑希格玛模型. 刚才讲到无穷维路径积分可以转化到有限维空间上的积分, 此时这个有限维空间就是全纯映射的空间

$$\delta\text{fixed point} = \{\varphi : \Sigma \to X | \varphi \text{ 全纯映射}\}.$$

稍微想一想就知道, 有限维空间上能不能积分也是一个很复杂的问题. 首先这个有限维空间非紧, 比如, 欧氏空间上的积分可以是无穷大, 依赖于被积分函数, 所以首先要证明这个积分是有限的. 另外这个空间有奇点, 有奇点的空间很复杂, 怎么处理这些问题是一个很复杂的事情, 每一个问题其实都很复杂. 每一个问题的处理往往需要花好多年的时间去慢慢发现. 当然高成本高收益, 如果你的工作被证明非常有用, 你一不小心就出名了.

下面我简单介绍一下处理办法, 第一个就是非紧, 当然最先想到的是用一点紧化, 那没用, 你需要的是几何当中自然的紧化, 所谓自然的紧化是指, 添加退化解, 换句话说, 对一列解, 研究它是怎么退化的. 在拓扑希格玛模型情形, 这个问题最早是由 Gromov 解决的, 他在辛几何里只写了一篇文章, 最主要的内容就是研究这个问题. 如果把退化解放进去, 就得到紧化的模空间. 我们知道对几乎所有情形所遇到的模空间都有奇点, 并且奇点还可以是任意类型. 解决这个问题前后花了二十年, 现在形成一个称为 Virtual Cycle 的理论, 可以在 Virtual 意义下去积分. 经过很多数学家的一系列工作, 现在这一块已经比较成熟, 定义出了一系列不变量, 叫 Gromov-Witten 不变量. 最早我在半正定亏格为零的情形定义了 primiary Gromov-Witten 不变量. 我称它为 Donaldson type 不变量, 而 Fukaya 教授在发表的文章中把它称为 Gromov-Ruan 不变量, 田刚教授则在一个 Preprint 中称它为 Gromov-Ruan-Witten 不变量. 在 McDuff 和 Salamon 的专著中, 这个不变量变成了 Gromov-Witten 不变量. 稍后我和田刚教授进一步把它推广到所有亏格并证明

了物理学家想要的所有公理, 从而得到了一个半正定辛流形上完整的理论. 就早期的应用而言, 我和田刚教授的理论已经完全够用了. 后来为了证明所谓的局部化公式, 需要进一步推广我和田刚的工作, 如去掉半正定条件. 这方面遇到很大的技术困难, 很多数学家包括我们中国数学家在这方面做了很深入的工作. Gromov-Witten 不变量吸引了大量数学家的关注, 它跟很多领域有联系. 比如, 代数几何中有一百多年历史的枚举几何理论, 在 "Gromov-Witten" 不变量出来之前基本上已经死掉了, 已经不成其为一个方向, 在 "Gromov-Witten" 不变量出来以后重新兴旺起来, 焕发了新的生命, 现在在代数里面也是非常重要的内容.

我前面提到, 作为数学家, 可以不管问题的物理背景, 直接从偏微分方程开始, 但知道所研究的偏微分方程来自于物理是一件很重要的事情, 因为, 按照物理理论, 不同的物理模型可以是等价的, 它们等价的原因和数学毫无关系. 模型来自于物理, 物理中关于模型等价的断言就变成数学中一些神秘的猜测, 数学本身无法很好地解释为什么有这个猜测. 一个比较著名的例子就是镜像对称, 就是因为有两个模型, 有两种办法加 twist, 一个是 A twist 和 B twist, 物理等价某种意义上是蛮平凡的一件事情, 转化到数学, 会对应两个不同的数学理论, A 模型就是 Gromov-Witten 理论; B 模型是比较经典的代数几何, 这两个模型等价, 就是镜像对称, 二十几年来关于这个猜测的研究非常热门, 其原始的物理背景就是这些. 这里我给大家讲一个很有名的故事, 代数几何学家比较熟悉的问题是, 在一个代数族中数曲线的个数, 比如说考虑四维射影空间中的五次超曲面,

$$X = \{(x_1, x_2, x_3, x_4, x_5) \in \mathrm{CP}^4 | x_1^5 + x_2^5 + x_3^5 + x_4^5 + x_5^5 = 0\}.$$

可以问其中有多少条直线, 有多少条二次曲线, 有多少条三次曲线等, $X$ 上直线的条数是一个经典的问题, 答案好像是 2875. 二次曲线的条数很大, 几十万, 我不记得多少条数, 需要一些代数计算, 20 世纪 80 年代, 有两位数学家算出了五次超曲面上三次曲线个数, 然后物理学家用 Mirror 也作了同样计算, 结果发现答案不一样, 后来数学家回去查程序, 结果发现物理学家算得正确. 应该说在这个事情之前大家还对物理学家半信半疑, 其实有时候可能物理学家比我们算得更好. 现在每个 Gromov-Witten 不变量领域的会议中, 都有物理学家和数学家做报告, 这是一个物理学家和数学家密切合作的领域. 为什么会这样, 一方面在数学里面有应用, 像组合数学、可积系统、表示理论等都与 Gromov-Witten 有密切的关系, 另外在物理里面这对应到拓扑弦理论. 怎么去计算 Gromov-Witten 不变量在物理中也是个非常重要的问题. 目前大家更感兴趣的问题是怎么计算高亏格不变量, 这个不仅对数学家, 对物理学家也是很困难的问题, 我以前是搞拓扑出身的, 我喜欢开玩笑说, 在拓扑里面最大的数是 28, 因为七维球面上有 28 种不同的微分

结构, 再大的数就没有感觉了. 也许数学家对此感兴趣的更重要原因是 Gromov-Witten 不变量的结构, 高亏格情形 Gromov-Witten 不变量的生成函数对应模形式, 现在大家对这个很感兴趣, 每年都有一些会议, 在会上物理学家和数学家欢聚一堂.

以上涉及的是我早年的一些工作, 最近这十几年主要是做另外一个问题: 拓扑 Landau-Ginzburg 模型 (见参考文献 [2]), 这个模型也是 Witten 发明的, 它的基本量是 super potential, $W: C^n \to C$, $C^n$ 上面的全纯函数, 此时出现的非线性偏微分方程叫做 Witten 方程,

$$\bar{\partial} S_i + \overline{\partial_i W\left(S_i \cdots S_i\right)} = 0, \quad S_i \in \Omega^0(L_i), L_i \to \Sigma \text{ 线丛}.$$

这个方程式是与 Witten 聊天时他告诉我的, 其一般形式他其实没写下来过. 所以跟一些大数学家聊天是很有好处的, 他有一些半成品, 因为有更重要的事情要做, 就没写下来. 2002 年, 有一次我在西北大学和他吃饭, 吃完饭以后, 散步聊天时他告诉我, 他当年怎么考虑这个问题, 因为他从来没有写下来过, 也没别人知道, 我们几个人在一起研究了七年, 没人竞争, 所以有机会, 大家可以跟大数学家聊天, 去挖掘一点他们没做的或者做了一半没做完的东西, 这是一件很受益的事情. 接下来需要紧化, 要建立 virtual cycle 等, 这个方程做起来还是蛮困难的. 为处理这个方程, 前后我们花了七年的时间才把这套工具建立起来, 然后定义了相应的不变量, 现在大家叫 FRJW 不变量. 这里我要特别提到我们北京大学的范辉军, 他跟我做的时候还是一个年轻人, 那时刚刚毕业不久, 发文章压力也很大, 很了不起的是, 他一直坚持, 总共花了七年时间才把这个问题解决.

刚才讲过对 Gromov-Witten 不变量有个物理猜测叫镜像对称, 对拓扑 LG 模型也有一个物理猜测叫 Landau-Ginzburg/Calabi-Yau correspondence, 这个物理的猜测是什么呢? 我还是以上面的五次超曲面为例, 从一个五次多项式出发, 可以构造两个模型, 对应两个不同的数学理论, 一方面 $\mathrm{CP}^4$ 中等于 0 的点的集合 $W$ 定义一个代数族, 就是所谓的 Calabi-Yau 3-fold. 拓扑希格玛模型定义了 Gromov-Witten 不变量 $n_{g,\beta} \in \mathbf{Q}$, 这是一系列有理数, 依赖于两个参数, 一个是黎曼曲面 $\Sigma$ 的亏格 $g$, 另一个是黎曼曲面 $\Sigma$ 通过全纯映射在空间 $X$ 中所定义的同调类 $\beta$. 一般来说, 不是单个计算它, 而是把它组合起来写成所谓生成函数, 这是组合数学, 再引进一个参数 $q$, 就得到函数

$$F_q^{\mathrm{GW}} = \sum_{\beta \geqslant 0} n_{g,\beta} q^{\beta}.$$

这样从拓扑希格玛模型这边得到一个函数, 我们相信这是一个解析函数.

FRJW 不变量 $N_{g,d} \in \mathbf{Q}$ 也依赖于两个参数, 一个是亏格, 另一个是正整数 $d$, 也把它加起来,

$$F_q^{\mathrm{LG}} = \sum_{d \geqslant 0} N_{g,d} t^d.$$

就得到另外一个函数, 猜测这两个函数是同一个解析函数在不同点的展开. 这个猜测非常重要, 因为我刚才提到在物理和数学里, 计算 Gromov-Witten 不变量都是很困难的问题, 现在比较可行的办法是, 先计算 FRJW 不变量, 这比计算 Gromov-Witten 不变量简单得多, 然后解析延拓到另外一个点展开. 这是计算高亏格不变量可能方式, 现在已经有两个小组在按照这个方法作.

最后做个总结, 物理学家通过拓扑量子场论, 提出了诸多数学新理论的框架, 但是严格建立这些新的理论, 需要数学家长期持久的努力. 物理模型的等价性提出诸多深刻的数学猜测, 比如, 镜像对称, 非常深刻. 要证明这些深刻的数学猜测还是需要回到物理. 这对数学家和物理学家都非常有帮助. 20 世纪 90 年代初, 物理学家懂数学的人很少, 数学家懂物理的也少, 现在很多物理学家懂很多数学, 交流完全没有问题, 如果你想了解物理的内容很容易找到, 所以现在是一个好时候. 年轻有为的同学们如果有这种志向, 可以考虑试试这些问题.

## 参 考 文 献

[1] Edward W. Topological quantum field theory. Comm. Math. Phys., 1988, 117(3): 353–386.

[2] Fan H J, Jarvis T, Ruan Y B. The Witten equation, mirror symmetry, and quantum singularity theory. Ann. of Math., 2013, 178(2): 1–106.

# 7 图像恢复问题中的数学方法

董　彬[1]　　沈佐伟[2]　　张小群[3]

## 7.1 绪　　论

我们生活在数字的时代, 数据的产生、传播、处理、整合、解释已经成为我们社会生活、工业发展和科学研究中的重要组成部分. 数字图像无疑是最重要和使用最广泛的数据类型之一. 图像是以简单和直观的方式来展现物理世界. 通过对图像的研究, 有助于还原真实客观世界, 从而发现和预测客观规律. 近年来, 计算机技术的进步, 尤其是并行和分布式计算, 使得人们能够将数学中的一些深刻的概念和工具应用到图像科学的模型构架、算法设计和实现中. 图像处理和分析技术现已广泛应用于自然科学、工程和多媒体等领域, 并已正式进入每个人的生活当中. 图像恢复, 包括图像降噪、去模糊、修复、生物医学成像等, 是图像科学中最重要的领域之一. 其主要目的是从观测数据重建高质量的图像, 使我们能够从图像中观测到所关心的细节特征. 近 30 年来, 数学一直在图像恢复问题中发挥着至关重要的作用. 事实上, 数学是现代图像恢复领域发展的主动力之一. 同样, 图像恢复中出现的问题也给数学研究带来了许多新的理论问题和挑战, 促使产生了许多新的数学工具, 而这些数学工具的影响甚至超出了图像恢复的范围.

现在很多流行的图像恢复模型和算法都是基于变换的. 基于变换的图像恢复模型要求变换能够抓住图像的全局和局部特征. 全局特征指的是图像中相对的平滑部分, 而局部特征则是表征图像的局部奇点 (或细节) 的图像分量, 比如边缘和隐式边缘 (一阶微分之后的不连续性). 一个典型的例子是, 图像通过一组滤波器的卷积变换后, 由低通滤波所得到的系数刻画的是图像的全局特征; 而图像的局部特征通常要由高通滤波获得. 通过高通滤波器卷积得到的系数往往集中在零附近, 且只有一小部分较大的系数. 我们将系数在零点集中这一现象称为"稀疏性". 紧小波框架变换就是这样一种基于滤波器卷积变换的数学工具.

傅里叶变换是最早基于变换的方法之一. 傅里叶变换对于平滑和正弦曲线信

① 北京大学，北京国际数学研究中心. 电子邮箱：dongbin@math.pku.edu.cn
② 新加坡国立大学数学系. 电子邮箱：matzuows@nus.edu.sg
③ 上海交通大学自然科学研究院. 电子邮箱：xqzhang@sjtu.edu.cn

号很有效, 然而傅里叶变换不能在空间域进行定位, 所以只能表示全局特征. 这使得傅里叶变换对具有多个局部频率分量的信号不是特别有效. 因此, 人们引入了窗口傅里叶变换 [1] 来克服傅里叶变换的空间定位的不足. 窗口傅里叶变换提供 "全局模式 + 局域特征" 的信号分解方式. 但是, 由于窗口傅里叶变换具有固定的时频分辨率, 对于图像来说, 其变换域中高频系数的稀疏性并不理想. 然而, 小波和小波框架具有不同的时间 - 频率分辨率, 这使得它们能够为局部图像特征提供更好的稀疏逼近. 这就是在图像恢复中, 小波和小波框架比傅里叶变换或窗口傅里叶变换更有效的原因. 这也是正交或双正交小波在图像压缩中得到广泛且成功应用的原因[2]. 在本文中, 我们将介绍基于冗余系统的图像恢复模型, 包括小波框架和数据驱动的稀疏表达模型, 这些模型不仅为局部图像特征提供一个很好的稀疏逼近, 同时也能够抓住全局图像特征.

图像恢复问题一般可以表示为下述线性反问题

$$\boldsymbol{f} = \boldsymbol{A}\boldsymbol{u} + \boldsymbol{\eta} \tag{7.1.1}$$

其中 $\boldsymbol{A}$ 是线性算子 (通常不可逆), $\boldsymbol{\eta}$ 表示由观察图像中可加性噪声引起的扰动, 比如高斯白噪声. 不同的图像恢复问题对应于不同类型的 $\boldsymbol{A}$. 例如, 图像降噪问题中, $\boldsymbol{A}$ 是恒同算子; 图像填充问题中, $\boldsymbol{A}$ 是一个限制算子; 图像去模糊问题中, $\boldsymbol{A}$ 是卷积算子; 断层扫描 (computed tomography, CT) 和核磁成像问题中，$\boldsymbol{A}$ 分别是(下采样后的)Radon 变换和傅里叶变换.

问题 (7.1.1) 中的线性映射 $\boldsymbol{A}$ 通常是不可逆或者病态的, 因此它的求解是非平凡的. 若简单地对 $\boldsymbol{A}$ 求逆, 比如伪逆或者 Tikhonov 正则化[3, 4], 通常会导致恢复的图像中噪声被放大, 或者边缘被模糊掉. 一个好的图像恢复方法应该能够在平滑图像的同时保留重要的图像特征, 如图像边缘等. 然而, 平滑化和特征保持往往是相互矛盾的, 因此高质量的图像恢复是一项非常有挑战性的任务. 任何基于变换的图像恢复方法成功的关键都在于能够从给定图像中找到甄别局部和全局特征的变换, 换言之, 能找到可以分离奇异点和平滑图像分量的变换.

小波框架变换正是满足上述要求的变换. 在小波框架变换域中, 全局形状从低通滤波中获得, 由稠密分布的系数表示; 而局部特征则从高通滤波中获得, 由稀疏分布的系数表示. 这样, 小波框架变换把图像表示为全局形状 (即光滑图像分量) 和对应于图像奇点的局部特征的叠加. 这使我们很容易区分光滑和不光滑的图像分量, 这也是小波框架变换在图像恢复问题中成功的关键. 除了对局部图像特征提供稀疏逼近之外, 高通滤波得到的较大的系数也可以用于精确检测图像奇异点的位置和类型[2, 5, 6]. 换句话说, 高通滤波的系数也为变换域中的图像特征提供可靠的分析和分类. 方便起见, 我们将从低通滤波中获得的小波框架系数称为

“稠密系数”, 将从高通滤波中获得的小波框架系数称为“稀疏系数”.

大多数基于变换的图像恢复方法是在变换域中进行处理的. 对于小波框架变换, 稠密系数所逼近平滑图像分量对噪声已经非常稳健, 所以我们通常不对它们做任何处理. 我们主要处理的是稀疏系数. 给定一张自然图像, 小波变换的稀疏系数应该是高度集中在零点的. 因此, 在实际计算中得到那些小的非零系数很可能是噪声, 所以将小系数设置为零是很自然的; 同时也可以锐化图像边缘, 增强图像特征. 这样的处理过程被称为收缩 (shrinkage), 其主要目的是增强图像特征, 同时保持光滑图像区域的平滑度. 收缩算子 (shrinkage operator) 有很多不同的选取方式, 其中包括包括著名的软阈值和硬阈值算子, 这些收缩算子被广泛应用于基于变换的图像恢复问题中. 然而, 也有些文献中使用了更加复杂的收缩算子, 如自适应小波框架收缩算子[7], 这些自适应算子在数值上优于软阈值算子. 软阈值算子后来被证明等价于最小化某个基于 $\ell_1$ 范数的优化模型[8]. 硬阈值运算等价于最小化一个基于 $\ell_0$ 范数的优化模型[9, 10]. 这些发现为基于变换的图像恢复模型和算法的进一步发展奠定了基础.

基于框架变换等的冗余系统已经成功地应用到一些经典和更具挑战性的图像恢复问题, 以及与图像相关的问题中. 小波框架系统在经典图像恢复问题中的应用包括图像修复 [11]、超分辨率 [12]、去模糊 [13−16]、彩色图像去马赛克 [17] 和彩色图像色彩增强[18] 等; 小波框架可以应用于更复杂的图像恢复问题, 包括盲去模糊[19, 20]、盲填充 (blind inpainting)[21], 以及未知噪声类型的降噪[22] 等. 近年来, 基于小波框架相关的算法可以用来进一步提高生物医学成像质量. 例如, X 射线 CT 图像重建[23, 24]、四维 CT 图像重建[25, 26]、冷冻电子显微成像中的蛋白质分子三维重建[27]. 小波框架的应用已经不仅局限于图像恢复问题, 还可以成功地应用于视频处理[28]、图像分割[29, 30]、图像分类[31, 32]. 最近, 小波框架还被应用在曲面[33, 34] 和图 [35−38] 等非平坦域上, 并且被用来解决降噪[33, 34, 38] 和图聚类[38] 问题. 此外, Gabor 框架的滤波器可以根据图像边缘的几何形状实现高方向选择性[39]. 框架的灵活性使得我们可以自如地设计自适应和非局部滤波器, 从而进一步提高变换的稀疏表达能力. 例如, 从图像块中学习紧框架 [40−42], 由此得到能为图像局部特征提供更好的稀疏逼近的变换.

除了基于变换和稀疏表达的图像恢复方法, 基于偏微分方程 (PDE) 的方法也被学术界和工业界广泛地采纳 [43−45]. PDE 方法和诸如小波框架方法有着十分不同的发展轨迹. 两类方法使用的数学工具也有所不同：小波框架方法基于调和分析、PDE 方法则基于变分和 (非线性)PDE. 变分模型的基本思想是将图像理解为某个函数空间中的函数 (如有界变差 (BV) 函数空间[46]), 并根据函数空间性质来设计能量泛函, 通过极小化该能量泛函来复原图像. 代表性的变分方法包括

全变差模型 (total variation)[46]、广义全变差模型 (total generalized variation)[47]、卷积下确界 (infimal convolution) 模型[48] 和 Mumford-Shah 模型[49] 等. 典型的 PDE 模型包括各向异性扩散方程、Perona-Malik 方程[50]、冲激滤波器[51] 和基于 Navier-Stokes 方程的图像处理模型[52] 等.

小波框架方法和 PDE 方法从不同的角度来刻画图像: 小波框架方法大多通过稀疏性来刻画图像, 而 PDE 方法往往是用函数空间和几何来刻画图像. 在图像科学中, 这两大类方法独立发展了近 30 年. 虽然一些工作表明, 这两类方法在特殊的情况下存在一定的联系[53, 54], 但是它们之间是否存在一般性的联系一直尚未可知. 直到最近, 在文献 [55]–[57] 中, 本文作者中的两位与他人合作建立了基于小波框架的方法与变分方法之间的基本联系. 特别地, 作者在文献 [55] 中建立了与全变差模型的联系; 在文献 [56] 中建立了与 Mumford-Shah 模型的联系; 在文献 [57] 中将文献 [55] 中的结果进一步推广, 建立了小波框架模型与广义全变差模型的联系. 此外, 在文献 [7] 中, 本文作者中的两位与他人合作建立了迭代小波框架收缩算法与一般非线性演化 PDE 之间的深层联系, 这些非线性演化 PDE 包含了 Perona-Malik 方程和冲激滤波器等在图像恢复问题中被普遍采纳的 PDE 模型. 文献 [7], [55]–[57] 中研究工作的重要意义在于: ① PDE 方法在离散情况下可以理解为小波框架方法, 因此, PDE 方法在有几何意义的同时也具有稀疏性的解释, 这是对 PDE 方法一个新的诠释; ② 进一步说明了基于 B 样条小波框架[58] 在图像恢复问题中的优越性, 和传统的正交/双正交小波相比, B 样条小波框架对微分算子的离散化格式更简单规范, 也能更好地保留变分模型和 PDE 模型的几何特征; ③ 通过渐近分析, 这些工作严格证明了离散化后的优化问题和迭代算法与对应的变分模型和 PDE 模型的一致性, 完善了这方面的理论工作, 而此前只有个别的变分模型和 PDE 模型有严格的渐近分析; ④ 这些工作为小波框架方法赋予了几何解释, 使得我们可以设计出几何意义更强的自适应小波框架算法, 另一方面, 小波框架模型和迭代算法也对应了一些全新的变分模型和 PDE 模型, 从而进一步推动了图像恢复问题中 PDE 方法的发展.

统计方法是图像建模的另外一个重要的工具, 特别是针对一些具有明显随机特征的自然图像, 比如树、草等自然图像. 图像的随机性有两个方面: 一个是观测噪声的随机性, 另一个是图像对象本身可以用随机场来刻画[59]. 图像的随机模型在统计特征理论[60]、机器学习理论、信号和图像的贝叶斯推断[61]、贝叶斯反问题[62] 等领域中都有很多重要的应用. 在贝叶斯理论框架下, 求解图像问题是根据先验分布和风险函数来得到未知图像的后验分布. 图像的先验分布往往和图像的稀疏特征有关, 也和图像函数空间密切相关. 图像函数的先验分布可以让我们针对不同的对象设计不同的正则化和估计模型, 比如可以通过引入 log 凹函数的稀疏先验来得到具有稀疏表达的解. 此外, 基于后验分布的函数, 我们也可以量化不同点估计的可靠性, 研究一些特征超过一定的阈值的概率, 通过条件协方差来估计图像对象的空间像素依赖性、相关性等. 另外一个方面, 对于自然图像处理和识别, 比较流行的基于数据驱动的模型有基于图像块相似性的非局部变分模型和基于字典学习的稀疏编码模型. 其中稀疏编码模型着重于数据驱动的线性表示, 通过求解大规模的非凸优化模型得到表示基和表示系数. 相对于 K-SVD [63] 启发式字典学习的方法, 文献 [41] 提出了数据驱动的紧框架模型. 该模型在图像降噪领域中处于领先水平, 计算效率高, 并且在图像恢复的其他问题也具有广泛的应用.

稀疏编码模型和数据驱动小波框架模型在图像恢复问题中表现不错, 它们通常具有浅层的线性结构. 然而随着图像数据量的迅速增加, 计算能力的大幅提升, 尤其是 GPU 的广泛使用, 使得我们可以针对某个大规模图像数据集 (而不是单个图像或少量图像), 学习出复杂的非线性稀疏表达, 其中具有代表性的非线性稀疏表达就是深层神经网络[64], 比如近年来迅猛发展并有广泛应用的卷积神经网络 (convolutional neural network, CNN) [65, 64] 和栈式降噪自编码 (stacked denoising autoencoder, SDA) [66]. CNN 是一个前馈神经网络, 由多个非线性隐层组成, 每一个隐层的输出是下一个隐层的输入, 从而总体上达到对复杂决策函数或映射的逼近. CNN 包含两个关键部分: ① 通过多个滤波器结合激活函数来提取信号的稀疏特征; ② 保证整个网络提取的特征具有多尺度结构 (越深层提取的是更加全局的特征). 因此, CNN 与小波框架的多尺度稀疏逼近有很多相似之处. 不同点为 CNN 是非线性的, 而且滤波器都是通过数据训练得到的.

本文将从小波框架方法出发, 在 7.2 节中介绍小波框架基本理论、对图像的逼近以及在图像恢复问题中常用的小波框架模型和算法. 之后, 我们在 7.3 节中回顾一些经典的 PDE 方法, 包括全变差模型、广义全变差模型、Mumford-Shah 模型和 Perona-Malik 方程. 小波框架方法和 PDE 方法的联系与融合将在 7.4 节中做比较详细的探讨. 最后, 我们在 7.5 节中探讨数据驱动的稀疏表达, 其中包括贝叶斯模型、稀疏编码、数据驱动紧框架模型和基于 SDA 和 CNN 的图像恢复模型.

## 7.2 小波框架方法

### 7.2.1 小波框架变换

对于图像恢复问题, 一个好的变换应该能够同时捕捉图像的全局特征和局部特征. 图像的全局特征是其光滑部分, 反映了图像的全局视图, 而局部特征是其

“尖锐”(Sharp) 元素, 代表了图像的局部奇点和细节, 比如边缘和隐式边缘 (一阶微分后出现的间断点).

傅里叶变换是最早使用的变换之一. 对于平滑和正弦类型的信号, 它的效果是比较好的. 然而, 由于傅里叶变换的空间定位比较差, 它只能较好地捕捉全局特征. 所以对于具有多个局部频率分量的信号, 它的效果会变差. 为了克服空间定位的不足, 窗口傅里叶变换[1] 被提出. 窗口傅里叶变换将信号分解为“全局特征 + 局部特征”. 然而由于窗口傅里叶变换的时频分辨率是固定的, 对于图像来说, 变换域中的高频系数的稀疏性并不理想. 而小波和小波框架的时频分辨率是可变化的, 这使得它们能够更好地稀疏逼近图像的局部特征. 这也是它们比傅里叶变换和窗口傅里叶变换更有效的原因. 所以, 正交或双正交小波也被成功地应用到图像压缩中[67]. 在本节中, 我们将介绍图像恢复的冗余系统, 特别是可以同时为图像的局部特征提供一个很好的稀疏逼近和捕获图像的全局特征的小波框架. 对小波框架感兴趣的读者可参考文献 [58],[68]–[70] (框架和小波框架理论), [71](框架理论和应用的简单描述) 和 [72](框架理论和应用的更详细的描述). 框架理论和它们的应用, 特别是 Gabor 框架 (可参考 [1],[67],[69]) 和通用的小波框架 ([67], [69]), 比如多尺度分析 (multi-resolution analysis, MRA)[73, 74] 和基于 MRA 的紧支撑正交小波系统的构建[75]. 框架的概念最早可以追溯到文献 [76].

基于 MRA 的小波框架的详细特征和构建, 尤其是紧小波框架, 始于平移不变系统和推广的函数平移不变系统 [58,68,77–79] 的分析. Gabor 框架的对偶原则[78]、小波框架的单一和混合扩展原则[58, 68] 是从那些分析中得到的两个主要成果. 小波 (或仿射) 系统并不是平移不变系统, 因此与平移不变系统相关的理论[79] 不能直接用于小波系统. 文献 [58] 表明小波系统是一个紧框架当且仅当由相同函数生成的拟仿射系统 (quasi-affine system) 是一个紧框架. 这一重要结论在不利用 MRA 概念的情形下刻画了紧框架, 而且促进了酉扩张原理[58](unitary extension principle, UEP ) 的提出. 对于基于 MRA 的小波框架, UEP 给出了一种通用描述, 而且提供了一种构建紧小波框架的好方法 [70,80–84]. 基于 MRA 的小波框架的更多理论进展可参考文献 [70],[85],[86] 和其中引用的文献. 最近, 文献 [87] 建立了 UEP 和对偶原则之间的关系, 这为基于 MRA 的多变量紧小波框架提供了一种简单的构造方案.

**定义7.2.1** (框架和紧框架) 称集合 $X=\{g_j : j\in\mathbb{Z}\}\subset L_2(\mathbb{R}^d)$, $d\in\mathbb{N}$ 是一个框架, 如果

$$A\|f\|^2_{L_2(\mathbb{R}^d)}\leqslant\sum_{j\in\mathbb{Z}}|\langle f,g_j\rangle|^2\leqslant B\|f\|^2_{L_2(\mathbb{R}^d)},\quad \forall f\in L_2(\mathbb{R}^d),$$

其中 $\langle\cdot,\cdot\rangle$ 是空间 $L_2(\mathbb{R}^d)$ 中的内积. 进一步地, 如果上式中 $A=B=1$, 则称 $X$ 是

一个紧框架, 此时有

$$f = \sum_{j\in\mathbb{Z}} \langle f, g_j\rangle g_j, \quad \forall f \in L_2(\mathbb{R}^d).$$

**定义7.2.2** (对偶框架和双框架) 对任意给定的框架 $X$, 若存在另一个框架 $\widetilde{X} = \{\widetilde{g}_j : j \in \mathbb{Z}\}$ 使得

$$f = \sum_{j\in\mathbb{Z}} \langle f, g_j\rangle \widetilde{g}_j, \quad \forall f \in L_2(\mathbb{R}^d),$$

称 $\widetilde{X}$ 是 $X$ 的一个对偶框架, 而且称 $(X, \widetilde{X})$ 为双框架.

给定 $\Psi = \{\psi_1, \cdots, \psi_r\} \subset L_2(\mathbb{R}^d)$, 拟仿射系统 $X(\Psi)$ 是 $\Psi$ 的扩张和平移的集合, 即

$$X(\Psi) = \{\psi_{\ell,n,\boldsymbol{k}}:\ 1 \leqslant \ell \leqslant r;\ n \in \mathbb{Z}, \boldsymbol{k} \in \mathbb{Z}^d\}, \tag{7.2.1}$$

其中

$$\psi_{\ell,n,\boldsymbol{k}} = \begin{cases} 2^{\frac{nd}{2}}\psi_\ell(2^n \cdot -\boldsymbol{k}), & n \geqslant 0, \\ 2^{nd}\psi_\ell(2^n \cdot -2^{n-J}\boldsymbol{k}), & n < 0. \end{cases} \tag{7.2.2}$$

若 $X(\Psi)$ 是一个 (紧) 框架, 称 $\psi_\ell$, $\ell = 1, \cdots, r$ 为(紧) 框架小波函数, 而且系统 $X(\Psi)$ 称为 (紧) 小波框架系统. 在很多文献中, 抽样的小波 (框架) 变换仿射系统比较常用. 但在本文中, 我们仅讨论拟仿射系统 (7.2.2)(由文献 [58] 首次介绍和分析), 因为它在图像恢复中的效果更好, 而且与变分模型和 PDE 之间的联系比仿射系统更加自然[55, 56, 88].

函数集 $\Psi$ 的构建基于 MRA, 由某些可细分函数(refinable function) $\phi$ 和可细分掩模 (refinement mask) $\boldsymbol{p}$ 来生成, 而其对偶 MRA 由满足下面条件的可细分函数 $\widetilde{\phi}$ 和细分掩模 $\widetilde{\boldsymbol{p}}$ 生成

$$\phi = 2^d \sum_{\boldsymbol{k}\in\mathbb{Z}^d} \boldsymbol{p}[\boldsymbol{k}]\phi(2\cdot -\boldsymbol{k}) \quad \text{且} \quad \widetilde{\phi} = 2^d \sum_{\boldsymbol{k}\in\mathbb{Z}^d} \widetilde{\boldsymbol{p}}[\boldsymbol{k}]\widetilde{\phi}(2\cdot -\boldsymbol{k}).$$

基于 MRA 的双框架 (bi-frame) 函数 $\Psi = \{\psi_1, \cdots, \psi_r\}$ 和 $\widetilde{\Psi} = \{\widetilde{\psi}_1, \cdots, \widetilde{\psi}_r\}$ 的构建方法为: 寻找掩模 $\boldsymbol{q}^{(\ell)}$ 和 $\tilde{\boldsymbol{q}}^{(\ell)}$ 使得对任意的 $\ell = 1, 2, \cdots, r$ 有

$$\psi_\ell = 2^d \sum_{\boldsymbol{k}\in\mathbb{Z}^d} \boldsymbol{q}^{(\ell)}[\boldsymbol{k}]\widetilde{\phi}(2\cdot -\boldsymbol{k}) \quad \text{和} \quad \widetilde{\psi}_\ell = 2^d \sum_{\boldsymbol{k}\in\mathbb{Z}^d} \widetilde{\boldsymbol{q}}^{(\ell)}[\boldsymbol{k}]\phi(2\cdot -\boldsymbol{k}). \tag{7.2.3}$$

文献 [68] 中的双系统扩张原理 (mixed extension principle, MEP) 提供了构建小波双框架的一般理论. 数列 $\{\boldsymbol{p}[\boldsymbol{k}]\}_k$, 记 $\widehat{\boldsymbol{p}}(\boldsymbol{\omega})$ 为它们的傅里叶序列, 即 $\widehat{\boldsymbol{p}}(\boldsymbol{\omega}) =$

$\sum_{\boldsymbol{k}\in\mathbb{Z}^d}\boldsymbol{p}[\boldsymbol{k}]\mathrm{e}^{-\mathrm{i}\boldsymbol{k}\cdot\boldsymbol{\omega}}$. 给定两组有限支撑的掩模

$$\{\boldsymbol{p},\boldsymbol{q}^{(1)},\cdots,\boldsymbol{q}^{(r)}\},\quad \{\tilde{\boldsymbol{p}},\tilde{\boldsymbol{q}}^{(1)},\cdots,\tilde{\boldsymbol{q}}^{(r)}\},$$

MEP 表明, 只要对所有的 $\boldsymbol{\nu}\in\{0,\pi\}^d\setminus\{\boldsymbol{0}\}$ 和 $\boldsymbol{\xi}\in[-\pi,\pi]^d$ 有

$$\widehat{\boldsymbol{p}}(\boldsymbol{\xi})\overline{\widehat{\widetilde{\boldsymbol{p}}}(\boldsymbol{\xi})}+\sum_{\ell=1}^{r}\widehat{\boldsymbol{q}}^{(\ell)}(\boldsymbol{\xi})\overline{\widehat{\widetilde{\boldsymbol{q}}}^{(\ell)}(\boldsymbol{\xi})}=1\quad 和\quad \widehat{\boldsymbol{p}}(\boldsymbol{\xi})\overline{\widehat{\widetilde{\boldsymbol{p}}}(\boldsymbol{\xi}+\boldsymbol{\nu})}+\sum_{\ell=1}^{r}\widehat{\boldsymbol{q}}^{(\ell)}(\boldsymbol{\xi})\overline{\widehat{\widetilde{\boldsymbol{q}}}^{(\ell)}(\boldsymbol{\xi}+\boldsymbol{\nu})}=0,\tag{7.2.4}$$

那么由 (7.2.3) 生成的 $\Psi,\widetilde{\Psi}$ 和拟仿射系统 $X(\Psi),X(\widetilde{\Psi})$ 就是 $L_2(\mathbb{R}^d)$ 中的一对双框架. 特别地, 若对 $\ell=1,\cdots,r$ 有 $\boldsymbol{p}=\widetilde{\boldsymbol{p}}$ 和 $\boldsymbol{q}^{(\ell)}=\widetilde{\boldsymbol{q}}^{(\ell)}$, MEP(7.2.4) 就变为下面的 UEP[58]:

$$|\widehat{\boldsymbol{p}}(\boldsymbol{\xi})|^2+\sum_{\ell=1}^{r}|\widehat{\boldsymbol{q}}^{(\ell)}(\boldsymbol{\xi})|^2=1\quad 和\quad \widehat{\boldsymbol{p}}(\boldsymbol{\xi})\overline{\widehat{\boldsymbol{p}}(\boldsymbol{\xi}+\boldsymbol{\nu})}+\sum_{\ell=1}^{r}\widehat{\boldsymbol{q}}^{(\ell)}(\boldsymbol{\xi})\overline{\widehat{\boldsymbol{q}}^{(\ell)}(\boldsymbol{\xi}+\boldsymbol{\nu})}=0,\tag{7.2.5}$$

而且系统 $X(\Psi)$ 是 $L_2(\mathbb{R}^d)$ 中的一个紧框架. 在这里 $\boldsymbol{p}$ 和 $\widetilde{\boldsymbol{p}}$ 是低通滤波器, $\boldsymbol{q}^{(\ell)},\widetilde{\boldsymbol{q}}^{(\ell)}$ 是高通滤波器. 这些滤波器生成了 $\ell_2(\mathbb{Z}^d)$ 空间中的离散双框架 (若 UEP 条件成立, 它们就是紧框架). 后面章节的一些滤波器可能只满足 (7.2.4) 或 (7.2.5) 的第一个等式, 这种情形下生成的系统并不是 $L_2(\mathbb{R}^d)$ 中的框架或者紧框架, 而是 $\ell_2(\mathbb{Z}^d)$ 中的框架或者紧框架 (非抽样的), 称为离散双框架和紧框架系统. 图像是 $\ell_2(\mathbb{Z}^d)$ 中的元素, 所以序列空间中的 (紧) 框架仍然可以用来有效地表示图像. 此外, 文献 [89] 表明: 若 (7.2.4) 中的第一个等式成立, 由小波函数生成的平移不变系统是 $L_2(\mathbb{R}^d)$ 中的一个框架.

下面是两个简单但很常用的紧小波框架的例子.

**例7.2.1** 令$\boldsymbol{p}=\frac{1}{2}[1,1]$ 是分段常数 B 样条 $B_1(x)=1,\ x\in[0,1]$(其他点的值为 0) 的细分掩模. 定义 $\boldsymbol{q}^{(1)}=\frac{1}{2}[1,-1]$. 那么 $\boldsymbol{p}$ 和 $\boldsymbol{q}^{(1)}$满足 (7.2.5) 中的两个等式. 因此由 (7.2.1) 生成的系统 $X(\psi_1)$ 是 $L_2(\mathbb{R})$ 中的一个紧框架.

**例7.2.2** [58] 令$\boldsymbol{p}=\frac{1}{4}[1,2,1]$ 是分段线性 B 样条 $B_2(x)=\max\{1-|x|,0\}$ 的细分掩模. 定义 $\boldsymbol{q}^{(1)}=\frac{\sqrt{2}}{4}[1,0,-1]$, $\boldsymbol{q}^{(2)}=\frac{1}{4}[-1,2,-1]$. 那么 $\boldsymbol{p}$, $\boldsymbol{q}^{(1)}$ 和 $\boldsymbol{q}^{(2)}$ 满足 (7.2.5) 中的两个等式. 因此系统 $X(\Psi)$(其中 $\Psi=\{\psi_1,\psi_2\}$ 的定义见式 (7.2.1)) 是 $L_2(\mathbb{R})$ 中的一个紧框架.

例 7.2.1 中, $\psi_1$ 称为 Haar 小波. 因为由 Haar 小波生成的拟仿射系统是 $L_2(\mathbb{R})$ 中的一个紧框架, 所以又称 $\psi_1$ 为"Haar 框架函数". 例 7.2.2 中的紧框架是由分段线性 B 样条 (由文献 [58] 首次提出) 生成的, 所以称 $\psi_1$ 和 $\psi_2$ 为"分段线性框

架函数”. 由 B 样条生成的框架函数, 尤其是分段线性框架函数, 在基于小波框架的图像恢复中有广泛的应用. 在本文中, 我们称文献 [58] 中生成的紧小波框架系统为 B 样条紧小波框架系统.

另外, 例 7.2.1 和例 7.2.2 中所有的高通滤波器和低通滤波器的维数相同. 因此, 小波框架函数和其对应的 B 样条有相同的支撑. 这个结论对所有的 B 样条紧小波框架系统都成立[58]. 在实际应用中, 往往希望使用短支撑的滤波器, 这是因为它可以稀疏逼近局部特征并有低的计算成本. 事实上, 对于任意给定的可细分箱型样条 (掩模满足 0 阶和条件), 总是可以构建一个紧框架系统, 且其生成因子的支撑不超过可细分箱型样条 (box-spline)[87]. 更一般地, 总是可以找到一个双框架系统, 使得其生成元素的支撑不超过可细分函数的支撑[89].

在离散情形下, 记图像 $\boldsymbol{f}$ 是一个 $d$- 维数组, 而 $\mathcal{I}_d = \mathbb{R}^{N_1\times N_2\times\cdots\times N_d}$ 表示所有 $d$- 维图像的集合. 记滤波器为 $\{\boldsymbol{q}^{(0)}=\boldsymbol{p},\boldsymbol{q}^{(1)},\cdots,\boldsymbol{q}^{(r)}\}$, $d$维快速 $(L+1)$- 层小波框架分解变换为

$$\boldsymbol{W}\boldsymbol{u}=\{\boldsymbol{W}_{\ell,l}\boldsymbol{u}:(\ell,l)\in\mathbb{B}\},\quad \boldsymbol{u}\in\mathcal{I}_d, \tag{7.2.6}$$

其中

$$\mathbb{B}=\{(\ell,l):\ 1\leqslant\ell\leqslant r,0\leqslant l\leqslant L\}\cup\{(0,L)\}.$$

那么图像 $\boldsymbol{u}$ 的小波框架系数为 $\boldsymbol{W}_{\ell,l}\boldsymbol{u}=\boldsymbol{q}_{\ell,l}[-\cdot]\circledast\boldsymbol{u}$, 其中 $\circledast$ 是某种边界条件 (比如循环边界条件) 下的卷积算子且

$$\boldsymbol{q}_{\ell,l}=\check{\boldsymbol{q}}_{\ell,l}\circledast\check{\boldsymbol{q}}_{l-1,0}\circledast\cdots\circledast\check{\boldsymbol{q}}_{0,0},\quad \check{\boldsymbol{q}}_{\ell,l}[\boldsymbol{k}]=\begin{cases}\boldsymbol{q}^{(\ell)}[2^{-l}\boldsymbol{k}], & \boldsymbol{k}\in 2^l\mathbb{Z}^d,\\ 0, & \boldsymbol{k}\notin 2^l\mathbb{Z}^d.\end{cases} \tag{7.2.7}$$

对于对偶滤波器 $\{\tilde{\boldsymbol{p}},\tilde{\boldsymbol{q}}^{(1)},\cdots,\tilde{\boldsymbol{q}}^{(r)}\}$, 可类似地定义 $\widetilde{\boldsymbol{W}}\boldsymbol{u}$ 和 $\widetilde{\boldsymbol{W}}_{\ell,l}\boldsymbol{u}$. 逆小波框架变换 (或者小波框架分解)$\widetilde{\boldsymbol{W}}^{\mathrm{T}}$ 是 $\widetilde{\boldsymbol{W}}$ 的伴随算子. 根据 MEP, 可得到下述完美的重建公式

$$\boldsymbol{u}=\widetilde{\boldsymbol{W}}^{\mathrm{T}}\boldsymbol{W}\boldsymbol{u},\quad \forall\boldsymbol{u}\in\mathcal{I}_d.$$

特别地, 当 $\boldsymbol{W}$ 是紧框架变换时, 由 UEP 可得

$$\boldsymbol{u}=\boldsymbol{W}^{\mathrm{T}}\boldsymbol{W}\boldsymbol{u},\quad \forall\boldsymbol{u}\in\mathcal{I}_d. \tag{7.2.8}$$

为了简便, 本节主要关注 $d=2$(即二维图像) 的情形.

### 7.2.2 小波框架变换对图像的逼近

对于图像恢复问题, 一个理想的要求是逼近图像的变换可以将图像分解为全局特征和局部特征的和, 或者说变换域中稠密系数和稀疏系数的和. 一般来说, 在

图像恢复问题中, 一个仅能捕捉全局特征或者局部特征的变换没有可以同时捕捉两者的变换有效. 由于稀疏性在压缩感知 [90−93] 中的成功和重要影响, 最近大部分用于图像恢复的变换或者系统, 仅重视稀疏性 (或稀疏逼近), 而忽略了全局特征的稠密性. 虽然稀疏性, 或者捕捉局部特征, 是非常重要的, 但我们也不能完全忽视底层系统捕捉全局特征的能力. 毕竟一个成功的图像恢复模型包含两个元素：全局特征的光滑化和局部特征的尖锐化. 分片光滑图像恢复模型 [56, 94] 就是一个很好的例子, 它表明更好的表征全局特征确实在实践中非常有用.

用于近似图像的变换应能有效地捕捉图像的全局特征和局部特征. 那么我们需要变换 $\boldsymbol{W}$ 有两个子系统 $\boldsymbol{W}_{\mathrm{P}}$ 和 $\boldsymbol{W}_{\mathrm{F}}$. 其中子系统 $\boldsymbol{W}_{\mathrm{P}}$ 用来近似全局特征. 为了更好地捕捉全局特征, 子系统 $\boldsymbol{W}_{\mathrm{P}}$ 中的元素最好具有全局支撑, 但这会使得计算效率不高. 若 $\boldsymbol{W}_{\mathrm{P}}$ 是局部支撑的, 全局特征只能通过 $\boldsymbol{W}_{\mathrm{P}}$ 的稠密系数来良好的表征. 子系统 $\boldsymbol{W}_{\mathrm{F}}$ 用来稀疏逼近图像的局部特征. 为了更好地近似局部特征并将它们和全局特征区分开来, $\boldsymbol{W}_{\mathrm{F}}$ 中的元素应当是局部支撑的. 此外, 为了减少人为误差, 系统 $\boldsymbol{W}_{\mathrm{P}}$ 和 $\boldsymbol{W}_{\mathrm{F}}$ 中的元素不应完全独立, 它们的空间要有重叠部分. 因此, 在图像恢复中, 大多数的变换是冗余的. 一般来说, 对于给定的数据 $\boldsymbol{u}$, 我们希望有

$$\boldsymbol{W}\boldsymbol{u} = \begin{pmatrix} \boldsymbol{W}_{\mathrm{P}}\boldsymbol{u} \\ \boldsymbol{W}_{\mathrm{F}}\boldsymbol{u} \end{pmatrix} = \begin{pmatrix} \text{稠密} \\ \text{稀疏} \end{pmatrix}.$$

在变换域恢复图像时, 一般可根据系数 $\boldsymbol{W}\boldsymbol{u}$ 恢复数据 $\boldsymbol{u}$. 紧框架系统 $\boldsymbol{W}$ 可以使得 $\boldsymbol{u}$ 的重建更加简单, 即有 $\boldsymbol{W}^{\mathrm{T}}\boldsymbol{W} = I$. 这样的紧框架系统有很多, 比如紧小波框架.

现在, 我们来讨论小波框架是怎样以"全局特征 + 局部特征"的形式逼近函数的. 为了叙述简便, 我们仅对由 UEP(7.2.5) 得到的拟仿射紧小波框架系统进行讨论. 类似的结论也可应用到由 MEP(7.2.4) 得到的双框架上.

我们从函数 $f \in L_2(\mathbb{R}^d)$ 的近似开始. 令 $\Psi = \{\psi_\ell : 1 \leqslant \ell \leqslant r\} \subset L_2(\mathbb{R}^d)$ 是通过 UEP(7.2.5) 构造的紧支撑小波框架, $\phi \in L_2(\mathbb{R}^d)$ 是相应的紧支撑可细分函数. 那么对任意给定的整数 $N \in \mathbb{Z}$, 系统

$$X^*(\phi, \Psi; N) = \{\phi_{N,\boldsymbol{k}}, \psi_{\ell,n,\boldsymbol{k}} : 1 \leqslant \ell \leqslant r, n \geqslant N, \boldsymbol{k} \in \mathbb{Z}^d\}$$

是 $L_2(\mathbb{R}^d)$ 中的一个紧框架, 即对任意的 $f \in L_2(\mathbb{R}^d)$ 有

$$f = \sum_{\boldsymbol{k}\in\mathbb{Z}^d} \langle f, \phi_{N,\boldsymbol{k}}\rangle \phi_{N,\boldsymbol{k}} + \sum_{\ell=1}^{r} \sum_{n\geqslant N} \sum_{\boldsymbol{k}\in\mathbb{Z}^d} \langle f, \psi_{\ell,n,\boldsymbol{k}}\rangle \psi_{\ell,n,\boldsymbol{k}}, \tag{7.2.9}$$

其中 $\phi_{n,\boldsymbol{k}}$ 和 $\psi_{\ell,n,\boldsymbol{k}}$ 的定义见 (7.2.2) (更多信息可参考文献 [72]). 为了方便, 记

$$\mathcal{L}_N f = \sum_{\boldsymbol{k}\in\mathbb{Z}^d} \langle f, \phi_{N,\boldsymbol{k}} \rangle \phi_{N,\boldsymbol{k}}, \quad \mathcal{H}_{\ell,n} f = \sum_{\boldsymbol{k}\in\mathbb{Z}^d} \langle f, \psi_{\ell,n,\boldsymbol{k}} \rangle \psi_{\ell,n,\boldsymbol{k}}.$$

那么, (7.2.9) 等价于

$$f = \mathcal{L}_N f + \sum_{\ell=1}^{r} \sum_{n\geqslant N} \mathcal{H}_{\ell,n} f, \tag{7.2.10}$$

其中 $\mathcal{L}_N f$ 是 $f$ 在平移不变空间 (由$\phi_{N,\mathbf{0}}$生成) 中的拟插值投影 (quasi-interpolatory projection). 也就是说, $\mathcal{L}_N f$ 是 $f$ 的一个尺度为 $N$ 的光滑近似, 它代表了函数 $f$ 的全局特征. $\mathcal{H}_{\ell,n} f$ 是 $f$ 的通道为 $\ell$, 尺度为 $n$ 的稀疏逼近. 对于不同的通道 $\ell$, $\mathcal{H}_{\ell,n} f$ 表示 $f$ 的不同类型的局部特征 (或者奇点), 比如不连续点和隐式不连续点 (更多细节可参考文献 [88]). 对于不同的尺度 $n$, $\mathcal{H}_{\ell,n} f$ 表示 $f$ 不同尺度的特征. 因此, 对于给定的函数 $f \in L_2(\mathbb{R}^d)$, 由 UEP 构建的紧小波框架系统 (或由 MEP 构造的更一般的双框架系统) 将其分解为

$$f = \text{全局特征} + \text{局部特征}.$$

接下来, 我们在离散情形下对 $\boldsymbol{u} \in \mathcal{I}_d$ 进行讨论. 令 $\boldsymbol{W}$ 是由 (7.2.6) 定义的紧小波框架变换, 记 $\boldsymbol{W}_{\mathcal{L}} = \boldsymbol{W}_{0,L}$ 且

$$\boldsymbol{W}_{\mathcal{H}}^{\mathrm{T}} = \left( \boldsymbol{W}_{1,0}^{\mathrm{T}}, \cdots, \boldsymbol{W}_{r,0}^{\mathrm{T}}, \boldsymbol{W}_{1,1}^{\mathrm{T}}, \cdots, \boldsymbol{W}_{r,L}^{\mathrm{T}} \right)^{\mathrm{T}}.$$

对于小波框架系统而言, $\boldsymbol{W}_{\mathcal{L}}$ 捕捉全局特征, 即 $\boldsymbol{W}_{\mathrm{P}} = \boldsymbol{W}_{\mathcal{L}}$; $\boldsymbol{W}_{\mathcal{H}}$ 捕捉局部特征, 即 $\boldsymbol{W}_{\mathrm{F}} = \boldsymbol{W}_{\mathcal{H}}$ (图 2).

使用上述记号, 重建公式 (7.2.8) 可以等价地写为

$$\boldsymbol{u} = \boldsymbol{W}_{\mathcal{L}}^{\mathrm{T}} \boldsymbol{W}_{\mathcal{L}} \boldsymbol{u} + \boldsymbol{W}_{\mathcal{H}}^{\mathrm{T}} \boldsymbol{W}_{\mathcal{H}} \boldsymbol{u} = \boldsymbol{W}_{0,L}^{\mathrm{T}} \boldsymbol{W}_{0,L} \boldsymbol{u} + \sum_{\ell=1}^{r} \sum_{l=0}^{L} \boldsymbol{W}_{\ell,l}^{\mathrm{T}} \boldsymbol{W}_{\ell,l} \boldsymbol{u}. \tag{7.2.11}$$

分解公式 (7.2.11) 类似于 (7.2.10) 的离散化, 其中 $\boldsymbol{W}_{\mathcal{L}}^{\mathrm{T}} \boldsymbol{W}_{\mathcal{L}} \boldsymbol{u}$ 是 $\boldsymbol{u}$ 的光滑近似, $\boldsymbol{W}_{\mathcal{H}}^{\mathrm{T}} \boldsymbol{W}_{\mathcal{H}} \boldsymbol{u}$ 是 $\boldsymbol{u}$ 的稀疏元素, $\boldsymbol{W}_{\ell,l}^{\mathrm{T}} \boldsymbol{W}_{\ell,l} \boldsymbol{u}$ 表示 $\boldsymbol{u}$ 经过通道 $\ell$, 第 $l$ 个尺度的局部特征. 因此 (7.2.11) 和 (7.2.10) 一样都是“全局特征 + 局部特征”类型的分解. 图 1 是分解公式 (7.2.11) 的数值模拟, 使用了分段线性 B 样条紧小波框架系统 (滤波器见例 7.2.2).

给定一个图像 $\boldsymbol{u}$, $\boldsymbol{W}_{\mathcal{L}}^{\mathrm{T}} \boldsymbol{W}_{\mathcal{L}} \boldsymbol{u}$ 是图像的光滑近似, 提供了图像的全局视图. $\boldsymbol{W}_{\mathcal{H}}^{\mathrm{T}} \boldsymbol{W}_{\mathcal{H}} \boldsymbol{u}$ 表示 $\boldsymbol{u}$ 的局部特征, 一般是图像的奇点. 图像可看作是分片光滑函数的离散化, 当使用的是紧支撑的小波框架系统时, 系数 $\boldsymbol{W}_{\mathcal{L}} \boldsymbol{u}$ 通常是一个稠密的

向量, 而 $\boldsymbol{W}_{\mathcal{H}}\boldsymbol{u}$ 是一个稀疏的向量. 当高通滤波器的支撑集和图像特征相交时, $\boldsymbol{W}_{\mathcal{H}}\boldsymbol{u}$ 中大的系数只出现在图像特征附近. 因此在变换域中, "全局特征 + 局部特征"类型的分解可以看作是图像的"密集 + 稀疏"近似. 其中, 图像的全局特征可以由稠密系数 $\boldsymbol{W}_{\mathcal{L}}\boldsymbol{u}$ 近似, 局部特征可以由稀疏系数 $\boldsymbol{W}_{\mathcal{H}}\boldsymbol{u}$ 来近似. 图 2 是一个 1 层 Haar 小波框架分解的例子, 使用了分段线性 B 样条紧小波框架系统 (滤波器见例 7.2.2).

图 1 图像分解: $\boldsymbol{u}=\boldsymbol{W}_{\mathcal{L}}^{\mathrm{T}}\boldsymbol{W}_{\mathcal{L}}\boldsymbol{u}+\boldsymbol{W}_{\mathcal{H}}^{\mathrm{T}}\boldsymbol{W}_{\mathcal{H}}\boldsymbol{u}$

图 2 1 层 Haar 小波框架系数: $\{\boldsymbol{W}_{\ell,0}\boldsymbol{u}:\ 1\leqslant\ell\leqslant 8\}$

除了小波和小波框架, 窗口傅里叶变换也能将图像分解为"全局特征 + 局部特征”. 但是, 因为窗口傅里叶变换的时频分辨率是固定的, 在其变换域中, 表示局部特征的系数的稀疏性并不完美. 与之相比, 正交或双正交小波对局部特征的稀疏逼近效果更好, 这对它们在图像压缩中的成功至关重要. 然而对于图像恢复问题, 相比于 (双) 正交系统, 冗余系统, 比如小波框架, 可以更好地稀疏逼近图像的局部特征. 同时, 小波框架系统可以平衡光滑性和稀疏性, 因此可以减少 Gibbs 现象, 得到效果更好的恢复图像. 还有, 如果高通滤波器具有可变阶数的消失矩, 允许用不同的尺度沿着不同的方向捕捉不同类型的图像特征, 那么由 $\boldsymbol{W}_{\mathcal{H}}^{\mathrm{T}}\boldsymbol{W}_{\mathcal{H}}\boldsymbol{u}$ 提供的图像局部特征的稀疏逼近会更加有效. 因此, 可以较好地稀疏逼近图像局部特征的系统一定是冗余的.

“局部”特征并不局限于空间域. 在相似域中图像特征也有局部性. 比如, 在空间上距离较远的两个像素块可能有相似性. 数据驱动的非局部紧框架[40] 就使用了这种广义的局部性. 另外, 因为仅 $\boldsymbol{W}_{\mathcal{H}}\boldsymbol{u}$ 是稀疏的, 收缩算子一般只在 $\boldsymbol{W}_{\mathcal{H}}\boldsymbol{u}$ 上作用. 然而对于图像分割问题, 可以对稠密系数 $\boldsymbol{W}_{\mathcal{L}}\boldsymbol{u}$ 定义合适的收缩算子[30], 从而可以加速算法, 得到更好的结果.

### 7.2.3 小波框架图像恢复模型与算法

图像恢复的关键是保持光滑元素的同时增强图像的特征 (通常是图像的奇点). 小波框架进行图像恢复的优点是能够有效地将图像分解为“全局特征 + 局部特征”. 在这一小节, 我们先介绍图像降噪问题的小波框架迭代收缩的基本思想, 并讨论如何将类似的想法应用到一般的图像恢复问题中.

1. 图像降噪

图像降噪是一种经典的图像恢复问题, 它的模型是在方程 (7.1.1) 中取 $\boldsymbol{A} = \boldsymbol{I}$. 该问题的主要目标是正则化给定图像, 并保持图像的尖锐特征 (比如边缘). 如何分离光滑和尖锐区域并不显而易见, 尤其在有噪声存在时. 这是处理该问题的一个挑战. 小波框架给图像降噪问题提供了一个好的工具, 因为在变换域中, 图像的特征和光滑元素可以很好的分开.

平移不变小波软阈值算法[95] 是一种较早的、比较成功的图像降噪方法. 之后, 文献 [58] 表明平移不变小波系统是函数空间 $L_2(\mathbb{R}^d)$ 中的紧小波框架系统. 事实上, 它们是一种由正交小波生成的拟仿射系统. 文献 [95] 中的算法的主要思想是: 首先对给定有噪声的图像进行小波框架变换, 然后对变换域中的稀疏系数进行阈值处理, 最后再通过小波重建将数据变换到图像域中.

记 $\boldsymbol{f}$ 是观测到的有噪声的图像. 对于图像降噪问题, 通用的小波框架阈值算法可以写为

$$\boldsymbol{u}^{\star} = \widetilde{\boldsymbol{W}}^{\mathrm{T}}\mathcal{T}_{\lambda}(\boldsymbol{W}\boldsymbol{f}), \tag{7.2.12}$$

其中 $\boldsymbol{W}$ 是小波框架变换, $\widetilde{\boldsymbol{W}}$ 是其对偶小波框架变换 (满足 $\widetilde{\boldsymbol{W}}^{\mathrm{T}}\boldsymbol{W}=\boldsymbol{I}$), $\mathcal{T}_\lambda$ 是阈值算子, $\lambda$ 为阈值. 例如, 定义在系数 $\boldsymbol{\alpha}=\{\alpha_{\ell,l,\boldsymbol{k}}=(\boldsymbol{W}_{\ell,l}\boldsymbol{u})[\boldsymbol{k}]:\ (\ell,l)\in\mathbb{B},\boldsymbol{k}\in\boldsymbol{\Omega}\}$ 上的软阈值算子[96]

$$\mathcal{T}_\lambda^s(\boldsymbol{\alpha})=\left\{\mathcal{T}_{\lambda_{\ell,l,\boldsymbol{k}}}^s(\alpha_{\ell,l,\boldsymbol{k}})=\frac{\alpha_{\ell,l,\boldsymbol{k}}}{|\alpha_{\ell,l,\boldsymbol{k}}|}\max\{|\alpha_{\ell,l,\boldsymbol{k}}|-\lambda_{\ell,l,\boldsymbol{k}},0\}:\ \boldsymbol{k}\in\boldsymbol{\Omega}\right\} \tag{7.2.13}$$

和硬阈值算子 [10,15,16,96–99]

$$\mathcal{T}_\lambda^h(\boldsymbol{\alpha})=\left\{\mathcal{T}_{\lambda_{\ell,l,\boldsymbol{k}}}^h(\alpha_{\ell,l,\boldsymbol{k}}):\ (\ell,l)\in\mathbb{B},\boldsymbol{k}\in\boldsymbol{\Omega}\right\},$$

其中

$$\mathcal{T}_{\lambda_{\ell,l,\boldsymbol{k}}}^h(\alpha_{\ell,l,\boldsymbol{k}})=\begin{cases}\alpha_{\ell,l,\boldsymbol{k}} & \mathrm{f}|\alpha_{\ell,l,\boldsymbol{k}}|>\lambda_{\ell,l,\boldsymbol{k}},\\ \{\alpha_{\ell,l,\boldsymbol{k}},0\} & \mathrm{f}|\alpha_{\ell,l,\boldsymbol{k}}|=\lambda_{\ell,l,\boldsymbol{k}},\\ 0 & \text{其他}.\end{cases} \tag{7.2.14}$$

阈值是为了促进稀疏系数的稀疏性, 所以一般取 $\lambda_{0,l,\boldsymbol{k}}=0$, 即阈值算子并不处理稠密系数. 执行阈值可以较好的保留大的稀疏系数, 其余的稀疏系数为 0, 这样不会引入更多的误差, 因为大部分非零的小系数对应于噪声而不是信号. 所以阈值可以增强图像特征的同时消除噪声. 其实阈值算子 $\mathcal{T}_\lambda$ 可以比软阈值算子和硬阈值算子更复杂, 例如, 在 [88] 中提出的自适应乘法收缩算子, 或者自适应软阈值算子 (将在 7.4.2 节介绍).

上述阈值算法的效果依赖于系统对局部特征稀疏逼近的质量. 尽管, (双) 正交小波也可以稀疏逼近图像的局部特征. 但是, 相比之下, 小波框架在稀疏逼近方法上更具优势, 即它们的小波函数集合有多阶的消失矩和较短的支撑. 消失矩阶数的多样性使得小波框架系统拥有针对不同类型奇点进行稀疏逼近的子系统. 小波框架的短支撑使得变换域中的系数更集中. 小波框架的另一种优势是它们对噪声具有鲁棒性, 这归功于系统的冗余性. 从信息恢复的角度来看, 在变换域做阈值处理后, 无论如何谨慎地设计阈值算法, 误差都不可避免. 然而, 如果使用冗余系统, 将数据重新变换到图像域时, 这些误差很有可能会抵消. 对于 (双) 正交系统, 每一个系数表示的信息是唯一的, 如果一些系数遭到破坏, 丢失的信息就不能从其他系数中得到恢复.

事实上算法 (7.2.12) 等价为一个优化问题. 文献 [41] 表明当 $\boldsymbol{W}$ 是紧小波框架系统 ($\boldsymbol{W}^{\mathrm{T}}\boldsymbol{W}=\boldsymbol{I}$) 且使用软阈值算子时, 有

$$\boldsymbol{u}^\star=\boldsymbol{W}^{\mathrm{T}}\left(\arg\min_{\boldsymbol{\alpha}}\frac{1}{2}\|\boldsymbol{W}^{\mathrm{T}}\boldsymbol{\alpha}-\boldsymbol{f}\|_2^2+\frac{1}{2}\|(\boldsymbol{I}-\boldsymbol{W}\boldsymbol{W}^{\mathrm{T}})\boldsymbol{\alpha}\|_2^2+\|\lambda\cdot\boldsymbol{\alpha}\|_1\right), \tag{7.2.15}$$

其中 $\boldsymbol{u}^\star$ 由式 (7.2.12) 给出. 当改为使用硬阈值算子时, 则有[32]

$$\boldsymbol{u}^\star=\boldsymbol{W}^{\mathrm{T}}\left(\arg\min_{\boldsymbol{\alpha}}\frac{1}{2}\|\boldsymbol{W}^{\mathrm{T}}\boldsymbol{\alpha}-\boldsymbol{f}\|_2^2+\frac{1}{2}\|(\boldsymbol{I}-\boldsymbol{W}\boldsymbol{W}^{\mathrm{T}})\boldsymbol{\alpha}\|_2^2+\frac{1}{2}\|\boldsymbol{\lambda}^2\cdot\boldsymbol{\alpha}\|_0\right). \quad (7.2.16)$$

特别地, 当 $\boldsymbol{W}$ 是正交小波变换时, 即 $\boldsymbol{W}\boldsymbol{W}^{\mathrm{T}}=\boldsymbol{W}^{\mathrm{T}}\boldsymbol{W}=\boldsymbol{I}$, 等式 (7.2.15) 和 (7.2.16) 退化为

$$\boldsymbol{u}^\star=\arg\min_{\boldsymbol{u}}\frac{1}{2}\|\boldsymbol{u}-\boldsymbol{f}\|_2^2+\|\boldsymbol{\lambda}\cdot\boldsymbol{W}\boldsymbol{u}\|_1 \quad (7.2.17)$$

和

$$\boldsymbol{u}^\star=\arg\min_{\boldsymbol{u}}\frac{1}{2}\|\boldsymbol{u}-\boldsymbol{f}\|_2^2+\frac{1}{2}\|\boldsymbol{\lambda}^2\cdot\boldsymbol{W}\boldsymbol{u}\|_0. \quad (7.2.18)$$

等式 (7.2.15) 和 (7.2.16) 中的 $\|(\boldsymbol{I}-\boldsymbol{W}\boldsymbol{W}^{\mathrm{T}})\boldsymbol{\alpha}\|_2^2$ 是为了减少 $\boldsymbol{\alpha}$ 和 $\boldsymbol{W}$ 值域之间的距离, 均衡了 $\boldsymbol{u}$ 的正则性和小波框架系数 $\boldsymbol{\alpha}$ 的稀疏性, 以实现想要的重建结果. 因此, 这两种模型被称为均衡 (balanced) 模型, 通常被用于图像恢复问题 [100−103].

如果对模型 (7.2.15) 和 (7.2.16) 的中间项引入一个协调参数 $\kappa$, 可得到更一般的均衡模型

$$\min_{\boldsymbol{\alpha}}\frac{1}{2}\|\boldsymbol{W}^{\mathrm{T}}\boldsymbol{\alpha}-\boldsymbol{f}\|_2^2+\frac{\kappa}{2}\|(\boldsymbol{I}-\boldsymbol{W}\boldsymbol{W}^{\mathrm{T}})\boldsymbol{\alpha}\|_2^2+\frac{1}{2}\|\boldsymbol{\lambda}\cdot\boldsymbol{\alpha}\|_p, \qquad p=0,1. \quad (7.2.19)$$

上式中当 $\kappa=0$ 时, 即为下面的合成 (synthesis) 模型

$$\min_{\boldsymbol{\alpha}}\frac{1}{2}\|\boldsymbol{W}^{\mathrm{T}}\boldsymbol{\alpha}-\boldsymbol{f}\|_2^2+\frac{1}{2}\|\boldsymbol{\lambda}\cdot\boldsymbol{\alpha}\|_p, \quad p=0,1. \quad (7.2.20)$$

而当 $\kappa=\infty$ 时, 有下面的分析 (analysis) 模型

$$\min_{\boldsymbol{u}}\frac{1}{2}\|\boldsymbol{u}-\boldsymbol{f}\|_2^2+\frac{1}{2}\|\boldsymbol{\lambda}\cdot\boldsymbol{W}\boldsymbol{u}\|_p, \quad p=0,1. \quad (7.2.21)$$

虽然 (7.2.20) 和 (7.2.21) 比 (7.2.19) 的形式更简单, 但它们仍然没有显式解 (除非 $\boldsymbol{W}$ 是正交的). 均衡模型的解满足阈值结构 (7.2.12)(来自于数据驱动方法), 因此它比合成或分析模型更自然. 注意到当 $\boldsymbol{W}$ 正交时, 模型 (7.2.19)—(7.2.21) 均等价, 且 (7.2.12) 就是它们的显式解. 因此, 当使用的是正交小波时, 三个模型都是自然的.

在阈值算法 (7.2.12) 中, 如果使用一般的收缩算子 $\mathcal{S}_\lambda$, 算法可能无法对应于一个优化模型. 然而, 对于基于小波框架的图像降噪或更一般的图像恢复问题, 找寻它们的优化模型并不是小波框架方法的出发点. 小波框架方法的优点是能够区分图像特征和光滑元素. 因此, 在小波域中设计合适的收缩算子 (不一定是软阈值算子或硬阈值算子), 也能够在恢复图像特征的同时消除噪声.

基于底层解的一般信息, 阈值算法 (7.2.12) 为图像降噪提供良好的低层近似, 即图像的局部特征可以通过小波框架稀疏逼近. 当使用一些特殊的收缩算子时, 算法的等价优化模型也可推广到求解一般的图像恢复问题. 为了更准确地近似, 甚至高水平的理解图像, 收缩方案需要自适应于给定的图像, 并根据每一步迭代的近似解自动调整方案, 以便逐渐提高近似解的精度. 算法结构 (7.2.12), 以及下面介绍的更一般的三步曲过程, 是实现这种数据驱动思想的完美桥梁.

2. 一般图像恢复问题

对于一般的图像恢复问题, 因为需要求解一个非平凡的线性系统, 即 $\boldsymbol{A} \neq \boldsymbol{I}$, 只对小波变换域中稀疏系数进行简单的阈值算法并不一定能起作用. 但是, 在变换域中对图形表征进行阈值的思想仍然适用. 求解一般图像恢复问题的小波框架方法起始于高分辨率图像的重建问题 [12]: 将高分辨率图像重建看作是小波变换域中的修复问题, 并提出了一种迭代算法, 在每个迭代步中对稀疏小波框架系数做阈值, 以便保持图像的尖锐边缘并消除噪声. 先驱工作 [12] 及 [96] 的重要性是给出了图像恢复的哲学. 也就是说, 在每一步迭代中寻找变换域中好的"稠密 + 稀疏"近似, 以便消除噪声并增强图像特征.

相比于小波框架, 找寻线性系统 (7.1.1) 的近似解的历史更长, 且已相当成熟. 大部分已有的迭代求解方法主要包含两个元素: 找寻线性系统的近似解和更新残差使得下一步迭代可以得到更准确的解. 一般来说, 由于问题 (7.1.1) 的不适定性, 直接求解线性系统来恢复图像不能同时保持图像的特征和消除噪声, 可能模糊图像或者噪声被放大. 因此, 我们必须考虑图像的先验知识, 即图像在变换域中可以分解为全局和局部特征的和. 在小波框架方法中, 可以用稠密系数近似全局特征, 用稀疏系数近似图像的局部特征. 这是文献 [12] 中算法成功的关键. 在求解线性系统的每一步迭代中, 该算法对小波变换的稀疏系数做阈值. 因此重要的图像特征被锐化, 同时通过小波变化域中的阈值迭代去除噪声. 线性系统被求解的同时保证了图像恢复的质量.

迭代小波框架收缩算法[12] 的主要想法可以归结为下面的三个步骤:

**三步曲方法:**

(1) 找寻线性系统 (7.1.1) 的近似解 $\boldsymbol{u}^1$;

(2) 在小波域中做收缩: $\boldsymbol{u}^2 = \widetilde{\boldsymbol{W}}^{\mathrm{T}} \mathcal{S}_{\boldsymbol{\lambda}}(\boldsymbol{W}\boldsymbol{u}^1)$;

(3) 更新残差并继续迭代.

(1) 中, 由于系统 $\boldsymbol{A}$ 的不适定性和噪声 $\boldsymbol{\eta}$ 的存在, 近似解 $\boldsymbol{u}^1$ 可能并不是我们想要的重建图像. 例如, $\boldsymbol{u}^1$ 的光滑区域可能有模糊的边缘和震荡现象. (2) 是方法的关键, 旨在通过对小波变换稀疏系数的收缩操作来抑制噪声并恢复尖锐边缘和其他图像奇点. 数据驱动收缩算子的设计是三步曲的重点. 例如, 如果图像在变换域中有稀疏逼近, 那么最简单的收缩算子就是阈值. (3) 是更新残差, 通常采用更新某个辅助变量的形式, 而辅助变量将在下一步迭代中反馈到第一步. 边缘尖锐化和消除噪声后, 新的解 $\boldsymbol{u}^2$ 可能不再是模型 (7.1.1) 好的近似解. 因此, 返回第一步, 基于当前解 $\boldsymbol{u}^2$ 找寻新的近似解. 不断重复这三步, 直到收敛. 在实际执行中, 有时 (3) 可以和 (1) 合并.

根据每一步算法的不同, 上述三步曲方法计算量的阶也不同. 变换 $\boldsymbol{W}$ 和 $\widetilde{\boldsymbol{W}}$ 并不局限于小波框架变换. 它们可以是任何变换, 只要可以稀疏逼近想要恢复数据的局部特征, 比如低秩矩阵填充[104] 的奇异值分解、数据驱动的变换 (见 7.5.3 节) 或者是卷积神经网络的非线性变换 (比如 7.5.5 节中的 SRCNN). 在三步曲方法中, 至关重要的地方是通过稀疏逼近恢复局部特征的收缩步. 在收缩步中可以使用不同类型的收缩算子, 比如 [12] 同时使用了软阈值和硬阈值算子. 不同的收缩算子对恢复图像质量的影响可能非常大[12, 15, 16]. 上述的三步曲方法也可能有其他的变形形式. 比如, 只要有可靠的非线性系统求解方法, 并能将其与收缩算子相结合, 三步曲方法也可用于非线性反问题.

许多基于小波框架的图像恢复算法与三步曲方法有相同的算法结构. 我们先讨论图像填充 (inpainting) 问题的求解方法. 图像填充问题的数学模型可以叙述如下 (可参考 [105],[106]). 原始图像 $\boldsymbol{u} \in \mathbb{R}^{m\times n}$ 定义在 $\boldsymbol{\Omega} = \{1,2,\cdots,m\} \times \{1,2,\cdots,n\}$ 上且非空集 $\boldsymbol{\Lambda} \subsetneq \boldsymbol{\Omega}$ 是观测区域. 那么观测到的不完整图像 $\boldsymbol{f}$ 为

$$\boldsymbol{f}[\boldsymbol{k}] = \begin{cases} \boldsymbol{u}[\boldsymbol{k}] + \boldsymbol{\eta}[\boldsymbol{k}], & \boldsymbol{k} \in \boldsymbol{\Lambda}, \\ \text{任意}, & \boldsymbol{k} \in \boldsymbol{\Omega} \setminus \boldsymbol{\Lambda}. \end{cases} \tag{7.2.22}$$

我们的目标是从带噪声数据 $\boldsymbol{f}$ 恢复 $\boldsymbol{u}$. 对于这类问题, 线性系统 $\boldsymbol{A}$ 是一个限制算子, 将 $\boldsymbol{u} \in \mathbb{R}^{m\times n}$ 限制在索引集 $\boldsymbol{\Lambda} \subsetneq \boldsymbol{\Omega}$ 上. 记该问题的线性算子为 $\boldsymbol{A}_{\boldsymbol{\Lambda}}$.

在早期小波框架方法中[12], 求解图像填充问题的思想是, 对于给定的数据, 先通过插值得到一个估计的图像. 该估计图像的边缘可能是模糊的且噪声仍然存在. 文献 [12] 中提供了一个简单策略, 将绝对值较小的系数设为 0, 从而尖锐化图像并且消除噪声. 使用上述修正后的小波系数重建图像时, 不再进行插值, 而是用观测区域数据进行简单的修正. 重复这个过程直到收敛. 具体的算法如下.

**基于小波框架的图像填充算法:** 初始化 $\boldsymbol{u}^0 = \boldsymbol{0}$. 对 $k = 1,2,\cdots$ 做下述迭代直至收敛:

$$\begin{cases} \boldsymbol{u}^k = (\boldsymbol{I} - \mu \boldsymbol{A}_{\boldsymbol{\Lambda}}^{\mathrm{T}} \boldsymbol{A}_{\boldsymbol{\Lambda}}) \boldsymbol{u}^{k-1} + \mu \boldsymbol{A}_{\boldsymbol{\Lambda}}^{\mathrm{T}} \boldsymbol{f}, \\ \boldsymbol{u}^{k+1} = \boldsymbol{W}^{\mathrm{T}} \mathcal{T}_{\boldsymbol{\lambda}}^{s}(\boldsymbol{W} \boldsymbol{u}^k). \end{cases} \tag{7.2.23}$$

其中 $\boldsymbol{W}$ 是紧小波框架系统, 即 $\boldsymbol{W}$ 满足 $\boldsymbol{W}^{\mathrm{T}}\boldsymbol{W}=\boldsymbol{I}$, $\mathcal{T}_{\boldsymbol{\lambda}}^{s}(\boldsymbol{\alpha})$ 是软阈值算子 (7.2.13). 上述算法和三步曲方法有相同的迭代形式. (7.2.23) 的第一步包含了残差的更新, 即 $\boldsymbol{r}^{k}=\boldsymbol{A}_{\boldsymbol{\Lambda}}\boldsymbol{u}^{k-1}-\boldsymbol{f}$ 和寻找模型 (7.1.1) 的近似解, 即 $\boldsymbol{u}^{k}=\boldsymbol{u}^{k-1}-\mu\boldsymbol{A}_{\boldsymbol{\Lambda}}^{\mathrm{T}}\boldsymbol{r}^{k}$. 相应的数值实验结果可以参见 [12]. 填充算法 (7.2.23) 也可应用于通用的图像恢复问题 (7.1.1), 只需要将 $\boldsymbol{A}_{\boldsymbol{\Lambda}}$ 替换为相应的线性系统. 另外, 在算法 (7.2.23) 的第一步, 可以使用更为高效的算法来更新 $\boldsymbol{u}^{k}$, 以加速算法的收敛[107, 108].

文献 [100] 分析了算法 (7.2.23) 的收敛性. 如果令 $\boldsymbol{\alpha}^{k}=\mathcal{T}_{\boldsymbol{\lambda}}^{s}(\boldsymbol{W}\boldsymbol{u}^{k})$, 那么由上述算法得到的序列 $\boldsymbol{\alpha}^{k}$ 和使用邻近向前向后算法 [109−114] 求解下面的均衡模型 [100−103],

$$\min_{\boldsymbol{\alpha}}\ \frac{1}{2}\|\boldsymbol{A}\boldsymbol{W}^{\mathrm{T}}\boldsymbol{\alpha}-\boldsymbol{f}\|_{2}^{2}+\frac{\kappa}{2}\|(\boldsymbol{I}-\boldsymbol{W}\boldsymbol{W}^{\mathrm{T}})\boldsymbol{\alpha}\|_{2}^{2}+\|\boldsymbol{\lambda}\cdot\boldsymbol{\alpha}\|_{1} \tag{7.2.24}$$

得到的迭代序列是等价的. 合成模型 [115−119] 和分析模型[13, 120, 121] 是上述均衡模型的特殊情形. 当 $\kappa=0$, 可得合成模型

$$\min_{\boldsymbol{\alpha}}\ \frac{1}{2}\|\boldsymbol{A}\boldsymbol{W}^{\mathrm{T}}\boldsymbol{\alpha}-\boldsymbol{f}\|_{2}^{2}+\|\boldsymbol{\lambda}\cdot\boldsymbol{\alpha}\|_{1}. \tag{7.2.25}$$

当 $\kappa=\infty$ 时, 记 $\boldsymbol{u}=\boldsymbol{W}^{\mathrm{T}}\boldsymbol{\alpha}$, 可得分析模型

$$\min_{\boldsymbol{u}}\ \frac{1}{2}\|\boldsymbol{A}\boldsymbol{u}-\boldsymbol{f}\|_{2}^{2}+\|\boldsymbol{\lambda}\cdot\boldsymbol{W}\boldsymbol{u}\|_{1}. \tag{7.2.26}$$

三步曲方法的优势是通用性和基于数据驱动, 这使得设计适合观测图像的算法更容易. 例如, 对于给定的图像, 可以更换“稠密 + 稀疏”近似性更好的小波框架系统. 这样的系统可以根据图像, 在每一步自适应的更新[41, 122]. 收缩算子也可以根据给定的图像自适应选取且在每一步进行更新 [88]. 这些基于三步曲方法的算法可以显著的提高恢复图像的质量. 虽然一些算法可能没有相应的优化/变分模型与之对应. 但从实用的角度来看, 三步曲方法比基于优化/变分模型的方法更灵活, 并且更自适应于数据分析.

## 7.3 PDE 方法

图像科学领域发展了许多用 PDE 来描述图像变化和模拟图像函数性质的方法. 这些 PDE 来源于两方面: 一方面是求解图像科学中引导出的变分模型或正则化模型, 通常转换为求解对应的 Euler-Lagrange 方程; 另一方面是图像处理中直接推导出来的 PDE 模型, 这类 PDE 没有对应的能量泛函. 本节将主要简单介绍一些比较常用的 PDE 模型, 比如全变差模型、广义 (高阶) 全变差 (total generalized variation, TGV) 模型、Mumford-Shah 模型和 Perona-Malik 模型等. 更多的内容可以参考 [123],[?].

### 7.3.1 全变差

1963 年由 Tikhonov [3] 提出求解不适定问题的正则化方法后, 正则化方法成为用 PDE 方法求解的图像处理方法的重要工具. 对于大部分图像应用场景, 图像中的边缘反映了物体轮廓, 不仅是人类视觉的重要特征, 也是图像进一步分析的基础. 在数学上, 图像中的边缘反映的是不连续性, 因此经典的 Sobolev 空间不足够也不能准确地描述一般的图像对象. 为了应对这一挑战, Rudin, Osher, Fatemi (ROF) 提出了著名的全变差降噪模型 [46], 具有在降噪的同时保持边缘的良好性质. 接下来, 我们简要介绍全变差的定义和 ROF 全变差降噪模型.

**定义7.3.1** 令 $\Omega \subset \mathbb{R}^d$ 为一个开集区间, $u \in L_1(\Omega)$ 为定义在 $\Omega$ 上的一个函数. $u$ 的全变差定义为

$$\mathrm{TV}(u) := \sup\left\{\int_\Omega u \,\mathrm{div}\, v \,\mathrm{d}x \colon v \in C_c^1(\Omega, \mathbb{R}^d),\ \|v\|_{L_\infty(\Omega)} \leqslant 1\right\}, \tag{7.3.1}$$

其中 $C_c^1(\Omega, \mathbb{R}^d)$ 是 $\Omega$ 中的紧支集上全体连续可微向量函数构成的集合, $\|\cdot\|_{L_\infty(\Omega)}$ 是本征上确界范数.

函数 $u$ 的全变差的另一个比较方便的记号为: $\mathrm{TV}(u) = \int_\Omega |Du(x)|\,\mathrm{d}x$, 其中 $Du$ 是 $u$ 的广义导数. 直观上, 全变差就是函数值的变化的总和. 如果 $u(x)$ 可微, 则 $\mathrm{TV}(u) = \int_\Omega |\nabla u(x)|\,\mathrm{d}x$. 有界全变差的函数空间记为

$$\mathrm{BV}(\Omega) = \{u \in L_1(\Omega) \colon \mathrm{TV}(u) < +\infty\}. \tag{7.3.2}$$

给定观测图像 $f$, 考虑下列图像恢复问题

$$f = Au + \eta,$$

其中 $A$ 是对应于某个图像恢复问题的线性算子, $\eta$ 是个随机过程 (噪声). ROF 模型通过最小化下面的能量泛函来恢复原始图像:

$$E_{\mathrm{TV}}(u) = \mathrm{TV}(u) + \frac{\lambda}{2}\int_\Omega (Au(x) - f(x))^2 \mathrm{d}x, \tag{7.3.3}$$

这里 $\lambda > 0$ 是模型的参数.

值得一提的是, ROF 降噪模型的解法除了求解对应的 Euler-Lagrange 方程、对偶投影方法[124], 还有最近几年从 Bregman 方法的角度发展的 Split Bregman 方法[125]、主对偶混合型梯度法 [126−128] 等, 这些算法具有很好的计算效率. 除了在图像降噪领域, ROF 全变差模型还在去模糊、修复、填充等图像恢复和图像分割、配准等图像分析等相关问题上有很广泛的应用. 图 3 给出了一个全变差降噪的例子.

图 3　从左到右：原始图像、高斯噪声污染图像和 TV 降噪的图像

### 7.3.2　广义全变差

全变差 (TV) 的方法去除噪声的同时很好地保留了图像的边缘. 但是, 全变差正则化模型倾向于恢复分片常数解, 导致在平滑区域产生比较强的阶梯 (staircasing) 效应, 而阶梯效应在图像降噪、超分辨、修补、去模糊等应用中都是不希望出现的. 为了减轻 TV 的阶梯效应, 需要引入高阶的梯度信息, 比如一阶和二阶的卷积下确界[48] 和广义全变差[47](TGV) 等. 本节将主要介绍 TGV 模型.

**定义7.3.2**

$$\begin{aligned}&\mathrm{TGV}_\alpha^k(u)\\&:=\sup\left\{\int_\Omega u\operatorname{div}^k v\mathrm{d}x: v\in C_c^k(\Omega,\mathrm{Sym}^k(\mathbb{R}^d)), \|\operatorname{div}^l v\|_{L_\infty(\Omega)}\leqslant\alpha_l, l=0,\cdots,k-1\right\},\end{aligned}\tag{7.3.4}$$

其中 $\mathrm{Sym}^k(\mathbb{R}^d)$ 是 $\mathbb{R}^d$ 上 $k$ 阶对称张量空间, $\alpha_l$ 是固定正参数, $C_c^k(\Omega,\mathbb{R}^d)$ 是 $\Omega$ 中的紧支集上全体连续可微向量函数构成的集合, $\|\cdot\|_{L_\infty(\Omega)}$ 是本征上确界范数. 我们称 $\mathrm{TGV}_\alpha^k$ 具有权重 $\alpha\in\mathbb{R}^k$ 的 $k$ 阶广义全变差.

关于对称张量的更多定义可参见 [129]. 为了记号的简单, 我们这里只采用 $k=1,2$ 的情形. 对于 $k=1,\alpha_0=1$, $\mathrm{TGV}_\alpha^k$ 半范数与前面 TV 半范数定义一致, 所以 TGV 是 TV 的推广. 当 $k=2$, $\xi\in\mathrm{Sym}^2(\mathbb{R}^d)$ , 有

$$\xi=\begin{pmatrix}\xi_{11}&\cdots&\xi_{1d}\\\vdots&&\vdots\\\xi_{1d}&\cdots&\xi_{dd}\end{pmatrix},\quad|\xi|=\left(\sum_{i=1}^d\xi_{ii}^2+2\sum_{i<j}\xi_{ij}^2\right)^{1/2},\tag{7.3.5}$$

且对称化的梯数和散度分别定义为

$$(\operatorname{div}\xi)_i=\sum_{j=1}^d\frac{\partial\xi_{ij}}{\partial x_j},\quad\operatorname{div}^2\xi=\sum_{i=1}^d\frac{\partial^2\xi_{ii}}{\partial x_i^2}+2\sum_{i<j}\frac{\partial^2\xi_{ij}}{\partial x_i\partial x_j}.\tag{7.3.6}$$

有界广义全变差函数空间记为

$$\mathrm{BGV}_\alpha^k(\Omega)=\{u\in L_1(\Omega):\ \mathrm{TGV}_\alpha^k(u)<\infty\},\quad \|u\|_{\mathrm{BGV}_\alpha^k}=\|u\|_1+\mathrm{TGV}_\alpha^k(u). \tag{7.3.7}$$

对于 $u\in L_{\mathrm{loc}}^1(\Omega), \mathrm{TGV}_\alpha^k(u)=0$ 当且仅当 $u$ 是一个少于 $k$ 次的多项式, 所以高阶 TGV 可以在保留边缘信息的同时恢复高阶光滑的信号. 我们在这里给出二阶 TGV 图像降噪模型, 即 $\mathrm{TGV}_\alpha^2-L_2$ 图像恢复模型:

$$E_{\mathrm{TGV}}(u)=\mathrm{TGV}_\alpha^2(u)+\frac{\lambda}{2}\int_\Omega(Au(x)-f(x))^2\mathrm{d}x, \tag{7.3.8}$$

其中 $\alpha=(\alpha_0,\alpha_1)$, 在模型中 $\alpha_0$ 和 $\alpha_1$ 是给定的正数. 类似于求解 ROF 模型, (7.3.8) 的求解可以通过求解它的 Fenchel 对偶问题[47] 来完成. 前面提及的分裂 Bregman 方法[125] 等变量分离方法也可以应用到求解该问题. 图 4 和图 3 考虑的是同一张图像的降噪. 相比 TV 降噪的图像, 可以看出 TGV 降噪的图像阶梯效应得到极大缓解.

图 4 从左到右: 原始图像、高斯噪声污染图像和 $\mathrm{TGV}_\alpha^2$ 降噪的图像

### 7.3.3 Mumford-Shah 模型

图像分析和计算机视觉中的一个重要问题就是图像分割问题, 也就是将图像分割成不同的区域

$$\Omega=\Omega_1\cup\Omega_2\cup\cdots\cup\Omega_n\cup\Lambda \tag{7.3.9}$$

使得图像 $u$ 在每个区域 $\Omega_i$ 具有某种变化缓慢的特征, 而在每个区域的边缘附近变化迅速. 著名的 Mumford-Shah (MS) 模型就是用于处理图像分割问题[49], 其主要思想是将图像在每个区域用光滑函数逼近, 而图像的边缘长度应该尽可能小. MS 模型具体形式如下

$$E_{\mathrm{MS}}(u,\Lambda)=\alpha|\Lambda|+\frac{\beta}{2}\int_{\Omega\setminus\Lambda}|\nabla u(x)|^2\,\mathrm{d}x+\frac{\lambda}{2}\int_\Omega(u(x)-f(x))^2\mathrm{d}x, \tag{7.3.10}$$

其中 $|\Lambda|$ 表示边缘曲线 $\Lambda$ 的 Hausdorff 测度, 可以粗略理解为 $\Lambda$ 的长度.

我们想在适当给定的函数空间求解 MS 模型, 找到它的最优解. 通过求解 MS 模型 (7.3.10), 既可以得到原始图像的分片光滑近似, 又可以得到边缘曲线 $\Lambda$. MS 模型不容易直接求解, 其中水平集 (level-set) 是求解该模型的一个经典方法. 水平集方法在 [130] 中提出的, 是求解界面运动强有力的工具. 在 [131],[132] 中, 人们把水平集的方法应用到 MS 模型的求解. 其主要思想是将曲线 $\Lambda$ 表示为 $C^{0,1}$ 或 Lipschitz 连续函数 $\phi$ 的水平集

$$\Lambda = \{x \in \Omega : \phi(x) = 0\} = \phi^{-1}(0). \tag{7.3.11}$$

定义

$$\Omega^+ = \{x \in \Omega : \phi(x) > 0\}, \quad \Omega^- = \{x \in \Omega : \phi(x) < 0\}, \tag{7.3.12}$$

则 $\Omega = \Omega^+ \cup \Lambda \cup \Omega^-$. 记 Heaviside 函数为

$$H(z) = \begin{cases} 1, & z > 0, \\ 0, & z \leqslant 0, \end{cases} \tag{7.3.13}$$

则 $H(\phi(x)) = \mathbf{1}_{\Omega^+}(x)$, $H(-\phi(x)) = \mathbf{1}_{\Omega^-}(x)$. 利用边界周长公式[133], 可以得到边界周长的水平集函数表示为

$$|\Lambda| = \mathrm{Per}(\Omega^+) = \int_\Omega |D\mathbf{1}_{\Omega^+}| = \int_\Omega |DH(\phi)|, \tag{7.3.14}$$

其中 $\mathrm{Per}(\Omega^+)$ 表示 $\Omega^+$ 的周长, 由于 $z \neq 0$ 时, 有 $H(z) + H(-z) = 1$, 则

$$H(-\phi(x)) = 1 - H(\phi(x)), \quad \forall x \in \Omega \setminus \Lambda. \tag{7.3.15}$$

因为 $H'(z) = \delta(z)$, 有

$$DH(\phi) = \delta(\phi)\nabla\phi. \tag{7.3.16}$$

那么 MS 模型 (7.3.10) 用水平集函数 $\phi$ 表示为

$$\begin{aligned} E_{\mathrm{MS}}(u^+, u^-, \phi) = {} & \alpha \int_\Omega |DH(\phi)| + \int_\Omega \left( \frac{\beta}{2} \left|\nabla u^+\right|^2 + \frac{\lambda}{2}(u^+ - f)^2 \right) H(\phi)\mathrm{d}x \\ & + \int_\Omega \left( \frac{\beta}{2} \left|\nabla u^-\right|^2 + \frac{\lambda}{2}(u^- - f)^2 \right) H(-\phi)\mathrm{d}x, \end{aligned} \tag{7.3.17}$$

其中 $u^+, u^-$ 分别是 $\Omega^+, \Omega^-$ 上的图像.

对于给定的 $\phi$, 最小化能量泛函 (7.3.17), 容易导出最优解 $u^+, u^-$ 是从如下的椭圆方程解出,

$$\begin{aligned} & -\beta\triangle u^+ + \lambda(u^+ - f) = 0, \quad x \in \Omega^+, \quad \text{Neumann 边界条件}; \\ & -\beta\triangle u^- + \lambda(u^- - f) = 0, \quad x \in \Omega^-, \quad \text{Neumann 边界条件}. \end{aligned} \tag{7.3.18}$$

对于给定的 $u^+, u^-$, 考虑能量泛函 (7.3.17) 在扰动 $\phi(x) \to \phi(x) + \varepsilon(x)$ 下的一阶变分,

$$\Delta E_{\mathrm{MS}}(u) = \alpha \int_\Omega \delta(\phi) \operatorname{div}\left(\frac{\nabla \phi}{|\nabla \phi|}\right) \varepsilon \mathrm{d}x + \int_\Omega e^+ \delta(\phi) \varepsilon \mathrm{d}x - \int_\Omega e^- \delta(-\phi) \varepsilon \mathrm{d}x, \quad (7.3.19)$$

这里

$$\begin{aligned} e^+(x) &= \frac{\beta}{2} \left|\nabla u^+\right|^2 + \frac{\lambda}{2}(u^+ - f)^2, \quad x \in \Omega^+, \\ e^-(x) &= \frac{\beta}{2} \left|\nabla u^-\right|^2 + \frac{\lambda}{2}(u^- - f)^2, \quad x \in \Omega^-. \end{aligned} \quad (7.3.20)$$

注意到, 对于 Dirac-Delta 函数, 有 $\delta(-z) = \delta(z)$

$$\frac{\partial E_{\mathrm{MS}}}{\partial \phi} = \alpha \delta(\phi) \operatorname{div}\left(\frac{\nabla \phi}{|\nabla \phi|}\right) + (e^+ - e^-)\delta(\phi), \quad (7.3.21)$$

利用最速下降法, 给出如下推进格式

$$\frac{\partial \phi}{\partial t} = -\alpha \delta(\phi) \operatorname{div}\left(\frac{\nabla \phi}{|\nabla \phi|}\right) - (e^+ - e^-)\delta(\phi). \quad (7.3.22)$$

为了简化 MS 模型, 便于数值求解, 分片常数化的 Mumford-Shah 模型, 即 Chan-Vese 模型在 [131],[132] 中被提出

$$E_{\mathrm{CV}}(c_1, c_2, \Lambda) = \alpha|\Lambda| + \frac{\lambda}{2} \int_{\mathrm{inside}(\Lambda)} (c_1 - u_0(x))^2 \mathrm{d}x + \frac{\lambda}{2} \int_{\mathrm{outside}(\Lambda)} (c_2 - u_0(x))^2 \mathrm{d}x. \quad (7.3.23)$$

Chan-Vese 模型 (7.3.23) 可以用水平集函数 $\phi$ 表示为

$$E_{\mathrm{CV}}(c_1, c_2, \phi) = \alpha \int_\Omega |DH(\phi)| + \frac{\lambda}{2} \int_\Omega (c_1 - u_0(x))^2 H(\phi) \mathrm{d}x + \frac{\lambda}{2} \int_\Omega (c_2 - u_0(x))^2 H(-\phi) \mathrm{d}x. \quad (7.3.24)$$

能量泛函 (7.3.24) 是能量泛函 (7.3.17) 的分片常数逼近.

在数值优化 (7.3.24) 时, 我们用光滑函数 $H_\varepsilon$ 去逼近 $H$, 比如, 我们可以选取下面的光滑函数 $H_\varepsilon$:

$$H_\varepsilon(x) = \frac{1}{2}\left(1 + \frac{2}{\pi} \arctan\left(\frac{x}{\varepsilon}\right)\right). \quad (7.3.25)$$

记 $\delta_\varepsilon = H'_\varepsilon$. 这样, 我们就得到数值计算时所需的能量泛函 (是 (7.3.24) 的一个逼近)

$$\begin{aligned} E_{\mathrm{CV}}(c_1, c_2, \phi) = \alpha \int_\Omega |DH_\varepsilon(\phi)| &+ \frac{\lambda}{2} \int_\Omega (c_1 - u_0(x))^2 H_\varepsilon(\phi) \mathrm{d}x \\ &+ \frac{\lambda}{2} \int_\Omega (c_2 - u_0(x))^2 H_\varepsilon(-\phi) \mathrm{d}x. \end{aligned} \quad (7.3.26)$$

我们可以用形如 (7.3.22) 的梯度流来求解 (7.3.26), 具体细节和数值实现可以参考文献 [131],[132]. 图 5 是用 (7.3.24) 得到的图像分割结果.

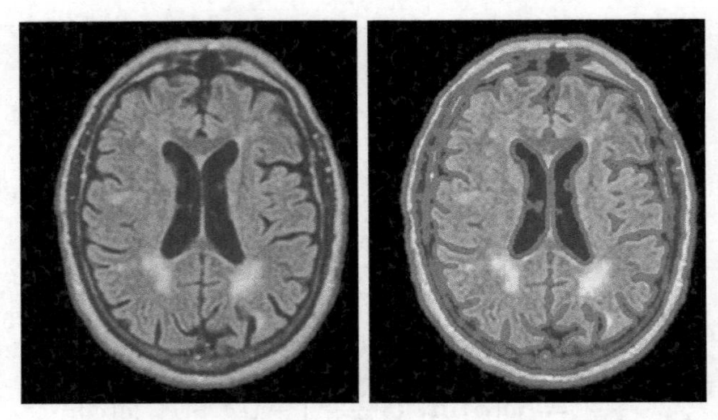

图 5　从左到右: 原始图像、Chan-Vese 模型水平集法分割的结果 (后附彩图)

### 7.3.4　Perona-Malik 方程

偏微分方程模型在处理图像问题中的一个优点是其几何意义. Perona-Malik (PM) 方程是图像恢复问题中比较经典的 PDE 模型 [50]. 给定观测图像 $u_0$, PM 方程形式如下

$$\begin{cases} u_t = \operatorname{div}\big(g(|\nabla u|^2)\nabla u\big), \\ u(0,x) = u_0(x), \end{cases}$$

这里函数 $g$ 满足下列条件

$$\begin{cases} g:[0,\infty)\mapsto(0,\infty) \text{ 单调下降}; \\ g(0)=1;\ g(x)\to 0, \text{当} x\to\infty; \\ g(x)+2xg'(x)>0, \text{当} x\leqslant K;\quad g(x)+2xg'(x)<0, \text{当} x>K. \end{cases} \tag{7.3.27}$$

这里函数 $g(\cdot)$ 是扩散系数, 其作用是在不同空间位置和方向上定义不同的扩散力度. 所以 PM 方程是一个各向异性的扩散方程. 由 $g$ 的性质 (7.3.27) 可以看出, 在图像 $u$ 相对于光滑的区域 (即 $|\nabla u|$ 取值较小的区域), $g(|\nabla u|^2)$ 的值较大. 因此, Perona-Malik 方程在图像光滑的区域的平滑效果相对显著一些. 然而在图像边缘附近 (即 $|\nabla u|$ 取值较大的区域), $g(|\nabla u|^2)$ 的值较小. 因此方程在图像边缘附近做的平滑力度较小.

此外, 如果我们将方程按照 $u$ 水平集的法向和切向展开, 方程可以改写为

$$u_t = g(|\nabla u|^2)u_{TT} + \widetilde{g}(|\nabla u|^2)u_{NN},$$

这里

$$\widetilde{g}(x) = g(x) + 2xg'(x), \quad N = \frac{\nabla u}{|\nabla u|} \quad \text{且} \quad T = N^{\perp},\ |T| = 1.$$

$u_{TT}$ 和 $u_{NN}$ 分别是 $u$ 在其水平集的切向 $T$ 和法向$N$ 的二阶偏导. 从 (7.3.27) 的最后一个条件可以看出, Perona-Malik 方程在与图像边缘正交的方向做的是反向扩散, 从而达到边缘锐化的效果.

我们可选的扩散系数函数为

$$g(s) = \mathrm{e}^{-\frac{s}{2\sigma^2}}, \tag{7.3.28}$$

或

$$g(s) = \frac{1}{1 + s^p/\lambda^2}, \qquad p > \frac{1}{2}, \lambda > 0. \tag{7.3.29}$$

如果观测图像 $u_0 = f$ 噪声过大, 扩散系数 $g(|\nabla u|^2)$ 也会有较大噪声, 由于 PM 方程是个病态的 PDE, 噪声会使方程的解有较大的震荡, 降噪效果变差. 为了解决这个问题, 文献 [134] 提出了 PM 方程更加稳健的版本, 并且证明了该方程是适定的.

$$\begin{cases} \dfrac{\partial u}{\partial t} = \operatorname{div}(g(|\nabla G_\sigma * u|^2)\nabla u), \\ u(0, x) = u_0(x), \end{cases} \tag{7.3.30}$$

其中 $G_\sigma$ 是一个均值为 0, 方差为 $\sigma^2$ 的标准高斯函数. 更多细节可以参考 [134]. 图 6 是由 PDE 模型 (7.3.30) 得到的图像降噪结果.

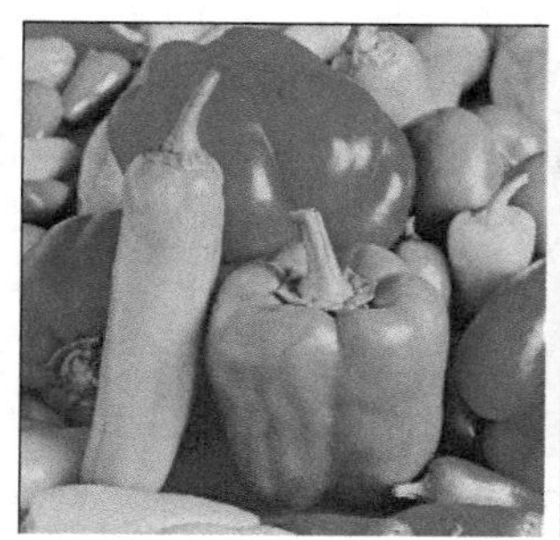

图 6 从左到右：原始图像、高斯噪声污染图像和 Perona-Malik 模型降噪的图像

## 7.4 小波框架和 PDE 方法的联系与融合

小波框架 (其中正交、双正交小波是小波框架的特例) 和 PDE 方法在图像科学中有非常广泛的应用. 正如前文所述, 小波框架方法是基于线性变换的模型, 关

键思想是分片光滑函数 (如图像) 在小波框架变换域是稀疏的. 小波框架方法包括基于 $\ell_p$ $(0 \leqslant p \leqslant 1)$ 等稀疏化范数的优化模型和基于稀疏化非线性算子 (如软阈值、硬阈值函数) 的迭代算法. 其中优化模型的代表包括分析模型、合成模型和均衡模型; 迭代算法的代表是软阈值算法[12, 95, 135]. PDE 方法包括变分模型和非线性演化 PDE 模型. 其中变分模型的代表是著名的全变差 (TV) 模型[46]、Mumford-Shah 模型[49]、卷积下确界 (Inf-Convolution) 模型[48] 和广义全变差 (TGV) 模型[47]; PDE 模型的代表是 Perona-Malik 方程[50]、图像填充扩散方程[105] 和 Osher-Rudin's 冲激滤波器 (shock filters)[51].

小波框架方法和 PDE 方法是从不同的角度来刻画图像: 小波框架方法大多通过稀疏性来刻画图像, 而 PDE 方法往往是用函数空间和几何来刻画图像. 在图像科学中, 这两大类方法独立发展了近 30 年. 虽然一些工作表明, 这两类方法在特殊的情况下存在一定的联系 [53, 54], 但是这两大类方法之间是否存在更加广泛的联系, 一直尚未可知. 在近期的一系列工作中 [7,55–57], 小波框架方法和 PDE 方法之间深层的联系被建立起来, 本章的主要内容是对这些工作进行介绍, 具体细节请参考原文.

### 7.4.1 小波框架模型和变分模型的联系

1. 联系: 分析模型

小波框架模型 (如基于 $\ell_1$ 范数的优化模型) 和变分模型 (如 TV 模型、Inf-Convolution 模型、TGV 模型、Mumford-Shah 模型) 在图像乃至数据科学中的诸多问题中有着广泛的应用, 在学术与工业界均有巨大的影响力. 这两类模型虽然在形式和数值表现方面有很多类似的地方, 但两者之间严格而系统的联系是由 Cai, Dong, Osher, Shen 在 2012 年给出的[55]. 这篇文章给出了基于 $\ell_1$ 范数和小波框架变换的分析模型与基于微分算子的分析模型之间的联系, 在能量泛函极小化的构架下架起小波框架变换与微分算子之间的桥梁.

文献 [55] 中研究的小波框架模型如下:

$$\inf_{u\in W_1^s(\Omega)} E_n(u) := \nu\|\boldsymbol{\lambda}_n \cdot \boldsymbol{W}_n\boldsymbol{T}_n u\|_1 + \frac{1}{2}\|\boldsymbol{A}_n\boldsymbol{T}_n u - \boldsymbol{T}_n f\|_2^2, \tag{7.4.1}$$

变分模型如下:

$$\inf_{u\in W_1^s(\Omega)} E(u) := \nu\|\boldsymbol{D}\boldsymbol{u}\|_1 + \frac{1}{2}\|\boldsymbol{A}\boldsymbol{u} - f\|_{L_2(\Omega)}^2, \tag{7.4.2}$$

其中 $\boldsymbol{W}_n$ 是尺度为 $n$ 的小波框架变换, $\boldsymbol{T}_n$ 是对应于 $\boldsymbol{W}_n$ 的采样算子, $\boldsymbol{A}_n$ 是算子 $A$ 的离散化, $\boldsymbol{D}$ 为某个最高阶为 $s$ 的微分算子 (比如 TV 模型: $\boldsymbol{D} = \nabla$, $s = 1$).

这里 $W_p^r(\Omega)$ 是一个 Sobolev 空间, 即由 $r$- 阶弱导数属于 $L_p(\Omega)$ 的函数组成的集合, 并且配备了范数: $\|f\|_{W_p^r(\Omega)} := \sum_{|\boldsymbol{k}|\leqslant r} \|D_{\boldsymbol{k}} f\|_p$, 其中 $D_{\boldsymbol{i}}(f(x,y)) = \dfrac{\partial^{|\boldsymbol{i}|} f}{\partial x^{i_1} \partial y^{i_2}}$.

小波框架模型 (7.4.1) 和变分模型 (7.4.2) 从形式上看是非常类似的. 两者之间的联系的一个关键点是小波框架变换是微分算子的采样, 即小波框架变换是微分算子的某种离散化. 令 $\psi_{n,\boldsymbol{k}}$ 为处在尺度 $n$ 和位置 $\boldsymbol{k}$ 的小波框架函数, 其对应的可细分函数为 $\phi_{n,\boldsymbol{k}}$. 我们把图像 $\boldsymbol{u}$ 视作函数 $u$ 的采样: $\boldsymbol{u}[\boldsymbol{k}] = \alpha_n \langle u, \phi_{n,\boldsymbol{k}} \rangle$, 其中 $\alpha_n$ 是一个依赖于 $n$ 的常数. 当小波框架变换作用在 $\boldsymbol{u}$ 上时, 对应于 $\psi_{n,\boldsymbol{k}}$ 的小波框架系数为 $\beta_n \langle u, \psi_{n-1,\boldsymbol{k}} \rangle$. 我们可以证明, 若 $\psi$ 是一个具有紧支集的小波框架函数, 总存在另一个具有紧支集且积分不为零的函数 $\varphi$ 使得 $\langle u, \psi_{n-1,\boldsymbol{k}} \rangle = \gamma_n \langle Du, \varphi_{n-1,\boldsymbol{k}} \rangle$, 其中 $D$ 是由 $\psi$ 唯一确定的一个微分算子 (严格证明见 [57],[136]), 即小波框架系数是微分算子在某个尺度和位置的采样.

为了严格地刻画能量泛函 $E_n$ 与 $E$ 的关系, 文献 [55] 使用了 $\Gamma$- 收敛 ($\Gamma$-convergence) 这个重要的数学分析工具. 我们先来回顾一下 $\Gamma$- 收敛的定义, 详细介绍可以参考 [137]. 给定某拓扑空间 $X$ 上的泛函 $E$ 和泛函序列 $\{E_n\}$, 如果下面两个条件成立, 称 $E_n$ $\Gamma$- 收敛到 $E$:

(1) $X$ 中的任何一个收敛序列 $u_n \to u$ 都满足 $E(u) \leqslant \liminf_{n\to\infty} E_n(u_n)$;

(2) 对任意的 $u \in X$, 均存在一个收敛序列 $u_n \to u$, 使得 $E(u) \geqslant \limsup_{n\to\infty} E_n(u_n)$.

文献 [55] 的主要结论如下.

**定理7.4.1** *给定任何一个形如 (7.4.2) 的变分模型, 存在系数 $\boldsymbol{\lambda}_n$, 使得 (7.4.1) 中的泛函 $E_n$ 在 $W_1^s$ 中 $\Gamma$- 收敛到 (7.4.2) 中的泛函 $E$. 令 $u_n^\star$ 为 $\inf_u E_n(u)$ 的 $\varepsilon$-近似解, 即 $E_n(u_n^\star) \leqslant \inf_u E_n(u) + \varepsilon$ $(\varepsilon > 0)$, 则 $\limsup_{n\to\infty} E_n(u_n^\star) \leqslant \inf_u E(u) + \varepsilon$, 且 $\{u_n^\star\}$ 的任何一个聚点均为 $\inf_u E(u)$ 的 $\varepsilon$-近似解.*

定理 7.4.1 在能量泛函极小化的框架下建立起了小波框架变换和微分算子之间的联系. 同时, 该联系赋予了小波框架的几何意义, 然而在此之前, 小波框架变换的一个较大的诟病就是缺乏几何意义[138]. 此外, 该联系也将微分算子的几何意义和小波框架的稀疏逼近统一起来, 为微分算子的数值逼近提供了一个新的视角, 也为变分模型提供了一套新的离散化方法. 该离散化方法同时具有多尺度和稀疏逼近的良好性质, 并在图像分割、图像恢复、医学成像等重要问题中明显优于传统的有限差分离散化方法 (部分数值结果对比可参考 [29],[57],[136],[139]). 通过上述小波框架变换与微分算子之间的桥梁, 该工作进一步拓宽了小波框架的应用范畴, 为解决更多图像科学中的重要问题打下了坚实的理论基础 (如图像分割[29, 30]、曲面重建[140]、半监督学习问题[38]).

2. 联系：进一步推广

在分析模型的框架下，文献 [55] 建立了小波框架变换和微分算子的联系, 然而除了分析模型, 图像问题中还有很多其他常用的模型, 比如合成模型、均衡模型、双系统模型 (two-system model)、小波包 (wavelet packet) 模型、广义全变差模型、卷积下确界模型等. 这些模型对很多特定的图像问题都十分有效, 也在实际应用中被广泛使用. 一个很自然的问题就是, 这些模型之间是否也有类似于定理 7.4.1 中刻画的联系？在 Dong, Shen, Xie 的工作 [57] 中, 他们提出了一个基于小波框架的更加一般的模型, 叫做混合框架模型 (general frame model), 该模型涵盖了大部分在图像问题中常用的小波框架模型 (比如前面提到的模型). 文献 [57] 还给出了与混合框架模型所对应的变分模型 (该变分模型涵盖了卷积下确界模型和二阶广义全变差模型), 并且从理论上严格论证了两者之间的联系. 我们在这里简单介绍一下文献 [57] 的主要结果, 具体细节可参考原文.

基于小波框架变换的混合模型的能量泛函如下

$$E_n(u,v) := \nu_1\|\boldsymbol{\lambda}_n\cdot\boldsymbol{W}'_n\boldsymbol{T}_nu-\boldsymbol{S}_nv\|_p^p+\nu_2\|\gamma_n\cdot\boldsymbol{W}''_n\boldsymbol{S}_nv\|_q^q+\frac{1}{2}\|\boldsymbol{A}_n\boldsymbol{T}_nu-\boldsymbol{T}_nf\|_2^2, \quad (7.4.3)$$

其中 $p$ 和 $q$ 取值为 1 或 2. 文献 [57] 发现, 该能量泛函的 $\Gamma$- 极限是下述的变分模型

$$E(u,v) := \nu_1\left\|\boldsymbol{D}'u-v\right\|_{L_p}^p+\nu_2\left\|\boldsymbol{D}''v\right\|_{L_q}^q+\frac{1}{2}\|Au-f\|_{L_2}^2, \quad (7.4.4)$$

其中 $\boldsymbol{W}'_n$ 和 $\boldsymbol{W}''_n$ 是尺度为 $n$ 的两个小波框架变换, $\boldsymbol{T}_n$ 和 $\boldsymbol{S}_n$ 分别为对应于 $\boldsymbol{W}'_n$ 和 $\boldsymbol{W}''_n$ 的采样算子, $\boldsymbol{A}_n$ 为算子 $A$ 的离散化, $\boldsymbol{D}'$ 和 $\boldsymbol{D}''$ 为两个最高阶均为 $s$ 的微分算子. 文献 [57] 的主要结果如下.

**定理7.4.2** 给定任何一个形如 (7.4.4) 的变分模型, 存在系数 $\boldsymbol{\lambda}_n$ 和 $\boldsymbol{\gamma}_n$, 使得 (7.4.3) 中的泛函 $E_n$ 在 $W_p^{2s}\times(W_q^s)^J$ 中 $\Gamma$- 收敛到 (7.4.4) 中的泛函 $E$. 令 $(u_n^\star,v_n^\star)$ 为 $\inf_{u,v}E_n(u,v)$ 的 $\varepsilon$- 近似解, 则 $\limsup_{n\to\infty}E_n(u_n^\star,v_n^\star)\leqslant\inf_{u,v}E(u,v)+\varepsilon$, 且 $\{(u_n^\star,v_n^\star)\}$ 的任何一个聚点均为 $\inf_{u,v}E(u,v)$ 的 $\varepsilon$- 近似解.

3. 分片光滑模型和 Mumford-Shah

一个图像恢复模型是否成功, 很大程度上取决于对“好”的图像的建模是否准确. 比如 TV 模型用有界变差函数空间 (即 BV 空间) 来刻画图像, BV 空间在把噪声排除在空间之外的同时还成功地保留了含有间断点 (如图像边缘) 的函数, 这也是为什么 BV 函数空间在图像问题中明显优越于传统的 Sobolev 空间 $H^1$. 基于 $\ell_1$ 范数的小波框架模型从某种意义上是在 Besov 空间 $B_{1,1}^1$ 内刻画图像. 其基本思想和 TV 模型类似, 即把噪声排除在空间之外同时保留含有间断点的函数. 对于大多数图像而言, 更直观的描述是“分片光滑”, 这也是大多数小波框

架和变分模型的出发点. 最早用分片光滑函数刻画图像的变分模型是 Mumford-Shah(MS) 模型[49]. MS 模型的提出不仅带动了许多理论研究, 也被广泛地应用到图像分割问题中. 然而由于 Mumford-Shah 模型是一个非凸模型, 数值上很难求解. 为此, 人们提出了很多 MS 的近似模型, 但这些近似模型也在不同程度上失去了 MS 模型的良好性质. 计算上的困难也使得 MS 模型在图像恢复问题中很少被采用.

最近, Cai, Dong, Shen[56] 提出了一个基于小波框架的分片光滑图像恢复模型, 同时也定义了一个新的分片光滑函数空间, 该函数空间比以往人们在图像问题中使用过的函数空间结构更丰富. 文中的数值实验充分说明了这一新模型的计算可行性, 同时该模型在图像恢复效果方面明显优越于传统方法. 在理论上还发现, 当图像分辨率趋近于无穷的时候, 该模型 $\Gamma$- 收敛到一个新的变分模型, 该变分模型与 MS 模型有紧密的联系, 不仅比 MS 模型形式上更一般、对图像正则性刻画更加准确细致, 而且在计算可行性方面也优于 MS 模型.

文献 [56] 中提出的分片光滑图像恢复模型如下

$$\inf_{\boldsymbol{u},\boldsymbol{\Lambda}} \|[\boldsymbol{\lambda}\cdot \boldsymbol{W}\boldsymbol{u}]_{\boldsymbol{\Lambda}^c}\|_2^2 + \|[\gamma\cdot \boldsymbol{W}\boldsymbol{u}]_{\boldsymbol{\Lambda}}\|_1 + \frac{1}{2}\|\boldsymbol{A}\boldsymbol{u}-\boldsymbol{f}\|_2^2. \tag{7.4.5}$$

$\boldsymbol{\Lambda}$ 为待复原图像 $\boldsymbol{u}$ 的奇异点的集合, 其中包括间断点 (边缘) 和隐式间断点 (作用微分算子后出现的间断点); $\boldsymbol{\Lambda}^c$ 为 $\boldsymbol{\Lambda}$ 在给定计算区域内的补集. 间断点和隐式间断点 (尤其是一阶隐式间断点, 即在一阶微分后出现的间断点) 都是重要的图像特征. 模型 (7.4.5) 的第一项保证了图像在奇异点集合以外足够光滑, 第二项保证了图像的奇异点能被很好的保留下来. 文献 [56] 采用了交互迭代的方法求解 (7.4.5). 当 $\boldsymbol{u}$ 固定时, 关于 $\boldsymbol{\Lambda}$ 的子问题有显式解; 当 $\boldsymbol{\Lambda}$ 固定时, 关于 $\boldsymbol{u}$ 的子问题可以通过增广 Lagrange 法求解. 模型 (7.4.5) 对分片光滑图像十分有效, 关键在于小波框架变换对图像奇异点集合 $\boldsymbol{\Lambda}$ 的估计十分有效. 原因是小波框架系数的局部性和小波框架变换的多尺度结构, 使得模型能在噪声环境下较为准确地估计奇异点的位置.

为了严格地解释模型 (7.4.5), 文献 [56] 也提出了一个新的分片光滑函数空间. 给定计算区域 $\Omega\subset\mathbb{R}^2$, 令 $H^s(\Omega)$ 为一个 $s$ 阶的 Sobolev 空间, 并定义范数

$$\|f\|_{H^s(\Omega)} = \sum_{0\leqslant|\boldsymbol{i}|\leqslant s} \|D_{\boldsymbol{i}} f\|_{L_2(\Omega)},$$

其中 $D_{\boldsymbol{i}}(f(x,y)) = \dfrac{\partial^{|\boldsymbol{i}|} f}{\partial x^{i_1}\partial y^{i_2}}$. 令 $\{\Omega_j : j=1,2,\cdots,m\}$ 为区域 $\Omega$ 的一个划分:

$$\bigcup_j \overline{\Omega}_j = \overline{\Omega} \quad 且 \quad \mathfrak{L}(\overline{\Omega}_{j_1} \bigcap \overline{\Omega}_{j_2}) = 0, \quad j_1\neq j_2, \tag{7.4.6}$$

这里 $\mathfrak{L}(\cdot)$ 是 Lebesgue 测度. 定义曲线集合 $\{\Lambda_j : j = 1, 2, \cdots, \tilde{m}\}$,

$$\overline{\bigcup_j \Lambda_j} = \bigcup_j \partial\Omega_j \setminus \partial\Omega, \tag{7.4.7}$$

且对每个 $j$, $\Lambda_j$ 的一侧仅有一个 $\{\Omega_j\}$ 中的区域 (图 7). 我们定义在 $\Lambda_j$ 两侧的区域为 $\Omega_j^+$ 和 $\Omega_j^-$. 类似地, 对每一个 $j = 1, \cdots, m$, 定义区域 $\Omega_j$ 的细分 $\{\Omega_{j,\tilde{j}} : \tilde{j} = 1, 2, \cdots, m_j\}$, 其中 $\Omega_{j,\tilde{j}}$ 满足 (7.4.6) 的条件. 也可以类似地定义 $\{\Lambda_{j,\tilde{j}} : \tilde{j} = 1, 2, \cdots, \tilde{m}_j\}$ 且满足 (7.4.7). 我们定义在 $\Lambda_{j,j'}$ 两侧的区域为 $\Omega_{j,j'}^+$ 和 $\Omega_{j,j'}^-$.

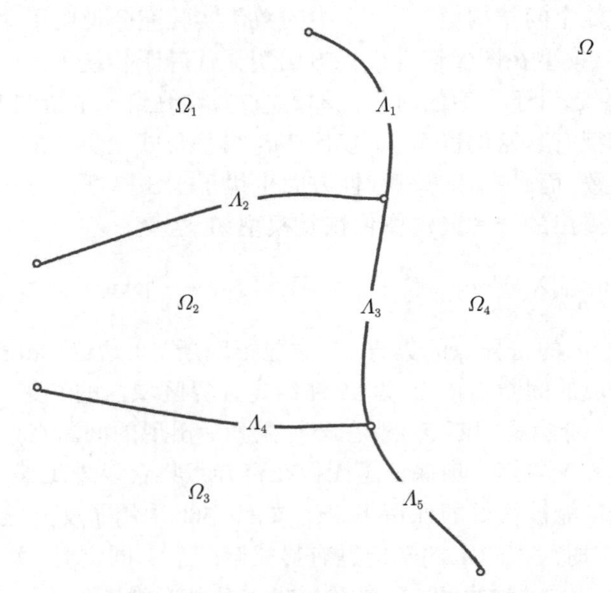


图 7　区域 $\Omega_j$ 和曲线 $\Lambda_j$ 的示意图

基于上述区域划分, 可以定义分片光滑函数空间 (其中包含间断点和一阶隐式间断点)

$$\mathcal{H}^{1,s}(\{\Omega_{j,\tilde{j}}\}) := \{f \in L_2(\Omega) : \|f\|_{\mathcal{H}^{1,s}(\{\Omega_{j,\tilde{j}}\})} < \infty\},$$

其中

$$\|f\|_{\mathcal{H}^{1,s}(\{\Omega_{j,\tilde{j}}\})} := \sum_{j=1}^{m} \left[ \|f\|_{H^1(\Omega_j)} + \sum_{\tilde{j}=1}^{m_j} \|f\|_{H^{s_{j,\tilde{j}}}(\Omega_{j,\tilde{j}})} \right],$$

$s = \min\{s_{j,\tilde{j}}\}$, $s_{j,\tilde{j}} \geqslant 2$.

文献 [56] 发现, 如果固定奇异点集合 $\{\Lambda_j\}$, $\{\Lambda_{j,\tilde{j}}\}$, 模型 (7.4.5) 中的能量泛函在 $\mathcal{H}^{1,s}(\{\Omega_{j,\tilde{j}}\})$ 中的 $\Gamma$- 极限是下述能量泛函

$$\|\boldsymbol{\nu}\cdot\boldsymbol{D}u\|_2^2+\sum_{j=1}^{\tilde{m}}\left[\mu_1\int_{\Lambda_j}\left|\mathfrak{T}_j^+(u)-\mathfrak{T}_j^-(u)\right|\mathrm{d}s\right.$$
$$\left.+\mu_2\sum_{\tilde{j}=1}^{\tilde{m}_j}\int_{\Lambda_{j,\tilde{j}}}\left(\sum_{|\boldsymbol{i}|=1}\left|\mathfrak{T}_{j,\tilde{j}}^+(D_{\boldsymbol{i}}u)-\mathfrak{T}_{j,\tilde{j}}^-(D_{\boldsymbol{i}}u)\right|^2\right)^{\frac{1}{2}}\mathrm{d}s\right]+\frac{1}{2}\|Au-f\|_{L_2(\Omega)}^2,\quad(7.4.8)$$

其中

$$\|\boldsymbol{\nu}\cdot\boldsymbol{D}u\|_2^2:=\sum_{j=1}^{m}\left[\nu_1\sum_{|\boldsymbol{i}_j|=1}\|D_{\boldsymbol{i}_j}u\|_{L_2(\Omega_j)}^2+\nu_2\sum_{\tilde{j}=1}^{m_j}\left(\sum_{1\leqslant|\boldsymbol{i}_{j,\tilde{j}}|\leqslant s_{j,\tilde{j}}}\|D_{\boldsymbol{i}_{j,\tilde{j}}}u\|_{L_2(\Omega_{j,\tilde{j}})}^2\right)\right],$$

$\mathfrak{T}_j^{\pm}$ 是 $H^1(\Omega_j^{\pm})$ 上的迹算子, $\mathfrak{T}_{j,\tilde{j}}^{\pm}$ 是 $H^{s_{j,\tilde{j}}}(\Omega_{j,\tilde{j}}^{\pm})$ 上的迹算子. 变分模型 (7.4.8) 中 $\mathfrak{T}_j^+(u)-\mathfrak{T}_j^-(u)$ 表示 $u$ 在 $\Lambda_j$ 上的阶跃, $\mathfrak{T}_{j,\tilde{j}}^+(D_{\boldsymbol{i}}u)-\mathfrak{T}_{j,\tilde{j}}^-(D_{\boldsymbol{i}}u)$ 表示的是 $u$ 的一阶微分在 $\Lambda_{j,j'}$ 上的阶跃.

假如在 (7.4.8) 中取 $\boldsymbol{D}=\nabla$, 同时只考虑函数 $u$ 的间断点, 忽略隐式间断点, 并假设 $A$ 为恒同变换, 则模型 (7.4.8) 退化成下述形式

$$|u|_{H^1(\{\Omega_j\})}^2+\mu_1\sum_{j=1}^{\tilde{m}}\int_{\Lambda_j}\left|\mathfrak{T}_j^+(u)-\mathfrak{T}_j^-(u)\right|\mathrm{d}s+\frac{1}{2}\|u-f\|_{L_2(\Omega)}^2.\quad(7.4.9)$$

模型 (7.4.9) 与 MS 模型[49] 之间有着有趣的联系. MS 模型的能量泛函如下

$$\nu\int_{\Omega\setminus\Lambda}|\nabla u|^2+\mu|\Lambda|+\frac{1}{2}\|u-f\|_{L_2(\Omega)}^2,$$

其中 $|\Lambda|$ 为奇点集 $\Lambda$ 的 Hausdorff 测度. 虽然 (7.4.9) 与 MS 模型十分类似, 然而不同之处在于 (7.4.9) 中惩罚项是阶跃函数的 $L_1$ 范数, MS 模型惩罚项是阶跃函数支集的 Hausdorff 测度 (可以粗略地理解为阶跃函数的 $L_0$ 范数). 这也是为什么 (7.4.9) 和 (7.4.8) 比 MS 模型更容易求解. 此外, (7.4.8) 在结构上比 MS 模型更加丰富, 所以更适合图像恢复问题.

### 7.4.2 小波框架迭代算法和 PDE 模型的联系

在图像科学中, 偏微分方程模型也有广泛的应用, 其中包括 Perona 和 Malik 于 1990 年提出的 Perona-Malik 方程[50]. 此外, 各种小波和小波框架迭代算法 (Iterative Wavelet Algorithm) 也被成功地应用在各类图像问题中. 代表性的工作包括 Donoho 在 1995 年提出的小波软阈值方法[141] 以及小波框架软阈值迭代算法[12, 135]. Weickert 在 2000 年初研究了 Haar 小波和 Perona-Malik 方程的关系[53, 142, 143], Jiang 在一维研究了小波框架迭代算法和非线性热方程之间的联系[54]. 但是, 小波框架迭代算法和偏微分方程模型之间系统性的关系并没有被

深入的研究过. 而且, 这些工作仅从局部提出了小波框架迭代算法与非线性热方程的对应关系, 并没有严格证明迭代算法对应的离散解是否收敛到微分方程的解. 此外, 在图像问题中除了非线性热方程, 还有许多被广泛使用的方程, 比如冲激滤波器[51], 以及基于 Navier-Stokes 方程的图像处理微分方程模型[52] 等.

小波框架迭代法与偏微分方程之间是否存在既一般又深刻的联系? 研究它们之间的联系能为我们带来什么样的新思想、能为图像问题的数学建模带来怎样的新思路? 这些问题在 Dong, Jiang 和 Shen 的工作 [7] 中得到了深入的研究和探讨. 文献 [7] 从一个新的角度, 把一般形式的小波框架迭代算法和非线性演化偏微分方程 (比如 Perona-Malik 方程、冲激滤波器和基于 Navier-Stokes 方程的图像处理微分方程模型) 联系在一起, 在理论上严格证明了小波框架迭代算法是偏微分方程的离散逼近, 也从数值上说明了, 在很多图像问题中, 用小波框架迭代来逼近微分方程比传统的有限差分方法更加优越. 同时, 该工作发现了小波框架变换在对微分算子的采样形式上与有限元、有限差分及小波伽辽金 (wavelet-Galerkin) 方法都有本质的区别, 该区别也是小波框架迭代算法在图像问题中成功的关键之一. 同时, 从该项研究拓展出了众多结合了小波框架算法和偏微分方程两类方法的优点的全新算法, 在数值上比传统的小波框架算法和偏微分方程能更加有效地解决图像科学中的很多问题. 本节我们总结了 [7] 中的一些重要结果, 详细内容请参看原文.

1. 卷积与微分算子

小波框架变换是由一系列卷积组成的, 卷积核是小波框架函数所对应的滤波器. 滤波器的消失矩和微分算子的阶具有对应关系, 同消失矩的不同滤波器对微分算子的逼近阶也会有所不同. 给定一个有有限冲激响应 (finite impulse response, FIR) 的高通滤波器 $\boldsymbol{q}$, 令 $\widehat{\boldsymbol{q}}(\boldsymbol{\omega}) = \sum_{\boldsymbol{k}\in\mathbb{Z}^2} \boldsymbol{q}[\boldsymbol{k}]\mathrm{e}^{-\mathrm{i}\boldsymbol{k}\boldsymbol{\omega}}$. 引入多维指标记号 $\boldsymbol{\alpha} = (\alpha_1, \alpha_2) \in \mathbb{Z}_+^2$ 和 $\boldsymbol{\omega} \in \mathbb{R}^2$, 且记

$$\boldsymbol{\alpha}! = \alpha_1!\alpha_2!, \quad |\boldsymbol{\alpha}| = \alpha_1 + \alpha_2, \quad \frac{\partial^{\boldsymbol{\alpha}}}{\partial\boldsymbol{\omega}^{\boldsymbol{\alpha}}} = \frac{\partial^{\alpha_1+\alpha_2}}{\partial\omega_2^{\alpha_2}\partial\omega_1^{\alpha_1}},$$

我们称 $\boldsymbol{q}$ (或 $\widehat{\boldsymbol{q}}(\boldsymbol{\omega})$) 的消失矩为 $\boldsymbol{\alpha} = (\alpha_1, \alpha_2)$, $\boldsymbol{\alpha} \in \mathbb{Z}_+^2$, 当

$$\sum_{\boldsymbol{k}\in\mathbb{Z}^2} \boldsymbol{k}^{\boldsymbol{\beta}}\boldsymbol{q}[\boldsymbol{k}] = \mathrm{i}^{|\boldsymbol{\beta}|}\frac{\partial^{\boldsymbol{\beta}}}{\partial\boldsymbol{\omega}^{\boldsymbol{\beta}}}\widehat{\boldsymbol{q}}(\boldsymbol{\omega})\Big|_{\boldsymbol{\omega}=\boldsymbol{0}} = 0,$$

对所有满足下述条件的 $\boldsymbol{\beta} \in \mathbb{Z}_+^2$ 都成立: $|\boldsymbol{\beta}| < |\boldsymbol{\alpha}|$ 且 $|\boldsymbol{\beta}| = |\boldsymbol{\alpha}|$ 但 $\boldsymbol{\beta} \neq \boldsymbol{\alpha}$. 当

$\sum_{\boldsymbol{k}} \boldsymbol{q}[\boldsymbol{k}] \neq 0$ 时, 称 $\boldsymbol{q}$ 有 $(0,0)$ 阶消失矩. 称 $\boldsymbol{q}$ 有 $K \in \mathbb{Z}_+$ 阶全消失矩, 如果

$$\sum_{\boldsymbol{k}\in\mathbb{Z}^2} \boldsymbol{k}^{\boldsymbol{\beta}} \boldsymbol{q}[\boldsymbol{k}] = \mathrm{i}^{|\boldsymbol{\beta}|} \frac{\partial^{\boldsymbol{\beta}}}{\partial \boldsymbol{\omega}^{\boldsymbol{\beta}}} \widehat{\boldsymbol{q}}(\boldsymbol{\omega})\Big|_{\boldsymbol{\omega}=\mathbf{0}} = 0, \quad \text{对任意 } \boldsymbol{\beta} \in \mathbb{Z}_+^2, \text{且 } |\boldsymbol{\beta}| < K. \tag{7.4.10}$$

如果 (7.4.10) 对所有 $|\boldsymbol{\beta}| < K$ 成立, 除了某个 $\boldsymbol{\beta}_0 \in \mathbb{Z}_+^2$ 使得 $|\boldsymbol{\beta}_0| = J < K$, 则称 $\boldsymbol{q}$ 有 $K\backslash\{J+1\}$ 阶消失矩. FIR 滤波器与微分算子的关系可以由下面的命题刻画, 该命题是保证小波框架变换和微分算子局部一致性的关键.

**命题7.4.1**[7] 令 $\boldsymbol{q}$ 为一个高通 FIR 滤波器且有 $\boldsymbol{\alpha} \in \mathbb{Z}_+^2$ 阶消失矩. 给定任意一个 $\mathbb{R}^2$ 上的光滑函数 $F(\boldsymbol{x})$, 有

$$\frac{1}{\varepsilon^{|\boldsymbol{\alpha}|}} \sum_{\boldsymbol{k}\in\mathbb{Z}^2} \boldsymbol{q}[\boldsymbol{k}] F(\boldsymbol{x} + \varepsilon \boldsymbol{k}) = C_{\boldsymbol{\alpha}} \frac{\partial^{\boldsymbol{\alpha}}}{\partial \boldsymbol{x}^{\boldsymbol{\alpha}}} F(\boldsymbol{x}) + O(\varepsilon), \quad \text{当 } \varepsilon \to 0, \tag{7.4.11}$$

其中常数 $C_{\boldsymbol{\alpha}}$ 为

$$C_{\boldsymbol{\alpha}} = \frac{1}{\boldsymbol{\alpha}!} \sum_{\boldsymbol{k}\in\mathbb{Z}^2} \boldsymbol{k}^{\boldsymbol{\alpha}} \boldsymbol{q}[\boldsymbol{k}] = \frac{i^{|\boldsymbol{\alpha}|}}{\boldsymbol{\alpha}!} \frac{\partial^{\boldsymbol{\alpha}}}{\partial \boldsymbol{\omega}^{\boldsymbol{\alpha}}} \widehat{\boldsymbol{q}}(\boldsymbol{\omega})\Big|_{\boldsymbol{\omega}=\mathbf{0}}. \tag{7.4.12}$$

如果 $\boldsymbol{q}$ 有 $\boldsymbol{\alpha} \in \mathbb{Z}_+^2$ 阶消失矩, 且有 $K\backslash\{|\boldsymbol{\alpha}|+1\}$ 阶全消失矩, 则

$$\frac{1}{\varepsilon^{|\boldsymbol{\alpha}|}} \sum_{\boldsymbol{k}\in\mathbb{Z}^2} \boldsymbol{q}[\boldsymbol{k}] F(\boldsymbol{x} + \varepsilon \boldsymbol{k}) = C_{\boldsymbol{\alpha}} \frac{\partial^{\boldsymbol{\alpha}}}{\partial \boldsymbol{x}^{\boldsymbol{\alpha}}} F(\boldsymbol{x}) + O(\varepsilon^{K-|\boldsymbol{\alpha}|}), \quad \text{当 } \varepsilon \to 0. \tag{7.4.13}$$

2. 小波框架迭代算法和非线性演化偏微分方程的联系

令 $\boldsymbol{d} := \boldsymbol{W}\boldsymbol{u}$ 为 $\boldsymbol{u}$ 的小波框架变换, $\widetilde{\boldsymbol{W}}^{\mathrm{T}}\boldsymbol{d}$ 为小波框架逆变换, 则 $\widetilde{\boldsymbol{W}}^{\mathrm{T}}\boldsymbol{W} = \boldsymbol{I}$. 简便起见, 我们仅考虑单层小波框架变换. 给定小波框架系数 $\boldsymbol{d} = \{d_{\ell,\boldsymbol{n}} : \boldsymbol{n} \in \mathbb{Z}^2, 0 \leqslant \ell \leqslant L\}$ 和阈值 $\boldsymbol{\alpha}(\boldsymbol{d}) = \{\alpha_{\ell,\boldsymbol{n}}(\boldsymbol{d}) : \boldsymbol{n} \in \mathbb{Z}^2, 0 \leqslant \ell \leqslant L\}$, 收缩算子 $\boldsymbol{S}_{\boldsymbol{\alpha}}(\boldsymbol{d})$ 的定义如下

$$\boldsymbol{S}_{\boldsymbol{\alpha}}(\boldsymbol{d}) = \{S_{\alpha_{\ell,\boldsymbol{n}}(\boldsymbol{d})}(d_{\ell,\boldsymbol{n}}) = d_{\ell,\boldsymbol{n}}(1 - \alpha_{\ell,\boldsymbol{n}}(\boldsymbol{d})) : \boldsymbol{n} \in \mathbb{Z}^2, 0 \leqslant \ell \leqslant L\}. \tag{7.4.14}$$

各向同性和各项异性软阈值算子是 (7.4.14) 中收缩算子的两个特殊情形 (isotropic/anisotropic soft-thresholding[55]). 给定收缩算子 $\boldsymbol{S}_{\boldsymbol{\alpha}}$, 我们将一般形式的小波框架迭代算法记为

$$\boldsymbol{u}^k = \widetilde{\boldsymbol{W}}^{\mathrm{T}} \boldsymbol{S}_{\boldsymbol{\alpha}^{k-1}}(\boldsymbol{W}\boldsymbol{u}^{k-1}), \quad k = 1, 2, \cdots. \tag{7.4.15}$$

在 $R^2$ 上, 考虑具有如下形式的非线性演化偏微分方程

$$u_t = \sum_{\ell=1}^{L} \frac{\partial^{\boldsymbol{\alpha}_\ell}}{\partial x^{\boldsymbol{\alpha}_\ell}} \Phi_\ell(\boldsymbol{D}u, \boldsymbol{u}), \quad \boldsymbol{D} = \left(\frac{\partial^{\boldsymbol{\beta}_1}}{\partial x^{\boldsymbol{\beta}_1}}, \cdots, \frac{\partial^{\boldsymbol{\beta}_L}}{\partial x^{\boldsymbol{\beta}_L}}\right), \tag{7.4.16}$$

其中 $|\boldsymbol{\alpha}_\ell|, |\boldsymbol{\beta}_\ell| \geqslant 0, 1 \leqslant \ell \leqslant L$. 微分方程 (7.4.16) 涵盖了很多图像问题中提出的非线性热方程和非线性双曲方程.

文献 [7] 中的一个核心结论是: 给定任何一个形如 (7.4.16) 的 PDE, 可以构造小波框架变换 $\boldsymbol{W}$ 和 $\widetilde{\boldsymbol{W}}$ 以及算子 $\boldsymbol{S}_{\boldsymbol{\alpha}}$ 使得小波框架迭代 (7.4.15) 是该 PDE 的一个局部离散化; 当方程 (7.4.16) 是某种适定的各向异性热方程时, (7.4.15) 所对应的离散解收敛到 PDE 的解. 我们举一个例子来帮助读者理解这一结论.

考虑下述 PDE

$$u_t = \frac{\partial \Phi_1}{\partial x_1}\left(\frac{\partial u}{\partial x_1}, \frac{\partial u}{\partial x_2}, u\right) + \frac{\partial \Phi_2}{\partial x_2}\left(\frac{\partial u}{\partial x_1}, \frac{\partial u}{\partial x_2}, u\right).$$

令 $\boldsymbol{W} = \widetilde{\boldsymbol{W}}$ 为 Haar 小波框架, 上述 PDE 有如下的离散格式

$$\begin{aligned}\widetilde{\boldsymbol{u}}^k =& \widetilde{\boldsymbol{u}}^{k-1} - \tau\widetilde{\lambda}_1 \boldsymbol{W}_1^{\mathrm{T}} \Phi_1(\lambda_1 \boldsymbol{W}_1 \widetilde{\boldsymbol{u}}^{k-1}, \lambda_2 \boldsymbol{W}_2 \widetilde{\boldsymbol{u}}^{k-1}, \widetilde{\boldsymbol{u}}^{k-1}) \\ &- \tau\widetilde{\lambda}_2 \boldsymbol{W}_2^{\mathrm{T}} \Phi_2(\lambda_1 \boldsymbol{W}_1 \widetilde{\boldsymbol{u}}^{k-1}, \lambda_2 \boldsymbol{W}_2 \widetilde{\boldsymbol{u}}^{k-1}, \widetilde{\boldsymbol{u}}^{k-1}).\end{aligned}$$

同时, 迭代算法 (7.4.15) 具有如下的形式

$$\begin{aligned}\boldsymbol{u}^k =& \boldsymbol{u}^{k-1} - \boldsymbol{W}_1^{\mathrm{T}} \left[\boldsymbol{W}_1 \boldsymbol{u}^{k-1} - \mathcal{S}_1(\boldsymbol{W}_1 \boldsymbol{u}^{k-1}, \boldsymbol{W}_2 \boldsymbol{u}^{k-1}, \boldsymbol{u}^{k-1})\right] \\ &- \boldsymbol{W}_2^{\mathrm{T}} \left[\boldsymbol{W}_2 \boldsymbol{u}^{k-1} - \mathcal{S}_2(\boldsymbol{W}_1 \boldsymbol{u}^{k-1}, \boldsymbol{W}_2 \boldsymbol{u}^{k-1}, \boldsymbol{u}^{k-1})\right].\end{aligned}$$

通过比较上面的两个式子, 不难看出, 我们只需将算子 $\mathcal{S}_\ell, \ell = 1, 2$, 定义为

$$\mathcal{S}_\ell(\xi_1, \xi_2, \zeta) := \xi_\ell - \tau\widetilde{\lambda}_\ell \Phi_\ell(\xi_1, \xi_2, \zeta) = \xi_\ell \left(1 - \tau\widetilde{\lambda}_\ell \Phi_\ell(\xi_1, \xi_2, \zeta)/\xi_\ell\right), \quad \xi_\ell, \zeta \in \mathbb{R}$$

(当 $\Phi_\ell(\xi_1, \xi_2, \zeta)/\xi_\ell$ 是有定义的), 则小波框架迭代算法和上述 PDE 就有了严格的对应关系. 特别地, 当 $\Phi_\ell\left(\dfrac{\partial \boldsymbol{u}}{\partial x_1}, \dfrac{\partial \boldsymbol{u}}{\partial x_2}, \boldsymbol{u}\right) = g_\ell(|\nabla \boldsymbol{u}|^2, \boldsymbol{u})\dfrac{\partial \boldsymbol{u}}{\partial x_\ell}$ 时 (非线性热方程), 可以令

$$\mathcal{S}_\ell(\xi_1, \xi_2, \zeta) = \xi_\ell \left(1 - \tau\widetilde{\lambda}_\ell g_\ell(\xi_1^2 + \xi_2^2, \zeta)\right),$$

其中, 选取参数 $\lambda_\ell$ 和 $\widetilde{\lambda}_\ell$ 使得 $\lambda_\ell \boldsymbol{W}_\ell \approx \dfrac{\partial}{\partial x_\ell}$ 且 $\widetilde{\lambda}_\ell \boldsymbol{W}_\ell^\top \approx \dfrac{\partial}{\partial x_\ell}$.

3. 小波框架迭代算法诱导出的新 PDE

上小节中我们讨论了小波框架迭代算法和非线性演化偏微分方程的联系. 基于该联系, 本小节我们列举两个由小波框架迭代算法诱导出的新 PDE, 更多的例子见 [7].

考虑各向同性软阈值迭代算法, 即在 (7.4.15) 中选取

$$\boldsymbol{S}_{\boldsymbol{\alpha}}(\boldsymbol{d}) = \left\{\mathcal{S}_{\alpha_{\ell,\boldsymbol{n}}(\boldsymbol{d})}(d_{\ell,\boldsymbol{n}}) = \frac{d_{\ell,\boldsymbol{n}}}{R_{\ell,\boldsymbol{n}}} \max\left\{R_{\ell,\boldsymbol{n}} - \alpha_{\ell,\boldsymbol{n}}(\boldsymbol{d}), 0\right\} : \boldsymbol{n} \in \mathbb{Z}^2, 0 \leqslant \ell \leqslant L\right\}, \tag{7.4.17}$$

其中 $R_{\ell,\boldsymbol{n}}=\left(\sum_{|\boldsymbol{\beta}_{\ell'}|=|\boldsymbol{\beta}_\ell|}|d_{\ell',\boldsymbol{n}}|^2\right)^{\frac{1}{2}}$, $\boldsymbol{\beta}_\ell$ 为小波框架变换中第 $\ell$ 个滤波器的消失矩. 简单起见, 我们考虑 Haar 小波框架变换, 则其迭代算法所对应的 PDE 有如下形式

$$u_t=\frac{\partial}{\partial x_1}\Big(\min\Big\{C,\frac{\lambda_1/\tilde{C}}{|\nabla u|}\Big\}u_{x_1}\Big)+\frac{\partial}{\partial x_2}\Big(\min\Big\{C,\frac{\lambda_2/\tilde{C}}{|\nabla u|}\Big\}u_{x_2}\Big),\tag{7.4.18}$$

$C,\tilde{C}>0$ 是常数. 这是一个新的二阶非线性 PDE, 与下述 TV- 流类似:

$$u_t=\lambda\left[\frac{\partial}{\partial x_1}\left(\frac{u_{x_1}}{|\nabla u|}\right)+\frac{\partial}{\partial x_2}\left(\frac{u_{x_2}}{|\nabla u|}\right)\right].$$

不同点在于 (7.4.18) 在 $|\nabla u|=0$ 处非奇异, 而 TV- 流是奇异的. 为了解决 TV- 流奇异性问题, 通常的做法是将 $|\nabla u|$ 替换成 $|\nabla u|_\varepsilon:=\sqrt{|\nabla u|^2+\varepsilon^2}$, 然而这样的替换往往会模糊掉图像的边缘. 我们知道软阈值迭代算法能比较有效地保护图像边缘, 因此, 我们可以将 (7.4.18) 理解为一个能更好保护图像边缘的 TV- 流的正则化模型.

我们再来考虑小波框架迭代算法[27]

$$\begin{aligned}\boldsymbol{u}^k=&(I-\mu\boldsymbol{A}^{\mathrm{T}}\boldsymbol{A})\boldsymbol{W}^{\mathrm{T}}\boldsymbol{S}_{\boldsymbol{\alpha}^{k-1}}\\&\cdot\Big((1+\gamma^{k-1})\boldsymbol{W}\boldsymbol{u}^{k-1}-\gamma^{k-1}\boldsymbol{W}\boldsymbol{u}^{k-2}\Big)+\mu\boldsymbol{A}^{\mathrm{T}}\boldsymbol{f},\quad k=1,2,\cdots.\end{aligned}\tag{7.4.19}$$

该算法具有优化复杂度 $O(1/k^2)$[144, 145]. 若适当选取参数和小波框架, 迭代算法 (7.4.19) 对应的 PDE 如下:

$$u_{tt}+Cu_t=\sum_{\ell=1}^{L}(-1)^{1+|\boldsymbol{\beta}_\ell|}\frac{\partial^{\boldsymbol{\beta}_\ell}}{\partial\boldsymbol{x}^{\boldsymbol{\beta}_\ell}}\left[g_\ell\Big(u,\frac{\partial^{\boldsymbol{\beta}_1}\boldsymbol{u}}{\partial\boldsymbol{x}^{\boldsymbol{\beta}_1}},\cdots,\frac{\partial^{\boldsymbol{\beta}_L}\boldsymbol{u}}{\partial\boldsymbol{x}^{\boldsymbol{\beta}_L}}\Big)\frac{\partial^{\boldsymbol{\beta}_\ell}}{\partial\boldsymbol{x}^{\boldsymbol{\beta}_\ell}}\boldsymbol{u}\right]-\kappa\boldsymbol{A}^{\mathrm{T}}(\boldsymbol{A}u-f).\tag{7.4.20}$$

该方程可被视作一个抛物与双曲混合偏微分方程, 方程左边的 $u_{tt}$ 项的作用是通过波传导来加速扩散速度使其能更快地达到稳定解, 这个发现与文献 [146] 中提出的加速思想有类似之处. 另外, 在文献 [147] 中也有类似的发现.

4. PDE 诱导的新小波框架迭代算法

小波框架迭代算法往往被认为是一类缺乏几何意义的方法, 通过前文中小波框架迭代算法和微分方程的联系, 我们可以将两者有机地融合在一起, 设计出带有几何意义的小波框架迭代算法. 比如, 我们可以用 Perona-Malik 方程扩散系数来设计一个自适应的软阈值算子, 算法的具体形式如下

$$\boldsymbol{u}^k=(I-\mu\boldsymbol{A}^{\mathrm{T}}\boldsymbol{A})\boldsymbol{W}^{\mathrm{T}}\boldsymbol{T}_{\boldsymbol{\theta}^{k-1}}(\boldsymbol{W}\boldsymbol{u}^{k-1})+\mu\boldsymbol{A}^{\mathrm{T}}\boldsymbol{f},$$

这里 $\boldsymbol{u}^0=\boldsymbol{f}$ 是初始观测数据. 算子 $\boldsymbol{T}_{\boldsymbol{\theta}}$ 是各向同性软阈值算子 (7.4.17), 阈值 $\boldsymbol{\theta}^k$ 的取法如下

$$\boldsymbol{\theta}^{k-1}=\left\{\theta_{l,\ell}(\boldsymbol{W}_{l,1}\boldsymbol{u}^{k-1},\boldsymbol{W}_{l,2}\boldsymbol{u}^{k-1},\cdots,\boldsymbol{W}_{l,L}\boldsymbol{u}^{k-1}):\ 0\leqslant l\leqslant \mathrm{Lev}-1,1\leqslant\ell\leqslant L\right\},$$

这里

$$\theta_{l,\ell}(\xi_1,\xi_2,\cdots,\xi_L)=C_\ell g\Big(\sum_{|\boldsymbol{\beta}_{\ell'}|=|\boldsymbol{\beta}_\ell|}\frac{\xi_{\ell'}^2}{C_{\boldsymbol{\beta}_{\ell'}}^{(\ell')}h^{\boldsymbol{\beta}_{\ell'}}}\Big).$$

函数 $g$ 可以选取 Perona-Malik 方程中的热扩散系数 (Perona-Malik 方程的介绍见 7.3.4 节).

## 7.5　数据驱动稀疏表达

先验信息对于处理和分析复杂的图像数据起着至关重要的作用. 例如, 我们可以合理的假设: 自然图像在适当基函数下具有稀疏表达. 那么基函数如何选取以及稀疏程度的量化将对图像的后续分析和应用起着关键性的作用. 此外, 统计方法也是图像建模的一个重要的工具, 特别是针对一些具有明显随机特征的自然图像. 在贝叶斯理论框架下, 求解图像问题即根据先验分布和风险函数来得到未知图像的后验分布. 贝叶斯框架下, 图像的先验分布往往和图像的稀疏特征有关, 也和图像函数空间有密切相关.

本节我们将从随机方法开始, 介绍如何用贝叶斯反问题来刻画图像恢复问题. 之后, 我们介绍如何通过学习的方式, 从单个数据或数据集学习图像的稀疏表达, 即图像的先验概率. 我们将从经典的字典学习方法开始, 按照历史发展的顺序介绍几种典型的用于图像稀疏表达的基函数的选取和构造方法. 首先是 K-SVD 方法[148] 和数据驱动紧框架 (data-driven tight frame, DDTF) 方法[41], 它们是较为经典的基于数据驱动基函数构造方法, 并且具有当前流行的机器学习表示数据的雏形. 其次介绍近年来得到广泛应用和迅猛发展的基于深层神经网络的稀疏表达方法, 即堆栈式降噪自编码器 (stacked denoising autoencoder, SDA)[66] 和卷积神经网络[64, 65].

### 7.5.1　随机方法

有些图像具有随机特征, 比如在室外环境下的自然图像, 统计方法可能比确定型的方法更有效. 比如, 在图像降噪问题中, 针对观察图像 $f$, 通常有两种随机的元素. 一个是观测图像总是一个干净图像和一些随机噪声的叠加或者扰动. 另外一个方面, 图像 (块) 也可以看作一随机变量, 比如著名的 Geman-Geman 吉布

斯 (Gibbs) 和马尔可夫 (Markov) 随机场模型[59]. 文献 [149], [150] 中的工作是统计模型在各种视觉模式中应用的先驱. 图像随机模型在统计特征理论[60]、学习理论、信号和图像的贝叶斯推断[61]、贝叶斯反问题[62] 等领域都有很重要的应用. 通过将图像空间进行概率和统计的刻画, 特别是在贝叶斯理论框架下, 可以让我们设计不同的正则化和图像估计模型. 另外, 通过引入图像空间的概率模型, 也可以对图像恢复中的结果进行不确定性与风险的量化. 这一节, 我们将简要介绍图像的贝叶斯反问题估计模型.

贝叶斯反问题的主要思想是针对未知反问题的不确定性, 对于某个组成部分引入随机性. 这种随机性可以通过将所有变量模型化为随机变量来表示, 不可逆未知量的定性特征都以先验分布编码为量化语言. 换句话说, 这种分布在进行测量之前, 我们对所有关于未知量重要信息的编码. 另一方面, 后验分布是在收集测试数据之后, 我们对于未知变量进行表示. 贝叶斯公式是先验和后验分布之间的联系. 通过应用这个公式, 从后验分布开始, 我们可以对一些未知数据进行估计, 比如极大后验估计 (maximum a posteiori, MAP) 和条件平均 (conditional mean, CM) 是估计图像的两种方法. 其中 MAP 估计和经典反问题的的正则化方法有密切的联系. 反问题的另一个完全不同的方法是贝叶斯框架. 通过贝叶斯统计反问题理论, 将反问题重新定义为先验知识问题. 通常情况, 这种方法的思路是: 不使用正则化方法, 只是通过删除问题的不适应性, 对产生问题的解进行单点估计, 或者不确定性的量化. 通过贝叶斯方法求得反问题的解是一个概率分布. 进一步这个分布可以用于评估解的可靠性. 基于后验分布函数, 我们也可以量化每个点估计的概率, 研究一些特征超过一定的阈值的概率, 通过条件协方差来估计图像对象的空间像素依赖性、相关性等.

考虑线性观测模型 (7.1.1) 的随机形式:

$$\boldsymbol{f} = \boldsymbol{A}\boldsymbol{u} + \boldsymbol{\eta}, \tag{7.5.1}$$

其中 $\boldsymbol{f}, \boldsymbol{u}, \boldsymbol{\eta}$ 都是随机变量. 我们现在用贝叶斯术语描述我们的图像恢复问题: 给定数据 $\boldsymbol{f}$ 的观测值和其先验概率分布中关于 $\boldsymbol{u}$ 编码的信息, 找到条件概率分布 $\pi_{\text{post}}(\boldsymbol{u}) = \pi(\boldsymbol{u}|\boldsymbol{f})$. 这可以由贝叶斯公式

$$\pi_{\text{post}}(\boldsymbol{u}) = \pi(\boldsymbol{u}|\boldsymbol{f}) = \frac{\pi_{\text{pr}}(\boldsymbol{u})\pi(\boldsymbol{f}|\boldsymbol{u})}{\pi(\boldsymbol{f})}$$

计算得到. 上式中 $\boldsymbol{u} \to \pi_{\text{pr}}(\boldsymbol{u})$ 称为 $\boldsymbol{u}$ 的先验密度. 贝叶斯公式中出现的边际密度 $\pi(\boldsymbol{f})$ 只是归一化常数 (非零), 因此对后验分布没有本质的影响.

在贝叶斯反问题理论中, 选择先验是极其重要的步骤之一, 也是求解过程中最具挑战性的部分. 原因是我们通常只有不明原因的定性概念. 这种定性的概念

可以以许多不同的方式收集. 图像中的先验知识包括但不限于纹理、光强度和边界结构等视觉特征. 例如, 在医学成像中, 研究人员可能有兴趣寻找癌症肿瘤、肿瘤的位置和主要特征可能已知. 研究人员最难的任务就是将这个定性信息转化为分布的定量语言. 设计先验的一般准则是, 先验的本身应该集中在预期的 $\boldsymbol{u}$ 的值上的概率, 高于不期望看到的那些值的概率. 类似稀疏性先验可以通过更一般的高维吉布斯 log 凹函数来实现, 即考虑

$$\pi_{\mathrm{pr}}(\boldsymbol{u}) \propto \exp(-\alpha J(\boldsymbol{u})).$$

比如可以选择全变差先验分布

$$\pi_{\mathrm{pr}}(\boldsymbol{u}) \propto \exp(-\alpha\, \mathrm{TV}(\boldsymbol{u})),$$

其中 $\mathrm{TV}(\boldsymbol{u})$ 是 $\boldsymbol{u}$ 的离散全变差.

显然由贝叶斯公式, 找到后验分布的最简单的方法就是找出 $\boldsymbol{u}$ 合理的先验分布, 计算似然函数, 最后从前一步结果中发掘可行方法来探索后验分布, 或者进行点估计. 比如, 假设噪声 $\boldsymbol{\eta}$ 服从正态分布 $N(0, \Sigma_\eta)$, 那么上面的后验分布可以写成

$$\pi_{\mathrm{post}}(\boldsymbol{u}) \propto \exp\left(-\frac{1}{2}\|\boldsymbol{f} - A\boldsymbol{u}\|^2_{\Sigma_\eta^{-1}} - \alpha J(\boldsymbol{u})\right).$$

最常见的两种点估计方法是极大后验估计和条件平均估计. 给定未知 $\mathcal{R}^N$ 上的随机向量 $U$ 的后验概率密度, 在 $\pi(\boldsymbol{u}|\boldsymbol{f})$ 最大值存在的条件下, 极大后验 (MAP) 估计满足

$$\boldsymbol{u}_{\mathrm{MAP}} = \arg\max \pi_{\mathrm{post}}(\boldsymbol{u}).$$

这就是导出的经典正则化模型:

$$\arg\min \frac{1}{2}\|\boldsymbol{f} - A\boldsymbol{u}\|^2_{\Sigma_\eta^{-1}} + \alpha J(\boldsymbol{u}).$$

这样的最大值在已知数据 $\boldsymbol{f}$ 的条件下, 即使存在也不一定是唯一的. 未知变量 $\boldsymbol{u}$ 另外一种点估计是条件均值估计, 定义为

$$u_{\mathrm{CM}} = E[\boldsymbol{u}|\boldsymbol{f}] = \int \boldsymbol{u} \cdot \pi_{\mathrm{post}}(\boldsymbol{u})\mathrm{d}\boldsymbol{u},$$

求解 CM 估计需要计算高维的积分问题, 比如蒙特卡罗采样方法.

一个自然的问题是两种点估计的比较, 这是一个在贝叶斯反问题领域有争论的问题, 一般认为 CM 估计是所有随机样本的"质量中心", 更符合一般统计估计的工作方式. 理论上, CM 估计是一个最小误差方差的贝叶斯估计子[62], 而 MAP

估计只是一个渐近意义下的贝叶斯估计子. 从计算的角度来讲, MAP 估计更容易得到, CM 估计需要大量的计算, 而且在很多实际应用中, 特别是稀疏性的先验假设下, MAP 的估计可以得到有更锐利边缘的图像[151]. 利用 Bregman 函数定义的贝叶斯风险函数, 文献 [151] 推导出了 MAP 估计是一个有效的贝叶斯估计子. 理论方面, 一些最近的研究[152, 153] 也刻画了 CM 和 MAP 估计在稀疏性先验下的离散不变性等.

### 7.5.2 K-SVD: 基于过完备字典的稀疏表达

近年来, 稀疏表达在图像、信号处理中的应用得到了极为广泛的关注. 如何构造一个字典使得图像信号能够稀疏表达, 是近来的研究热点. 给定一个过完备的字典 (overcomplete dictionary space) $\boldsymbol{D} \in \mathbb{R}^{n\times K}$, 这里 $K$ 为信号元素 (signal-atoms) 的列向量的个数, 并且 $\boldsymbol{D}$ 的逐列表示为 $\{\boldsymbol{d}_j\}_{j=1}^{K}$. 过完备是指基向量的个数大于它们所张成的空间的维数. 对于一个信号 $\boldsymbol{y} \in \mathbb{R}^n$, 可以表示为所选取的这些信号元素的线性组合, 即精确表示

$$\boldsymbol{y} = \boldsymbol{D}\boldsymbol{x}$$

或近似表示为

$$\boldsymbol{y} \approx \boldsymbol{D}\boldsymbol{x},$$

并且满足 $\|\boldsymbol{y} - \boldsymbol{D}\boldsymbol{x}\|_p \leqslant \varepsilon$. 这里 $\boldsymbol{x} \in \mathbb{R}^K$ 为信号 $\boldsymbol{y}$ 的表示系数 (representation coefficients). 在逼近方法中, 常用的偏差 (deviation) 衡量范数是 $\ell_p$- 范数, $p = 1, 2$ 或 $\infty$. 这里我们仅考虑 $p = 2$ 的情形.

如果 $n < K$ 并且 $\boldsymbol{D}$ 为满秩矩阵 (full-rank matrix), 则稀疏逼近问题有无穷多解, 因此必须对解进行限制. 由最少的非零系数表示的解就成为一个较好的选择. 这种最稀疏的表示是如下问题的解, 即

$$(P_0) \quad \min_{\boldsymbol{x}} \|\boldsymbol{x}\|_0, \text{ 使得 } \boldsymbol{y} = \boldsymbol{D}\boldsymbol{x},$$

或

$$(P_{0,\varepsilon}) \quad \min_{\boldsymbol{x}} \|\boldsymbol{x}\|_0, \text{ 使得 } \|\boldsymbol{y} - \boldsymbol{D}\boldsymbol{x}\|_2 \leqslant \varepsilon,$$

这里 $\|\cdot\|_0$ 为 $\ell_0$ 范数, 即向量的非零元的个数.

字典 $\boldsymbol{D}$ 的选取可以是指定的一组基或框架向量, 也可以是从一个给定的样本集中学习提取得到. 对于指定的一个字典变换, 可以有简单快速的算法来评价其稀疏表达的能力. 常见的过完备字典有：小波框架、曲波 (curvelets)、轮廓小波 (contourlets)、短时傅里叶变换 (short-time fourier transforms) 等. 本节我们将介绍

一种基于学习的字典构造方法,它对一些特定信号的稀疏表达比传统的固定字典更有优势.

下面,我们介绍基于 K-SVD 算法的字典构造,并用它来做信号的稀疏表达. 更详细内容可参见 [148]. 该方法可看作是 $K$ 均值 ($K$-means) 方法 [154–156] 的一种推广. 给定样本集 $\boldsymbol{Y}$, 它由样本序列 $\{\boldsymbol{y}_i\}_{i=1}^N$ 构成,对于字典 $\boldsymbol{D}$ 和稀疏表示矩阵 $\boldsymbol{X}$, 均方误差 (MSE) 定义为

$$E=\sum_{i=1}^{N}\boldsymbol{e}_i^2=\|\boldsymbol{Y}-\boldsymbol{D}\boldsymbol{X}\|_F^2, \tag{7.5.2}$$

这里 $\boldsymbol{e}_i^2=\|\boldsymbol{y}_i-\boldsymbol{D}\boldsymbol{x}_i\|_2^2$, $\boldsymbol{y}_i$ 和 $\boldsymbol{x}_i$ 分别为 $\boldsymbol{Y},\boldsymbol{X}$ 的第 $i$ 列向量. $\|A\|_F$ 是标准的 $F$-范数 (Frobenius norm), 定义为 $\|A\|_F=\sqrt{\sum_{i,j}A_{i,j}^2}$. 字典 $\boldsymbol{D}$ 的每一列称为字典元素 (dictionary elements).

找到信号 $\boldsymbol{Y}$ 的最优字典稀疏表达,即为求解如下问题

$$\min_{\boldsymbol{D},\boldsymbol{X}}\|\boldsymbol{Y}-\boldsymbol{D}\boldsymbol{X}\|_F^2 \quad 使得\ \forall i, \|\boldsymbol{x}_i\|_0\leqslant T_0, \tag{7.5.3}$$

稀疏表达矩阵列向量 $\boldsymbol{x}_i$ 非零元个数的上限 $T_0$ 是给定的. 对于优化问题 (7.5.3), 我们采用交替迭代更新字典 $\boldsymbol{D}$ 和稀疏表达矩阵 $\boldsymbol{X}$ 的方法求解.

首先,固定字典 $\boldsymbol{D}$, 求解最优稀疏表达的系数矩阵 $\boldsymbol{X}$. 由于找到真正的最优稀疏表达 $\boldsymbol{X}$ 是一个 NP-hard 问题,我们可以采用近似方法,如追踪方法 (approximation pursuit method). 对于选定的非零元个数限制 $T_0$, 任意一种追踪方法都可以用来求解该优化问题. 常用的追踪方法有贪婪算法 (greedy algorithms) 和基追踪 (basis pursuit)[157]. 其中贪婪算法又包括:匹配追踪 (matching pursuit, MP)[158] 和正交匹配追踪 (orthogonal matching pursuit, OMP)[159–162].

其次,对于求得的稀疏表达矩阵 $\boldsymbol{X}$, 我们要找到一组更好的字典元素. 在更新字典元素的时候,与 $K$ 均值方法类似,每次单独更新一列 $\boldsymbol{d}_k$ 的值,其余的列保持不变,并使得 MSE 的下降最大. 对于当前更新的第 $k$ 列字典元素 $\boldsymbol{d}_k$, 逼近误差为 $\boldsymbol{e}_i=\boldsymbol{y}_i-\boldsymbol{D}\boldsymbol{x}_i$, 整体逼近矩阵为

$$\begin{aligned}\|\boldsymbol{E}\|_F^2&=\|[\boldsymbol{e}_1,\boldsymbol{e}_2,\cdots,\boldsymbol{e}_N]\|_F^2\\&=\left\|\boldsymbol{Y}-\sum_{j=1}^{K}\boldsymbol{d}_j\boldsymbol{x}_T^j\right\|_F^2\\&=\left\|\left(\boldsymbol{Y}-\sum_{j\neq k}\boldsymbol{d}_j\boldsymbol{x}_T^j\right)-\boldsymbol{d}_k\boldsymbol{x}_T^k\right\|_F^2\\&=\|\boldsymbol{E}_k-\boldsymbol{d}_k\boldsymbol{x}_T^k\|_F^2,\end{aligned} \tag{7.5.4}$$

这里 $\boldsymbol{E}_k$ 表示除去第 $k$ 列字典的误差矩阵, $\boldsymbol{x}_T^k$ 表示 $\boldsymbol{X}$ 的第 $k$ 行元素. SVD 可以很方便的找到一个 $\boldsymbol{E}_k$ 的秩 1 近似, 更新 $\boldsymbol{d}_k$ 和 $\boldsymbol{x}_T^k$ 从而将误差 (7.5.4) 降至最小. 然而, 这样做是不对的, 因为字典更新步中没有对稀疏性做限制, 更新的系数 $\boldsymbol{x}_T^k$ 的分量很有可能大多是非零的.

为了解决系数不稀疏的问题, 引入下面一个自然的想法. 定义与字典元素 $\boldsymbol{d}_k$ 有关的稀疏表达系数的非零元指标集 $\boldsymbol{\omega}_k=\{i|1\leqslant i\leqslant N,\boldsymbol{x}_T^k(i)\neq 0\}$. 定义 $\boldsymbol{\Omega}_k=\{(\boldsymbol{\omega}_k(i),j)\}$ 为维数为 $N\times|\omega-k|$ 的约束矩阵, $\boldsymbol{\Omega}_k$ 是维数为 $N\times\boldsymbol{\omega}_k$ 的矩阵, 其中位置 $(\boldsymbol{\omega}_k(i),i)$ 元素为 1, 其余位置为 0. 将原来的第 $k$ 行系数压缩为 $\boldsymbol{x}_R^k=\boldsymbol{x}_T^k\boldsymbol{\Omega}_k$, 也即除去 $\boldsymbol{X}$ 中第 $k$ 行的零分量. 类似地, 样本数据加上限制为 $\boldsymbol{Y}_k^R=\boldsymbol{Y}\boldsymbol{\Omega}_k$, 也即当前更新步中用到字典元素 $\boldsymbol{d}_k$ 的数据, 对应该约束的偏差为 $\boldsymbol{E}_k^R=\boldsymbol{E}_k\boldsymbol{\Omega}_k$. 有了以上这些记号, 第 $k$ 列字典元素的更新则转化为考虑极小化目标函数

$$\|\boldsymbol{E}_k\boldsymbol{\Omega}_k-\boldsymbol{d}_k\boldsymbol{x}_T^k\boldsymbol{\Omega}_k\|_F^2=\|\boldsymbol{E}_k^R-\boldsymbol{d}_k\boldsymbol{x}_R^k\|_F^2.$$

以上模型可以用 SVD 分解算法直接求得最优解. 记偏差矩阵的 SVD 分解 $\boldsymbol{E}_k^R=\boldsymbol{U}\boldsymbol{\Lambda}\boldsymbol{V}^{\mathrm{T}}$. 当前更新的第 $k$ 列字典元素替换为 $\boldsymbol{U}$ 的第一列. 更新有约束的系数矩阵的第 $k$ 行 $\boldsymbol{x}_R^k=\boldsymbol{x}_T^k\boldsymbol{\Omega}_k$ 为 $\boldsymbol{V}$ 的第一列与 $\boldsymbol{\Lambda}(1,1)$ 的乘积. K-SVD 算法的详细描述参见原文 [148].

数值实验表明, K-SVD 方法在像素填充和图片压缩问题中得到了更好的效果 ([164, Section IV]). 在图像降噪问题中[163], K-SVD 方法也明显地比传统的固定基函数的效果要好, 然而其计算过程中用到的贪婪算法和正交匹配追踪算法的计算复杂度较高, 并且算法的稳定性和最优性讨论尚不能得到精细的刻画.

### 7.5.3 数据驱动的紧框架构造

本节我们将介绍数据驱动的紧框架[41] 的构造和稀疏表达. 它与 K-SVD 有诸多相似之处, 两者都是为了构造一组基函数来稀疏表达图像. 主要差别在于, 数据驱动的紧框架算子的列是单位正交的, 并且具有卷积结构. 因此在数值计算中, DDTF 字典比传统基于过完备字典的方法 (例如, K-SVD) 处理图像信号的效率更高, 并且稳定性更好.

给定一幅图像 $\boldsymbol{g}$, DDTF 的基本思想是找一组有限长的滤波器 $\{\boldsymbol{a}_i\}_{i=1}^m$ 使得对应的线性变 $\boldsymbol{W}(\boldsymbol{a}_1,\cdots,\boldsymbol{a}_m)$ 满足紧框架的完美重构性质, 即 $\boldsymbol{W}^{\mathrm{T}}\boldsymbol{W}=\boldsymbol{I}$, 并且能够稀疏逼近图像 $\boldsymbol{g}$. 给定一个滤波器 $\boldsymbol{a}\in\ell_2(\mathbb{Z})$, 定义线性卷积算子 $\mathcal{S}_{\boldsymbol{a}}:\ell_2(\mathbb{Z})\to\ell_2(\mathbb{Z})$ 为如下形式

$$[\mathcal{S}_{\boldsymbol{a}}\boldsymbol{v}](n):=[\boldsymbol{a}*\boldsymbol{v}](n)=\sum_{k\in\mathbb{Z}}\boldsymbol{a}(n-k)\boldsymbol{v}(k),\quad\forall\boldsymbol{v}\in\ell_2(\mathbb{Z}).$$

对于一组给定的滤波器 $\{\boldsymbol{a}_i\}_{i=1}^m$, 算子 $\boldsymbol{W}$ 定义为

$$\boldsymbol{W} = [\mathcal{S}_{\boldsymbol{a}_1(-\cdot)}^{\mathrm{T}}, \mathcal{S}_{\boldsymbol{a}_2(-\cdot)}^{\mathrm{T}}, \cdots, \mathcal{S}_{\boldsymbol{a}_m(-\cdot)}^{\mathrm{T}}]^{\mathrm{T}},$$

对应的伴随算子 $\boldsymbol{W}^{\mathrm{T}}$ 定义为

$$\boldsymbol{W}^{\mathrm{T}} = [\mathcal{S}_{\boldsymbol{a}_1}, \mathcal{S}_{\boldsymbol{a}_2}, \cdots, \mathcal{S}_{\boldsymbol{a}_m}].$$

为了让紧框架 $\boldsymbol{W}$ 稀疏逼近图片 $\boldsymbol{g}$, 考虑如下优化问题

$$\min_{\boldsymbol{v}, \{\boldsymbol{a}_i\}_{i=1}^m} \|\boldsymbol{v} - \boldsymbol{W}(\boldsymbol{a}_1, \cdots, \boldsymbol{a}_m)\boldsymbol{g}\|_2^2 + \lambda^2 \|\boldsymbol{v}\|_0. \tag{7.5.5}$$

$\boldsymbol{v}$ 是图像 $\boldsymbol{g}$ 在 $\boldsymbol{W}$ 下的系数. 该优化问题可以通过交替迭代来求解, 即

(1) 给定 $\{\boldsymbol{a}_i^{(k)}\}_{i=1}^m$, 求解模型 (7.5.5) 中关于 $\boldsymbol{v}$ 的子问题得到最优解 $\boldsymbol{v}^{(k+1)}$, 即求解

$$\boldsymbol{v}^{(k+1)} = \arg\min_{\boldsymbol{v}} \|\boldsymbol{v} - \boldsymbol{W}^{(k)}\boldsymbol{g}\|_2^2 + \lambda^2 \|\boldsymbol{v}\|_0, \tag{7.5.6}$$

其中 $\boldsymbol{W}^{(k)} = \boldsymbol{W}(\boldsymbol{a}_1^{(k)}, \cdots, \boldsymbol{a}_m^{(k)})$.

(2) 由上一步获得的系数 $\boldsymbol{v}^{(k+1)}$, 更新紧框架的滤波器系数, 即求解以下子优化问题:

$$\{\boldsymbol{a}_i^{(k+1)}\}_{i=1}^m = \arg\min_{\{\boldsymbol{a}_i\}_{i=1}^m} \|\boldsymbol{v}^{(k)} - \boldsymbol{W}\boldsymbol{g}\|_2^2, \quad \text{使得} \quad \boldsymbol{W}^{\mathrm{T}}\boldsymbol{W} = \boldsymbol{I}_N, \tag{7.5.7}$$

以上两步骤经过 $K$ 次迭代, 得到对应于给定图像信号 $\boldsymbol{g}$ 的一组紧框架小波

$$\boldsymbol{W}^{(K)} = \boldsymbol{W}(\boldsymbol{a}_1^K, \cdots, \boldsymbol{a}_m^K).$$

对于前一个子问题, 可以通过硬阈值 (形如 (7.2.14)) 求得最优解; 对于后一个子问题, 由于 $\boldsymbol{W}$ 的特殊形式, 可以通过奇异值分解 (SVD) 求得最优解. 这里, 我们主要讨论第二个子问题 (7.5.7) 的求解.

子问题 (7.5.7) 是一个约束优化问题, 约束条件为 $\boldsymbol{W}^{\mathrm{T}}\boldsymbol{W} = \boldsymbol{I}$. 由于 $\boldsymbol{W}$ 的卷积结构, 且当滤波器的个数等于滤波器的尺寸, 即 $m = r^2$ 时, 我们可以把原优化问题简化. 将图像 $\boldsymbol{g}$ 关于紧框架小波变换 $\boldsymbol{W}^{(k)}$ 的表示系数 $\boldsymbol{v}^{(k)}$ 分割为 $r^2$ 个长度为 $N$ 的短向量, 记为 $\boldsymbol{v}^{(k),i} \in \mathbb{R}^{N\times 1}, i = 1, 2, \cdots, r^2$. 因此 (7.5.7) 中的目标函数可以改写为

$$\|\boldsymbol{v}^{(k)} - \boldsymbol{W}\boldsymbol{g}\|_2^2 = \sum_{n=1}^{N}\sum_{i=1}^{r^2} \|\boldsymbol{v}^{(k),i}(n) - [\mathcal{S}_{\boldsymbol{a}_i(-\cdot)}\boldsymbol{g}](n)\|_2^2.$$

方便起见, 将一个 2-D 滤波器 $\boldsymbol{a}_i \in \mathbb{R}^{r\times r}$ 逐列拼接为一个向量记为 $\tilde{\boldsymbol{a}}_i$. 把图片 $\boldsymbol{g}$ 分割成 $N$ 个尺寸为 $r\times r$ 的小图块 (patch) $\boldsymbol{g}_n$, 并将小图片逐列拼接成向量, 记为 $\tilde{\boldsymbol{g}}_j \in \mathbb{R}^{r^2\times 1}, 1\leqslant j\leqslant N$. 由于卷积算子具有可交换性 (commutative), 则有

$$[\mathcal{S}_{\boldsymbol{a}_i(-\cdot)}\boldsymbol{g}](n) = [\mathcal{S}_{\boldsymbol{g}(-\cdot)}\tilde{\boldsymbol{a}}_i](n) = \tilde{\boldsymbol{g}}_n^{\mathrm{T}}\tilde{\boldsymbol{a}}_i = \tilde{\boldsymbol{a}}_i^{\mathrm{T}}\tilde{\boldsymbol{g}}_i, \quad 1\leqslant n\leqslant N.$$

这里 $\tilde{\boldsymbol{g}}_n$ 表示 $\mathcal{S}_{\boldsymbol{g}(-\cdot)}$ 的第 $n$ 行的转置. 令 $\tilde{\boldsymbol{v}}_n = (\boldsymbol{v}^{(k),1}(n), \boldsymbol{v}^{(k),2}(n), \cdots, \boldsymbol{v}^{(k),r^2}(n))^{\mathrm{T}}$, $1\leqslant n\leqslant N$, 定义如下记号

$$\begin{cases} \boldsymbol{V} = (\tilde{\boldsymbol{v}}_1, \tilde{\boldsymbol{v}}_2, \cdots, \tilde{\boldsymbol{v}}_N) \in \mathbb{R}^{r^2\times N}, \\ \boldsymbol{G} = (\tilde{\boldsymbol{g}}_1, \tilde{\boldsymbol{g}}_2, \cdots, \tilde{\boldsymbol{g}}_N) \in \mathbb{R}^{r^2\times N}, \\ \boldsymbol{A} = (\tilde{\boldsymbol{a}}_1, \tilde{\boldsymbol{a}}_2, \cdots, \tilde{\boldsymbol{a}}_{r^2}) \in \mathbb{R}^{r^2\times r^2}, \end{cases} \tag{7.5.8}$$

由此可得

$$\begin{aligned} \|\boldsymbol{v}^{(k)} - \boldsymbol{W}\boldsymbol{g}\|_2^2 &= \sum_{n=1}^{N} \|\tilde{\boldsymbol{v}}_n - \boldsymbol{A}^{\mathrm{T}}\tilde{\boldsymbol{g}}_n\|_2^2 \\ &= \mathrm{Tr}(\boldsymbol{V}^{\mathrm{T}}\boldsymbol{V}) + \frac{1}{r^2}\mathrm{Tr}(\boldsymbol{G}^{\mathrm{T}}\boldsymbol{G}) - 2\mathrm{Tr}(\boldsymbol{A}\boldsymbol{V}\boldsymbol{G}^{\mathrm{T}}), \end{aligned} \tag{7.5.9}$$

这里 $\mathrm{Tr}(\cdot)$ 表示求矩阵的迹 (trace). 因此关于 $\boldsymbol{W}$ 的子问题转化为如下

$$\max_{\boldsymbol{A}} \mathrm{Tr}(\boldsymbol{A}\boldsymbol{V}\boldsymbol{G}^{\mathrm{T}}) \quad 使得\ \boldsymbol{A}^{\mathrm{T}}\boldsymbol{A} = \frac{1}{r^2}\boldsymbol{I}_{r^2}. \tag{7.5.10}$$

依据下面的命题定理可立即得到 (7.5.10) 的解.

**定理7.5.1** [164] *设 $\boldsymbol{B}, \boldsymbol{C} \in \mathbb{R}^{m\times r}$ 并且 $\mathrm{rank}(\boldsymbol{B}) = r$. 考虑约束最优化问题*

$$\boldsymbol{B}_* = \arg\max_{\boldsymbol{B}} \mathrm{Tr}(\boldsymbol{B}^{\mathrm{T}}\boldsymbol{C}), \quad 使得\ \boldsymbol{B}^{\mathrm{T}}\boldsymbol{B} = \boldsymbol{I}_r.$$

*假设 $\boldsymbol{C}$ 的 SVD 分解为 $\boldsymbol{C} = \boldsymbol{X}\boldsymbol{\Lambda}\boldsymbol{Y}^{\mathrm{T}}$, 则有 $\boldsymbol{B}_* = \boldsymbol{X}\boldsymbol{Y}^{\mathrm{T}}$.*

记 $\boldsymbol{V}\boldsymbol{G}^{\mathrm{T}}$ 的 SVD 分解为 $\boldsymbol{V}\boldsymbol{G}^{\mathrm{T}} = \boldsymbol{X}\boldsymbol{\Lambda}\boldsymbol{Y}^{\mathrm{T}}$, 根据以上定理, 可得 (7.5.10) 的解为

$$\boldsymbol{A}_* = \frac{1}{r}(\boldsymbol{X}\boldsymbol{Y}^{\mathrm{T}})^{\mathrm{T}} = \frac{1}{r}\boldsymbol{Y}\boldsymbol{X}^{\mathrm{T}}.$$

也即是说, 滤波器 $\tilde{\boldsymbol{a}}_i$ 为矩阵 $\boldsymbol{A}_*$ 的第 $i$ 列.

综上所述, 自适应于给定数据 $\boldsymbol{g}$ 的紧框架小波的构造方法可以写成下面优化问题

$$(\boldsymbol{v}, \{\boldsymbol{a}_i^*\}_{i=1}^{r^2}) = \arg\min\nolimits_{\boldsymbol{v}, \{\boldsymbol{a}_i\}_{i=1}^{r^2}} \|\boldsymbol{v} - \boldsymbol{W}(\boldsymbol{a}_1, \cdots, \boldsymbol{a}_{r^2})\boldsymbol{g}\|_2^2 + \lambda^2\|\boldsymbol{v}\|_0, \tag{7.5.11}$$

使得

$$\langle \boldsymbol{a}_i, \boldsymbol{a}_j \rangle = \frac{1}{r^2}\boldsymbol{\delta}_{i-j,0}, 1\leqslant i,j\leqslant r^2. \tag{7.5.12}$$

总结以上讨论, 对给定图像, 可以得到自适应的紧框架小波构造算法.

**算法 1**　DDTF 构造算法

1: 输入：有噪声的图像 $\boldsymbol{g}$.
2: 输出：由滤波器 $\{\boldsymbol{a}_i^K\}_{i=1}^{r^2}$ 生成的离散紧框架小波 $\boldsymbol{W}^{\mathrm{T}}$.
3: **主要迭代构造步骤**.
　(I) 取已有的紧框架小波滤波器作为初始化.
　(II) **for** $k=0,1,\cdots,\mathrm{K}$ **do**
　　(a) 根据 $\{\boldsymbol{a}_i^{(k)}\}_{i=1}^{r^2}$, 定义 $\boldsymbol{W}^{(k)}$.
　　(b) 设 $\boldsymbol{v}^{(k)}=T_\lambda(\boldsymbol{W}^{(k)}\boldsymbol{g})$, 这里 $T_\lambda(\cdot)$ 是硬阈值算子 (7.2.14).
　　(c) 构造形如 (7.5.8) 的矩阵 $\boldsymbol{V},\boldsymbol{G}$.
　　(d) 对 $\boldsymbol{V}\boldsymbol{G}^{\mathrm{T}}$ 作 SVD 分解, 记为 $\boldsymbol{V}\boldsymbol{G}^{\mathrm{T}}=\boldsymbol{X}\boldsymbol{\Lambda}\boldsymbol{Y}^{\mathrm{T}}$.
　　(e) 取滤波器 $\boldsymbol{a}_i^{(k+1)}$ 为矩阵 $\boldsymbol{A}^{(k+1)}=\dfrac{1}{r}\boldsymbol{Y}\boldsymbol{X}^{\mathrm{T}}$ 的第 $i$ 列.
　(III) 输出：$\{\boldsymbol{a}_i^{(K)}\}_{i=1}^{r^2}$

数值实验表明, 数据驱动的紧框架小波构造不仅能稀疏的表示图像, 同时在重建时能保持图像的正则性. 文献 [41, Section 7.4] 中的数值结果表明, 由 DDTF 算法构造的紧框架比传统地固定的紧框架更好地稀疏逼近给定的图像. 与前一节介绍的 K-SVD 方法相比, DDTF 能够得到与 K-SVD 类似的降噪效果, 而且在计算效率和算法稳定性方面明显优于 K-SVD 算法. 计算效率方面的优势主要是因为 $\boldsymbol{W}$ 的特殊结构使得我们不需要对庞大的矩阵 $\boldsymbol{W}$ 进行 SVD, 而仅需对远远小于 $\boldsymbol{W}$ 的矩阵 $\boldsymbol{V}\boldsymbol{G}^{\mathrm{T}}$ 做 SVD. 更好的稳定性是因为 DDTF 的约束 $\boldsymbol{W}^{\mathrm{T}}\boldsymbol{W}=\boldsymbol{I}$, 使得学习出来的 $\boldsymbol{W}$ 自动就是一个紧框架, 然而 K-SVD 并不总能保证 $\boldsymbol{W}$ 的完备性.

### 7.5.4　用深层神经网络进行图像降噪和修补

近年来人们提出了多种图像降噪的方法, 主要可以分为两大类：一类是将图像信号转换到另一个域内使得噪声更容易被分离, 例如, 小波域; 另一类是直接在图像域内提取统计特征, 例如, (线性) 稀疏编码技术, 它通过过完备字典的稀疏线性组合来重建图像. 稀疏编码模型在图像修补问题中表现不错, 它是一种浅层的线性结构. 然而随着图像数据量的迅速增加, 计算能力的大幅提升, 尤其是 GPU 的广泛使用, 使得我们可以针对某个图像数据集, 学习出复杂的非线性稀疏表达, 其中代表性的非线性稀疏表达就是深层神经网络[64]. 最近的研究表明, 非线性的深层模型对图像修补问题表现得比传统方法更好[165].

在文献 [166] 中, 作者利用降噪稀疏自编码器[66] 来解决图像降噪和修补问题. 以下我们先简单回顾一下降噪自编码器 (DA). DA 是一个两层的神经网络, 结构如图 8(a) 所示. 一系列 DA 堆叠起来得到一个深层网络叫做栈式降噪自编码器

(SDA). SDA 通过将当前隐层的激活 (activation, 即隐层输出) 作为下一层的输入来实现, 它被广泛用于无监督预训练和特征学习[66]. 如文献 [66] 中所述, SDA 的成功的关键是"冗余性", 使得训练出的非线性表达对处理带噪声的图像问题更加稳健.

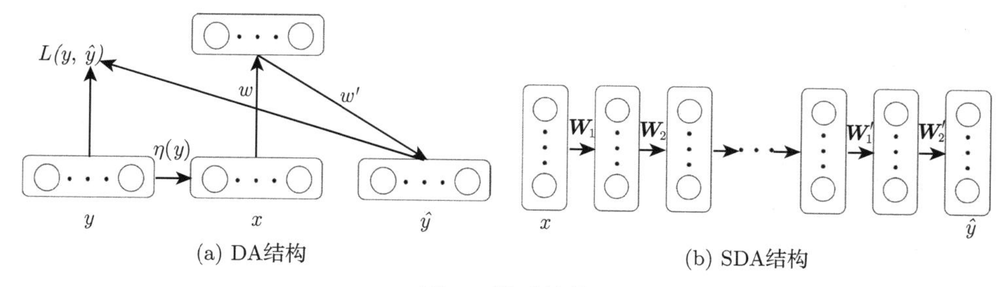

(a) DA结构 (b) SDA结构

图 8 模型结构

下面, 我们来讨论如何用 DA 来进行图像降噪和修补. 假设 $\boldsymbol{x}$ 是观测的噪声图像, $\boldsymbol{y}$ 是原始图像, 记图像损坏过程为

$$\boldsymbol{x} = \eta(\boldsymbol{y}),$$

其中 $\eta : \mathbb{R}^n \to \mathbb{R}^n$ 是一个任意的损坏过程. 图像降噪和修补的目标是

$$f = \arg\min_{f} \boldsymbol{E}_{\boldsymbol{y}} \|f(\boldsymbol{x}) - \boldsymbol{y}\|_2^2.$$

换言之, 我们的目标是用函数 $f$ 来逼近 $\eta^{-1}$.

设 $\boldsymbol{y}_i$ 是原始数据 $(i = 1, 2, \cdots, N)$, $\boldsymbol{x}_i$ 是对应的噪声图像, 即 $\boldsymbol{x}_i = \eta(\boldsymbol{y}_i)$. DA 定义如下 (图 8(a)):

$$\begin{aligned}\boldsymbol{h}(\boldsymbol{x}_i) =& \sigma(\boldsymbol{W}\boldsymbol{x}_i + \boldsymbol{B}),\\ \hat{\boldsymbol{y}}(\boldsymbol{x}_i) =& \sigma(\boldsymbol{W}'\boldsymbol{h}(\boldsymbol{x}_i) + \boldsymbol{B}'),\end{aligned}$$

其中 $\sigma(x) = (1 + \exp(-x))^{-1}$ 是 sigmoid 激活函数, $\boldsymbol{h_i}$ 是隐层激活, $\hat{\boldsymbol{y}}(\boldsymbol{x}_i)$ 是 $\boldsymbol{y}_i$ 的逼近. 记 $\boldsymbol{\theta} = \{\boldsymbol{W}, \boldsymbol{B}, \boldsymbol{W}', \boldsymbol{B}'\}$ 表示权重和偏差. 通常可以选取各种优化方法来训练 DA, 从而极小化损失函数:

$$\boldsymbol{\theta} = \arg\min_{\boldsymbol{\theta}} L(\boldsymbol{y}, \hat{\boldsymbol{y}}),$$

其中损失函数

$$L(\boldsymbol{y}, \hat{\boldsymbol{y}}) = \sum_{i=1}^{N} \|\boldsymbol{y}_i - \hat{\boldsymbol{y}}(\boldsymbol{x}_i)\|.$$

在训练完一个 DA 之后, 可以用隐层的激活作为输入来训练下一层, 即 SDA (图 8(b)).

为了将稀疏编码和 SDA 的优点结合在一起, 文献 [167] 提出了栈式稀疏降噪自编码器 (stacked sparse denoising auto-encoder, SSDA), 即在训练 DA 时使用如下带有稀疏诱导 (sparsity-inducing) 正则化的损失函数:

$$L_1(\boldsymbol{X},\boldsymbol{Y};\boldsymbol{\theta})=\frac{1}{N}\sum_{i=1}^{N}\frac{1}{2}\|\boldsymbol{y}_i-\hat{\boldsymbol{y}}(\boldsymbol{x}_i)\|_2^2+\beta\mathrm{KL}(\hat{\boldsymbol{\rho}}|\rho)+\frac{\lambda}{2}(\|\boldsymbol{W}\|_F^2+\|\boldsymbol{W}'\|_F^2),\quad(7.5.13)$$

其中

$$\mathrm{KL}(\hat{\boldsymbol{\rho}}|\rho)=\sum_{j=1}^{|\hat{\rho}|}\rho\log\frac{\rho}{\hat{\rho}_j}+(1-\rho)\log\frac{1-\rho}{1-\hat{\rho}_j},\quad \hat{\rho}=\frac{1}{N}\sum_{i=1}^{N}\boldsymbol{h}(\boldsymbol{x}_i),\qquad(7.5.14)$$

这里 $\hat{\boldsymbol{\rho}}$ 是隐层激活的平均. 通过选取小的 $\rho$ 使得 KL 散度项让隐层的平均激活单元变小, 从而隐层单元大部分时候是 0, 达到稀疏的目的.

整个训练过程分为预训练和微调 (fine-tuning)两个步骤. 预训练是对 SSDA 的每一个 DA 进行递归式训练: 在训练完第一个 DA 后, 用 $\boldsymbol{h}(\boldsymbol{y}_i)$ 和 $\boldsymbol{h}(\boldsymbol{x}_i)$ 分别作为干净的和噪声的第二层 DA 的输入, 如此类推. 在完成 $K$ 个 DA 的训练后, 以这些 DA 的权重来作为神经网络的初始化, 此时网络有 1 个输入层、1 个输出层和 $2K-1$ 个隐层, 如图 8(b) 所示. 然后, 对整个网络用标准的反向传播 (back-propagation, BP) 算法进行微调, 极小化如下的损失函数:

$$L_2(\boldsymbol{X},\boldsymbol{Y};\theta)=\frac{1}{N}\sum_{i=1}^{N}\frac{1}{2}\|\boldsymbol{y}_i-\boldsymbol{y}(\boldsymbol{x}_i)\|_2^2+\frac{\lambda}{2}\sum_{j=1}^{2K}\|\boldsymbol{W}_j\|_F^2,\qquad(7.5.15)$$

在预训练和微调过程中, 损失函数都用 $L$-BFGS 来优化, 它能够在当前问题设置下快速收敛. 关于该方法在实际降噪和修复问题中的效果, 可以查阅文献 [166] 的数值结果部分. SSDA 的核心思想是在 SDA 的非线性冗余性的基础上引入稀疏性, 从而得到图像的更加高效的非线性稀疏表达. 这个思想与前面讲的小波框架降噪十分类似, 区别在于 SSDA 是非线性稀疏表达, 而小波框架是线性的.

### 7.5.5 用深层卷积神经网络实现图像超分辨

深度学习[64, 167], 特别是卷积神经网络 (CNN)[65, 168] 在许多应用领域, 比如计算机视觉、信号与图像处理、医疗影像分析等领域取得了突破性的成果. CNN 是全连通网络的一种简化, 对于含有局部和全局结构特征的数据 (如图像和视频) 尤其有效. CNN 是一个前馈网络, 由多个非线性隐层组成, 每一个隐层的输出是下一个隐层的输入, 从而达到对复杂决策函数或映射的逼近. 通常每一个隐层都由三个步骤组成: ①将信号与一系列待学习的滤波器进行卷积, 得到特征图 (feature map); ②进行点点的非线性映射 (激活函数), 从而提取图像数据的稀疏特征; ③对

输出进行下采样 (比如池化 pooling 或选取大于 1 的 stride) 来降低输出的维数. 这里, ① 和② 的目的是通过各种滤波器结合激活函数来提取信号的稀疏特征; ③ 是保证整个网络提取的特征具有多尺度结构 (越深层, 提取的越是更加全局的特征). 因此, CNN 与小波框架的多尺度系统有很多相似之处. 不同点是 CNN 是非线性的, 而且滤波器都是通过数据训练得到的.

单图像超分辨 (super-resolution, SR)[169] 的目标是从一张低分辨图像恢复高分辨图像, 它是计算机视觉的一个经典问题. 这个问题的求解是病态的, 对给定的低分辨图像存在很多解, 它是一个欠定的反问题. 在文献 [170] 中, 作者提出了基于字典学习的方法与一个深层 CNN 是等价的. 基于这个事实, 作者考虑一个直接学习低和高分辨图像之间端对端映射 (end-to-end mapping) 的 CNN. 端对端方法与现有的方法最大的区别在于, 它没有明确地学习字典或者小图块空间 (patch space), 而是把类似过程放在隐层中. 所以, 整个 SR 过程都可以训练的. 这个方法称为超分辨卷积神经网络 (SRCNN). 它有如下三点吸引人的性质：第一, 它的结构简单却有和最先进的方法相当的效果; 第二, 实际应用运行速度更快; 第三, 当有更多数据或者网络更复杂, SR 效果能进一步提高.

下面, 我们介绍一下 SRCNN, 更多细节请参考 [170]. 给定一张低分辨图像, 对它做预处理, 用双三次插值将其增大到所需要尺寸, 记插值后的图像为 $\boldsymbol{Y}$. 我们的目标是从 $\boldsymbol{Y}$ 得到与真实的高分辨图像 $\boldsymbol{X}$ 足够近似的高分辨图像 $F(\boldsymbol{Y})$. 为了方便记号, 仍然把 $\boldsymbol{Y}$ 叫做低分辨图像. 本节介绍的方法是用 CNN 去学习映射 $F$. 这一方法主要有 3 个操作:

(1) 小图块提取和表示：从 $\boldsymbol{Y}$ 中提取出重叠的小图块, 表示成向量, 再对向量做特征图谱分解. 这里选取的小图块总数与 $\boldsymbol{Y}$的维数相同.

(2) 非线性映射：把高维向量非线性地映射成另一个高维向量. 每一个向量表示一个高分辨率的小图块, 并且这些向量包含其他的特征映射.

(3) 重建：将高分辨的小图块聚合成最终的高分辨图像, 期望得到的高分辨图像与真实高分辨图像近似.

综合以上操作, 可以整合成一个 CNN, 如图 9 所示.

在图像修复中, 一种流行的策略是密集地提取小图块并用已训练好的基表示. 这等价于用一组滤波器去对图像做卷积, 每个滤波器就是一个基. 本节提出将基的优化包含在网络的优化中. 形式上, 给出如下形式的操作 $F_1$

$$F_1(\boldsymbol{Y}) = \max\{0, \boldsymbol{W}_1 * \boldsymbol{Y} + \boldsymbol{B}_1\},$$

其中 $\boldsymbol{W}_1$ 和 $\boldsymbol{B}_1$ 分别是滤波器和偏差, “$*$”是卷积运算符. 这里 $\boldsymbol{W}_1$ 相当于 $n_1$ 个 $c \times f_1 \times f_1$ 的滤波器, 其中 $c$ 是输入图像的通道数, $f_1$ 是滤波器的空间大小. 直观

地, $\boldsymbol{W}_1$ 对图像做了 $n_1$ 次卷积, 每次采用的卷积核尺寸是 $c \times f_1 \times f_1$. 输出由 $n_1$ 个特征组成. $\boldsymbol{B}_1$ 是一个 $n_1$ 维的向量, 每一个元素对应一个滤波器的偏差.

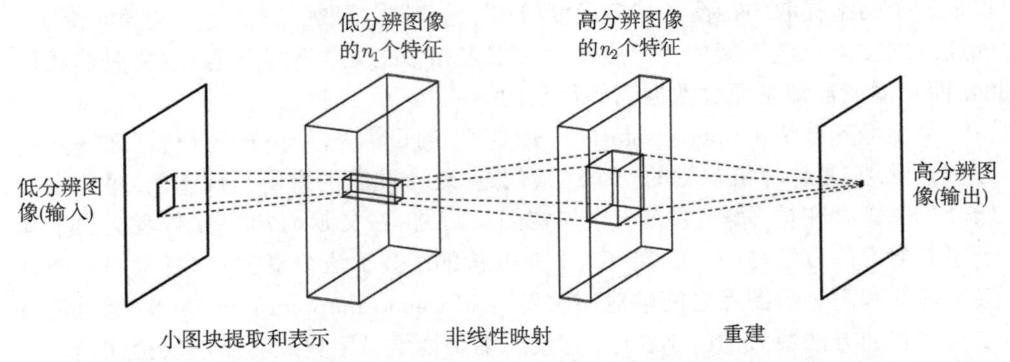


图 9　给一个低分辨图像 $\boldsymbol{Y}$, SRCNN 的第一个卷积层提取特征集. 第二层将这些特征非线性地映射到高分辨的小图块表示. 最后一层用空间邻居产生高分辨图像 $F(\boldsymbol{Y})$

第一层对每个小图块提取了 $n_1$ 个特征. 在第二层中, 将每个 $n_1$ 维向量映射到 $n_2$ 维. 具体操作是

$$F_2(\boldsymbol{Y}) = \max\{0, \boldsymbol{W}_2 * F_1(\boldsymbol{Y}) + \boldsymbol{B}_2\},$$

这里 $\boldsymbol{W}_2$ 包含 $n_2$ 个大小为 $n_1 \times f_2 \times f_2$ 的滤波器, $\boldsymbol{B}_2$ 是 $n_2$ 维向量. 每一个输出是 $n_2$ 维向量, 也即高分辨小图块的表示, 用来重建图像. 类似地可以添加更多的卷积层来增加非线性性, 但是这样会增加模型的复杂度, 并且需要更多的训练时间.

在传统的方法中, 通常对重叠的高分辨小图块做平均得到最终的整个图像, 这种操作可以看作是在特征图谱上预定义的滤波器. 受此启发, 可以定义如下卷积层来得到最终的高分辨图像

$$F(\boldsymbol{Y}) = \boldsymbol{W}_3 * F_2(\boldsymbol{Y}) + \boldsymbol{B}_3,$$

这里 $\boldsymbol{W}_3$ 是 $c$ 个大小为 $n_2 \times f_3 \times f_3$ 的滤波器, $\boldsymbol{B}_3$ 是 $c$ 维向量. 如果高分辨小图块是在图像域里表示, 理想的滤波器是做平均; 如果在变换域, 理想的 $\boldsymbol{W}_3$ 把系数作用到图像域上再平均. 无论哪种操作, $\boldsymbol{W}_3$ 都是一组线性滤波器.

有趣的是, 尽管上述 3 个操作是出于不同的动机, 但它们都可以归结为卷积层, 把 3 个操作放在一起形成了一个 CNN, 如图 9 所示. 在这个模型中, 所有权重和偏差同时被优化. 基于稀疏编码的 SR 方法可以看作 CNN, 如图 10 所示.

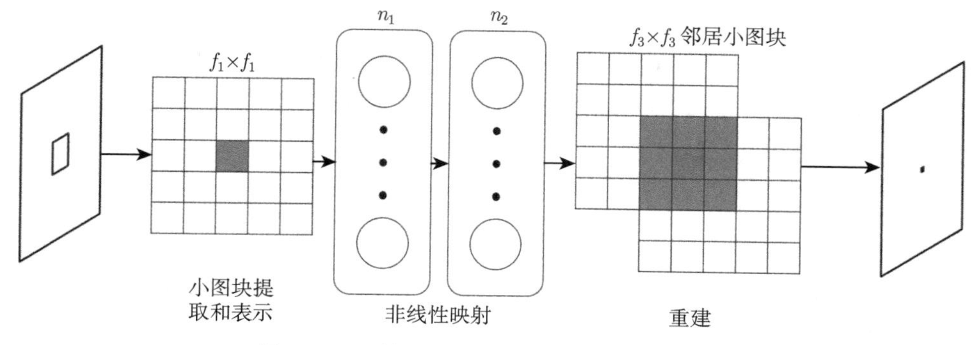


图 10 SR 的稀疏编码方法 ——CNN 构架

在稀疏编码方法中, 考虑从输入图像中抽取出来的一个 $f_1 \times f_1$ 的低分辨小图块. 稀疏编码求解器首先将小图块映射到字典中. 如果字典的大小是 $n_1$, 这就等价于将 $n_1$ 个 $f_1 \times f_1$ 的滤波器作用到输入的图像上. 如图 11 左边部分所示.

接下来稀疏编码求解器开始迭代处理 $n_1$ 个系数, 输出 $n_2$ 个系数, 通常在稀疏编码法中会取 $n_2 = n_1$. 这 $n_2$ 个系数就是高分辨小图块的稀疏表达. 从这个意义上说, 稀疏编码求解器相当于一个特殊的非线性映射操作, 空间大小是 $1 \times 1$, 如图 11 中间部分所示. 然而, 稀疏编码求解器不是前馈的, 即它是一个迭代算法. 相反, 本节介绍的非线性映射是前馈的, 可以被高效率地训练. 如果设置 $f_2 = 1$, 那么非线性操作可以看做逐像素的全连通层.

上面的 $n_2$ 个系数被投影到另一个高分辨的字典中来产生高分辨的小图块, 重叠的小图块做平均. 这等价于在 $n_2$ 个特征图谱中进行卷积. 如果用于重建的高分辨小图块的大小是 $f_3 \times f_3$ 的, 那么线性滤波器同样取为 $f_3 \times f_3$ 的大小, 如图 11 右边所示.

以上讨论说明基于稀疏编码的 SR 方法可以看做 CNN, 但它并没有考虑所有操作的优化. 相反, 本节将介绍的 CNN 方法中, 低分辨字典、高分辨字典、非线性映射, 以及特征提取和平均, 都包含在滤波器中进行优化. 所以这里提出的方法是对包含了所有操作的端对端映射的优化.

学习一个端对端映射函数 $F$ 要对神经网络参数 $\boldsymbol{\theta} = \{\boldsymbol{W}_1, \boldsymbol{W}_2, \boldsymbol{W}_3, \boldsymbol{B}_1, \boldsymbol{B}_2, \boldsymbol{B}_3\}$ 进行估计, 这由极小化重建图像 $F(\boldsymbol{Y};\boldsymbol{\theta})$ 和对应的真实高分辨图像函数环境 X 之间的损失来实现. 给定一组高分辨图像 $\{\boldsymbol{X}_i\}$ 和对应的低分辨图像 $\{\boldsymbol{Y}_i\}$, 把如下定义的均方误差当作损失函数:

$$L(\boldsymbol{\theta}) = \frac{1}{n}\sum_{i=1}^{n}\|F(\boldsymbol{Y}_i;\boldsymbol{\theta}) - \boldsymbol{X}_i\|^2,$$

其中 $n$ 是训练样本数. 用 MSE 作为损失函数能得到好的 PSNR. CNN 也可以采

用其他损失函数, 比如 SSIM、MSSIM 等. 本节提出的模型可以灵活地转换去适应新的度量, 而这样的灵活性是传统人工方法很难实现的. 损失函数 $L(\boldsymbol{\theta})$ 的优化是采用随机梯度法 (SGD) 和标准的反向传播来实现的. 数值实验的细节及数值结果可以参看原文.

## 参 考 文 献


[1] Gröchenig K. Foundations of Time-Frequency Analysis. Springer Sciencet Business Mediallc: Birkhauser, 2001.

[2] Mallat S. A Wavelet Tour of Signal Processing: The Sparse Way. New York: Academic press, 2008.

[3] Tikhonov A, Arsenin V, John F. Solutions of Ill-Posed Problems. VH Winston Washington, DC, 1977.

[4] Bell J B, Tikhonov A N, Arsenin V Y. Solutions of ill-posed problems. Mathematics of Computation, 1977, 32 (144): 1320

[5] Jaffard S. Pointwise smoothness, two-microlocalization and wavelet coefficients. Publicacions Matematiques, 1991, 35(1): 155–168.

[6] Jaffard S, Meyer Y, Ryan R D. Wavelets: Tools for Science and Technology. SIAM, 2001.

[7] Dong B, Jiang Q, Shen Z. Image restoration: Wavelet frame shrinkage, nonlinear evolution pdes, and beyond. Multiscale Modeling and Simulation: A SIAM Interdisciplinary Journal, 2017, 15(1): 606–660.

[8] Donoho D L, Johnstone I M, Hoch J C, Stern A S. Maximum entropy and the nearly black object. Journal of the Royal Statistical Society. Series B (Methodological), 1992: 41–81.

[9] Antoniadis A. Wavelets in statistics: a review. Journal of the Italian Statistical Society, 1997, 6(2): 97–130.

[10] Antoniadis A, Fan J. Regularization of wavelet approximations. Journal of the American Statistical Association, 2001, 96(455): 939–967.

[11] Cai J, Osher S, Shen Z. Convergence of the linearized Bregman iteration for $\ell_1$-norm minimization. Mathematics of Computation, 2009, 78: 2127–2136.

[12] Chan R, Chan T, Shen L, Shen Z. Wavelet algorithms for high-resolution image reconstruction. SIAM Journal on Scientific Computing, 2003, 24(4): 1408–1432.

[13] Cai J, Osher S, Shen Z. Split Bregman methods and frame based image restoration. Multiscale Modeling and Simulation: A SIAM Interdisciplinary Journal, 2009, 8(2): 337–369.

[14] Cai J, Osher S, Shen Z. Linearized Bregman iterations for frame-based image deblurring. SIAM Journal on Imaging Sciences, 2009, 2(1): 226–252.

[15] Zhang Y, Dong B, Lu Z. $\ell_0$ minimization of wavelet frame based image restoration. Mathematics of Computation, 2013, 82: 995–1015.

[16] Dong B, Zhang Y. An effcient algorithm for $\ell_0$ minimization in wavelet frame based image restoration. Journal of Scientific Computing, 2013, 54(2-3): 350–368.

[17] Liang J, Li J, Shen Z, Zhang X. Wavelet frame based color image demosaicing. Inverse Problems and Imaging, 2013, 7(3): 777–794.

[18] Hou L, Ji H, Shen Z. Recovering over-/underexposed regions in photographs. SIAM Journal on Imaging Sciences 2013, 6(4): 2213–2235.

[19] Cai J, Ji H, Liu C, Shen Z. Blind motion deblurring using multiple images. Journal of Computational Physics, 2009, 228(14): 5057–5071.

[20] Cai J, Ji H, Liu C, Shen Z. Blind motion deblurring from a single image using sparse approximation. Computer Vision and Pattern Recognition, 2009. CVPR 2009. IEEE Conference on, IEEE, 2009: 104–111.

[21] Dong B, Ji H, Li J, Shen Z, Xu Y. Wavelet frame based blind image inpainting. Applied and Computational Harmonic Analysis, 2012, 32(2): 268–279.

[22] Gong Z, Shen Z, Toh K C. Image restoration with mixed or unknown noises. Multiscale Modeling and Simulation: A SIAM Interdisciplinary Journal, 2014, 12(2): 458–487.

[23] Jia X, Dong B, Lou Y, Jiang S B. GPU-based iterative cone-beam CT reconstruction using tight frame regularization. Physics in Medicine and Biology, 2011, 56(13): 3787–3807.

[24] Dong B, Li J, Shen Z. X-ray CT image reconstruction via wavelet frame based regularization and Radon domain inpainting. Journal of Scientific Computing, 2013, 54(2-3): 333–349.

[25] Gao H, Cai J F, Shen Z, Zhao H. Robust principal component analysis-based four-dimensional computed tomography. Physics in Medicine and Biology, 2011, 56(11): 3181.

[26] Cai J, Jia X, Gao H, Jiang S, Shen Z, Zhao H. Cine cone beam CT reconstruction using low-rank matrix factorization: algorithm and a proof-of-principle study. IEEE transactions on medical imaging, 2014, 33(8): 1581–1591.

[27] Li M, Fan Z, Ji H, Shen Z. Wavelet frame based algorithm for 3D reconstruction in electron microscopy. SIAM Journal on Scientific Computing, 2014, 36(1): B45–B69.

[28] Ji H, Huang S, Shen Z, Xu Y. Robust video restoration by joint sparse and low rank matrix approximation. SIAM Journal on Imaging Sciences, 2011, 4(4): 1122–1142.

[29] Dong B, Chien A, Shen Z. Frame based segmentation for medical images. Communications in Mathematical Sciences, 2011, 9(2): 551–559.

[30] Tai C, Zhang X, Shen Z. Wavelet frame based multiphase image segmentation. SIAM Journal on Imaging Sciences, 2013, 6(4): 2521–2546.

[31] Wendt H, Abry P, Jaffard S, Ji H, Shen Z. Wavelet leader multifractal analysis for tex-

ture classification. Image Processing (ICIP), 2009 16th IEEE International Conference on, IEEE, 2009: 3829–3832.

[32] Bao C, Ji H, Quan Y, Shen Z. $\ell_0$ norm based dictionary learning by proximal methods with global convergence. The IEEE Conference on Computer Vision and Pattern Recognition (CVPR), 2014: 3858–3865.

[33] Jiang Q, Pounds D K. Highly symmetric bi-frames for triangle surface multiresolution processing. Applied and Computational Harmonic Analysis, 2011, 31(3): 370–391.

[34] Dong B, Jiang Q, Liu C, Shen Z. Multiscale representation of surfaces by tight wavelet frames with applications to denoising. Applied and Computational Harmonic Analysis, 2016, 41(2): 561–589.

[35] Hammond D K, Vandergheynst P, Gribonval R. Wavelets on graphs via spectral graph theory. Applied and Computational Harmonic Analysis, 2011, 30(2): 129–150.

[36] Gavish M, Nadler B, Coifman R R. Multiscale wavelets on trees, graphs and high dimensional data: theory and applications to semi supervised learning. Proceedings of the 27th International Conference on Machine Learning (ICML-10), 2010: 367–374.

[37] Leonardi N, Van De Ville D. Tight wavelet frames on multislice graphs. IEEE Transactions on: Signal Processing, 2013, 61(13): 3357–3367.

[38] Dong B. Sparse representation on graphs by tight wavelet frames and applications. Applied and Computational Harmonic Analysis, 2017, 42(3): 452–479.

[39] Ji H, Shen Z, Zhao Y. Directional frames for image recovery: multi-scale discrete Gabor frames. Journal of Fourier Analysis and Applications, 2017, 23(4): 729–757.

[40] Quan Y, Ji H, Shen Z. Data-driven multi-scale non-local wavelet frame construction and image recovery. Journal of Scientific Computing, 2015, 63(2): 307–329.

[41] Cai J F, Ji H, Shen Z, Ye G B. Data-driven tight frame construction and image denoising. Applied and Computational Harmonic Analysis, 2014, 37(1): 89–105.

[42] Bao C, Ji H, Shen Z. Convergence analysis for iterative data-driven tight frame construction scheme. Applied and Computational Harmonic Analysis, 2015, 38(3): 510–523.

[43] Sapiro G. Geometric Partial Differential Equations and Image Analysis. Cambridge: Cambridge University Press, 2001.

[44] Osher S, Fedkiw R. Level Set Methods and Dynamic Implicit Surfaces, Vol. 153. New York: Springer Science & Business Media, 2006.

[45] Chan T F, Shen J. Image processing and analysis: Variational, PDE, wavelet, and stochastic methods. SIAM, 2005.

[46] Rudin L I, Osher S, Fatemi E. Nonlinear total variation based noise removal algorithms. Physica D: Nonlinear Phenomena, 1992, 60(1-4): 259–268.

[47] Bredies K, Kunisch K, Pock T. Total Generalized Variation. SIAM Journal on Imaging Sciences, 2010, 3(3): 492–526.

[48] Chambolle A, Lions P. Image recovery via total variation minimization and related problems. Numerische Mathematik, 1997, 76(2): 167–188.

[49] Mumford D, Shah J. Optimal approximations by piecewise smooth functions and associated variational problems. Communications on pure and applied mathematics, 1989, 42(5): 577–685.

[50] Perona P, Malik J. Scale-space and edge detection using anisotropic diffusion. IEEE Transactions on Pattern Analysis and Machine Intelligence, 1990, 12(7): 629–639.

[51] Osher S, Rudin L. Feature-oriented image enhancement using shock filters. SIAM Journal on Numerical Analysis, 1990, 27(4): 919–940.

[52] Bertalmio M, Bertozzi A L, Sapiro G. Navier-stokes, fluid dynamics, and image and video inpainting. Computer Vision and Pattern Recognition, 2001. CVPR 2001. Proceedings of the 2001 IEEE Computer Society Conference on, Vol. 1, IEEE, 2001: I–I.

[53] Steidl G, Weickert J, Brox T, Mráazek P, Welk M. On the equivalence of soft wavelet shrinkage, total variation diffusion, total variation regularization, and SIDEs. SIAM Journal on Numerical Analysis, 2004, 42(2): 686–713.

[54] Jiang Q. Correspondence between frame shrinkage and high-order nonlinear diffiusion. Applied Numerical Mathematics, 2012, 62(1): 51–66.

[55] Cai J, Dong B, Osher S, Shen Z. Image restorations: total variation. wavelet frames and beyond. Journal of American Mathematical Society, 2012, 25(4): 1033–1089.

[56] Cai J, Dong B, Shen Z. Image restorations: a wavelet frame based model for piecewise smooth functions and beyond. Applied and Computational Harmonic Analysis, 2016, 41(1): 94–138.

[57] Dong B, Shen Z, Xie P. Image restoration: A general wavelet frame based model and its asymptotic analysis. SIAM Journal on Mathematical Analysis, 2017, 49(1): 421–445.

[58] Ron A, Shen Z. Affine systems in $L_2(\mathbb{R}^d)$: The analysis of the analysis operator. Journal of Functional Analysis, 1997, 148(2): 408–447.

[59] Geman S, Geman D. Stochastic relaxation, Gibbs distributions, and the Bayesian restoration of images. IEEE Transactions on Pattern Analysis and Machine Intelligence, 1984, (6): 721–741.

[60] Mumford D. Pattern theory: The mathematics of perception. Int'l Congress Mathematicians (ICM), III, 2002.

[61] Knill D C, Richards W. Perception as Bayesian Inference. Cambridge: Cambridge University Press, 1996.

[62] Kaipio S E, Statistical J. Computational Inverse Problems. Number 160 in Applied Mathematics, New York: Springer, 2004.

[63] Aharon M, Elad M, Bruckstein A. rm K-SVD: An algorithm for designing overcomplete dictionaries for sparse representation. IEEE Transactions on signal processing, 2006,

54(11): 4311–4322.

[64] Goodfellow I, Bengio Y, Courville A. Deep learning. MIT Press, 2016.

[65] Lecun Y, Bottou L, Bengio Y, Haffner P. Gradient-based learning applied to document recognition. Proceedings of the IEEE, 1998, 86(11): 2278–2324.

[66] Vincent P, Larochelle H, Lajoie I, Bengio Y, Manzagol P A. Stacked denoising autoencoders: Learning useful representations in a deep network with a local denoising criterion. Journal of Machine Learning Research, 2010, 11(Dec): 3371–3408.

[67] Mallat S. A Wavelet Tour of Signal Processing. 2nd ed. New York: Academic Press, 1999.

[68] Ron A, Shen Z. Affine systems in $L_2(\mathbb{R}^d)$ II: dual systems. Journal of Fourier Analysis and Applications, 1997, 3(5): 617–638.

[69] Daubechies I. Ten lectures on wavelets. Vol. CBMS-NSF Lecture Notes, SIAM, nr. 61, Society for Industrial and Applied Mathematics, 1992.

[70] Daubechies I, Han B, Ron A, Shen Z. Framelets: MRA-based constructions of wavelet frames. Applied and Computational Harmonic Analysis, 2003, 14(1): 1–46.

[71] Shen Z. Wavelet frames and image restorations. Proceedings of the International Congress of Mathematicians, 2010, 4: 2834–2863.

[72] Dong B, Shen Z. MRA-Based Wavelet Frames and Applications. IAS Lecture Notes Series, Summer Program on "The Mathematics of Image Processing", Park City Mathematics Institute.

[73] Mallat S. Multiresolution approximations and wavelet orthonormal bases of $L_2(\mathbb{R})$. Transactions of the American Mathematical Society, 1989, 315(1): 69–87.

[74] Meyer Y. Wavelets and operators. Translated by Salinger D H, Cambridge Studies in Advanced Mathematics, 1992.

[75] Daubechies I. Orthonormal bases of compactly supported wavelets. Commun. Pure. Appl. Math., 1988, 41(7): 909–996.

[76] Duffin R, Schaeffer A. A class of nonharmonic Fourier series. Transactions of the American Mathematical Society, 1952, 72(2): 341–366.

[77] Ron A, Shen Z. Generalized shift-invariant systems. Constructive Approximation, 2005, 22(1): 1–45.

[78] Ron A, Shen Z. Weyl-Heisenberg frames and Riesz bases in $L_2(\mathbb{R}^d)$. Duke Mathematical Journal, 1997, 89(2): 237–282.

[79] Ron A, Shen Z. Frames and stable bases for shift-invariant subspaces of $L_2(\mathbb{R}^d)$. Canadian Journal of Mathematics, 1995, 47(5): 1051–1094.

[80] Ron A, Shen Z. Compactly supported tight affine spline frames in $L_2(\mathbb{R}^d)$. Mathematics of Computation, 1998, 67(221): 191–207.

[81] Dong B, Shen Z. Pseudo-splines, wavelets and framelets. Applied and Computational Harmonic Analysis, 2007, 22(1): 78–104.

[82] Han B. Matrix splitting with symmetry and symmetric tight framelet filter banks with two high-pass filters. Applied and Computational Harmonic Analysis, 2013, 35(2): 200–227.

[83] Han B. Symmetric tight framelet filter banks with three high-pass filters. Applied and Computational Harmonic Analysis, 2014, 37(1): 140–161.

[84] Jiang Q, Shen Z. Tight wavelet frames in low dimensions with canonical filters. Journal of Approximation Theory, 2015, 96: 55–78.

[85] Chui C, He W, Stöckler J. Compactly supported tight and sibling frames with maximum vanishing moments. Applied and Computational Harmonic Analysis, 2002, 13(3): 224–262.

[86] Han B, Shen Z. Dual wavelet frames and Riesz bases in Sobolev spaces. Constructive Approximation, 2009, 29(3): 369–406.

[87] Fan Z, Ji H, Shen Z. Dual gramian analysis: Duality principle and unitary extension principle. Preprint.

[88] Dong B, Jiang Q, Shen Z. Image restoration: wavelet frame shrinkage, nonlinear evolution PDEs, and beyond. Multiscale Modeling and Simulation: A SIAM Interdisciplinary Journal, 2017, 15(1): 606–660.

[89] Fan Z, Heinecke A, Shen Z. Duality for frames. Journal of Fourier Analysis and Applications, 2016, 22(1): 71–136.

[90] Candes E, Romberg J, Tao T. Robust uncertainty principles: Exact signal reconstruction from highly incomplete frequency information. Information Theory, IEEE Transactions on, 2006, 52(2): 489–509.

[91] Candes E, Tao T. Near-optimal signal recovery from random projections: Universal encoding strategies? IEEE Transactions on Information Theory, 2006, 52(12): 5406–5425.

[92] Candes E, Tao T. Decoding by linear programming. IEEE Transactions on Information Theory, 2005, 51(12): 4203–4215.

[93] Donoho D. Compressed sensing. IEEE Trans. Inform. Theory, 2006, 52: 1289–1306.

[94] Ji H, Luo Y, Shen Z. Image recovery via geometrically structured approximation. Applied and Computational Harronic Analysis, 2016, 41(1): 75–93.

[95] Coifman R, Donoho D. Translation-invariant denoising. Wavelets and Statistics, 1995, 103: 125.

[96] Donoho D, Johnstone I. Threshold selection for wavelet shrinkage of noisy data. Engineering in Medicine and Biology Society, 1994. Engineering Advances: New Opportunities for Biomedical Engineers. Proceedings of the 16th Annual International Conference of the IEEE, IEEE, 1994: A24–A25.

[97] Fan J. Comments on “Wavelets in statistics: A review” by A. Antoniadis. Journal of the Italian Statistical Society, 1997, 6(2): 131–138.

[98] Blumensath T, Davies M. Iterative hard thresholding for compressed sensing. Applied and Computational Harmonic Analysis, 2009, 27(3): 265–274.

[99] Lu Z, Zhang Y. Penalty decomposition methods for $l_0$-norm minimization. Technical report, Department of Mathematics, Simon Fraser University, Canada.

[100] Cai J, Chan R, Shen Z. A framelet-based image inpainting algorithm. Applied and Computational Harmonic Analysis, 2008, 24(2): 131–149.

[101] Cai J, Chan R, Shen L, Shen Z. Convergence analysis of tight framelet approach for missing data recovery. Advances in Computational Mathematics, 2009, 31(1): 87–113.

[102] Cai J, Chan R, Shen Z. Simultaneous cartoon and texture inpainting. Inverse Problems and Imaging (IPI), 2010, 4(3): 379–395.

[103] Cai J, Shen Z. Framelet based deconvolution. J. Comp. Math., 2010, 28(3): 289–308.

[104] Cai J, Candès E, Shen Z. A Singular Value Thresholding Algorithm for Matrix Completion. SIAM Journal on Optimization, 2010, 20(4): 1956–1982.

[105] Bertalmio M, Sapiro G. Caselles V, Ballester C. Image inpainting//Proceedings of the 27th annual conference on Computer graphics and Interactive techniques. ACM Press/Addison-Wesley Publishing Co., 2000: 417–424.

[106] Chan T, Shen J. Variational image inpainting. Commun. Pure Appl. Math., 2005, 58: 579–619.

[107] Beck A, Teboulle M. A fast iterative shrinkage-thresholding algorithm for linear inverse problems. SIAM Journal on Imaging Sciences, 2009, 2(1): 183–202.

[108] Shen Z, Toh K C, Yun S. An accelerated proximal gradient algorithm for frame-based image restoration via the balanced approach. SIAM Journal on Imaging Sciences, 2011, 4(2): 573–596.

[109] Tseng P. Applications of a splitting algorithm to decomposition in convex programming and variational inequalities. SIAM Journal on Control and Optimization, 1991, 29(1): 119–138.

[110] Chen G H, Rockafellar R. Convergence rates in forward-backward splitting. SIAM Journal on Optimization, 1997, 7(2): 421–444.

[111] Combette P L. Solving monotone inclusions via compositions of nonexpansive averaged operators. Optimization, 2004, 53(5-6): 475–504.

[112] Combettes P, Wajs V. Signal recovery by proximal forward-backward splitting. Multiscale Modeling and Simulation: A SIAM interdisciplinary Journal, 2006, 4(4): 1168–1200.

[113] Hale E, Yin W, Zhang Y. A fixed-point continuation method for $\ell_1$-regularization with application to compressed sensing. CAAM T R07-07, Rice University, 2007, 43: 44.

[114] Bredies K. A forward-backward splitting algorithm for the minimization of nonsmooth convex functionals in banach space. Inverse Problems, 2009, 25: 015005.

[115] Daubechies I, Teschke G, Vese L. Iteratively solving linear inverse problems under general convex constraints. Inverse Problems and Imaging, 2007, 1(1): 29.

[116] Fadili M, Starck J. Sparse representations and Bayesian image inpainting. Proc. SPARS 5.

[117] Fadili M, Starck J, Murtagh F. Inpainting and zooming using sparse representations. The Computer Journal, 2009, 52(1): 64.

[118] Figueiredo M, Nowak R. An EM algorithm for wavelet-based image restoration. IEEE Transactions on Image Processing, 2003, 12(8): 906–916.

[119] Figueiredo M, Nowak R. A bound optimization approach to wavelet-based image deconvolution. Image Processing, 2005. ICIP 2005. IEEE International Conference on, Vol. 2, IEEE, 2005: II–782.

[120] Elad M, Starck J, Querre P, Donoho D. Simultaneous cartoon and texture image inpainting using morphological component analysis (MCA). Applied and Computational Harmonic Analysis, 2005, 19(3): 340–358.

[121] Starck J, Elad M, Donoho D. Image decomposition via the combination of sparse representations and a variational approach. IEEE transactions on image processing, 2005, 14(10): 1570–1582.

[122] Zhang X, Burger M, Bresson X, Osher S. Bregmanized nonlocal regularization for deconvolution and sparse reconstruction. SIAM Journal on Imaging Sciences, 2010, 3(3): 253–276.

[123] Aubert G, Kornprobst P. Mathematical Problems in Image Processing: Partial Differential Equations and the Calculus of Variations. New York: Springer Science & Business Media, 2006, 147.

[124] Chambolle A. An algorithm for total variation minimization and applications. Journal of Mathematical Imaging and Vision, 2004, 20(1): 89–97.

[125] Goldstein T, Osher S. The split Bregman algorithm for $L_1$ regularized problems. SIAM Journal on Imaging Sciences, 2009, 2(2): 323–343.

[126] Zhu M, Chan T F. An efficient primal-dual hybrid gradient algorithm for total variation image restoration. Mathematics Department, UCLA, CAM Report, 2008, 34.

[127] Esser E, Zhang X, Chan T. A general framework for a class of first order primal-dual algorithms for convex optimization in imaging science. SIAM Journal on Imaging Sciences, 2010, 3(4): 1015–1046.

[128] Chambolle A, Pock T. A first-order primal-dual algorithm for convex problems with applications to imaging. Journal of Mathematical Imaging and Vision, 2011, 40(1): 120–145.

[129] Bishop R L and Goldberg S I. Tensor Analysis on Manifolds. Courier Corporation, 2012.

[130] Osher S, Sethian J. Fronts propagating with curvature-dependent speed-Algorithms

based on Hamilton-Jacobi formulations. Journal of Computational Physics, 1988, 79(1): 12–49.

[131] Chan T F, Vese L A. Active contours without edges. IEEE Transactions on Image Processing, 2001, 10(2): 266–277.

[132] Chan T F, Vese L A. A level set algorithm for minimizing the mumford-shah functional in image processing. Variational and Level Set Methods in Computer Vision, 2001. Proceedings. IEEE Workshop on, IEEE, 2001: 161–168.

[133] Giusti E. Minimal surfaces and functions of bounded variation. Monogr. Math.. Birkhauser Verlag, 1984, 80.

[134] Catté F, Lions P L, Morel J M, Coll T. Image selective smoothing and edge detection by nonlinear diffiusion. SIAM Journal on Numerical Analysis, 1992, 29(1): 182–193.

[135] Daubechies I, Defrise M, De Mol C. An iterative thresholding algorithm for linear inverse problems with a sparsity constraint. Communications on Pure and Applied Mathematics, 2004, 57(11): 1413–1457.

[136] Choi J K, Dong B, Zhang X. An edge driven wavelet frame model for image restoration. 2017. arXiv preprint arXiv:1701.07158.

[137] Braides A. Gamma-Convergence for Beginners. Clarendon Press, 2002, 22.

[138] Chan T F, Shen J, Zhou H M. Total variation wavelet inpainting. Journal of Mathematical Imaging and Vision, 2006, 25(1): 107–125.

[139] Jia X, Dong B, Lou Y, Jiang S. GPU-based iterative cone-beam CT reconstruction using tight frame regularization. Physics in Medicine and Biology, 2011, 56(13): 3787–3807.

[140] Dong B, Shen Z. Frame based surface reconstruction from unorganized points. Journal of Computational Physics, 2011, 230(22): 8247–8255.

[141] Donoho D L. De-noising by soft-thresholding. IEEE Transactions on Information Theory, 1995, 41(3): 613–627.

[142] Mrázek P, Weickert J. From two-dimensional nonlinear diffusion to coupled haar wavelet shrinkage. Journal of Visual Communication and Image Representation, 2007, 18(2): 162–175.

[143] Mrázek P, Weickert J, Steidl G. Correspondences between wavelet shrinkage and nonlinear diffusion. International Conference on Scale-Space Theories in Computer Vision. Springer Berlin Heidelkerg, 2003: 101–116.

[144] Nesterov Y. On an approach to the construction of optimal methods for minimizing smooth convex functions. Ehkon. Mat. Metody, 1988, 24(3): 509–517.

[145] Nesterov Y. A method of solving a convex programming problem with convergence rate $O(1/k^2)$. Soviet Mathematics Doklady, 1983, 27(2): 372–376.

[146] Mao Y, Osher S, Dong B. A nonlinear pde-based method for sparse deconvolution. Multiscale Modeling and Simulation: A SIAM Journal Interdisciplinary, 2010, 8(3):

965–976.

[147] Su W, Boyd S, Candes E J. A differential equation for modeling nesterov's accelerated gradient method: Theory and insights. Journal of Machine Learning Research, 2016, 17(153): 1–43.

[148] Aharon M, Elad M, Bruckstein A. K-SVD: An algorithm for designing overcomplete dictionaries for sparse representation. IEEE Transactions on Signal Processing, 2006, 54(11): 4311–4322.

[149] Grenander U. A unified approach to pattern analysis. Advances in Computers, 1970, 10: 175–216.

[150] Fu K, Bhargava B. Tree systems for syntactic pattern recognition. IEEE Transactions on Computers, 1973, 100(12): 1087–1099.

[151] Burger M, Lucka F. Maximum a posteriori estimates in linear inverse problems with log-concave priors are proper bayes estimators. Inverse Problems, 2014, 30(11): 114004.

[152] Lassas M, Siltanen S. Can one use total variation prior for edge-preserving bayesian inversion? Inverse Problems, 2004, 20(5): 1537.

[153] Lassas M, Saksman E, Siltanen S. Discretization invariant bayesian inversion and besov space priors. Inverse Probl. Imaging, 2009, 3(1): 87–122.

[154] Engan K, Aase S O, Husøy J H. Multi-frame compression: Theory and design. Signal Processing, 2000, 80(10): 2121–2140.

[155] Engan K, Aase S O, Husoy J H. Method of optimal directions for frame design. Acoustics, Speech, and Signal Processing, 1999. Proceedings., 1999 IEEE International Conference on, IEEE, 1999, 5: 2443–2446.

[156] Engan K, Rao B D, Kreutz-Delgado K. Frame design using focuss with method of optimal directions (mod). Proc. NORSIG, 1999, 99: 65–69.

[157] Chen S S, Donoho D L, Saunders M A. Atomic decomposition by basis pursuit. SIAM Review, 2001, 43(1): 129–159.

[158] Mallat S G, Zhang Z. Matching pursuits with time-frequency dictionaries. IEEE Transactions on Signal Processing, 1993, 41(12): 3397–3415.

[159] Chen S, Billings S A, Luo W. Orthogonal least squares methods and their application to non-linear system identification. International Journal of Control, 1989, 50(5): 1873–1896.

[160] Davis G M, Mallat S G, Zhang Z. Adaptive time-frequency decompositions. Optical Engineering, 1994, 33(7): 2183–2191.

[161] Pati Y C, Rezaiifar R, Krishnaprasad P S. Orthogonal matching pursuit: Recursive function approximation with applications to wavelet decomposition. Signals, Systems and Computers, 1993. 1993 Conference Record of The Twenty-Seventh Asilomar Conference on, IEEE, 1993: 40–44.

[162] Tropp J A. Greed is good: Algorithmic results for sparse approximation. IEEE Transactions on Information theory, 2004, 50(10): 2231–2242.

[163] Elad M, Aharon M. Image denoising via sparse and redundant representations over learned dictionaries. IEEE Transactions on Image Processing, 2006, 15(12): 3736–3745.

[164] Zou H, Hastie T, Tibshirani R. Sparse principal component analysis. Journal of Computational and Graphical Statistics, 2006, 15(2): 265–286.

[165] Jain V, Seung S. Natural image denoising with convolutional networks. Advances in Neural Information Processing Systems, 2009: 769–776.

[166] Xie J, Xu L, Chen E. Image denoising and inpainting with deep neural networks. Advances in Neural Information Processing Systems, 2012: 341–349.

[167] LeCun Y, Bengio Y, Hinton G. Deep learning. Nature, 2015, 521(7553): 436–444.

[168] LeCun Y, Boser B E, Denker J S, Henderson D, Howard R E, Hubbard W E, Jackel L D. Handwritten digit recognition with a back-propagation network. Advances in Neural Information Processing Systems, Morgan Kaufmann, 1990: 396–404.

[169] Irani M, Peleg S. Improving resolution by image registration. CVGIP: Graphical Models and Image Processing, 1991, 53(3): 231–239.

[170] Dong C, Loy C C, He K, Tang X. Image super-resolution using deep convolutional networks. IEEE Transactions on Pattern Analysis and Machine Intelligence, 2016, 38(2): 295–307.

# 湍流：19 世纪的问题，21 世纪的挑战

何国威[①]

湍流是流体力学的核心问题之一. 它可以简略地理解为有序的相干结构和无序的随机脉动构成的流动状态 (参见图 1). 如果湍流只是有序的相干结构, 我们可以采用确定性的方法研究该问题; 如果湍流只是无序的随机脉动, 我们可以采用随机的方法研究该问题. 但是湍流具有确定和随机双重特性, 这导致单独采用确定性或随机方法都不能有效地描述湍流, 因此必须采用确定性和随机相结合的方法. 如何发展确定性和随机相结合的方法, 它是湍流研究的重大挑战性问题. 诺贝尔物理学奖获得者海森伯说：我要带着两个问题去见上帝, 一个是量子力学, 另一个是湍流. 我相信上帝对第一个问题是有答案的, 他的话隐含着上帝也不知道湍流问题的答案, 由此形容湍流问题的难度. 湍流问题的根本困难在于它的三维非定常混沌运动导致的不可预测性, 并且大范围内时空尺度的非线性耦合导致了复杂的动力学行为.

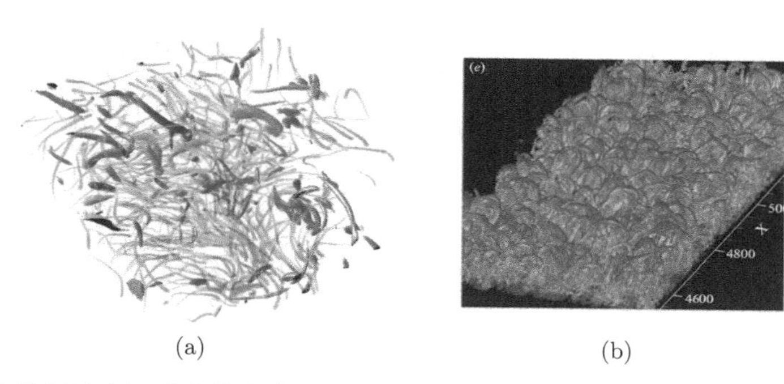


(a) (b)

图 1 湍流的貌似无序运动中的有序结构：(a) 均匀各向同性湍流的涡丝结构, (b) 边界层湍流的马蹄涡丛林结构 (引自论文*J.Fluid Mech.* (2009), 630: 5–41)(后附彩图)

Navier-Stokes 方程是描述湍流的基本方程. 从数学上严格求出 Navier-Stokes 方程的精确解是不可能的事. 现在的做法是找到描述湍流的 Navier-Stokes 方程的解的重要特性, 例如, 能量和压力分布; 或者针对一类工程问题找到 Navier-Stokes 方程的特解, 例如, 边界层方程等. 数学家的兴趣在于描述湍流的 Navier-Stokes 方程的解的存在唯一性, 它是克雷七大数学问题之一; 物理学家的兴趣在于湍流

①中国科学院力学研究所非线性力学国家重点实验室

作为非平衡态系统的普适特性, 它是非平衡态统计物理的重要内容; 力学家关心工程中各类湍流问题的不同性质, 为工程设计提供基本原理和设计工具.

从第二次世界大战到现在将近 70 年的时间里, 湍流在以下两个领域取得了显著的进展: 一个是湍流的统计理论, 它的代表性人物是 Kolmogorov 和 Kraichnan, 它是流体力学、应用数学和统计物理交叉融合的成果; 另一个是湍流的计算机模拟, 它的代表性研究团队是美国斯坦福大学湍流中心, 它是流体力学、计算数学和计算机技术交叉融合的成果.

湍流统计理论的主要结果是给出了湍流在不同尺度上能量分布的普适形式. Kolmogorov 采用量纲分析的方法得到如下结果 [1]: 在雷诺数充分大时, 湍流存在着一个所谓的惯性子区, 湍流的能量谱在此子区内满足 $-5/3$ 标度律, 即

$$E(k) = \langle \hat{u}(k,t)\hat{u}(-k,t)\rangle \propto k^{-5/3},$$

这里 $\hat{u}(k,t)$ 表示湍流速度场的 Fourier 模态, 角括号表示系综平均. 该结果已被大量的实验证实, 但它不是一个能够从 Navier-Stoes 方程推导出来的数学上严格的结果. 为了从 Navier-Stokes 方程出发证明该结果, Kraichnan 等发展了 DIA 方法 [2]. 从 Navier-Stokes 方程推导能量谱标度律的基本思路如下 (参见图 2): 从 Navier-Stokes 方程得到速度的二阶矩方程, 即能量谱方程. 但是由于 Navier-Stokes 方程的非线性特点, 能量谱方程包括未知的三阶矩, 它是一个不封闭的方程. 为此, 可以从 Navier-Stokes 方程得到三阶矩方程, 同理, 该方程包含未知的四阶矩. 如此下去, 构成不封闭的矩方程组. 为此, 引入了关于四阶矩的高斯假定, 得到了封闭的矩方程组. 但是, 高斯假定导致该封闭方程组的解出现负值, 违背了能量谱

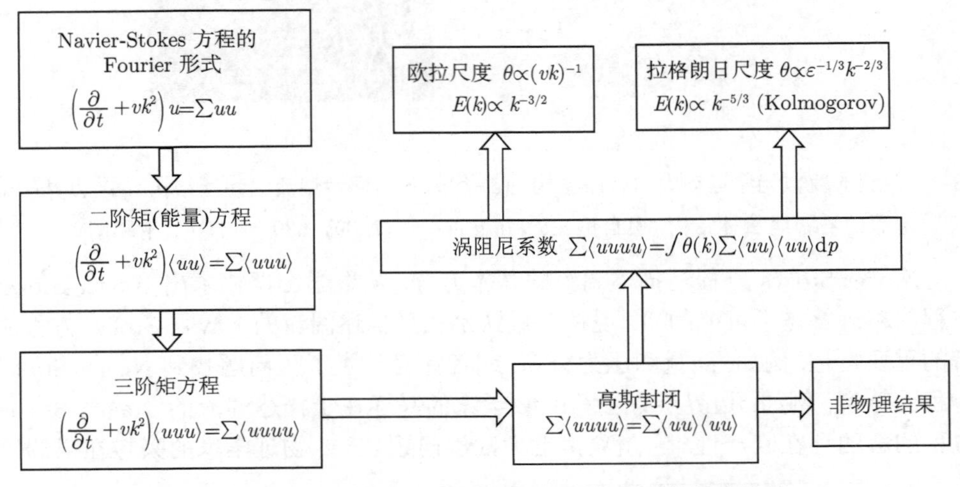


图 2　从 Navier-Stokes 方程解析推导能量谱的标度指数

为正的基本性质. 为此, 进一步引入了涡黏性系数, 该系数由湍流去关联的时间尺度决定. 如果选择欧拉时间尺度, 就得到能量谱的标度指数为 $-3/2$; 如果选择拉格朗日时间尺度, 就得到能量谱的标度指数为 $-5/3$. 前者是错误的结果, 而后者与 Kolmogorov 量纲分析的结果一致. 在上述证明过程中, 需要人为地设定湍流去关联的拉格朗日时间尺度, 才能得到正确的结果 [3].

针对均匀各向同性湍流, Kraichnan 提出了欧拉时空关联的随机下扫模型 [4] 和拉格朗日时空关联的局部拉伸模型 [5]. 他的模型指出: 欧拉时空关联主要由大尺度涡的下扫决定, 而拉格朗日时空关联主要由小尺度涡的拉伸变形决定. 因此, 欧拉时空关联比拉格朗日时空关联衰减得更快. 采用 Kraichnan 的时空关联模型, 可以从 Navier-Stokes 方程推导出 Kolmogorov 关于能量谱的标度律. 但是, 虽然经过 Kraichnan 等众多科学家的努力, 湍流的时空关联模型仍然不能从 Navier-Stokes 方程出发得到证明. 时空关联模型仍然是湍流理论研究未解决的重要问题之一 (参见表 1).

**表 1 湍流的时空关联模型, 其中速度的时空关联定义为 $R(r,\tau)=\langle u(x,t)u(x+r,t+\tau)\rangle$, 当 $u$ 为欧拉速度时, $R(r,\tau)$ 为欧拉速度时空关联, 当 $u$ 为拉格朗日速度时, $R(r,\tau)$ 为拉格朗日速度时空关联**

| | | 模型 | 时空关联 | 机制 |
|---|---|---|---|---|
| 欧拉 | 不可压缩湍流 | 泰勒模型 (1938) | $V=0: R(r,\tau)=R(r-U\tau,0)$ | 涡传播: 速度 $U$ |
| | | Kraichnan 模型 (1964) | $U=0: R(r,\tau)=R(\sqrt{r^2+V^2\tau^2},0)$ | 涡畸变: 速度 $V$ |
| | | EA 模型 (2006) | $R(r,\tau)=R(\sqrt{(r-U\tau)^2+V^2\tau^2},0)$ | 涡传播 + 畸变 |
| | 可压缩湍流 | 波动模型 (1992) | $R(k,\tau)=\cos(kc\tau)$ | 声波 |
| | | Swept-wave 模型 (2014) | $R(k,\tau)=\cos(kc\tau)\exp\left(-\frac{1}{2}k^2V^2\tau^2\right)$ | 涡畸变 + 声波 |
| 拉格朗日 | | Hay-Smith(1961) | $R(r,\tau)=R(r-U\tau,0)$ | 弱剪切 |
| | | EA 模型 (2009) | $R(r,\tau)=R\left(\sqrt{r^2+V^2\tau^2},0\right)$ | 强剪切 |

均匀各向同性湍流是充分发展湍流的简化模型. 针对自然界和工业流动中广泛存在的剪切湍流, 泰勒提出了欧拉时空关联的冻结流模型 [6]. 该模型假定湍流中的涡不变形, 像 "冻结流" 一样向下游运动, 因此湍流的欧拉时空关联由 "冻结流" 的传播速度决定. 泰勒冻结流模型是为了解决湍流实验测量中从时间信号到空间信号的转换问题而提出的, 并且至今仍应用于湍流的实验测量中. 但是, 泰勒冻结流模型也具有重要的理论意义, 它指出对流是湍流的主要机制, 或者说对流是 Navier-Stokes 方程的首次逼近 [7].

但是, 泰勒的冻结流模型具有很大的局限性. 林家翘指出泰勒冻结流模型只适用湍流度较低的弱剪切湍流 [8], Lumley 指出泰勒冻结流模型的传播速度应该依赖于湍流涡的尺度, 并导致了频率加宽现象 [9]. Wills 指出了湍流应该存在一个整体传播速度, 该速度可以从时空关联求出 [10]. 最近, Jimenez 提出了从相速度出发计算传播速度的方法 [11], Kat 和 Gana 提出了从相速度的分布重构时空能谱的方法 [12]. 上述工作的基础是泰勒模型关于涡不变形因此只依赖于传播速度的假定. 最近发展的 EA 模型跳出了泰勒模型的框架 [13], 它提出湍流的欧拉时空关联不仅依赖于涡的传播速度, 还依赖于涡的变形速度, 并采用等位线逼近方法从数学上推导了时空关联的泛函形式, Kraichnan 的下扫模型和泰勒的冻结流模型是它的两个特例 (参见图 3). 该模型得到了德国马克斯–普朗克研究所 (马普所) 和美国加利福尼亚大学 San Diego 分校 [14]、上海大学的湍流热对流 [15] 和天津大学的湍流边界层实验 [16] 的支持, 并用于发现湍流热对流实验中的湍流终极态 [17].

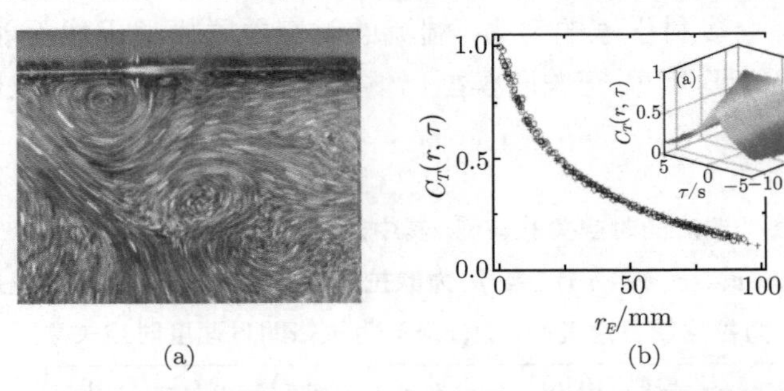


图 3 湍流热对流实验结果支持了时空关联的 EA 模型. (a) 湍流热对流实验得到的流场 (引自论文*J. Fluid Mech.* (2000), 407: 57–84), (b) 实验得到的时空关联曲线及其采用 EA 模型重整化的结果 (后附彩图)

计算机的发展提供了数值求解 Navier-Stokes 方程的可能性. 直接求解 Navier-Stokes 方程得到湍流场的方法, 称之为直接数值模拟. 但是由于高雷诺数的湍流含有宽广的时空尺度范围导致计算量太大, 现有的计算机无法承担直接数值模拟所需要的计算量. 工程上一般采用雷诺平均方法, 它只求解湍流场的平均量, 忽略湍流场的脉动量, 在某种程度上解决了工程湍流计算的问题. 大涡模拟方法求解湍流场的大涡, 不求解湍流场的小涡, 但要模拟小涡对大涡的影响. 它能以相对较小的计算量得到雷诺平均法不能提供的湍流脉动量信息, 并越来越受到学术界和工业界的重视, 成为新一代计算流体力学软件的核心工具.

大涡模拟的三个主要内容为[18]：滤波、亚格子模型和大涡模拟方程的数值方法. 滤波是一个空间局部平均化的算子, 例如, 高斯滤波算子

$$G(r)=\left(\frac{\sigma}{\pi\Delta^2}\right)^{\frac{1}{2}}\exp\left(-\frac{\sigma r^2}{\Delta^2}\right),$$

其中 $\Delta$ 为滤波宽度, 表示空间局部化平均的特征尺度. 如果把滤波算子作用在

Navier-Stokes 方程上, 就得到表征湍流大尺度涡的滤波速度的控制方程, 称为滤波 Navier-Stokes 方程, 其形式如下:

$$\begin{cases} \dfrac{\partial \tilde{u}_i}{\partial t} + \tilde{u}_j \dfrac{\partial \tilde{u}_i}{\partial x_j} = -\dfrac{\partial \tilde{p}}{\partial x_i} + \nu \dfrac{\partial^2 \tilde{u}_i}{\partial {x_j}^2} - \dfrac{\partial}{\partial x_j}\left(\widetilde{u_i u_j} - \tilde{u}_i \tilde{u}_j\right), \\ \dfrac{\partial \tilde{u}_i}{\partial x_i} = 0, \end{cases}$$

其中, $\tilde{u}_i(x) = \int_{-\infty}^{\infty} G(r)\, u_i(x-r)\,\mathrm{d}r$. 由于 Navier-Stokes 方程的非线性特点, 滤波 Navier-Stokes 方程会出现一个未知项 $\tau_{ij} = \widetilde{u_i u_j} - \tilde{u}_i \tilde{u}_j$, 称为亚格子残余应力项. 为了消除这个未知项, 需要发展亚格子模型来表征亚格子残余应力, 找到 $\tau_{ij}$ 用 $\tilde{u}_i$ 和 $\tilde{u}_j$ 表示的数学表达式. 最广泛使用的亚格子应力模型是涡黏亚格子模型, 它的形式如下:

$$\tau_{ij} = -2\nu_r \tilde{S}_{ij},$$

其中, $\nu_r = l_s^2 \bar{S} = (C_s\Delta)^2 \bar{S}$, $\tilde{S}_{ij} = \left(\dfrac{\partial \tilde{u}_i}{\partial x_j} + \dfrac{\partial \tilde{u}_j}{\partial x_i}\right)$, $\bar{S} = |S_{ij}|$. 这里 $C_s$ 就是著名的 Smagorinsky 系数, 它可以用著名的 Germano 恒等式确定. 涡黏模型表征了亚格子残余应力对能量的耗散作用, 由此得到了大涡模拟的封闭并适定的方程. 最后, 为了数值求解大涡模拟的控制方程, 需要发展相应的数值方法. 为了保证大涡模拟结果的能量平衡, 需要发展能量守恒的数值方法, 避免数值耗散干扰了亚格子模型表征的物理耗散. 在大涡模拟的领域里, 一个尚未解决的理论问题为: 当滤波宽度趋于零时, 大涡模拟方程的解是否收敛于 Navier-Stokes 方程的解. 与此相关的一个重要工作是 Camassa-Holm 方程和反滤波展开.

大涡模拟方法的两个主要应用案例为湍流噪声和湍流燃烧, 其成果的集中体现为航空发动机的全机数值模拟. 湍流噪声是飞机和潜艇的重要问题, 如果采用定常的雷诺平均方法计算, 需要在 Lighthill 比拟理论的基础上引入噪声模型. 但是, 如果采用大涡模拟方法, 可以直接计算大尺度的非定常涡, 然后采用 Lighthill 比拟理论计算噪声. 这时不需要引入噪声模型. 在湍流燃烧问题, 特别是非预混湍流燃烧问题中, 湍流混合是一个重要问题. 这时, 需要确定湍流混合对点火和再燃过程的影响. 如果采用雷诺平均方法, 需要引入湍流混合和化学反应的时间尺度模型. 但是, 如果采用大涡模拟方法, 可以得到湍流的混合尺度, 再现点火和再燃过程. 2005 年, 美国斯坦福大学湍流研究中心以大涡模拟方法为核心, 采用 700 个 CPU 完成了航空发动机的全机数值模拟, 其中风扇和压缩机部分用到 480 个 CPU. 全机数值模拟得到的速度场和温度场与实验结果非常接近. 如果说数值风洞是计算流体力学的一个重大进展, 那么航空发动机的全机数值模拟是继它之后的又一个重大进展 (参见图 4).

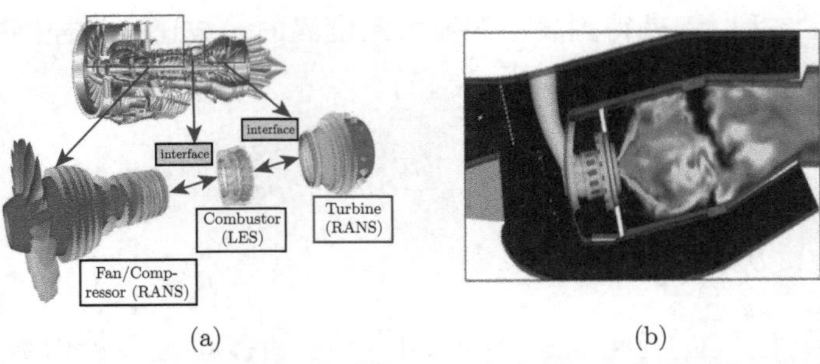


(a)　(b)

图 4　航空发动机的全机数值模拟是计算流体力学继数值风洞后的重大进展. (a) 航空发动机的主要构件, (b) 航空发动机燃烧室数值模拟得到的火焰结构 (引自斯坦福大学湍流研究中心年度报告)(后附彩图)

大涡模拟方法的一个重要问题是时空尺度的耦合 [19]. 在前面提到的湍流噪声和湍流燃烧问题中, 不仅需要准确地计算空间尺度, 还需要准确地计算时间尺度. 在湍流多相流特别是湍流和颗粒的相互作用时, 不仅需要考虑湍流的欧拉时间和空间尺度, 还需要考虑颗粒运动的拉格朗日时间尺度. 过去大涡模拟的亚格子模型主要考虑能量在空间尺度上的分布, 而没有考虑能量在时间尺度上的分布. 为了同时考虑能量在时间和空间尺度上的分布, 我们发展了大涡模拟的时空关联方法, 它通过引入时空能谱作为目标函数构造亚格子模型, 因此可以正确地预测湍流的能量在时间和空间尺度上的分布, 并应用于湍流噪声和携带颗粒湍流的大涡模拟 [20]. 大涡模拟方法的一个正在蓬勃发展的新兴领域为大雷诺数时的生物推进问题, 它涉及湍流与运动物体的相互作用, 不仅要求精确地求解湍流场的空间结构, 还需要精确地求解湍流和运动物体耦合的特征时间 (参见图 5).

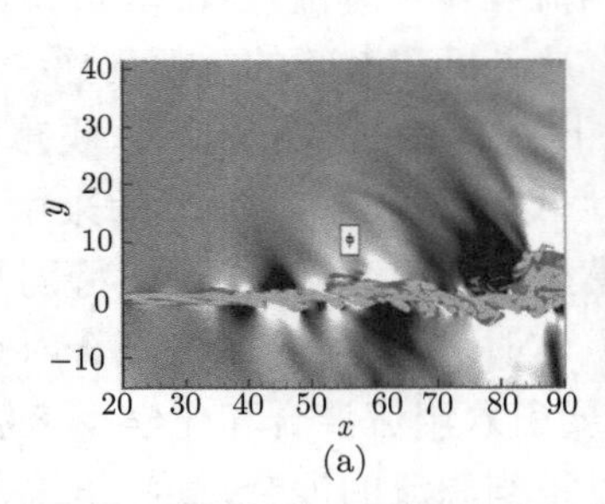


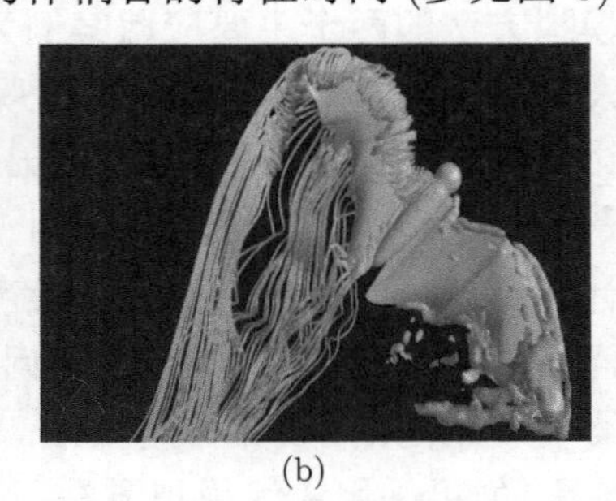

(a)　(b)

图 5　湍流大涡模拟的时空耦合方法不仅能保证空间尺度上的精确性, 也能保证在时间尺度上的精确性. (a) 湍流噪声大涡模拟得到的射流流场及其辐射的噪声, (b) 蝙蝠扑翼飞行数值模拟得到的前缘涡和流线 (后附彩图)

最后, 我们介绍一下湍流领域正在关注的三个问题. 第一个问题是湍流的欧拉和拉格朗日时空关联的关系问题, 即欧拉坐标系和拉格朗日坐标系下湍流时间尺度的转换关系问题. Kolmogorov 的理论给出了湍流能量串级过程的基本特性, 但没有给出湍流去关联过程的时间尺度. 因此, 在湍流的基本理论中, 至今还缺少关于时间尺度的理论. 第二个问题是湍流的计算模型如何正确地反映湍流演化的时间尺度. 由于缺少关于湍流时间尺度的理论, 至今还不能构造有效的预测湍流欧拉和朗格朗日时间尺度的湍流模型. 第三个问题是从实验测量得到的湍流场的部分数据, 重构湍流场的时空能谱. 它涉及湍流的时空耦合本质, 需要发展基于湍流大数据的机器学习方法.

湍流是 19 世纪提出的流体力学问题. 借助于数学和物理发展的概念和方法, 湍流的研究已取得了巨大的进展, 例如, 边界层方程和湍流的统计理论. 它的成果不仅局限于流体力学领域, 也对其他领域产生了重要影响, 并推动了飞机和潜艇等高速运载工具的发展. 在 21 世纪, 借助于超级计算机得到的大数据, 进一步认识湍流的时空耦合本质, 可望在揭示湍流的非定常和非平衡特性上取得重要进展.

感谢张晓研究员的邀请, 使我有机会向数学家学习.

提问: 计算流体力学也涉及计算数学, 你们是用你们自己发展的计算数学方法还是用数学家发展的计算数学方法?

回答: 我们用到大量的数学家发展的计算数学方法. 但是, 力学问题的数学模型与数学家研究的方程有些不同, 不是直接拿过来就能用, 要做修正甚至发展才能应用.

提问: 是否需要学一点力学的概念并理解问题?

回答: 学一点力学的概念和方法的确有助于发展更适用的计算方法. 我们很希望有机会向数学家学习并合作.

提问: 你说风洞最后可以被计算机完全替代吗?

回答: 计算机正在越来越多地替代风洞作用, 但完全替代不可能.

提问: 数值预测很难, 因为你是假设的. 但根据人家的试验, 你可以算出来, 但是你要预测可能比较难.

回答: 的确如此. 但是, 随着湍流模型和数值方法的发展, 数值计算可以预测越来越多的湍流特性. 例如, 过去是不可能预测湍流噪声谱, 但现在可以针对某些标准工况预测湍流噪声谱.

提问: 是否可以省很多钱?

回答: 不仅可以省很多钱, 而且大大缩短了工程设计的周期, 并且可以开展实验不能进行的研究, 例如, 动边界湍流.

提问: 动边界湍流是否比固定平板边界层湍流更困难一些.

回答: 非常困难. 它不仅涉及原来的边界层问题, 还涉及分离、转捩和层流化等多个物理过程, 至今没有系统的理论.

提问：能否写成动边界的边界层方程.

回答：现在还无法从 Navier-Stokes 方程推导出动边界附近的流动的简化方程，原因在于它不仅不是一个简单的物理过程，而是多个物理过程的耦合.

提问：有没有很大的障碍修正原来的边界层方程.

回答：存在多个不同的障碍. 例如，如何修正压力项、平行流线假定等.

提问：是否要做压力修正达到这个效果？会碰到什么问题？

回答：压力修正可以提高预测效果. 碰到的问题之一是如何处理分离现象.

## 参考文献

[1] Frisch U. Turbulence: the Legacy of A. N. Kolmogorov. Cambridge: Cambridge University Press, 1995.

[2] Kraichnan R H. The structure of isotropic turbulence at very high Reynolds numbers. Journal of Fluid Mechanics, 1959, 5: 497–543.

[3] He G W, Jin G D, Yang Y. Space-time correlations and dynamical coupling in turbulent flows. Ann. Rev. Fluid. Mech., 2017, 49: 51–71.

[4] Kraichnan R H. Kolmogorov hypotheses and Eulerian turbulence theory. Physics of Fluids, 1964, 7: 1723–1734.

[5] Kraichnan R H. Lagrangian-history statistical theory for Burgers equation. Physics of Fluids, 1968, 11: 265–277.

[6] Taylor G I. The spectrum of turbulence. Proceedings of the Royal Society of London Series a-Mathematical and Physical Sciences, 1938, 164: 0476–0490.

[7] Heskestad G. A generalized Taylor hypothesis with application for high Reynolds number turbulent shear flows. Journal of Applied Mechanics, 1965, 32: 735–739.

[8] Lin C C. On Taylor's hypothesis and the acceleration terms in the Navier-Stokes equations. Quarterly of Applied Mathematics, 1953, 10: 295–306.

[9] Lumley J L. The mathematical nature of the problem of relating Lagrangian and Eulerian statistical functions in turbulence. Presented at Mécanique de la Turbulence, 1962: 17–26, CNRS, Paris.

[10] Wills J A B. On convection velocities in turbulent shear flows. Journal of Fluid Mechanics, 1964, 20: 417–432.

[11] del Álamo J C, Jiménez J. Estimation of turbulent convection velocities and corrections to Taylor's approximation. Journal of Fluid Mechanics, 2009, 640: 5–26.

[12] de Kat R, Ganapathisubramani B. Frequency-wavenumber mapping in turbulent shear flows. Journal of Fluid Mechanics, 2015, 783: 166–190.

[13] Zhao X, He G W. Space-time correlations of fluctuating velocities in turbulent shear flows. Physical Review E, 2009, 79: 046316.

[14] He X Z, Bodenschatz E, Ahlers G. Azimuthal diffusion of the large-scale-circulation plane, and absence of significant non-Boussinesq effects, in turbulent convection near the ultimate-state transition. Journal of Fluid Mechanics, 2016, 791: R3–13.

[15] Zhou Q, Li C M, Lu Z M, Liu Y L. Experimental investigation of longitudinal space-time correlations of the velocity field in turbulent Rayleigh-Bénard convection. Journal of Fluid Mechanics, 2011, 683: 94–111.

[16] Wang W, Guan X L, Jiang N. TRPIV investigation of space-time correlation in turbulent flows over flat and wavy walls. Acta Mechanica Sinica, 2014, 30: 468–479.

[17] He X Z, Funfschilling D, Nobach H, Bodenschatz E, Ahlers G. Transition to the ultimate state of turbulent Rayleigh-Bénard convection. Physical Review Letters, 2012, 108: 024502.

[18] 何国威, 李家春. 湍流的大涡模拟, 中国学科发展战略 "流体动力学" 第六章. 北京: 科学出版社, 2014.

[19] He G W, Rubinstein R, Wang L P. Effects of subgrid-scale modeling on time correlations in large eddy simulation. Physics of Fluids, 2002, 14: 2186–2193.

[20] Jin G D, He G W, Wang L P. Large-eddy simulation of turbulent collision of heavy particles in isotropic turbulence. Physics of Fluids, 2010, 22: 055106.

# 表示论中的 Dirac 上同调

黄劲松①

整理: 栾永志②

本文介绍了李群表示的 Dirac 上同调的计算及其应用. 我们回顾了 Dirac 上同调的定义以及 Vogan 猜想, 讨论了 Harish-Chandra 模与最高权模的 Dirac 上同调, 特别是 Dirac 上同调与 $(\mathfrak{g}, K)$-上同调以及 Dirac 上同调与幂零李代数上同调的关系. 作为应用, 我们研究了分歧律、椭圆表示以及内窥传递与 Dirac 上同调的联系.

## 9.1 引　　言

### 9.1.1 起源

考虑一个可能不定的内积 $\langle x, y\rangle = \sum\limits_i \epsilon_i x_i y_i$, 其中 $x, y \in \mathbb{R}^n$, 并且 $n \geqslant 2$, $\epsilon_i = \pm 1$. 记与之相对应的 Laplace 算子为 $\Delta = \sum\limits_i \epsilon_i \partial_i^2$. 我们希望找到一个一阶微分算子 $D$ 使得 $D^2 = \Delta$. 如果记 $D = \sum\limits_i e_i \partial_i$, 其中 $\{e_i\}$ 是某些标量, 那么 $D^2 = \sum\limits_i e_i^2 \partial_i^2 + \sum\limits_{i<j} (e_i e_j + e_j e_i)\partial_i \partial_j$. 由此我们需要满足以下关系:

$$e_i^2 = \epsilon_i,$$

$$e_i e_j + e_j e_i = 0 \text{ 对于} i \neq j. \tag{9.1.1}$$

当这些 $e_i$ 是实数或是复数时, 上述关系式 (9.1.1) 显然是不可能的. 然而我们可以考虑由满足关系 (9.1.1) 的 $\{e_i\}$ 生成的一个代数. 如果允许 $\{e_i\}$ 含于 Clifford 代数, 那么我们就得到了一个平方是 $\Delta$ 的 Dirac 算子 $D$.

在表示论里, 20 世纪 70 年代 Parthasarathy[57] 与 Atiyah-Schmid[7, 8] 为了构造离散序列表示 [24, 25] 而使用 Dirac 算子, 他们发现作用在对称空间 $G/K$ 的旋

①香港科技大学数学系, 香港特别行政区九龙清水湾, 邮箱: mahuang@ust.hk

②山东大学数学学院, 山东省济南市山大南路 27 号, 邮箱: luanyongzhi@foxmail.com

量从上的 Dirac 算子的核可以构造成这些表示. 90 年代, 对于约化李代数及其相对应的 Clifford 代数上的 Dirac 算子, Vogan 猜想 Harish-Chandra 模的无穷小特征标的标准参数与 Hariah-Chandra 模的 Dirac 上同调的无穷小特征标的标准参数在 Weyl 群下共轭 [67].

### 9.1.2 概述

自关于 Dirac 算子的 Vogan 猜想由 Pandžić与本文作者在 [32] 中证明以来, Dirac 上同调在表示论的近些年的发展中一直发挥着积极的作用.

各种类型的表示的 Dirac 上同调与表示论中许多经典论题 (例如, 整体特征标、离散序列的几何构造等 [34]) 有密切关系. 我们已经确定了多种 Harish-Chandra 模的 Dirac 上同调, 这包括有限维模与不可约酉 $A_{\mathfrak{q}}(\lambda)$-模 [31]. 对于酉 Harish-Chandra 模 $X$ 和任意的有限维不可约模 $F$, 有

$$H^*(\mathfrak{g}, K; X \otimes F^*) \cong \mathrm{Hom}(H_D(F), H_D(X)),$$

这里 $H^*(\mathfrak{g}, K; X \otimes F^*)$ 是 $X \otimes F^*$ 的 $(\mathfrak{g}, K)$-上同调, $H_D(F)$ 和 $H_D(X)$ 分别是 $F$ 和 $X$ 的 Dirac 上同调. 具有非零 Dirac 上同调的酉表示与自守表示紧密相关. 在 [34] 里, 我们运用 Dirac 上同调把自守形式的 Langlands 维数公式推广到了较一般的情形.

另一方面, Dirac 上同调与 $\mathfrak{u}$-上同调有关. 特别地, 对于一个 Hermitian 对称的李群 $G$, 假设 $\mathfrak{u}$ 是 Levi 子群为 $K$ 的抛物子代数的幂零根, 我们在 [36] 中证明对于一个酉表示, 它的 Dirac 上同调在扭转一个一维特征标意义下同构于 $\mathfrak{u}$-上同调. 再由 Enright 在 [20] 里计算出的 $\mathfrak{u}$-上同调就能得到不可约酉最高权模的 Dirac 上同调. 对于标量型酉最低权模, 我们在 [35] 中具体计算出了它的 Dirac 上同调. 我们知道 Dirac 上同调的 Euler 示性数给出了 Harish-Chandra 模的 $K$-特征标, 作为应用, 我们在 [37] 和 [29] 里推广了经典的 Littlewood-Richardson 分歧律与其他类型的分歧律.

Kostant 通过立方 Dirac 算子推广了 Vogan 猜想, 他证明了最一般情形的最高权模的 Dirac 上同调的一个非退化结果 [47]. 他同时还确定了等秩情况下有限维模的 Dirac 上同调. 应用 Kazhdan-Lusztig 多项式系数, 我们在 [38] 里确定了所有的不可约最高权模的 Dirac 上同调, 同时还证明了不可约最高权模的 Dirac 上同调与 $\mathfrak{u}$-上同调的关系式.

本文的目的有两个: 一是回顾 Dirac 上同调最近的一些进展, 二是以 Dirac 上同调为工具研究椭圆表示这种不可约酉表示. Harish-Chandra 证明了不可约表示或更一般的容许表示的特征标是局部可积函数, 它在正则元素的稠密开子集上是

光滑的 [23]. 椭圆表示有一个在正则元素集合里的椭圆元素上非退化的整体特征标. 对于一个有紧 Cartan 子群的实约化李群, 我们证明不可约缓增椭圆表示有非零的 Dirac 上同调, 而这恰好是离散序列与某些离散序列极限. 不可约缓增椭圆表示的特征标与 Harish-Chandra 定义的超缓增广义函数 [27] 有很自然的联系. 进一步地, 我们猜想椭圆酉表示正好是有非零 Dirac 上同调的酉表示.

我们证明了不可约容许 (不一定要求是酉的) 表示是椭圆的当且仅当它的 Dirac 指标非零. 如果表示的无穷小特征标是正则的, 我们证明 Dirac 指标非零当且仅当 Dirac 上同调非零. 我们猜想这个等价关系在没有正则性要求的一般情形也成立. 对于一个实约化代数群 $G(\mathbb{R})$, 我们证明了无穷小特征标为正则的不可约椭圆酉表示的 Harish-Chandra 模是 $A_{\mathfrak{q}}(\lambda)$-模.

我们还观察到 Labesse 关于离散序列的伪系数函数的内窥传递的计算 [49,50] 与离散序列 Dirac 指标的计算之间的联系. 由此, 在 Dirac 上同调与 Dirac 指标的辅助下, 我们有了另一种理解内窥传递的视角.

对有非零 Dirac 上同调的不可约酉表示进行分类仍旧是一个开放的有趣问题. 最后, 我们猜想任何没有非零 Dirac 上同调的不可约酉表示是从某些有非零 Dirac 上同调的酉表示以及其补序列表示诱导而得.

## 9.2 关于 Dirac 上同调的 Vogan 猜想

### 9.2.1 实约化群与 $(\mathfrak{g}, K)$-模

我们首先回顾关于实约化群和 $(\mathfrak{g}, K)$-模的定义以及一些性质, 详细的讨论与证明可参考 [69].

对于一个可分的、有左不变测度的局部紧群 $G$, 以及一个定义在 $\mathbb{C}$ 上的拓扑向量空间 $V$. 我们以 $GL(V)$ 来记从 $V$ 到 $V$ 的连续自同构组成的群. 对于一个从 $G$ 到 $GL(V)$ 的同态 $\pi$, 如果它使得映射

$$\begin{aligned} G \times V &\longrightarrow V, \\ (g\ ,\ v) &\longmapsto \pi(g)v \end{aligned}$$

是连续的, 那么我们称同态 $\pi$ 是 $G$ 在 $V$ 上的**表示**, 记作 $(\pi, V)$. 如果这里的 $V$ 是一个 (可分的)Hilbert 空间, 那么就称这个表示是 **Hilbert 表示**.

**定义 9.2.1** 对于一个 Hilbert 表示 $(\pi, V)$, 任意的 $g \in G$, 如果 $\pi(g)$ 是一个酉算子, 那么我们就称 $(\pi, V)$ 是一个**酉表示**.

现在我们来看实约化群的定义. 令 $F = \mathbb{R}$ 或 $\mathbb{C}$. 记 $F$ 上所有 $n \times n$ 矩阵组成的空间为 $M_n(F)$, $M_n(F)$ 中所有可逆元素组成的群记为 $GL(n, F)$. 令 $\{f_1, \cdots, f_m\}$

是一组在 $M_n(\mathbb{C})$ 上是复值、在 $M_n(\mathbb{R})$ 上是实值的多项式, 同时它们在 $GL(n,\mathbb{C})$ 上的公共零点是 $GL(n,\mathbb{C})$ 的一个子群. 我们称这个子群为**实仿射代数群**, 记为 $G_{\mathbb{C}}$. 称子群 $G_{\mathbb{R}} := G_{\mathbb{C}} \cap GL(n,\mathbb{R})$ 为**实点**. 进一步地, 如果 $G_{\mathbb{C}}$ 中任意元素的共轭转置仍旧属于 $G_{\mathbb{C}}$, 那么称 $G_{\mathbb{C}}$ 为 $GL(n,\mathbb{C})$ 的**对称子群**.

对于 $M_n(F)$ 中任意的元素 $g$, 我们记矩阵 $g$ 的共轭转置为 $g^*$. 我们定义 $G_{\mathbb{R}}$ 上的一个自同构为 $\theta(g) = (g^{-1})^*$.

**定义 9.2.2** 令 $G_{\mathbb{C}}$ 为 $GL(n,\mathbb{C})$ 的一个对称子群, 它的实点为 $G_{\mathbb{R}}$. 对于 $G_{\mathbb{R}}$ 的任意一个开子群 $G_0$, 我们称 $G_0$ 的有限复叠群 $G$ 为一个**实约化群**. 因此当我们说"$G$ 是一个实约化群"时, 其实包含了上述所有信息.

我们记从 $G$ 到 $G_0$ 的复叠同态为 $p$, 将 $G$ 的李代数与 $G_{\mathbb{R}}$ 的李代数等同. 这样我们就可以在 $G$ 的李代数 $\mathfrak{g}$ 上定义对合自同构 $\theta$:

$$\theta(X) = -X^*. \tag{9.2.1}$$

这个自同构通常叫作 **Cartan 对合**.

**例 9.2.1** $GL(n,\mathbb{R})$、$SL(n,\mathbb{R})$、$GL(n,\mathbb{C})$、$SL(n,\mathbb{C})$、$O(p,q)$、$SO(p,q)$、$U(p,q)$、$SU(p,q)$、$Sp(n,\mathbb{R})$ 均是实约化群.

**引理 9.2.1** 中心有限的连通半单李群是实约化群.

现在我们给出 Lepowsky 关于 $(\mathfrak{g},K)$-模的定义及一些性质. 令 $G$ 为一个实李群, 它的 (复化的) 李代数为 $\mathfrak{g}$, 它的任意一个紧子群为 $K$.

**定义 9.2.3** 考虑一个 $\mathfrak{g}$-模 $V$, 它同时还是一个 $K$- 模 (此时我们忽略 $K$ 上的拓扑). 如果 $V$ 满足以下条件:

(i) 对于任意的 $v \in V$, $k \in K$, $X \in \mathfrak{g}$, 有 $k \cdot X \cdot v = \mathrm{Ad}(k)X \cdot k \cdot v$.

(ii) 如果 $v \in V$, 那么 $Kv$ 张成一个 $V$ 的有限维子空间 $W_v$, 使得 $K$ 在 $W_v$ 上的作用是连续的.

(iii) 记 $K$ 的李代数为 $\mathfrak{k}$, 如果 $Y \in \mathfrak{k}$, $v \in V$, 那么 $\left.\dfrac{d}{dt}\right|_{t=0} \exp(tY)v = Yv$.

那么我们称 $V$ 是一个 $(\mathfrak{g},K)$-**模**.

对于 $(\mathfrak{g},K)$- 模 $V$ 与 $W$, 我们把所有从 $V$ 到 $W$ 的既是 $\mathfrak{g}$- 同态又是 $K$-同态的同态组成的空间记为 $\mathrm{Hom}_{\mathfrak{g},K}(V,W)$. 如果在 $\mathrm{Hom}_{\mathfrak{g},K}(V,W)$ 中有可逆元, 那么我们称 $V$ 与 $W$ 是**等价的**. 我们记所有 $(\mathfrak{g},K)$-模范畴为 $C(\mathfrak{g},K)$, 其中的 Hom 由 $\mathrm{Hom}_{\mathfrak{g},K}(V,W)$ 给出.

**定义 9.2.4** 我们记李代数 $\mathfrak{g}$ 的泛包洛代数为 $\mathcal{U}(\mathfrak{g})$, 对于一个 $(\mathfrak{g},K)$-模 $V$, 如果它作为一个 $\mathcal{U}(\mathfrak{g})$-模是有限生成的, 那么我们就称 $V$ 是**有限生成的**. 如果 $V$ 的 $\mathfrak{g}$-不变与 $K$- 不变子空间仅是 $V$ 和 $\{0\}$, 那么就称 $V$ 是**不可约的**.

**引理 9.2.2** (Schur) 假定 $V$ 是一个不可约 $(\mathfrak{g},K)$-模, 那么 $\mathrm{Hom}_{\mathfrak{g},K}(V,V)=\mathbb{C}\,\mathrm{Id}_V$.

给定一个 $(\mathfrak{g},K)$-模 $V$, 我们记 $K$ 的不可约酉表示等价类的集合为 $K^\wedge$. 对于 $\gamma\in K^\wedge$, 我们记等价类 $\gamma$ 中 $V$ 的所有 $K$-不变有限维子空间的和为 $V(\gamma)$.

**引理 9.2.3** 作为一个 $K$-模, $V=\bigoplus_{\gamma\in K^\wedge}V(\gamma)$. 这里的 $\bigoplus$ 是代数直和.

**定义 9.2.5** (1) 对于 $\gamma\in K^\wedge$, 我们称 $V(\gamma)$ 是 $V$ 的 **$\gamma$-同型分支**.

(2) 对于任意的 $\gamma\in K^\wedge$, 如果 $\dim V(\gamma)<\infty$, 那么我们称 $V$ 是**容许的**.

**引理 9.2.4** $(\mathfrak{g},K)$-模 $V$ 是容许的当且仅当对于任意的有限维 $K$-模 $W$, $\dim\mathrm{Hom}_K(W,V)<\infty$.

**定义 9.2.6** 令 $G$ 是一个连通分支个数有限的李群, $(\pi,H)$ 是 $G$ 的一个 Hilbert 表示. 如果 $H$ 中的向量 $v$ 使得函数

$$\begin{aligned}\Phi: G &\longrightarrow H,\\ g &\longmapsto \pi(g)v\end{aligned}$$

是 $C^\infty$ 类的, 那么就称 $v$ 是 $(\pi,H)$ 的 **$C^\infty$-向量或光滑向量**.

对于 $G$ 的一个 Hilbert 表示 $(\pi,H)$, 假定 $\pi|_K$ 是酉的. 那么 $H=\widehat{\bigoplus}_{\gamma\in K^\wedge}H(\gamma)$, 这里的 $\widehat{\bigoplus}$ 是 Hilbert 空间直和的闭包. 记 $H^\infty$ 为 $\pi$ 的所有 $C^\infty$-向量的集合, 那么对于任意的 $\gamma\in K^\wedge$, $H(\gamma)\cap H^\infty$ 在 $H(\gamma)$ 中稠密. 我们定义

$$H_K=\bigoplus_{\gamma\in K^\wedge}H(\gamma)\cap H^\infty,$$

这里的 $\bigoplus$ 是代数直和. 易知 $H_K$ 是 $H$ 的一个稠密子空间.

**引理 9.2.5** $H_K$ 是 $H^\infty$ 的一个 $\mathfrak{g}$-不变子空间. 有了这些 $\mathfrak{g}$-模与 $K$-模结构, $H_K$ 是一个 $(\mathfrak{g},K)$- 模.

**注记 9.2.1** $H_K$ 是 $H$ 中所有能够使 $\pi(K)v$ 张成有限维 $H$- 子空间的 $C^\infty$-向量 $\{v\}$ 组成的空间.

**定义 9.2.7** (1) 称 $H_K$ 为 $H$ 的 **$K$-有限 $C^\infty$ 向量空间或底 $(\mathfrak{g},K)$-模**.

(2) 如果 $H_K$ 是容许的, 那么我们就说 $H$ 是**容许的**.

**定理 9.2.1** 如果 $(\pi,H)$ 是 $G$ 的不可约酉表示, 那么 $(\pi,H)$ 是容许的.

**注记 9.2.2** 对于不可约酉表示 $(\pi,H)$, 我们称 $H_K$ 为 $H$ 的 **Harish-Chandra 模**, 记作 $H_\pi$.

**定义 9.2.8** 假定 $G$ 是中心有限的连通半单李群, $K$ 是 $G$ 的极大紧子群. 对于一个 $(\mathfrak{g},K)$-模 $V$, 如果它上面存在一个准 Hilbert 空间结构 $\langle,\rangle$ 满足

$$\langle Xv,w\rangle=-\langle v,Xw\rangle,$$

$$\langle kv, w\rangle = \langle v, k^{-1}w\rangle,$$

其中 $X \in \mathfrak{g}$, $k \in K$, $v$、$w \in V$. 那么称 $V$ 是**酉** $(\mathfrak{g}, K)$**-模**.

**引理 9.2.6** ([69. 第 368 页]) 记 $\mathfrak{g}$ 的泛包络代数为 $\mathcal{U}(\mathfrak{g})$, 以 $\overline{x}$ 记 $x \in \mathcal{U}(\mathfrak{g}^{\mathbb{C}})$ 的相对于实形式 $\mathcal{U}(\mathfrak{g})$ 的复共轭, $\mathcal{U}(\mathfrak{g})$ 的中心记作 $\mathcal{Z}(\mathfrak{g})$.

(1) 如果 $V$ 是一个无穷小特征标为 $\chi$ 的酉 $(\mathfrak{g}, K)$-模, 那么对于 $\mathcal{Z}(\mathfrak{g})$ 中的元素 $z$, 有

$$\chi(\overline{z}^T) = \chi(z). \tag{9.2.2}$$

(2) 如果 $F$ 是最高权为 $\Lambda$ 的有限维不可约 $(\mathfrak{g}, K)$-模, 它的无穷小特征标满足 (9.2.2), 那么 $\theta\Lambda = \Lambda$.

### 9.2.2 Dirac 算子的定义

考虑一个实约化群 $G$ 以及定义在它上面的 Cartan 对合 $\theta$, $G$ 的李代数为 $\mathfrak{g}_0$, $\mathfrak{g}_0$ 的复化记作 $\mathfrak{g}$, 假定 $K = G^\theta$ 是 $G$ 的极大紧子群. $\mathfrak{g}$ 的 Cartan 分解为 $\mathfrak{g} = \mathfrak{k} \oplus \mathfrak{p}$. 记 $\mathfrak{g}$ 上非退化的不变的对称二次型为 $B$, 它限制在 $\mathfrak{g}$ 的半单部分 $[\mathfrak{g}, \mathfrak{g}]$ 上是 Killing 型.

记 $\mathfrak{g}$ 的泛包络代数为 $\mathcal{U}(\mathfrak{g})$, $\mathfrak{p}$ 的关于 Killing 型 $B$ 的 Clifford 代数记作 $\mathcal{C}(\mathfrak{p})$. 考虑如下定义的 Dirac 算子:

$$D := \sum_{i=1}^{n} Z_i \otimes Z_i \in \mathcal{U}(\mathfrak{g}) \otimes \mathcal{C}(\mathfrak{p});$$

这里的 $\{Z_1, \cdots, Z_n\}$ 是 $\mathfrak{p}$ 的关于对称二次型 $B$ 的正规正交基.

**注记 9.2.3** (1) $D$ 与正规正交基 $\{Z_1, \cdots, Z_n\}$ 的选取无关;

(2) $D$ 在 $K$ 的对角的伴随作用下不变;

(3) $D$ 是关于对称对 $(\mathfrak{g}, \mathfrak{k})$ 的 Laplace 算子的平方根. 具体来说, 我们记关于代数 $\mathfrak{p}$ 的二次外代数为 $\bigwedge^2 \mathfrak{p}$. 考虑由以下复合运算构造的李代数映射 $\alpha$:

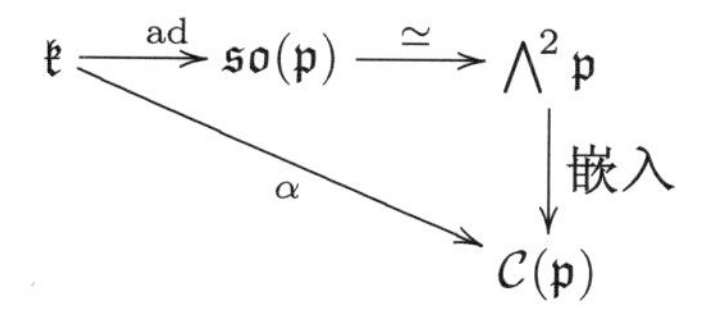


它可显式写成

$$\begin{aligned} \alpha : \mathfrak{k} &\longrightarrow \mathcal{C}(\mathfrak{p}), \\ X &\longmapsto -\frac{1}{4}\sum_j [X, Z_j] Z_j. \end{aligned}$$

由此我们可以构造另一个嵌入映射：

$$\begin{aligned} \mathfrak{k} \hookrightarrow \quad & \mathcal{U}(\mathfrak{g}) \otimes \mathcal{C}(\mathfrak{p}), \\ X \longmapsto & X_\Delta = X \otimes 1 + 1 \otimes \alpha(X), \end{aligned}$$

这个嵌入映射可以延拓到 $\mathcal{U}(\mathfrak{k})$ 上. 我们记 $\mathfrak{k}$ 的像为 $\mathfrak{k}_\Delta$, 那么 $\mathcal{U}(\mathfrak{k})$ 的像是 $\mathfrak{k}_\Delta$ 的泛包络代数 $\mathcal{U}(\mathfrak{k}_\Delta)$.

考虑 $\mathfrak{k}$ 的关于 $-B$ 的正规正交基 $\{W_j\}$, 那么我们分别有 $\mathfrak{g}$ 与 $\mathfrak{k}$ 的 Casimir 算子：

$$\Omega_{\mathfrak{g}} := \sum Z_i^2 - \sum W_j^2 \text{ 与 } \Omega_{\mathfrak{k}} := -\sum W_j^2.$$

记 $\Omega_{\mathfrak{k}}$ 在 $\Delta$ 下的像为 $\Omega_{\mathfrak{k}_\Delta}$. 那么我们有

$$D^2 = -\Omega_{\mathfrak{g}} \otimes 1 + \Omega_{\mathfrak{k}_\Delta} + (\| \rho_c \|^2 - \| \rho \|^2) 1 \otimes 1, \tag{9.2.3}$$

其中 $\rho$ 是正根和的一半, $\rho_c$ 是紧的正根和的一半.

### 9.2.3　Vogan 猜想及推广

Vogan 猜想是说对于任意的元素 $z \otimes 1 \in \mathcal{Z}(\mathfrak{g}) \otimes 1 \subset \mathcal{U}(\mathfrak{g}) \otimes \mathcal{C}(\mathfrak{p})$, 它可以写成如下形式：

$$\zeta(z) + Da + bD,$$

其中 $\zeta(z) \in \mathcal{Z}(\mathfrak{k}_\Delta)$, $a, b \in \mathcal{U}(\mathfrak{g}) \otimes \mathcal{C}(\mathfrak{p})$.

通过在 $\mathcal{U}(\mathfrak{g}) \otimes \mathcal{C}(\mathfrak{p})$ 的 $K$-不变量上定义一个与 $D$ 有关的微分算子 $d$, 再确定这个微分复形的上同调, 我们在 [32] 里证明了如下定理.

**定理 9.2.2**　令 $\mathfrak{t}$ 是 $\mathfrak{k}$ 的 Cartan 子代数, $\mathfrak{h}$ 是 $\mathfrak{g}$ 的 Cartan 子代数, 并且满足 $\mathfrak{t} \subset \mathfrak{h}$, $\mathfrak{t}^* \subset \mathfrak{h}^*$, 这里的 $\mathfrak{t}^*$、$\mathfrak{h}^*$ 分别是 $\mathfrak{t}$、$\mathfrak{h}$ 的对偶代数. 我们分别记 $(\mathfrak{g}, \mathfrak{h})$ 与 $(\mathfrak{k}, \mathfrak{t})$ 的 Weyl 群为 $W$ 和 $W_K$. $\zeta : \mathcal{Z}(\mathfrak{g}) \longrightarrow \mathcal{Z}(\mathfrak{k}) \cong \mathcal{Z}(\mathfrak{k}_\Delta)$ 是由如下交换图确定的代数同态：

$$\begin{array}{ccc} \mathcal{Z}(\mathfrak{g}) & \xrightarrow{\ \zeta\ } & \mathcal{Z}(\mathfrak{k}) \\ \eta \downarrow & & \downarrow \eta_{\mathfrak{k}} \\ P(\mathfrak{h}^*)^W & \xrightarrow{\ \mathrm{Res}\ } & P(\mathfrak{t}^*)^{W_K}. \end{array}$$

其中 $P$ 是多项式代数, 垂直方向的映射 $\eta$ 和 $\eta_{\mathfrak{k}}$ 是 Harish-Chandra 同构. 那么对于任意的 $z \in \mathcal{Z}(\mathfrak{g})$, 存在 $a \in \mathcal{U}(\mathfrak{g}) \otimes \mathcal{C}(\mathfrak{p})$, 使得

$$z \otimes 1 - \zeta(z) = Da + aD.$$

对于任意的容许的 $(\mathfrak{g}, K)$-模 $X$, 我们记 Clifford 代数 $\mathcal{C}(\mathfrak{p})$ 的自旋模为 $\mathcal{S}$. $\mathcal{U}(\mathfrak{g}) \otimes \mathcal{C}(\mathfrak{p})$ 在 $X \otimes \mathcal{S}$ 上的作用如下定义:

$$(u \otimes a) \cdot (x \otimes s) := ux \otimes as,$$

其中 $u \in \mathcal{U}(\mathfrak{g})$, $a \in \mathcal{C}(\mathfrak{p})$, $x \in X$, $s \in \mathcal{S}$. 因为 $D \in \mathcal{U}(\mathfrak{g}) \otimes \mathcal{C}(\mathfrak{p})$, 我们知道 $D$ 可以作用在 $X \otimes \mathcal{S}$ 上. **Dirac 上同调**定义为

$$H_D(X) := \operatorname{Ker} D / \operatorname{Im} D \cap \operatorname{Ker} D.$$

**注记 9.2.4** (1) 记 $K$ 的自旋二重复叠群 $\widetilde{K}$, 根据等式 (9.2.3), $H_D(X)$ 是一个有限维 $\widetilde{K}$-模;

(2) 如果 $X$ 是酉的, 那么 $H_D(X) = \operatorname{Ker} D = \operatorname{Ker} D^2$;

(3) 如果 $H_D(X)$ 非零, 那么它决定了 $X$ 的无穷小特征标.

**定理 9.2.3** 假定 $X$ 是一个容许的 $(\mathfrak{g}, K)$-模, 它的无穷小特征标的标准参数是 $\Lambda \in \mathfrak{h}^*$. 如果 $H_D(X)$ 包含一个无穷小特征标是 $\lambda \in \mathfrak{t}^* \subset \mathfrak{h}^*$ 的 $\widetilde{K}$-表示, 那么 $\Lambda$ 与 $\lambda$ 在 Weyl 群 $W$ 下共轭. 简单说, 如果存在 $E_\gamma \subset H_D(X)$, 其中 $\gamma$ 是最高权, 那么在 Weyl 群 $W$ 共轭意义下, $\gamma + \rho_c \cong \Lambda$.

**注记 9.2.5** (1) 李群 $G$ 的不可约酉表示与不可约的酉 $(\mathfrak{g}, K)$-模在同构意义下一一对应;

(2) 当 $G$ 是一个连通的半单李群时, [32] 证明了上述定理;

(3) [19] 将上述结果推广到 Harish-Chandra 类中可能有非连通约化李群的情形;

(4) Vogan 猜想是对 Parthasarathy 的 Dirac 不等式的加细, 这是约化李群不可约酉表示分类的一个有用工具.

**定理 9.2.4** (推广的 Dirac 不等式)([57]) 假定 $X$ 是一个不可约的酉 $(\mathfrak{g}, K)$-模, 它的无穷小特征标的标准参数是 $\Lambda \in \mathfrak{h}^*$. 记 $K$ 的李代数的复化为 $\mathfrak{k}$, $\mathfrak{t}$ 是 $\mathfrak{k}$ 的 Cartan 子代数, $\Delta^+(\mathfrak{g})$ 是关于 $(\mathfrak{t}, \mathfrak{g})$ 的正根系, 同时我们记 $\rho_c = \rho(\Delta^+(\mathfrak{k}))$, $\rho_n = \rho(\Delta^+(\mathfrak{p}))$. 固定一个出现在 $X$ 中的 $K$-表示, 它的最高权为 $\mu \in \mathfrak{t}^*$. 取 $w \in W_K$, 它使得 $w(\mu - \rho_n)$ 关于 $\Delta^+(\mathfrak{k})$ 是支配的. 那么有不等式:

$$\langle w(\mu - \rho_n) + \rho_c \, , \, w(\mu - \rho_n) + \rho_c \rangle \geqslant \langle \Lambda, \Lambda \rangle.$$

等号成立当且仅当 $\Lambda$ 与 $w(\mu - \rho_n) + \rho_c$ 在 Weyl 群共轭意义下同构.

**定理 9.2.5** ([34]) 假定 $X$ 是一个不可约的酉 $(\mathfrak{g}, K)$-模, 它的无穷小特征标的标准参数是 $\Lambda \in \mathfrak{h}^*$. $X \otimes \mathcal{S}$ 含有一个 $\widetilde{K}$- 型 $\gamma$, 即 $(X \otimes \mathcal{S})(\gamma) \neq 0$, 也即 $\operatorname{Hom}_{\widetilde{K}}(E_\gamma, X_\pi \otimes \mathcal{S}) \neq 0$. 那么

$$\| \Lambda \| \leqslant \| \gamma + \rho_c \| .$$

等号成立等且仅当 $\Lambda$ 与 $\gamma+\rho_c$ 在 Weyl 群 $W$ 共轭意义下相等, 或者当且仅当 Dirac 上同调 $\operatorname{Ker} D$ 包含 $(X\otimes\mathcal{S})(\gamma)$.

**注记 9.2.6** (1) 当把 Vogan 猜想扩展到不同的情形时, Dirac 上同调为表示论及相关领域提供了一个有用的工具. 这主要基于 Kostant 的推广, 即立方 Dirac 算子. 我们将在 9.5 节具体讨论.

(2) 在 [4] 和 [48] 里有类似的 Vogan 猜想的证明; 作者与 Pandžić一起把 Vogan 猜想延拓到李超代数的辛 Dirac 算子的情形 [33]; Kac 等在 [41] 里讨论了仿射李代数的仿射立方 Dirac 算子的 Vogan 猜想; Barbasch 等在 [10] 里讨论了分次仿射 Hecke 代数的 Vogan 猜想; Ciubotaru 与 Trapa 在研究 Weyl 群的表示与 Springer 理论的联系时证明了一个版本的 Vogan 猜想 [17].

## 9.3 Harish-Chandra 模的 Dirac 上同调

我们本节讨论有限维模与有强正则无穷小特征标的不可约酉表示 (即 $A_{\mathfrak{q}}(\lambda)$-模) 的 Dirac 上同调.

### 9.3.1 有限维模的 Dirac 上同调

考虑连通实约化群 $G$ 及它上面的 Cartan 对合 $\theta$, $K=G^\theta$ 是极大紧子群, $\mathfrak{k}_0$ 是 $K$ 的李代数. 记 $\mathfrak{k}_0$ 的 Cartan 子代数为 $\mathfrak{t}_0$, $\mathfrak{h}_0\supset\mathfrak{t}_0$ 是 $\mathfrak{g}_0$ 的**基本 Cartan 子代数**, 即有 $\mathfrak{h}_0=\mathfrak{t}_0\oplus\mathfrak{a}_0$, 其中 $\mathfrak{a}_0$ 是 $\mathfrak{t}_0$ 在 $\mathfrak{p}_0$ 里的中心化子 ([34, 第 50 页]). 我们通过去掉下标 0 来记复化后的李代数. 通过使 $\mathfrak{t}^*$ 中的泛函在 $\mathfrak{a}$ 上的作用是 0, 我们可以视 $\mathfrak{t}^*$ 为 $\mathfrak{h}^*$ 的子空间.

我们分别记 $(\mathfrak{g},\mathfrak{h})$, $(\mathfrak{g},\mathfrak{t})$ 和 $(\mathfrak{k},\mathfrak{t})$ 的根系为 $\Delta(\mathfrak{g},\mathfrak{h})$, $\Delta(\mathfrak{g},\mathfrak{t})$ 和 $\Delta(\mathfrak{k},\mathfrak{t})$. 这里 $\Delta(\mathfrak{g},\mathfrak{h})$ 与 $\Delta(\mathfrak{g},\mathfrak{t})$ 是既约的, $\Delta(\mathfrak{k},\mathfrak{t})$ 一般不是既约的. 我们分别记与上述三个根系相对应的 Weyl 群为 $W=W(\mathfrak{g},\mathfrak{h})$、$W(\mathfrak{g},\mathfrak{t})$ 和 $W_K=W(\mathfrak{k},\mathfrak{t})$.

**定义 9.3.1** ([69, 第 365 页]) 给定实半单李代数 $\mathfrak{g}_0$ 及其上的 Cartan 对合 $\theta$, 相对应的 Cartan 分解为 $\mathfrak{g}_0=\mathfrak{k}_0\oplus\mathfrak{p}_0$. 我们记 $\mathfrak{k}_0$ 的极大交换子代数为 $\mathfrak{t}_0$. 固定根系 $\Delta(\mathfrak{k},\mathfrak{t})$ 的一个正根系 $P_k$. 令 $\mathfrak{h}_0=\{X\in\mathfrak{g}_0\colon[X,\mathfrak{t}_0]=0\}$, 那么 $\mathfrak{h}_0$ 是 $\mathfrak{g}_0$ 的基本 Cartan 子代数. 令 $\Delta=\Delta(\mathfrak{g},\mathfrak{h})$, $\theta$ 在 $\mathfrak{h}^*$ 上的作用定义为 $\theta\sigma(h)=\sigma(\theta h)$, 其中 $\sigma\in\mathfrak{h}^*$, $h\in\mathfrak{h}_0$. 那么 $\theta\Delta=\Delta$. 如果 $\Delta$ 的正根系 $P$ 满足 $\theta P=P$, 那么我们说 $P$ 是 **$\theta$-稳定的**; 进一步地, 如果对于任意的 $\alpha\in P_k$, 存在 $\beta\in P$ 使得 $\beta|_{\mathfrak{t}_0}=\alpha$, 并且 $P$ 是 $\theta$-稳定的, 那么我们说 $P$ 与 $P_k$ 是**相容的**.

在本节中我们选择一个相容的正根系: $\Delta^+(\mathfrak{g},\mathfrak{h})$, $\Delta^+(\mathfrak{g},\mathfrak{t})$ 和 $\Delta^+(\mathfrak{k},\mathfrak{t})$. 像往常一样, 我们将 $(\mathfrak{g},\mathfrak{h})$ 的正根和的一半记作 $\rho$, $(\mathfrak{k},\mathfrak{t})$ 的正根和的一半记作 $\rho_c$, $\rho_n:=\rho-\rho_c$. 那么 $\{\rho,\ \rho_c,\ \rho_n\}\subset\mathfrak{t}^*$.

令 $\mathfrak{t}_{\mathbb{R}}^* = i\mathfrak{t}_0^*$, $\mathfrak{h}_{\mathbb{R}}^* = i\mathfrak{t}_0^* + \mathfrak{a}_0^*$. 我们固定的 $\mathfrak{g}$ 上的二次型 $B$ 诱导出 $\mathfrak{t}_{\mathbb{R}}^*$ 和 $\mathfrak{h}_{\mathbb{R}}^*$ 上的内积. 我们分别记与 $\Delta^+(\mathfrak{g},\mathfrak{h})$、$\Delta^+(\mathfrak{g},\mathfrak{t})$ 和 $\Delta^+(\mathfrak{k},\mathfrak{t})$ 相对应的闭 Weyl 房为 $C_{\mathfrak{g}}(\mathfrak{h}_{\mathbb{R}}^*)$、$C_{\mathfrak{g}}(\mathfrak{t}_{\mathbb{R}}^*)$ 和 $C_{\mathfrak{k}}(\mathfrak{t}_{\mathbb{R}}^*)$. 则易知 $C_{\mathfrak{g}}(\mathfrak{t}_{\mathbb{R}}^*) \subset C_{\mathfrak{g}}(\mathfrak{h}_{\mathbb{R}}^*)$.

定义

$$W(\mathfrak{g},\mathfrak{t})^1 = \{w \in W(\mathfrak{g},\mathfrak{t})\colon w(C_{\mathfrak{g}}(\mathfrak{t}_{\mathbb{R}}^*)) \subset C_{\mathfrak{k}}(\mathfrak{t}_{\mathbb{R}}^*)\}.$$

显然 $W(\mathfrak{k},\mathfrak{t})$ 是 $W(\mathfrak{g},\mathfrak{t})$ 的子群, 由其上的乘法运算我们得到双射:

$$W(\mathfrak{k},\mathfrak{t}) \times W(\mathfrak{g},\mathfrak{t})^1 \xrightarrow{\simeq} W(\mathfrak{g},\mathfrak{t}),$$

$$W(\mathfrak{g},\mathfrak{t})^1 \xrightarrow{\simeq} W(\mathfrak{g},\mathfrak{t})/W(\mathfrak{k},\mathfrak{t}).$$

我们把 $\mathfrak{k}$ 的最高权为 $\mu$ 的不可约表示记作 $E_\mu$.

**引理 9.3.1** ([15, 57, 69]) 作为 $\mathfrak{k}$-模, 我们有

$$\mathcal{S} \cong \bigoplus_{w\in W(\mathfrak{g},\mathfrak{t})^1} 2^{\left[\frac{l_0}{2}\right]} E_{w\rho-\rho_c},$$

其中 $\mathcal{S}$ 是旋量模, $l_0 = \dim \mathfrak{a}$, $\left[\frac{l_0}{2}\right]$ 是指小于等于 $\frac{l_0}{2}$ 的最大整数, $mE_\mu$ 是 $E_\mu$ 的 $m$ 重直和.

显然 $\mathcal{S}$ 同构于平凡表示 $\mathbb{C}$ 的 Dirac 上同调 $H_D(\mathbb{C})$.

对于最高权是 $\lambda \in \mathfrak{h}^*$ 的有限维不可约 $(\mathfrak{g},K)$-模 $V_\lambda$, 如果 $V_\lambda$ 的 Dirac 上同调非零, 那么 $\lambda + \rho \in \mathfrak{t}^*$, 进而 $\lambda \in \mathfrak{t}^*$. 我们需要研究 $V_\lambda \otimes \mathcal{S}$ 的最高权 $\gamma$ 满足 $\| \gamma + \rho_c \| = \| \lambda + \rho \|$ 的 $\widetilde{K}$-子模.

**定理 9.3.1** ([31, 定理 4.2]) 令 $V_\lambda$ 记最高权是 $\lambda$ 的有限维不可约 $(\mathfrak{g},K)$-模.

- 如果 $\lambda \neq \theta\lambda$, 那么 $V_\lambda$ 的 Dirac 上同调是零.
- 如果 $\lambda = \theta\lambda$, 那么作为 $\mathfrak{k}$- 模, $V_\lambda$ 的 Dirac 上同调是

$$H_D(V_\lambda) = \bigoplus_{w\in W(\mathfrak{g},\mathfrak{t})^1} 2^{\left[\frac{l_0}{2}\right]} E_{w(\lambda+\rho)-\rho_c}.$$

### 9.3.2 酉 $A_{\mathfrak{q}}(\lambda)$-模的 Dirac 上同调

我们仍旧考虑 $\mathfrak{g}_0$ 的基本 Cartan 子代数 $\mathfrak{h}_0 = \mathfrak{t}_0 + \mathfrak{a}_0$. $\mathfrak{g}$ 的 **$\theta$-稳定抛物子代数** $\mathfrak{q} = \mathfrak{l} \oplus \mathfrak{u}$ 是 $\mathrm{ad}(H)$ 的非负特征空间, 这里的 $H$ 是 $i\mathfrak{t}_0$ 中的某个元素. $\mathfrak{q}$ 的 Levi 子代数 $\mathfrak{l}$ 是 $\mathrm{ad}(H)$ 的零特征子空间, $\mathfrak{q}$ 的幂零根基子代数 $\mathfrak{u}$ 是 $\mathrm{ad}(H)$ 的正特征子空间的和. 易知 $\mathfrak{l} \supset \mathfrak{h}$, $\mathfrak{l}$ 是 $\mathfrak{g}_0$ 的某个子代数 $\mathfrak{l}_0$ 的复化. 我们记与 $\mathfrak{l}_0$ 相对应的 $G$ 的连通子群为 $L$, 由此我们可以构造上同调诱导模 $A_{\mathfrak{q}}(\lambda)$, 具体过程可参考 [34, 44].

取定一个与 $\mathfrak{q}$ 相容的正根系 $\Delta^+(\mathfrak{g},\mathfrak{h})$, 它满足

$$\Delta(\mathfrak{u}) = \{\alpha \in \Delta(\mathfrak{g},\mathfrak{h})\colon \mathfrak{g}_\alpha \subset \mathfrak{u}\} \subset \Delta^+(\mathfrak{g},\mathfrak{h}).$$

我们知道 $\Delta(\mathfrak{l},\mathfrak{h})\subset\Delta(\mathfrak{g},\mathfrak{h})$, $\Delta(\mathfrak{l},\mathfrak{t})\subset\Delta(\mathfrak{g},\mathfrak{t})$, 此时定义 $\Delta^+(\mathfrak{l},\mathfrak{h})=\Delta(\mathfrak{l},\mathfrak{h})\cap\Delta^+(\mathfrak{g},\mathfrak{h})$, $\Delta^+(\mathfrak{l},\mathfrak{t})=\Delta(\mathfrak{l},\mathfrak{t})\cap\Delta^+(\mathfrak{g},\mathfrak{t})$.

令 $\lambda\in\mathfrak{l}^*$ **是容许的**, 即 $\lambda$ 是 $L$ 的某个酉特征标的微分的复化, 同时满足:

$$\langle\alpha,\lambda|_{\mathfrak{t}}\rangle\geqslant 0\ ,\text{任给}\quad \alpha\in\Delta(\mathfrak{u}).$$

那么 $\lambda$ 与 $\mathfrak{l}$ 的所有根正交, 我们可以视 $\lambda$ 为 $\mathfrak{h}^*$ 中的一个元素.

对于上面的 $\mathfrak{q}$ 与 $\lambda$, 我们定义

$$\mu(\mathfrak{q},\lambda)=\lambda|_{\mathfrak{t}}+2\rho(\mathfrak{u}\cap\mathfrak{p})\,.$$

这里 $\rho(\mathfrak{u}\cap\mathfrak{p})=\rho(\Delta(\mathfrak{u}\cap\mathfrak{p}))$ 是 $\Delta(\mathfrak{u}\cap\mathfrak{p})$ 中所有元素和的一半, 即 $\mathfrak{u}\cap\mathfrak{p}$ 的所有 $\mathfrak{t}$-权 (记重数). 对于 $\mathfrak{g}$ 的其他的 $\mathfrak{t}$- 稳定子空间我们使用类似的符号.

**定理 9.3.2** ([66, 68]) *令 $\mathfrak{q}$ 是 $\mathfrak{g}$ 的 $\theta$- 稳定抛物子代数, $\lambda\in\mathfrak{h}^*$ 是容许的. 那么存在唯一的满足如下性质的酉 $(\mathfrak{g},K)$-模 $A_{\mathfrak{q}}(\lambda)$:*

*(1) $A_{\mathfrak{q}}(\lambda)$ 限制到 $\mathfrak{k}$ 上后包含最高权是 $\mu(\mathfrak{q},\lambda)$ 的表示;*

*(2) $A_{\mathfrak{q}}(\lambda)$ 的无穷小特征标是 $\lambda+\rho$;*

*(3) 如果 $\mathfrak{k}$ 的表示出现在 $A_{\mathfrak{q}}(\lambda)$ 中, 那么它的最高权是下面的形式:*

$$\mu(\mathfrak{q},\lambda)+\sum_{\beta\in\Delta(\mathfrak{u}\cap\mathfrak{p})}n_\beta\beta \tag{9.3.1}$$

*其中 $n_\beta$ 是非负整数. 特别地, $\mu(\mathfrak{q},\lambda)$ 是 $A_{\mathfrak{q}}(\lambda)$ 的最低 $K$-型 (重数为 1).*

我们记与 $\Delta(\mathfrak{l},\mathfrak{t})$ 和 $\Delta(\mathfrak{l},\mathfrak{h})$ 相对应的 Weyl 群为 $W(\mathfrak{l},\mathfrak{t})$ 和 $W(\mathfrak{l},\mathfrak{h})$.

**定理 9.3.3** ([31, 定理 5.1]) *(1) 如果 $\lambda\neq\theta\lambda$, 那么 $A_{\mathfrak{q}}(\lambda)$ 的 Dirac 上同调是零.*

*(2) 如果 $\lambda=\theta\lambda$, 那么不可约酉 $(\mathfrak{g},K)$-模 $A_{\mathfrak{q}}(\lambda)$ 的 Dirac 上同调是*

$$H_D(A_{\mathfrak{q}}(\lambda))=\operatorname{Ker}D=\bigoplus_{w\in W(\mathfrak{l},\mathfrak{t})^1}2^{[\frac{l_0}{2}]}E_{w(\lambda+\rho)-\rho_c}.$$

**注记 9.3.1** 在 [11], [12] 和 [55] 里计算了其他类型的表示的 Dirac 上同调.

## 9.4 Dirac 上同调与 $(\mathfrak{g},K)$-上同调

### 9.4.1 $(\mathfrak{g},K)$-上同调

考虑连通半单李群 $G$, 它的极大紧子群是 $K$. $G$ 的李代数的复化记作 $\mathfrak{g}$.

对于 $(\mathfrak{g},K)$-模范畴 $M(\mathfrak{g},K)$, 我们考虑函子

$$\Psi : M(\mathfrak{g},K) \longrightarrow \{\text{复线性空间}\},$$
$$V \longmapsto V^{\mathfrak{g},K} := \{v \in V : Xv = 0, kv = v,\ \text{任给} X \in \mathfrak{g}, k \in K\}.$$

**注记 9.4.1** $\Psi$ 是一个左正合函子.

$(\mathfrak{g},K)$-上同调函子 $V \mapsto H^i(\mathfrak{g},K;V)$ 是 $V \mapsto V^{\mathfrak{g},K}$ 的右导出函子. $(\mathfrak{g},K)$-上同调可由 Duflo-Vergne 公式计算而得, 即

$$V^{\mathfrak{g},K} = \mathrm{Hom}_{\mathfrak{g},K}(\mathbb{C},V),$$

由此可得

$$H^i(\mathfrak{g},K;V) = \mathrm{Ext}^i_{\mathfrak{g},K}(\mathbb{C},V).$$

相较于对 $V$ 的内射分解, 我们对平凡模 $\mathbb{C}$ 进行投射分解, 它是相对标准复形

$$\mathcal{U}(\mathfrak{g}) \otimes_{\mathcal{U}(\mathfrak{k})} \bigwedge^{\cdot} \mathfrak{p} \xrightarrow{\epsilon} \mathbb{C} \to 0.$$

这里的 $\mathfrak{p}$ 是 $\mathfrak{k}$ 在 $\mathfrak{g}$ 的 $K$-不变直和补. 上述复形的微分算子 $d$ 是

$$d(u \otimes X_1 \wedge \cdots \wedge X_k) = \sum_i (-1)^{i-1}\, uX_i \otimes X_1 \wedge \cdots \wedge \widehat{X_i} \wedge \cdots \wedge X_k,$$

其中 $\widehat{X_i}$ 代表此时 $X_i$ 不出现.

**注记 9.4.2** (1) 对于比我们此处的 $(\mathfrak{g},K)$ 更一般的 (对称) 对, 我们还要有一个双重和. 但在此处, 由于 $[\mathfrak{p},\mathfrak{p}] \subset \mathfrak{k}$ 在 $\mathfrak{p}$ 上的投射是平凡的, 所以第二组求和项退化了.

(2) 映射 $\epsilon$ 是增广映射, 它由如下方式定义:

$$1 \otimes 1 \mapsto 1, \quad \mathfrak{g}\mathcal{U}(\mathfrak{g}) \otimes 1 \mapsto 0.$$

运用上述分解, 我们可以把 $H^i(\mathfrak{g},K;V)$ 等同于下述复形的 $i$ 次上同调:

$$\mathrm{Hom}^{\cdot}_{\mathfrak{g},K}\left(\mathcal{U}(\mathfrak{g}) \otimes_{\mathcal{U}(\mathfrak{k})} \bigwedge^{\cdot} \mathfrak{p}, V\right) = \mathrm{Hom}^{\cdot}_K\left(\bigwedge^{\cdot} \mathfrak{p}, V\right),$$

其中微分算子如下定义:

$$df(X_1 \wedge \cdots \wedge X_k) = \sum_i (-1)^{i-1}\, X_i \cdot f(X_1 \wedge \cdots \wedge \widehat{X_i} \wedge \cdots \wedge X_k).$$

$(\mathfrak{g},K)$-同调由 $(\mathfrak{g},K)$-余不变量的导出函子给出:

$$H_i(\mathfrak{g},K;V) = \mathrm{Tor}_i^{\mathfrak{g},K}(\mathbb{C},V),$$

计算时用与上述一致的 $\mathbb{C}$ 的分解.

$(\mathfrak{g}, K)$-上同调 (其中 $K$ 是半单李群 $G$ 的极大紧子群) 的一个及其重要的结果是对有非零 $(\mathfrak{g}, K)$-上同调的不可约酉 $(\mathfrak{g}, K)$-模进行分类, 这个工作由 Vogan 和 Zuckerman 给出.

**定理 9.4.1** ([68]) 考虑中心有限的半单李群 $G$, 它的极大紧子群是 $K$. $G$ 的一个不可约酉表示的 Harish-Chandra 模记作 $V$. 令 $F$ 是一个有限维不可约 $G$-模, $F^*$ 是它的逆步表示. 那么 $V \otimes F$ 有非零 $(\mathfrak{g}, K)$-上同调当且仅当 $V$ 与 $F^*$ 有相同的无穷小特征标并且 $V$ 同构于某个 $A_{\mathfrak{q}}(\lambda)$-模.

如果 $V$ 有非零 $(\mathfrak{g}, K)$-上同调, 那么该上同调等于

$$\mathrm{Hom}_{L\cap K}\left(\bigwedge^{i-\dim(\mathfrak{u}\cap\mathfrak{p})}(\mathfrak{l}\cap\mathfrak{p}), \mathbb{C}\right),$$

其中 $L$ 是在定义 $A_{\mathfrak{q}}(\lambda)$ 的过程中用到的 Levi 子群, $\mathfrak{l}$ 是 $L$ 的李代数的复化, $\mathfrak{u}$ 是 $\mathfrak{q}$ 的幂零根基子代数.

我们再来看几个关于 $(\mathfrak{g}, K)$- 上同调的性质. 考虑半单群 $G$, 它是 $G_{\mathbb{R}}$ 的单位连通分支, 同时假设 $G_{\mathbb{C}}$ 是连通的且是单连通的. $\mathfrak{g}_0$、$\mathfrak{k}_0$、$\mathfrak{t}_0$ 等符号与定义 9.3.1 中的符号相一致, 考虑 $\Delta(\mathfrak{k}, \mathfrak{t})$ 的一个正根系 $P_k$, 记所有与 $P_k$ 相容的正根系的集合为 $C(P_k)$. 取一个正根系 $P \in C(P_k)$, 令 $\rho = \rho(P) = \frac{1}{2}\sum_{\alpha\in P}\alpha$. 假设 $F$ 是一个有限维不可约 $(\mathfrak{g}, K)$-模, 并且在正根系 $P$ 下, 它的最高权是 $\Lambda$.

**引理 9.4.1** (Wigner 引理, [69, 第 368 页]) 假设 $V$ 是无穷小特征标为 $\chi$ 的 $(\mathfrak{g}, K)$-模, 如果存在 $i \in \mathbb{Z}$ 使得 $H^i(\mathfrak{g}, K; V \otimes F^*) \neq 0$, 那么 $\chi = \chi_{\Lambda+\rho}$.

**性质 9.4.1** ([69, 第 369 页]) 假设 $V$ 是无穷小特征标为 $\chi_{\Lambda+\rho}$ 的容许酉 $(\mathfrak{g}, K)$-模, 那么

$$H^i(\mathfrak{g}, K; V \otimes F^*) = \mathrm{Hom}_K\left(\bigwedge^i \mathfrak{p}, V \otimes F^*\right).$$

**注记 9.4.3** ([69, 第 369 页]) (1) $H^i(\mathfrak{g}, K; V \otimes F^*)$ 是下述复形的上同调:

$$\begin{aligned} C^i(\mathfrak{g}, K; V \otimes F^*) &= \mathrm{Hom}_K\left(\bigwedge^i (\mathfrak{g}/\mathfrak{k}), V \otimes F^*\right) \\ &= \mathrm{Hom}_K\left(\bigwedge^i \mathfrak{p}, V \otimes F^*\right). \end{aligned}$$

(2) 上述性质是说 $d = 0$.

**性质 9.4.2** ([69, 性质 9.4.6]) 假设 $P$ 是与 $P_k$ 相容的 $\Delta(\mathfrak{g}, \mathfrak{h})$ 的正根系, $F$ 是一个有限维不可约 $(\mathfrak{g}, K)$-模, 并且在正根系 $P$ 下, 它的最高权是 $\Lambda$. $V$ 是一个 $(\mathfrak{g}, K)$-模.

(1) 如果 $\theta\Lambda \neq \Lambda$, 对于不可约酉 $(\mathfrak{g}, K)$-模 $V$, 我们有 $H^i(\mathfrak{g}, K; V \otimes F^*) = 0$.

(2) 对于无穷小特征标是 $\chi$ 的不可约酉 $(\mathfrak{g}, K)$-模 $V$, 如果 $\chi \neq \chi_{\Lambda+\rho}$, 那么 $H^i(\mathfrak{g}, K; V \otimes F^*) = 0$.

(3) 假定 $V$ 是无穷小特征标为 $\chi_{\Lambda+\rho}$ 的不可约酉 $(\mathfrak{g}, K)$-模, 如果 $\theta\Lambda = \Lambda$, 那么 $H^i(\mathfrak{g}, K; V \otimes F^*) \neq 0$ 当且仅当存在 $\gamma \in K^\wedge$ 使得 $\mathrm{Hom}_K(V_\gamma, V \otimes \mathcal{S}) \neq 0$ 且 $\mathrm{Hom}_K(V_\gamma, F \otimes \mathcal{S}) \neq 0$, 这里的 $\mathcal{S}$ 是 $\mathfrak{p}$ 的旋量空间, $V_\gamma \in \gamma$. 进一步地, 对于任意满足上述条件的 $\gamma$, 一定存在 $P_1 \in C(P_k)$ 使得 $\Lambda$ 是 $P_1$-支配的且 $\lambda_\gamma + \rho_k = \Lambda + \rho(P_1)$, 这里的 $\lambda_\gamma$ 是 $V_\gamma$ 的最高权.

### 9.4.2 Dirac 上同调与 $(\mathfrak{g}, K)$- 上同调的关系

假设 $F$ 是一个有限维模, $X$ 是一个酉 $(\mathfrak{g}, K)$-模, 并且 $X$ 有 $(\mathfrak{g}, K)$-上同调, 即

$$H^*(\mathfrak{g}, K; X \otimes F) = H^*\left(\mathrm{Hom}_K^{\cdot}\left(\bigwedge^{\cdot} \mathfrak{p}, X \otimes F\right)\right) \neq 0.$$

此时 $X$ 必然与 $F^*$ 有相同的无穷小特征标, 并且 $X$ 有非零 Dirac 上同调.

**注记 9.4.4** 当 $(\mathfrak{g}, K)$-上同调存在时, 它可由 Dirac 上同调来确定; 当 $(\mathfrak{g}, K)$-上同调不存在时, Dirac 上同调可以视作 $(\mathfrak{g}, K)$- 上同调的推广. 另外, 有非零 Dirac 上同调的酉表示与自守表示紧密相关.

下面我们来看 Dirac 上同调与 $(\mathfrak{g}, K)$-上同调的关系, 我们根据 $\dim \mathfrak{p}$ 的奇偶性来讨论.

当 $\dim \mathfrak{p}$ 是偶数时, 我们可以把 $\mathfrak{p}$ 写成迷向子空间的直和:

$$\mathfrak{p} = \mathfrak{u} \oplus \bar{\mathfrak{u}},$$

其中 $\bar{\mathfrak{u}} \cong \mathfrak{u}^*$, 这里的 $\mathfrak{u}^*$ 是指 $\mathfrak{u}$ 的对偶空间. 我们考虑旋量空间 $\mathcal{S} = \bigwedge^{\cdot} \mathfrak{u}$ 与 $\mathcal{S}^* = \bigwedge^{\cdot} \bar{\mathfrak{u}}$, 那么易知

$$\mathcal{S} \otimes \mathcal{S}^* \cong \bigwedge^{\cdot} (\mathfrak{u} \oplus \bar{\mathfrak{u}}) = \bigwedge^{*} \mathfrak{p}.$$

由此我们可以把 $X \otimes F^*$ 的 $(\mathfrak{g}, K)$-上同调等同于 $H^*(\mathrm{Hom}_{\widetilde{K}}^{\cdot}(F \otimes \mathcal{S}, X \otimes \mathcal{S}))$.

Dirac 算子 $D$ 在上述复形上可以有多种作用, 与前面类似, 它们与 $(\mathfrak{g}, K)$-同调的上边缘算子 $d$、边缘算子 $\partial$ 有关, 经过合适的等价变换后, 它们也可以作用在相同的复形上.

当 $X$ 是酉的时, Wallach 证明 $d = 0$. 运用类似的方法我们可以研究上述 Dirac 作用及"半 -Dirac"作用. 特别地, 由于 $D^2$ 在 $F \otimes \mathcal{S}$ 和 $X \otimes \mathcal{S}$ 上的特征值符号相反, 我们得到

$$H^*(\mathfrak{g}, K; X \otimes F^*) = \mathrm{Hom}_{\widetilde{K}}^{\cdot}(H_D(F), H_D(X)).$$

当 $\dim\mathfrak{p}$ 是奇数时, 令 $\mathcal{S}$ 是 Clifford 代数 $\mathcal{C}(\mathfrak{p})$ 的旋量模. 作为 $K$-模, $\bigwedge^{\cdot}\mathfrak{p}$ 同构于两份 $\mathcal{S}\otimes\mathcal{S}^*$. 此时有

$$H^*(\mathfrak{g},K;X\otimes F^*)\cong \text{双重直和}\,\mathrm{Hom}^{\cdot}_{\widetilde{K}}(H_D(F),H_D(X)),$$

这里的双重直和是指 $\mathrm{Hom}^{\cdot}_{\widetilde{K}}(H_D(F),H_O(X))\oplus\mathrm{Hom}^{\cdot}_{\widetilde{K}}(H_O(F),H_D(X))$. 此时我们用 9.3 节里计算 $H_D(A_{\mathfrak{q}}(\lambda))$ 和 $H_D(F)$ 的公式可得

$$\dim H^*(\mathfrak{g},K;X\otimes F^*)=2^{l_0}|W(\mathfrak{l},\mathfrak{t})/W(\mathfrak{l}\cap\mathfrak{k},\mathfrak{t})|.$$

## 9.5 最高权模的 Dirac 上同调

取 Borel 子代数 $\mathfrak{b}$ 的一个 Cartan 子代数 $\mathfrak{h}$, $\mathcal{O}$ **范畴**是一个 $\mathfrak{g}$-模范畴, 它是由有限生成、局部 $\mathfrak{b}$-有限、$\mathfrak{h}$-作用是半单的这样的模组成.

Kostant 在 [47] 中定义了立方 Dirac 算子, 他证明了最一般情形下最高权模的 Dirac 上同调的一个非退化结果, 同时他还证明了等秩情形时最高权模有非零 Dirac 上同调, 并且他确定了此时有限维模的 Dirac 上同调. 应用 Jacquet 函子, 我们在 [18] 里研究了 $(\mathfrak{g},K)$-模的 Dirac 上同调与最高权模的关系. 应用 Kazhdan-Lusztig 多项式, 我们在 [38] 里确定了所有不可约最高权模的 Dirac 上同调, 本节主要回顾该文章的主要结果.

### 9.5.1 Kostant 立方 Dirac 算子

假设 $\mathfrak{g}$ 是复半单李代数, 它上面的 Killing 型记作 $B$. $\mathfrak{r}\subset\mathfrak{g}$ 是一个约化李子代数, 满足 $B|_{\mathfrak{r}\times\mathfrak{r}}$ 非退化. 关于 $B$ 我们有正交分解:

$$\mathfrak{g}=\mathfrak{r}\oplus\mathfrak{s}.$$

那么 $B|_{\mathfrak{s}\times\mathfrak{s}}$ 也是非退化的.

记 $\mathfrak{s}$ 的 Clifford 代数为 $\mathcal{C}(\mathfrak{s})$, 它满足 $uu'+u'u=-2B(u,u')$, 其中 $\forall u,u'\in\mathfrak{s}$. 假设 $\mathfrak{s}$ 的一组正规正交基是 $\{Z_1,\cdots,Z_m\}$. **Kostant 立方 Dirac 算子**定义为

$$D=\sum_{i=1}^{m}Z_i\otimes Z_i+1\otimes v\in\mathcal{U}(\mathfrak{g})\otimes\mathcal{C}(\mathfrak{s}).\tag{9.5.1}$$

**注记 9.5.1** 关于 $v$ 的说明. 应用 Killing 型, 我们可以把 $\mathfrak{s}^*$ 等同于 $\mathfrak{s}$. 对于基本 3-型 $\omega\in\bigwedge^3(\mathfrak{s}^*)$, 它定义为 $\omega(X,Y,Z)=\dfrac{1}{2}B(X,[Y,Z])$. $\omega$ 在 Chevalley 映射 $\bigwedge(\mathfrak{s}^*)\to\mathcal{C}(\mathfrak{s})$ 下的像记作 $v$. 它可具体写成:

$$v=\frac{1}{2}\sum_{1\leqslant i<j<k\leqslant m}B([Z_i,Z_j],Z_k)Z_iZ_jZ_k.$$

当 $G$ 是单的且是 Hermitian 对称时, 有 $\omega=0$. 此时立方 Dirac 算子中的立方项退化.

与 9.2.2 节对称对 $(\mathfrak{g},\mathfrak{k})$ 的 Dirac 算子类似, 立方 Dirac 算子也有一个很好的平方. 具体地说, 考虑由以下复合运算构造的李代数映射 $\alpha$:

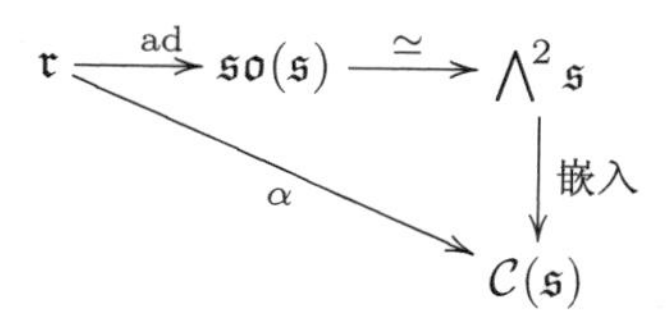


它可显式写成

$$\alpha:\mathfrak{r}\longrightarrow\mathcal{C}(\mathfrak{s})$$

$$X\longmapsto-\frac{1}{4}\sum_j[X,Z_j]Z_j. \tag{9.5.2}$$

由此我们可以构造另一个嵌入映射:

$$\mathfrak{r}\hookrightarrow\mathcal{U}(\mathfrak{g})\otimes\mathcal{C}(\mathfrak{s}),$$

$$X\longmapsto X_\Delta=X\otimes1+1\otimes\alpha(X).$$

这个嵌入映射可以延拓到 $\mathcal{U}(\mathfrak{r})$ 上. 我们记 $\mathfrak{r}$ 的像为 $\mathfrak{r}_\Delta$, 那么 $\mathcal{U}(\mathfrak{r})$ 的像是 $\mathfrak{r}_\Delta$ 的泛包络代数 $\mathcal{U}(\mathfrak{r}_\Delta)$.

分别记 $\mathfrak{g}$ 与 $\mathfrak{r}$ 的 Casimir 算子为 $\Omega_\mathfrak{g}$ 与 $\Omega_\mathfrak{r}$. $\Omega_\mathfrak{r}$ 在 $\Delta$ 下的像记作 $\Omega_{\mathfrak{r}_\Delta}$. 记 $\mathfrak{r}$ 的 Cartan 子代数为 $\mathfrak{h}_\mathfrak{r}$, 则有 $\mathfrak{h}_\mathfrak{r}\subset\mathfrak{h}$. Kostant 证明:

$$D^2=-\Omega_\mathfrak{g}\otimes1+\Omega_{\mathfrak{r}_\Delta}+(\|\rho_\mathfrak{r}\|^2-\|\rho\|^2)1\otimes1. \tag{9.5.3}$$

其中 $\rho$ 是正根和的一半, $\rho_\mathfrak{r}$ 是 $\Delta(\mathfrak{r},\mathfrak{h}_\mathfrak{r})$ 的正根和的一半.

分别记与根系 $\Delta(\mathfrak{g},\mathfrak{h})$ 和 $\Delta(\mathfrak{r},\mathfrak{h}_\mathfrak{r})$ 相对应的 Weyl 群为 $W$ 和 $W_\mathfrak{r}$. Kostant 把 Vogan 猜想推广到一般的对称对的情形:

**定理 9.5.1** ([47, 定理 4.1 和 4.2] 和 [34, 定理 4.1.4]) *存在代数同态 $\zeta\colon\mathcal{Z}(\mathfrak{g})\to\mathcal{Z}(\mathfrak{r})\cong\mathcal{Z}(\mathfrak{r}_\Delta)$, 使得对于任意的元素 $z\in\mathcal{Z}(\mathfrak{g})$, 有*

$$z\otimes1-\zeta(z)=Da+aD,$$

*其中 $a\in\mathcal{U}(\mathfrak{g})\otimes\mathcal{C}(\mathfrak{s})$. 具体地, $\zeta$ 是由如下交换图确定的代数同态:*

$$\begin{array}{ccc}\mathcal{Z}(\mathfrak{g}) & \xrightarrow{\zeta} & \mathcal{Z}(\mathfrak{r})\\ \downarrow{\scriptstyle\eta} & & \downarrow{\scriptstyle\eta_\mathfrak{r}}\\ P(\mathfrak{h}^*)^W & \xrightarrow{\mathrm{Res}} & P\left((\mathfrak{h}_\mathfrak{r})^*\right)^{W_\mathfrak{r}}.\end{array}$$

这里 $P$ 是多项式代数, 垂直方向的映射 $\eta$ 和 $\eta_{\mathfrak{r}}$ 是 Harish-Chandra 同构.

**定义 9.5.1**　对于任意的 $\mathfrak{g}$-模 $V$、$\mathcal{C}(\mathfrak{s})$ 的旋量模 $\mathcal{S}$, 考虑 $D$ 在 $V\otimes\mathcal{S}$ 上的作用:

$$D\colon V\otimes\mathcal{S}\longrightarrow V\otimes\mathcal{S},$$

其中 $\mathfrak{g}$ 在 $V$ 上作用, $\mathcal{C}(\mathfrak{s})$ 在 $\mathcal{S}$ 上作用. $V$ 的 **Dirac 上同调**定义为以下的 $\mathfrak{r}$-模:

$$H_D(X):=\operatorname{Ker}D/\operatorname{Im}D\cap\operatorname{Ker}D.$$

**定理 9.5.2** ([47] 和 [34])　考虑 $\mathfrak{g}$-模 $V$, 它的 $\mathcal{Z}(\mathfrak{g})$ 无穷小特征标为 $\chi_\Lambda$. 假定有 $\mathcal{Z}(\mathfrak{r})$ 无穷小特征标为 $\chi_\lambda$ 的 $\mathfrak{r}$-模 $N\subset H_D(V)$. 那么存在 $w\in W$, 使得 $\lambda=w\Lambda$.

对于最高权是 $\lambda\in\mathfrak{h}^*$ 的有限维表示 $V_\lambda$, Kostant 计算了关于等秩二次子代数 $\mathfrak{r}\subset\mathfrak{g}$ 的 $V_\lambda$ 的 Dirac 上同调. 记 $\mathfrak{r}$ 与 $\mathfrak{g}$ 的 Cartan 子代数为 $\mathfrak{h}$, 定义 Weyl 群 $W(\mathfrak{g},\mathfrak{h})$ 的子群 $W(\mathfrak{g},\mathfrak{h})^1$:

$$W(\mathfrak{g},\mathfrak{h})^1=\{w\in W(\mathfrak{g},\mathfrak{h})\colon w(\rho)\text{是}\Delta^+(\mathfrak{r},\mathfrak{h})\text{-支配的}\}.$$

这个集合等于 $W(\mathfrak{g},\mathfrak{h})$ 中能把 $\mathfrak{g}$ 的正 Weyl 房映到 $\mathfrak{r}$ 的正 Weyl 房的反射的集合. 由此我们可以得到一个双射:

$$\begin{aligned}W(\mathfrak{r},\mathfrak{h})\times W(\mathfrak{g},\mathfrak{h})^1&\longrightarrow W(\mathfrak{g},\mathfrak{h}),\\(w,\tau)&\longmapsto w\tau.\end{aligned}$$

Kostant 在 [46] 中证明:

$$H_D(V_\lambda)=\bigoplus_{w\in W(\mathfrak{g},\mathfrak{h})^1}E_{w(\lambda+\rho)-\rho_{\mathfrak{r}}}.$$

由此可得如下性质.

**性质 9.5.1**　假设 $G$ 是 Hermitian 对称的半单李群, $V_\lambda$ 是 $G$ 的最高权为 $\lambda$ 的有限维表示. 那么

$$H_D(V_\lambda)=\bigoplus_{w\in W(\mathfrak{g},\mathfrak{h})^1}E_{w(\lambda+\rho)-\rho_c}.$$

**注记 9.5.2**　Mehdi 与 Zierau 在 [56] 里将 Kostant 关于有限维模 Dirac 上同调的结果拓展到非等秩情形.

### 9.5.2　$\mathcal{O}^{\mathfrak{q}}$ 范畴

假设 $\mathfrak{g}$ 是一个复半单李代数, 它的 Cartan 子代数是 $\mathfrak{h}$, $\Phi=\Delta(\mathfrak{g},\mathfrak{h})\subset\mathfrak{h}^*$ 是 $(\mathfrak{g},\mathfrak{h})$ 的根系. $\mathfrak{g}_\alpha$ 是与 $\alpha\in\Phi$ 相对应的 $\mathfrak{g}$ 的根子空间. 固定一个正根系 $\Phi^+$, 以及与之对应的单根集合记作 $\Delta$.

**注记 9.5.3** 每个 $\Delta$ 的子集 $I$ 生成一个根系 $\Phi_I \subset \Phi$, 它的正根为 $\Phi_I^+ = \Phi_I \cap \Phi^+$.

在共轭意义下, $\mathfrak{g}$ 的抛物子代数与 $\Delta$ 的子集一一对应. 令 Levi 子代数为

$$\mathfrak{l}_I = \mathfrak{h} \oplus \sum_{\alpha \in \Phi_I} \mathfrak{g}_\alpha ,$$

幂零根子代数以及它的关于 Killing 型 $B$ 的对偶空间为

$$\mathfrak{u}_I = \sum_{\alpha \in \Phi^+ \setminus \Phi_I^+} \mathfrak{g}_\alpha, \quad \overline{\mathfrak{u}_I} = \sum_{\alpha \in \Phi^+ \setminus \Phi_I^+} \mathfrak{g}_{-\alpha}.$$

此时 $\mathfrak{q}_I = \mathfrak{l}_I \oplus \mathfrak{u}_I$ 是与 $I$ 相对应的标准抛物子代数. 令

$$\rho = \rho(\mathfrak{g}) = \frac{1}{2} \sum_{\alpha \in \Phi^+} \alpha, \quad \rho_{\mathfrak{l}_I} = \frac{1}{2} \sum_{\alpha \in \Phi_I^+} \alpha, \quad \rho_{\mathfrak{u}_I} = \frac{1}{2} \sum_{\alpha \in \Phi^+ \setminus \Phi_I^+} \alpha.$$

那么 $\rho(\overline{\mathfrak{u}_I}) = -\rho(\mathfrak{u}_I)$.

**注记 9.5.4** 一旦 $I$ 选定, $\Delta$ 中其他的子集就基本没什么用了.

如果一个子代数显然与 $I$ 有关, 我们就略掉下标.

**定义 9.5.2** $\mathcal{U}(\mathfrak{g})$-模范畴的满子范畴 $\mathcal{O}^\mathfrak{q}$ 称为一个**抛物范畴**, 如果它里面的对象 $M$ 满足:

(1) $M$ 是一个有限生成的 $\mathcal{U}(\mathfrak{g})$-模.

(2) 作为一个 $\mathcal{U}(\mathfrak{l}_I)$-模, $M$ 是有限维单模的直和.

(3) $M$ 是局部 $\mathfrak{u}_I$-有限的 (因此作为一个 $\mathcal{U}(\mathfrak{q})$-模, $M$ 是局部有限的).

我们使用 [40] 里的符号. $\mathfrak{h}^*$ 中 $\Phi_I^+$-支配的整权的集合为

$$\wedge_I^+ = \{\lambda \in \mathfrak{h}^* \colon \langle \lambda, \alpha^\vee \rangle \in \mathbb{Z}^{\geqslant 0}, \text{任给}\, \alpha \in \Phi_I^+\}.$$

这里的 $\langle , \rangle$ 是由 Killing 型 $B$ 诱导的 $\mathfrak{h}^*$ 上的二次型, $\alpha^\vee = \dfrac{2\alpha}{\langle \alpha, \alpha \rangle}$.

对于最高权是 $\lambda$ 的有限维单 $\mathfrak{l}$-模 $F(\lambda)$, 有 $\lambda \in \wedge_I^+$. 通过令 $\mathfrak{u}$ 在 $F(\lambda)$ 上的作用是平凡的, 我们可以视 $F(\lambda)$ 为一个 $\mathfrak{q}$-模. 最高权为 $\lambda$ 的**抛物 Verma 模**是诱导模

$$M_I(\lambda) = \mathcal{U}(\mathfrak{g}) \bigotimes\nolimits_{\mathcal{U}(\mathfrak{q})} F(\lambda).$$

**注记 9.5.5** (1) 模 $M_I(\lambda)$ 是一般的 Verma 模 $M(\lambda)$ 的商模.

(2) $M_I(\lambda)$ 和 $M(\lambda)$ 存在唯一的单商模, 记作 $L(\lambda)$.

(3) 由于每个 $\mathcal{O}^\mathfrak{q}$ 中的非零模都至少有一个极大权的非零向量, 因此 $\mathcal{O}^\mathfrak{q}$ 中的每个单模同构于 $L(\lambda)$, 其中 $\lambda$ 是 $\wedge_I^+$ 中的某个元素; 进一步地, 在同构意义下, 该单模由它的最高权唯一决定.

(4) $M_I(\lambda)$ 和包括 $L(\lambda)$ 在内的所有商模都有相同的无穷小特征标 $\chi_\lambda$.

(5) 由于 Harish-Chandra 同构 $\mathcal{Z}(\mathfrak{g}) \to \mathrm{Sym}(\mathfrak{h})^W$ 带来的 $\rho$-移位, 无穷小特征标 $\chi_\lambda$ 的标准参数是 $\lambda + \rho \in \mathfrak{h}^*$ 的 Weyl 群轨道, 其中 $\mathrm{Sym}(\mathfrak{h})$ 是关于 $\mathfrak{h}$ 的对称代数.

(6) $\mathcal{O}^{\mathfrak{q}}$ 中的每个非零模 $M$ 都有一个有限滤过, 该滤过有非零商模, 且每个滤过是 $\mathcal{O}^{\mathfrak{q}}$ 中的最高权模. 所以 $\mathcal{Z}(\mathfrak{g})$ 在 $M$ 上的作用是有限的.

我们考虑 $M$ 的一个子集合

$$M^\chi := \{v \in M : 如果存在依赖于z的正整数n使得(z - \chi(z))^n v = 0\}.$$

那么对于任意的 $z \in \mathcal{Z}(\mathfrak{g})$, $z - \chi(z)$ 在 $M^\chi$ 上的作用是局部幂零的, $M^\chi$ 是 $M$ 的一个 $\mathcal{U}(\mathfrak{g})$-子模. 我们可以因此定义 $\mathcal{O}^{\mathfrak{q}}$ 的一个满子范畴 $\mathcal{O}^{\mathfrak{q}}_\chi$, 它的对象, 模 $M$, 满足 $M = M^\chi$. 那么我们有直和分解:

$$\mathcal{O}^{\mathfrak{q}} = \bigoplus_{\chi} \mathcal{O}^{\mathfrak{q}}_\chi ,$$

其中 $\chi$ 形如 $\chi = \chi_\lambda$, $\lambda$ 是 $\mathfrak{h}^*$ 中的元素.

我们记与根系 $\Phi$ 相对应的 Weyl 群为 $W$. $W$ 在 $\mathfrak{h}^*$ 上的点作用定义为

$$w \cdot \lambda = w(\lambda + \rho) - \rho ,$$

其中 $\lambda \in \mathfrak{h}^*$. 由 Harish-Chandra 同构 $\mathcal{Z}(\mathfrak{g}) \to \mathrm{Sym}(\mathfrak{h})^W$, 我们可知 $\chi_\lambda = \chi_\mu$ 当且仅当 $\lambda \in W \cdot \mu$.

**定义 9.5.3** 对于 $\mathfrak{h}^*$ 中的元素 $\lambda$, 如果 $\lambda$ 在 $W$ 中的迷向群是平凡的, 那么就称 $\lambda$ 是**正则的**. 也就是说, 如果对于任意的 $\alpha \in \Phi$, $\lambda$ 满足 $\langle \lambda + \rho, \alpha^\vee \rangle \neq 0$, 则称 $\lambda$ 是**正则的**. $\mathfrak{h}^*$ 中非正则的元素称为**奇异的**.

记 $\Delta$ 里所有单根的 $\mathbb{Z}^{\geqslant 0}$- 线性组合的集合为 $\Gamma$, 我们定义一个加法群 $\mathcal{X}$, 它的元素是从 $\mathfrak{h}^*$ 到 $\mathbb{Z}$ 的函数

$$f : \mathfrak{h}^* \to \mathbb{Z},$$

并且这些函数的支撑集含于形如 $\lambda - \Gamma$ 的集合的有限并集, 其中 $\lambda \in \mathfrak{h}^*$. 我们由下面的式子来定义 $\mathcal{X}$ 上的卷积:

$$(f * g)(\lambda) := \sum_{\mu + \nu = \lambda} f(\mu) g(\nu).$$

把 $e(\lambda)$ 视作 $\mathcal{X}$ 上的一个函数:

$$e(\lambda)(\mu) = \begin{cases} 1, & \mu = \lambda, \\ 0, & \mu \neq \lambda. \end{cases}$$

那么 $e(\lambda) * e(\mu) = e(\lambda + \mu)$；将卷积 $*$ 定义为 $\mathcal{X}$ 上的乘法, 那么 $\mathcal{X}$ 是一个交换环, $e(0)$ 是其乘法单位元.

我们定义 $M$ 的一个子集

$$M_\lambda := \{v \in M : h \cdot v = \lambda(h)v, \text{ 任给 } h \in \mathfrak{h}\}.$$

对于一个权模 (半单的、$\mathfrak{h}$-模)$M$, 如果下面定义的函数

$$\operatorname{ch} M := \sum_{\lambda \in \mathfrak{h}^*} \dim M_\lambda \; e(\lambda) \tag{9.5.4}$$

含于 $\mathcal{X}$, 那么我们就说 $M$**有一个特征标**. 把 $\operatorname{ch} M$ 叫作 $M$ 的**形式特征标**.

**注记 9.5.6** (1) $\mathcal{O}^{\mathfrak{q}}$ 中的所有模都有特征标, 这也适用于所有的有限维半单 $\mathfrak{h}$-模.

(2) 如果 $M$ 有一个特征标, 且 $\dim L < \infty$, 那么 $M \otimes L$ 有一个特征标：

$$\operatorname{ch}(M \otimes L) = \operatorname{ch} M * \operatorname{ch} L.$$

(3) 对于有特征标的半单 $\mathfrak{h}$-模, 它们的直和、子模和商模都有特征标.

### 9.5.3 不可约最高权模的 Dirac 上同调

**性质 9.5.2** ([30, 第 254 页]) 假定 $V$ 属于 $\mathcal{O}^{\mathfrak{q}}_{\chi_\mu}$. 作为 $\mathfrak{l}$- 模, $H_D(V)$ 是有限维完全可约的. 进一步地, 如果有限维 $\mathfrak{l}$-模 $F(\lambda)$ 含于 $H_D(V)$, 那么存在 $w \in W$, 使得 $\lambda + \rho_{\mathfrak{l}} = w(\mu + \rho)$.

我们在 [38] 中得到 $H_D(L(\lambda))$ 的计算等价于用 $\operatorname{ch} M_I(\mu)$ 表示 $\operatorname{ch} L(\lambda)$, 这可由 Kazhdan-Lusztig 算法解决, 即, 如果

$$\operatorname{ch} L(\lambda) = \sum (-1)^{\epsilon(\lambda,\mu)} m(\lambda, \mu) \operatorname{ch} M_I(\mu),$$

则

$$H_D(L(\lambda)) = \oplus m(\lambda, \mu) F(\mu) \otimes \mathbb{C}_{\rho(\mathfrak{u})}.$$

应用已知的 Kazhdan-Lusztig 多项式的相关结果, 我们可以显式计算出所有不可约最高权模的 Dirac 上同调.

仍旧记与根系 $\Phi$ 相对应的 Weyl 群为 $W = W(\mathfrak{g}, \mathfrak{h})$. 我们定义

$$\Phi_{[\lambda]} := \{\alpha \in \Phi : \langle \lambda, \alpha^\vee \rangle \in \mathbb{Z}\},$$

这是关于 $\lambda$ 的整根根系. 再定义

$$W_{[\lambda]} := \{w \in W : w\lambda - \lambda \in \Lambda_r\},$$

其中 $\Lambda_r$ 是 $\Phi$ 中元素的整系数张成. 我们记有最长根 $w_I$ 的根系 $\Phi_I$ 对应的 Weyl 群为 $W_I$, 则可知 $W_I \subset W_{[\lambda]}$.

我们还要定义 $W_{[\lambda]}$ 的一个子集:

$$W^I := \{w \in W_{[\lambda]} \,:\, w < s_\alpha w\,, \text{任给}\, \alpha \in I\},$$

$W$ 上的序关系由 Bruhat 序给出. 我们记 $\Phi_{[\lambda]}$ 中对应于正根系 $\Phi_{[\lambda]} \cap \Phi^+$ 的单根系为 $\Delta_{[\lambda]}$.

**定义 9.5.4**　如果对于任意的 $\alpha \in \Phi^+$, 权 $\lambda \in \mathfrak{h}^*$ 满足 $\langle \lambda + \rho, \alpha^\vee \rangle \notin \mathbb{Z}^{>0}$, 那么就说 $\lambda$ 是**反支配的**.

我们记 $W_{[\lambda]} \bullet \lambda$ 中唯一的反支配权为 $\mu$. $\Delta_{[\lambda]}$ 里所有的奇异单根的集合定义为

$$J := \{\alpha \in \Delta_{[\lambda]} \,:\, \langle \mu + \rho, \alpha^\vee \rangle = 0\}.$$

那么 $W_J = \{w \in W \,:\, w(\mu + \rho) = \mu + \rho\} \subset W_{[\lambda]}$ 是 $\mu$ 的迷向群. 令

$${}^J W^I = \{w \in W^I \,:\, w < ws_\alpha \,,\, ws_\alpha \in W^I \,,\, \alpha \in J\}.$$

参考 [14], 我们定义

$${}^J P^I_{x,w}(q) = \sum_{i \geqslant 0} q^{\frac{l(w)-l(x)-i}{2}} \dim \operatorname{Ext}^i_{\mathcal{O}^{\mathfrak{q}}}(M_x, L_w), \quad \forall x, w \in {}^J W^I.$$

可证这是一个多项式. 我们叫它为**相对 Kazhdan-Lusztig-Vogan 多项式**.

**定理 9.5.3** ([38, 定理 6.16])　*考虑 $\mathcal{O}^{\mathfrak{q}}_\mu$ 里的权为 $\lambda = w_I w \bullet \mu$ 的单最高权模 $L(\lambda)$, 其中 $w_I$ 是 $W_I$ 中最长的元素. 那么我们有 $\mathfrak{l}$-模分解*

$$H_D(L(\lambda)) \cong \bigoplus_{x \in {}^J W^I} {}^J P^I_{x,w}(1) F(w_I x \bullet \mu + \rho(\mathfrak{u})).$$

**注记 9.5.7**　把 Chevalley 自同构作用在 Dirac 上同调上, 我们可以确定单最低权模的 Dirac 上同调.

## 9.6　Dirac 上同调与 $\mathfrak{u}$-上同调

### 9.6.1　$\mathfrak{u}$-上同调

考虑复约化李代数 $\mathfrak{g}$, 记它的 Cartan 子代数为 $\mathfrak{h}$. 我们取根系 $\Phi = \Delta(\mathfrak{g}, \mathfrak{h})$ 的一个正根系 $P$. Borel 子代数为

$$\mathfrak{b} := \mathfrak{t}(P) = \mathfrak{h} \oplus \bigoplus_{\alpha \in P} \mathfrak{g}_\alpha.$$

$\mathfrak{q} \supset \mathfrak{b}$ 是 $\mathfrak{g}$ 的一个抛物子代数. 令

$$\Phi_I := \{\alpha \in \Phi\colon\ (\mathfrak{g}_\alpha + \mathfrak{g}_{-\alpha}) \subset \mathfrak{q}\},$$
$$\Sigma := P - \Phi_I.$$

再定义

$$\mathfrak{l} = \mathfrak{h} \oplus \bigoplus_{\alpha \in \Phi_I} \mathfrak{g}_\alpha,$$
$$\mathfrak{u} = \bigoplus_{\alpha \in \Sigma} \mathfrak{g}_\alpha.$$

那么我们有 $\mathfrak{q} = \mathfrak{l} \oplus \mathfrak{u}$, 且 $[\mathfrak{l}, \mathfrak{u}] \subset \mathfrak{u}$.

**注记 9.6.1** $\mathfrak{l}$ 是约化李子代数且在 $\mathfrak{u}$ 上的作用是半单的.

我们再令

$$\mathfrak{u}^- = \bigoplus_{\alpha \in \Sigma} \mathfrak{g}_{-\alpha},$$
$$\mathfrak{q}^- = \mathfrak{l} \oplus \mathfrak{u}^-.$$

那么 $\mathfrak{g} = \mathfrak{u} \oplus \mathfrak{l} \oplus \mathfrak{u}^-$. 根据 Poincaré-Birkoff-Witt 定理, 得到

$$\mathcal{U}(\mathfrak{g}) = \mathcal{U}(\mathfrak{l}) \oplus \left(\mathfrak{u}\,\mathcal{U}(\mathfrak{g}) \oplus \mathcal{U}(\mathfrak{g})\,\mathfrak{u}^-\right).$$

考虑 $\mathfrak{g}$-模 $V$, 其作用记作 $\pi$. 对于 $C^i(\mathfrak{u}, V) = \mathrm{Hom}_{\mathbb{C}}(\bigwedge^i \mathfrak{u}, V)$, 如果 $\mathfrak{l}$ 在其上的作用定义为

$$(X\mu)(Y) = X(\mu(Y)) - \mu(\mathrm{ad}\, X(Y)),$$

那么 $C^i(\mathfrak{u}, V)$ 是一个 $\mathfrak{l}$-模, 其中 $X \in \mathfrak{l}$, $Y \in \mathfrak{u}$. 同时我们有 $d(X\mu) = Xd\mu$, 因此我们得到了 $\mathfrak{l}$ 在 $H^i(\mathfrak{u}, V)$ 上的作用, 其中 $i$ 是任意的非负整数.

与正根集合 $P$ 相对应的负根集合是 $-P$. 对于 $s \in W(\mathfrak{g}, \mathfrak{h})$, 我们定义一个集合

$$\Phi_s^+ := s(-P) \cap P,$$

我们记 $\Phi_s^+$ 中元素的个数为 $l(s)$. 我们再定义 $P_{\mathfrak{l}} = P \cap \Delta(\mathfrak{l}, \mathfrak{h})$, $W^1 = \{s \in W(\mathfrak{g}, \mathfrak{h})\colon sP \subset P_{\mathfrak{l}}\}$. 如果 $\mu \in \mathfrak{h}^*$ 是 $P_{\mathfrak{l}}$-支配的整权, 那么我们记最高权为 $\mu$ 的有限维不可约 $\mathfrak{l}$-模为 $E_\mu$.

**定理 9.6.1** ([69, 第 383 页]) 令 $F$ 是最高权为 $\lambda$(关于 $P$) 的有限维不可约 $\mathfrak{g}$-模. 那么我们有 $\mathfrak{l}$-模分解

$$H^i(\mathfrak{u}, F) \cong \bigoplus_{s \in W^1,\, l(s) = i} E_{s(\lambda+\rho)-\rho}.$$

### 9.6.2 $\mathfrak{p}^+$-上同调、$\mathfrak{u}$-上同调与 Dirac 上同调

本节我们回顾 Dirac 上同调和 Hermitian 对称李群酉表示的 $\mathfrak{p}^+$-上同调、$\mathfrak{u}$-上同调, 然后讨论 $\mathcal{O}^{\mathfrak{q}}$ 里单最高权模的相关结果. 我们对两种情形用了不同的技巧.

假设 $G$ 是 Hermitian 对称的单李群, 它的极大紧子群记作 $K$. 作为 $\mathfrak{k}$-模, $\mathfrak{g}$ 可以分解成

$$\mathfrak{g} = \mathfrak{k} \oplus \mathfrak{p} = \mathfrak{k} \oplus \mathfrak{p}^+ \oplus \mathfrak{p}^-.$$

记 $\mathfrak{g}$ 上的 Killing 型为 $B$.

我们按照以下的方法选取 $\mathfrak{p}$ 的一组基. 我们记非紧正根集合为 $\Delta_n^+ = \{\beta_1, \cdots, \beta_m\}$. 对每个 $\beta_i$, 我们取一个根向量 $e_i \in \mathfrak{p}^+$. 取 $\mathfrak{p}^-$ 里与根 $-\beta_i$ 相对应的根向量为 $f_i$, 它满足 $B(e_i, f_i) = 1$. 这样我们就得到了 $\mathfrak{p}$ 的一组基:

$$e_1, \cdots, e_m; f_1, \cdots, f_m.$$

对偶基为

$$f_1, \cdots, f_m; e_1, \cdots, e_m.$$

这样我们定义 Dirac 算子为

$$D = \sum_{i=1}^{m} e_i \otimes f_i + f_i \otimes e_i. \tag{9.6.1}$$

**注记 9.6.2** (1) 此时 $(G, K)$ 是等秩的.

(2) $\dim \mathfrak{p}$ 是偶数.

(3) 存在唯一的不可约 $\mathcal{C}(\mathfrak{p})$- 模：自旋模 $\mathcal{S}$. 我们将 $\mathcal{S}$ 构造成 $\mathcal{S} = \bigwedge \mathfrak{p}^+$, 它还是一个 $\widetilde{K}$-模, 这里的 $\widetilde{K}$ 是 $K$ 的二重复叠群.

对于 $(\mathfrak{g}, K)$-模 $X$, 因为 $\mathfrak{p}^+ \cong (\mathfrak{p}^-)^*$, 所以作为向量空间, 我们有

$$X \otimes \mathcal{S} \cong X \otimes \bigwedge \mathfrak{p}^+ \cong \operatorname{Hom}\left(\bigwedge \mathfrak{p}^-, X\right). \tag{9.6.2}$$

**注记 9.6.3** (1) 自旋模 $\mathcal{S}$ 的底向量空间 $\bigwedge \mathfrak{p}^+$ 上有 $\mathfrak{k}$ 的伴随作用, 但是在 $\mathcal{S}$ 上的 $\mathfrak{k}$-作用是由映射 (9.5.2) 定义的自旋作用.

(2) 这里的自旋作用等于把伴随作用移位一个 $\mathfrak{k}$- 特征标 $-\rho_n$ 后所得到的作用.

(3) 作为 $\mathfrak{k}$-模, $X \otimes \mathcal{S}$ 不同于 $X \otimes \bigwedge \mathfrak{p}^+$ 和 $\operatorname{Hom}(\bigwedge \mathfrak{p}^-, X)$: 后两者需要扭转一个一维 $\mathfrak{k}$-模 $\mathbb{C}_{-\rho_n}$ 才是 $X \otimes \mathcal{S}$.

现在我们令 $C := \sum_{i=1}^{m} f_i \otimes e_i$, $C^- := \sum_{i=1}^{m} e_i \otimes f_i$. 那么 $D = C + C^-$. 在同构 (9.6.2) 下, $C$ 在 $X \otimes \mathcal{S}$ 上的作用作为 $\mathfrak{p}^-$-上同调微分算子, $C^-$ 在 $X \otimes \mathcal{S}$ 上的作用

是 2 倍的 $\mathfrak{p}^+$-同调算子. 在 $X \otimes \mathcal{S}$ 的 Hermitian 内积下, $C$ 与 $C^-$ 是彼此的伴随. 根据 Hodge 分解, 在一个一维特征标意义下, Dirac 上同调同构于 $\mathfrak{p}^-$-上同调.

**定理 9.6.2** ([36, 定理 7.11]) *令 $X$ 是一个酉 $(\mathfrak{g}, K)$-模, 那么有 $\mathfrak{k}$-模同构*

$$H_D(X) \cong H^*(\mathfrak{p}^-, X) \otimes \mathbb{C}_{-\rho(\mathfrak{p}^+)} \cong H_*(\mathfrak{p}^+, X) \otimes \mathbb{C}_{-\rho(\mathfrak{p}^+)}.$$

*进一步地, 对于抛物子代数 $\mathfrak{q} = \mathfrak{l} + \mathfrak{u}$, 只要 $\mathfrak{l} \subset \mathfrak{k}$ 且 $\mathfrak{u} \supset \mathfrak{p}^+$, 那么上述同构成立, 即, 有 $\mathfrak{l}$-模同构*

$$H_D(X) \cong H^*(\mathfrak{u}^-, X) \otimes \mathbb{C}_{-\rho(\mathfrak{u})} \cong H_*(\mathfrak{u}, X) \otimes \mathbb{C}_{-\rho(\mathfrak{u})}.$$

**注记 9.6.4** (1) 在构造自旋模 $\mathcal{S}$ 时, 可以用 $\bigwedge \mathfrak{p}^-$ 而不是 $\bigwedge \mathfrak{p}^+$. 那么我们就有

$$H_D(X) \cong H^*(\mathfrak{p}^+, X) \otimes \mathbb{C}_{\rho(\mathfrak{p}^+)} \cong H_*(\mathfrak{p}^-, X) \otimes \mathbb{C}_{\rho(\mathfrak{p}^+)}. \quad (9.6.3)$$

(2) 因为 Dirac 算子与正根的选取无关, 所以

$$H^*(\mathfrak{p}^+, X) \otimes \mathbb{C}_{\rho(\mathfrak{p}^+)} \cong H^*(\mathfrak{p}^-, X) \otimes \mathbb{C}_{-\rho(\mathfrak{p}^+)},$$

$$H_*(\mathfrak{p}^+, X) \otimes \mathbb{C}_{-\rho(\mathfrak{p}^+)} \cong H_*(\mathfrak{p}^-, X) \otimes \mathbb{C}_{\rho(\mathfrak{p}^+)}.$$

(3) 根据 Enright 计算的 $\mathfrak{p}^+$-上同调, 我们可以得到所有不可约酉最高权模的 Dirac 上同调.

就像在 9.5 节一样, 假设 $\mathfrak{q} = \mathfrak{l} + \mathfrak{u}$ 是 $\mathfrak{g}$ 的抛物子代数. 我们现在来回顾 [38] 里 Dirac 上同调与 $\mathfrak{u}$- 上同调的关系.

**注记 9.6.5** (1) $\mathcal{S}$ 上的自旋作用 $\alpha(\mathfrak{l})$ 使得 $\mathcal{S}$ 成为一个有限维 $\mathfrak{l}$-模.

(2) 如果 $V \in \mathcal{O}^{\mathfrak{q}}$, 那么 $V \otimes \mathcal{S}$ 是有限维单 $\mathfrak{l}$-模的直和.

(3) $V \in \mathcal{O}^{\mathfrak{q}}$ 的任意子模、商模和子商模也是有限维单 $\mathfrak{l}$-模的直和.

(4) Casimir 算子 $\Omega_{\mathfrak{g}}$ 在 $V$ 上的作用是半单的.

**定理 9.6.3** ([38, 定理 5.12、推论 5.13]) *假设 $V$ 是 $\mathcal{O}^{\mathfrak{q}}$ 中的单最高权模, 那我们有 $\mathfrak{l}$-模同构*

$$H_D(V) \cong H_*(\mathfrak{u}, V) \otimes \mathbb{C}_{-\rho(\mathfrak{u})} \cong H^*(\overline{\mathfrak{u}}, V) \otimes \mathbb{C}_{-\rho(\mathfrak{u})}.$$

**注记 9.6.6** (1) 对于 Hermitian 对称的情形, $\mathfrak{q} \supset \mathfrak{p}^+$, 我们在 [36] 中证明了酉 Harish-Chandra 模情况下的上述定理.

(2) [36] 里的论证依赖于这些模上存在正定 Hermitian 型. 这些论证无法扩展到单最高权模的情形.

对于一个 Hermitian 对称的李群 $G$ 以及它的一个 Harish-Chandra 模 $X$, 我们有一个单同态

$$H_D^{\pm}(X) \to H_{\pm}(\mathfrak{p}^+, X) \otimes \mathbb{C}_{-\rho(\mathfrak{p}^+)}.$$

**猜想 9.6.1** 对于单 Harish-Chandra 模 $X$, 有

$$\mathrm{Hom}_{\widetilde{K}}(H_+(\mathfrak{p}^+, X), H_-(\mathfrak{p}^+, X)) = 0\,.$$

特别地, 这意味着上述单同态实际上是一个同构. 换句话说, 我们猜想定理 9.6.2 对于任意的单 $(\mathfrak{g}, K)$-模 $X$ 都成立.

**注记 9.6.7** (1) 酉最低权模的 Dirac 上同调在推广经典的分歧律时有重要作用, 我们将在 9.8.2 节具体讨论.

(2) 本节中关于最高权模的定理证明都可以在最低权模时应用.

## 9.7 Dirac 上同调的分步计算

我们回顾 Dirac 上同调分步计算的一些技巧, 它可以应用到椭圆表示的 Dirac 上同调的研究中.

假定 $\mathfrak{g}_0$ 是李群 $G$ 的李代数, 它的紧子代数 $\mathfrak{k}_0$ 是紧子群 $K$ 的李代数. 假设 $\mathfrak{k}_0$ 与 $\mathfrak{g}_0$ 是等秩的, $\mathfrak{t}_0 \subset \mathfrak{k}_0 \subset \mathfrak{g}_0$ 是 Cartan 子代数. 我们通过去掉下标 0 来表示这些李代数的复化. 令 $B$ 是 $\mathfrak{g}$ 上的非退化二次型, 它限制在 $\mathfrak{t}$ 上也是非退化的. 关于 $B$ 的正交分解为

$$\mathfrak{g} = \mathfrak{t} \oplus \mathfrak{s}\,.$$

我们取 $\mathfrak{s}$ 的一组正规正交基 $\{Y_i\}_{i=1}^n$, 则可定义立方 Dirac 算子 $D(\mathfrak{g}, \mathfrak{t}) \in \mathcal{U}(\mathfrak{g}) \otimes \mathcal{C}(\mathfrak{s})$:

$$D(\mathfrak{g}, \mathfrak{t}) = \sum_{i=1}^n Y_i \otimes Y_i + \frac{1}{2} \sum_{i<j<k} B([Y_i, Y_j], Y_k) \otimes Y_i Y_j Y_k.$$

我们记复化的 Cartan 分解为 $\mathfrak{g} = \mathfrak{k} \oplus \mathfrak{p}$, 记 $\mathfrak{t}$ 在 $\mathfrak{k}$ 中的正交补为 $\mathfrak{s}_1$, 即, $\mathfrak{k} = \mathfrak{t} \oplus \mathfrak{s}_1$. 所以我们有

$$\mathfrak{g} = \mathfrak{k} \oplus \mathfrak{p} = \mathfrak{t} \oplus \mathfrak{s}_1 \oplus \mathfrak{p} = \mathfrak{t} \oplus \mathfrak{s}.$$

应用 $\mathfrak{p}$ 的正规正交基 $\{Z_i\}$ 与 $\mathfrak{s}_1$ 的正规正交基 $\{Z_j'\}$, 我们把 Dirac 算子 $D(\mathfrak{g}, \mathfrak{t})$ 写成用 $D(\mathfrak{g}, \mathfrak{k})$ 和 $D(\mathfrak{k}, \mathfrak{t})$ 表示的形式. 三组基的粗略关系如图 1 所示.

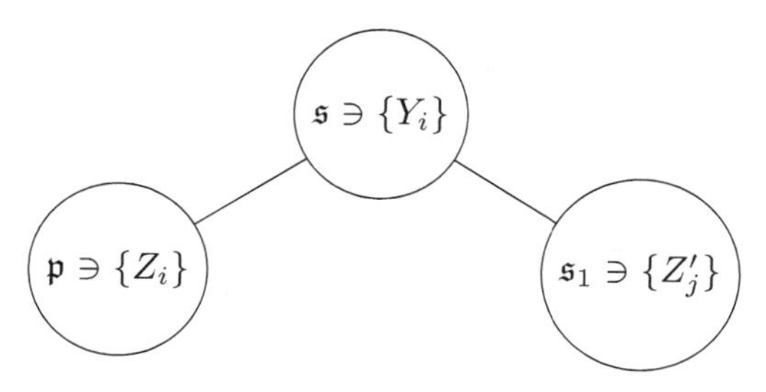


图 1 三组正规正交基

把 $\mathcal{U}(\mathfrak{g}) \otimes \mathcal{C}(\mathfrak{s})$ 等同于 $\mathcal{U}(\mathfrak{g}) \otimes \mathcal{C}(\mathfrak{p}) \bar{\otimes} \mathcal{C}(\mathfrak{s}_1)$, 其中 $\bar{\otimes}$ 是 $\mathbb{Z}_2$- 分次张量, 我们可以把 $D(\mathfrak{g}, \mathfrak{t})$ 写成

$$\begin{aligned} D(\mathfrak{g}, \mathfrak{t}) = & \sum_i Z_i \otimes Z_i \otimes 1 + \sum_j Z'_j \otimes 1 \otimes Z'_j \\ & + \frac{1}{2} \sum_{i<j} \sum_k B([Z_i, Z_j], Z'_k) \otimes Z_i Z_j \otimes Z'_k \\ & + \frac{1}{2} \sum_{i<j<k} B([Z'_i, Z'_j], Z'_k) \otimes 1 \otimes Z'_i Z'_j Z'_k. \end{aligned} \tag{9.7.1}$$

我们视 $\mathcal{U}(\mathfrak{g}) \otimes \mathcal{C}(\mathfrak{k})$ 为 $\mathcal{U}(\mathfrak{g}) \otimes \mathcal{C}(\mathfrak{k}) \bar{\otimes} \mathcal{C}(\mathfrak{s}_1)$ 的子代数 $\mathcal{U}(\mathfrak{g}) \otimes \mathcal{C}(\mathfrak{k}) \otimes 1$, 那么式 (9.7.1) 中第一个被加项给出了 $D(\mathfrak{g}, \mathfrak{k})$, 式 (9.7.1) 中后三个被加项给出了与 $\mathfrak{t} \subset \mathfrak{k}$ 相对应的立方 Dirac 算子 $D(\mathfrak{k}, \mathfrak{t})$, 且有 $D(\mathfrak{k}, \mathfrak{t}) \in \mathcal{U}(\mathfrak{k}) \otimes \mathcal{C}(\mathfrak{s}_1)$. 此处我们有两个嵌入映射:

$$\mathcal{U}(\mathfrak{g}) \otimes \mathcal{C}(\mathfrak{k}) \xrightarrow{\cong \mathcal{U}(\mathfrak{g}) \otimes \mathcal{C}(\mathfrak{k}) \otimes 1} \mathcal{U}(\mathfrak{g}) \otimes \mathcal{C}(\mathfrak{k}) \bar{\otimes} \mathcal{C}(\mathfrak{s}_1),$$

$$\Delta : \mathcal{U}(\mathfrak{k}) \otimes \mathcal{C}(\mathfrak{s}_1) \cong \mathcal{U}(\mathfrak{k}_\Delta) \bar{\otimes} \mathcal{C}(\mathfrak{s}_1) \xrightarrow{\mathcal{U}(\mathfrak{k}_\Delta) \text{对角嵌入到} \mathcal{U}(\mathfrak{g}) \otimes \mathcal{C}(\mathfrak{p})} \mathcal{U}(\mathfrak{g}) \otimes \mathcal{C}(\mathfrak{p}) \bar{\otimes} \mathcal{C}(\mathfrak{s}_1)$$

由此我们定义 $D_\Delta(\mathfrak{k}, \mathfrak{t}) = \Delta(D(\mathfrak{k}, \mathfrak{t}))$.

**定理 9.7.1** ([36, 定理 3.2] 和 [34, 定理 9.4.1]) *符号如上所述. 则 $D(\mathfrak{g}, \mathfrak{t})$ 可以分解成 $D(\mathfrak{g}, \mathfrak{k}) + D_\Delta(\mathfrak{k}, \mathfrak{t})$. 进一步地, $D(\mathfrak{g}, \mathfrak{k})$ 与 $D_\Delta(\mathfrak{k}, \mathfrak{t})$ 反交换.*

定理中的反交换性可以用来分步计算 Dirac 上同调. 方便起见, 我们把向量空间 $V$ 上任意线性算子的上同调定义为如下向量空间:

$$H(A) = \operatorname{Ker} A / (\operatorname{Im} A \cap \operatorname{Ker} A).$$

当我们强调空间 $V$ 时, 我们还记成 $H(A; V)$. 对于线性算子 $A$, 如果 $V$ 是 $A$ 的特征子空间的代数直和, 那么就称 $A$ 是**半单的**.

我们记 $\mathcal{C}(\mathfrak{s})$ 的自旋模为 $\mathcal{S}$, $X$ 是一个 $(\mathfrak{g}, K)$-模. 那么 $D(\mathfrak{g}, \mathfrak{t})$ 作用在 $X \otimes \mathcal{S}$ 上. 记关于 $D(\mathfrak{g}, \mathfrak{t})$ 的 $X \otimes \mathcal{S}$ 的 Dirac 上同调为 $H_D(\mathfrak{g}, \mathfrak{t}; X)$; 对于其他 Dirac 算子

也有类似的记号. 这里我们有

$$H_D(\mathfrak{g},\mathfrak{t};X)=H(D(\mathfrak{g},\mathfrak{t})\,;\,X\otimes\mathcal{S}).$$

**引理 9.7.1** ([36, 引理 5.3]) 假定 $V$ 是任意的向量空间, $A$ 和 $B$ 是 $V$ 上的反交换线性算子, 且 $A^2$ 和 $B$ 是半单的. 那么

$$H(A+B)=H(B;H(A))\,.$$

**定理 9.7.2** ([36, 引理 6.1] 和 [34, 定理 9.4.2]) 假设 $X$ 是容许的 $(\mathfrak{g},K)$-模, $\Omega_{\mathfrak{g}}$ 在它上的作用是半单的. 那么

$$H_D(\mathfrak{g},\mathfrak{t};X)=H_D(\mathfrak{k},\mathfrak{t};H_D(\mathfrak{g},\mathfrak{k};X)).$$

同时我们可以改变方向, 得到

$$H_D(\mathfrak{g},\mathfrak{t};X)=H(D(\mathfrak{g},\mathfrak{k})|_{H_D(\mathfrak{k},\mathfrak{t};X)}).$$

**例 9.7.1** 假定 $G$ 是中心有限的连通半单李群, $X_\lambda$ 是离散序列表示的 Harish-Chandra 模, 它的 Harish-Chandra 参数是 $\lambda$. 则有 $\widetilde{K}$-模 $H_{D(\mathfrak{g},\mathfrak{k})}(X_\lambda)=E_\mu$, 最高权是 $\mu=\lambda-\rho_c$, 其中 $\rho_c$ 是 $(\mathfrak{t},\mathfrak{k})$ 的关于 $\lambda$ 的正根和的一半.

**注记 9.7.1** 在 [16] 中定义了一个改进的 Dirac 算子:

$$\widetilde{D}(\mathfrak{g},\mathfrak{t})=D(\mathfrak{g},\mathfrak{k})+iD_\Delta(\mathfrak{k},\mathfrak{t}).$$

它可以用在几何量子化与离散序列模型的构造, 它是一个椭圆微分算子.

## 9.8 $K$-特征标与分歧律

### 9.8.1 最低权模的 $K$-特征标与 Dirac 指标

我们本节回顾一些在 [37] 中得到的关于 $K$- 特征标的一些结果. 假定 $G$ 是一个连通的单李群, $K$ 是它的极大紧子群, 并且 $(G,K)$ 是 Hermitian 对称对 (这等价于要求 $K$ 有一个一维中心). 关于 Hermitian 对称对的具体定义, 可参考 [21]. $G$ 与 $K$ 的李代数分别记作 $\mathfrak{g}_0$ 和 $\mathfrak{k}_0$. 复化的 Cartan 分解为

$$\mathfrak{g}=(\mathfrak{g}_0)^{\mathbb{C}}=\mathfrak{k}\oplus\mathfrak{p}\ \ .$$

我们有 $\mathfrak{k}$-模分解:

$$\mathfrak{p}=\mathfrak{p}^+\oplus\mathfrak{p}^-.$$

此时 $\mathfrak{g}$ 与 $\mathfrak{k}$ 等秩, 假设 Cartan 子代数为 $\mathfrak{h}$, 根系为 $\Delta=\Delta(\mathfrak{g},\mathfrak{h})=\Delta_{\mathfrak{k}}\cup\Delta_n$, 其中 $\Delta_{\mathfrak{k}}$ 和 $\Delta_n$ 分别是紧根与非紧根的集合. 我们取 $(\mathfrak{k},\mathfrak{h})$ 的一个正根系 $\Delta_{\mathfrak{k}}^+$, 然后令 $\Delta_n^+$ 是与 $\mathfrak{p}^+$ 相对应的根系. 由此我们得到了 $\mathfrak{g}$ 的一个正根系: $\Delta^+=\Delta_{\mathfrak{k}}^+\cup\Delta_n^+$. 我们分别把 $\Delta^+$、$\Delta_{\mathfrak{k}}^+$、$\Delta_n^+$ 里正根和的一半记为 $\rho$、$\rho_{\mathfrak{k}}$、$\rho_n$.

$\mathfrak{p}$ 的基的选取以及 Dirac 算子的构造与 (9.6.1) 的构造一样:

$$D=\sum_{i=1}^{m}e_i\otimes f_i+f_i\otimes e_i.$$

对于 $(\mathfrak{g},K)$-模 $X$ 以及 Clifford 代数 $\mathcal{C}(\mathfrak{p})$ 的自旋模 $\mathcal{S}$, 由于 $X\otimes\mathcal{S}$ 是一个 $\mathcal{U}(\mathfrak{g})\otimes\mathcal{C}(\mathfrak{p})$-模, 所以 $D$ 可以作用在 $X\otimes\mathcal{S}$ 上, 这是一个 $\widetilde{K}$-模同态:

$$D\colon X\otimes\mathcal{S}\longrightarrow X\otimes\mathcal{S}.$$

那么 $X$ 的 Dirac 上同调定义为

$$H_D(X):=\operatorname{Ker}D/\operatorname{Ker}D\cap\operatorname{Im}D.$$

这是一个有限维 $\widetilde{K}$-模.

**定义 9.8.1** 假定 $X$ 是一个容许 $(\mathfrak{g},K)$-模, 它的 $K$-型分解为

$$X=\oplus_\lambda m_\lambda E_\lambda.$$

则 $X$ 的 **$K$-特征标**是形式级数

$$\operatorname{ch}_K X=\sum_\lambda m_\lambda\operatorname{ch}_K E_\lambda.$$

其中 $\operatorname{ch}_K E_\lambda$ 是不可约 $K$-模 $E_\lambda$ 的特征标.

**注记 9.8.1** (1) 对于拟 $(\mathfrak{g},K)$-模 $V$, 上述定义也成立, 即 $m_\lambda$ 可以是负数.

(2) 今下来我们常遇到 $K$-的自旋二重复叠群 $\widetilde{K}$ 的表示而不是 $K$ 的表示, 但我们仍旧记相应的特征标为 $\operatorname{ch}_K$.

因为 $\dim\mathfrak{p}$ 是偶数, 所以可以把 $\mathcal{S}$ 分解成 $\mathcal{S}=\mathcal{S}^+\oplus\mathcal{S}^-$, 其中 $\mathfrak{k}$-子模 $\mathcal{S}^+$ 是 $\mathcal{S}\cong\bigwedge\mathfrak{p}^+$ 的偶数次直和项之和, $\mathcal{S}^-$ 是 $\mathcal{S}\cong\bigwedge\mathfrak{p}^+$ 的奇数次直和项之和.

对于一个不可约酉 $(\mathfrak{g},K)$-模 $X$, 特别地, 我们可以考虑 $G$ 的不可约容许表示 $\pi$ 的 Harish-Chandra 模 $X=X_\pi$. 我们研究 $\widetilde{K}$-等变算子

$$D^\pm\colon X\otimes\mathcal{S}^\pm\longrightarrow X\otimes\mathcal{S}^\mp,$$

这是由 $D$ 的限制得到的:

$$X\otimes\mathcal{S}^+\xrightarrow{D}X\otimes\mathcal{S}^-\xrightarrow{D}X\otimes\mathcal{S}^+.$$

因为 $\operatorname{Ker} D \cap \operatorname{Im} D = \{0\}$, 所以有

$$X \otimes \mathcal{S} = \operatorname{Ker} D \oplus \operatorname{Im} D,$$
$$X \otimes \mathcal{S}^+ = \operatorname{Ker} D^+ \oplus \operatorname{Im} D^-,$$
$$X \otimes \mathcal{S}^- = \operatorname{Ker} D^- \oplus \operatorname{Im} D^+,$$

还得到一个同构映射:

$$D^\pm\colon\ \operatorname{Im} D^\mp \longrightarrow \operatorname{Im} D^\pm.$$

定义 $H_D^\pm = \operatorname{Ker} D^\pm$, 那么 $H_D = H_D^+ \oplus H_D^-$, 且有

$$X \otimes \mathcal{S}^+ - X \otimes \mathcal{S}^- = H_D^+ - H_D^-.$$

我们把上述 $\widetilde{K}$- 模的相减叫作**旋量指标**, 记作

$$I(X) = X \otimes \mathcal{S}^+ - X \otimes \mathcal{S}^-.$$

这是一个拟 $\widetilde{K}$-模, 即由有限多个 $\widetilde{K}$-模的整数系数组合而成.

在 Fredholm 算子指标意义下, $I(X)$ 等于 $D^+$ 的指标, 因此我们也称 $I(X)$ 为 $X$ 的 **Dirac 指标**. $I(X)$ 还等于 Dirac 上同调 $H_D(X)$ 的 Euler 示性数. Dirac 上同调, 或者更具体的, 它的 Euler 示性数, 或者 Dirac 指标, 给出了表示的 $K$-特征标. 我们记 $I(X)$ 的特征标为 $\vartheta(X)$:

$$\vartheta(X) = \operatorname{ch}_K X(\operatorname{ch}_K \mathcal{S}^+ \ - \ \operatorname{ch}_K \mathcal{S}^-) = \operatorname{ch}_K H_D^+ \ - \ \operatorname{ch}_K H_D^-.$$

**引理 9.8.1** ([37, 引理 3.2])　我们记 $\mathfrak{p}^+$ 的对称代数为 $\operatorname{Sym}(\mathfrak{p}^+)$. 对于权为 $-\rho_n$ 的一维 $\mathfrak{k}$-模 $\mathbb{C}_{-\rho_n}$, 我们有

$$\operatorname{ch}_K\ \operatorname{Sym}(\mathfrak{p}^+)(\operatorname{ch}_K \mathcal{S}^+ \ - \ \operatorname{ch}_K \mathcal{S}^-) = \operatorname{ch}_K \mathbb{C}_{-\rho_n}.$$

现在我们来看最低权模的 Dirac 上同调的一些结果. 对于最高权是 $\mu$ 的有限维不可约 $\mathfrak{k}$- 表示 $F^\mu$, 通过令 $\mathfrak{p}^-$ 在 $F^\mu$ 的作用为零, 我们可以把 $F^\mu$ 看作 $\mathfrak{k}\oplus\mathfrak{p}^-$-模. 我们定义一个模:

$$N(\mu) := \mathcal{U}(\mathfrak{g}) \bigotimes\nolimits_{\mathcal{U}(\mathfrak{k}\oplus\mathfrak{p}^-)} F^\mu,$$

它叫作 (最低权)**广义 Verma 模**.

**注记 9.8.2**　(1) $N(\mu)$ 有唯一的不可约商模, 记作 $L(\mu)$.

(2) 对于任意的不可约 $(\mathfrak{g}, K)$-模 $Y$, 如果它还是一个最低权 $\mathfrak{g}$-模, 那么存在 $\mu$, 使得 $Y \cong L(\mu)$.

(3) $N(\mu)$ 与 $L(\mu)$ 的最低权是 $F^\mu$ 的 $\mathfrak{k}$-最低权, 记作 $\mu^-$.

(4) 在 $\mathfrak{g}$ 的 Weyl 群共轭意义下, $N(\mu)$ 与 $L(\mu)$ 的无穷小特征标是 $\mu^- - \rho$.

(5) 作为 $K$-模, $N(\mu) \cong \mathrm{Sym}(\mathfrak{p}^+) \otimes F^\mu$, 由此我们得到

$$\mathrm{ch}_K N(\mu)(\mathrm{ch}_K \mathcal{S}^+ - \mathrm{ch}_K \mathcal{S}^-) = \mathrm{ch}_K F^\mu \ \mathrm{ch}_K \mathbb{C}_{-\rho_n}.$$

(6) $\mathfrak{q} = \mathfrak{k} \oplus \mathfrak{q}^+$ 是 $\mathfrak{g}$ 的一个抛物子代数, 记 $\mathfrak{g}$ 上的 Chevalley 自同构为 $\tau$. Hilbert 空间上的不可约酉表示是**全纯的**, 如果 Hilbert 空间里含有能够被 $\mathfrak{p}^-$ 零化的非零向量. 不可约 $(\mathfrak{g}, K)$- 模是**全纯的**, 如果它存在能够被 $\mathfrak{p}^-$ 零化的非零向量, 等价地, 一个不可约全纯 $(\mathfrak{g}, K)$-模是一个不可约 $(\mathfrak{g}, K)$-模同时还是一个最低权模 [29]. 在 $\tau$ 的作用下, 全纯或最低权 $(\mathfrak{g}, K)$-模变成反全纯或最高权 $(\mathfrak{g}, K)$- 模. 这些 $\mathfrak{g}$-模含于 $\mathcal{O}^\mathfrak{q}$ 范畴.

**引理 9.8.2** ([37, 引理 3.4]) 假定 $V$ 是一个拟 $(\mathfrak{g}, K)$-模, 并且满足 $\mathrm{ch}_K V = \sum_{i=1}^{\infty} n_i \,\mathrm{ch}_K F^{\mu_i}$, 其中 $n_i \in \mathbb{Z}$, $\mu_i$ 互异. 假定 $(\mu_i, \rho_n)$ 下方有界, $i \in \mathbb{Z}^{\geqslant 1}$. 那么 $\mathrm{ch}_K V(\mathrm{ch}_K \mathcal{S}^+ - \mathrm{ch}_K \mathcal{S}^-) = 0$ 意味着 $V = 0$.

**性质 9.8.1** ([37, 性质 3.6]) 假设 $N(\mu)$ 是如上定义的最低权广义 Verma 模, $L(\mu)$ 是最低权不可约酉商 $(\mathfrak{g}, K)$-模. 如果

$$H_D^+(L(\mu)) = \sum_\xi F^\xi, \quad H_D^-(L(\mu)) = \sum_\eta F^\eta, \tag{9.8.1}$$

其中 $\xi, \eta$ 含于支配的 $\mathfrak{k}$-权的有限集合. 那么可得

$$\mathrm{ch}_K L(\mu) = \sum_\xi \mathrm{ch}_K N(\xi + \rho_n) - \sum_\eta \mathrm{ch}_K N(\eta + \rho_n),$$

这里的 $\xi, \eta$ 与 (9.8.1) 里的求和指标一致.

### 9.8.2 $O_n \subset GL_n$ 与 $Sp_{2n} \subset GL_{2n}$ 的分歧律

对于复代数群 $G$ 和 $H$ 以及一个嵌入映射 $H \hookrightarrow G$. 假设 $V$ 和 $W$ 分别是 $G$ 和 $H$ 的完全可约表示, 通过限制作用, 我们可以视 $V$ 为 $H$ 的一个表示, 我们定义

$$[V, W] = \dim \mathrm{Hom}_H(W, V),$$

称它为 $W$ 在 $V$ 的限制中的**重数**. 对这个重数的研究称为**分歧律**.

令 $G$ 记复约化典型代数群: $G = GL_n$, 或 $G = O_n$, 或 $G = SO_n$, 或 $G = Sp_{2n}$. 一共有四类典型对称对:

(1) 对角型: $GL_n \subset GL_n \times GL_n$、$O_n \subset O_n \times O_n$、$Sp_n \subset Sp_n \times Sp_n$;

(2) 直和型: $GL_n \times GL_m \subset GL_{n+m}$、$O_n \times O_m \subset O_{n+m}$、$Sp_n \times Sp_m \subset Sp_{n+m}$;

(3) 配极变换型：$GL_n \subset SO_{2n}$、$GL_n \subset Sp_{2n}$；

(4) 二次型型：$O_n \subset GL_n$、$Sp_{2n} \subset GL_{2n}$.

对于经典的分歧律，尤其是上述前两种类型，在 [43] 第 9 章有具体的讨论. 我们本节应用 9.8.1 节介绍的 $K$- 特征标理论来研究后两种类型的分歧律，同时用到 Dirac 上同调来确定表示的重数，具体证明细节可参考 [29] 和 [37].

一个**分拆** $\sigma$ 是一个有限的弱递减正整数序列：$\sigma_1 \geqslant \sigma_2 \geqslant \cdots \geqslant \sigma_n$. 其中 $l(\sigma) := n$ 称为 $\sigma$ 的**长度**(**或深度**)，$|\sigma| := \sum_i \sigma_i$ 称为 $\sigma$ 的**容量**. 将 $\sigma$ 的 Young 图沿着主对角线翻转得到的分拆称为**共轭分拆**，记作 $\sigma'$. 等价地，$(\sigma')_i = |\{j\colon \sigma_j \geqslant i\}|$，这里的 $|\cdot|$ 是计算集合中元素的个数.

对于一个长度至多是 $k$ 的分拆 $\sigma$，我们规定如下符号：

(1) $F^\sigma$：最高权是 $\sigma_1\epsilon_1 + \sigma_2\epsilon_2 + \cdots + \sigma_n\epsilon_n$ 的 $GL(k)$ 的 (有限维) 不可约表示. 这里我们用标准坐标系来定义 $GL(n)$ 的 Cartan 子代数的对偶，$\epsilon_i$ 是把 $\mathfrak{h} \cong \mathbb{C}^k$ 映到第 $i$ 个位置的映射.

(2) 当 $n$ 是偶数时，记最高权为 $\sigma$ 的 $Sp(n)$ 的不可约表示为 $V^\sigma$.

(3) 当 $(\sigma')_1 + (\sigma')_2 \leqslant n$ 时，记最高权为 $\sigma$ 的 $O(n)$ 的不可约表示为 $E^\sigma$.

**注记 9.8.3** 不是 $GL(n)$ 的所有表示都对应上述的非负整数分拆，那些能够有非负整数分拆的表示称为**多项式表示**(因为这些表示的矩阵系数是多项式函数). 然而我们仅仅研究多项式表示并不失去一般性，因为任意表示都可以通过一个适当的一维表示扭转变成一个多项式表示.

我们考虑长度至多为 $n$ 的三个非负整数分拆：$\sigma$、$\mu$ 和 $\nu$. 定义 Littlewood-Richardson 系数为

$$c^\sigma_{\mu\nu} := \dim \mathrm{Hom}_{GL(k)}(F^\sigma, F^\mu \otimes F^\nu).$$

我们定义所有分拆的集合为 $P$，并考虑它的两个子集：

$$P_R := \{\sigma \in P\colon \sigma_i \in 2\mathbb{Z}^{\geqslant 0}\text{ , 对于所有的}i\}$$
$$P_C := \{\sigma \in P\colon (\sigma')_i \in 2\mathbb{Z}^{\geqslant 0}\text{ , 对于所有的}i\}.$$

由此再定义两个函数 $C^\sigma_\mu := \sum\limits_{\nu \in P_R} c^\sigma_{\mu\nu}$、$D^\sigma_\mu := \sum\limits_{\nu \in P_C} c^\sigma_{\mu\nu}$.

**定理 9.8.1** (Littlewood-Richardson 公式)([37, 第 1255 页])

(i) $(O(n,\mathbb{C}) \subset GL(n,\mathbb{C}))$.

*假设 $\sigma$、$\mu$ 是两个长度至多为 $\dfrac{n}{2}$ 的分拆，且 $(\mu')_1 + (\mu')_2 \leqslant n$. 那么*

$$\dim \mathrm{Hom}_{O(n,\mathbb{C})}(E^\mu, F^\sigma) = C^\sigma_\mu.$$

(ii) $(Sp(n,\mathbb{C}) \subset GL(n,\mathbb{C})$, *$n$ 是偶数*).

假设 $\sigma$、$\mu$ 是两个长度至多为 $\frac{n}{2}$ 的分拆, 那么

$$\dim \mathrm{Hom}_{Sp(n,\mathbb{C})}(V^{\mu}, F^{\sigma}) = D^{\sigma}_{\mu}.$$

对于任意一个 $k$-元组 $\sigma$, 定义

$$\sigma^{\diamond} := \sigma + (\underbrace{\frac{n}{2}, \cdots, \frac{n}{2}}_{k个}), \quad \sigma^{-\diamond} := \sigma - (\underbrace{\frac{n}{2}, \cdots, \frac{n}{2}}_{k个}).$$

因为在 Littlewood 的假设下 $N(\mu) = L(\mu)$(最低权模), 我们可以重新写 Littlewood-Richardson 公式.

**性质 9.8.2** ([37, 性质 4.1]) (i) $(O(n,\mathbb{C}) \subset GL(n,\mathbb{C}))$.

假设 $\sigma$、$\mu$ 是两个长度至多为 $n$ 的分拆. 那么

$$\dim \mathrm{Hom}_{O(n,\mathbb{C})}(E^{\mu}, F^{\sigma}) = \dim \mathrm{Hom}_{\mathfrak{u}(n)}(F^{\sigma^{\diamond}}, L(\mu^{\diamond})).$$

(ii) $(Sp(n,\mathbb{C}) \subset GL(n,\mathbb{C})$, $n$ 是偶数$)$.

假设 $\sigma$、$\mu$ 是两个分拆, 且 $l(\sigma) \leqslant n$、$l(\mu) \leqslant \frac{n}{2}$. 那么

$$\dim \mathrm{Hom}_{Sp(n,\mathbb{C})}(V^{\mu}, F^{\sigma}) = \dim \mathrm{Hom}_{\mathfrak{u}(n)}(F^{\sigma^{\diamond}}, L(\mu^{\diamond})).$$

**注记 9.8.4** 这个性质的证明用到了 Howe 对偶, 这是不变量理论的重要结果, 相关理论可参考 [22] 和 [37].

**定理 9.8.2** ([37, 定理 4.9]) 假设 $H^{+}_{D}(L(\mu^{\diamond})) = \sum_{\xi} F^{\xi}$、$H^{-}_{D}(L(\mu^{\diamond})) = \sum_{\eta} F^{\eta}$.

(i) 假设 $\sigma$、$\mu$ 是两个长度至多为 $n$ 的非负整数分拆, $\mu$ 的 Young 图的前两列加起来小于等于 $n$. 那么

$$\dim \mathrm{Hom}_{O(n,\mathbb{C})}(E^{\mu}, F^{\sigma}) = \sum_{\xi} C^{\sigma}_{\xi^{-\diamond}+\rho_n} - \sum_{\eta} C^{\sigma}_{\eta^{-\diamond}+\rho_n}.$$

(ii) 假设 $n$ 是偶数, $\sigma$、$\mu$ 是两个分拆, 且 $l(\sigma) \leqslant n$、$l(\mu) \leqslant \frac{n}{2}$. 那么

$$\dim \mathrm{Hom}_{Sp(n,\mathbb{C})}(V^{\mu}, F^{\sigma}) = \sum_{\xi} D^{\sigma}_{\xi^{-\diamond}+\rho_n} - \sum_{\eta} D^{\sigma}_{\eta^{-\diamond}+\rho_n}.$$

### 9.8.3 $GL_n \subset SO_{2n}$ 与 $GL_n \subset Sp_{2n}$ 的分歧律

我们记与 $GL_n$、$SO_n$、$Sp_{2n}$ 相对应的紧的实形式为 $U(n)$、$SO(n)$、$Sp(2n)$. 由 Weyl 酉技巧, 我们有如下对应:

$$SO_{2n}/GL_n \leftrightarrow SO(2n)/U(n) \leftrightarrow SO^{*}(2n)/U(n) \leftrightarrow \mathfrak{so}^{*}(2n)/\mathfrak{u}(n),$$

$$Sp_{2n}/GL_n \leftrightarrow Sp(2n)/U(n) \leftrightarrow Sp(2n,\mathbb{R})/U(n) \leftrightarrow \mathfrak{sp}(2n,\mathbb{R})/\mathfrak{u}(n).$$

与配极变换型相对应的紧对称空间 $SO(2n)/U(n)$、$Sp(2n)/U(n)$ 是 Hermitian 对称的, 由于我们的一些分歧律可以扩展到无限维最低 (最高) 权表示的情形, 因此我们还考虑非紧的 Hermitian 对称空间 $SO^*(2n)/U(n)$、$Sp(2n,\mathbb{R})/U(n)$. 分歧律可以看成是描述 Hermitian 对称非紧单李群的 $(\mathfrak{g},K)$- 模的 $K$- 型重数, 那么 $GL_n\subset SO_{2n}$、$GL_n\subset Sp_{2n}$ 的有限维表示的分歧律可以看成是非紧李群 $SO^*(2n)$、$Sp(2n,\mathbb{R})$ 的 $K$- 型重数.

**性质 9.8.3** ([29, 性质 5.5]) (i) 对于对称对 $(\mathfrak{so}^*(2n),\mathfrak{u}(n))$, $\mathfrak{gl}(n,\mathbb{C})$-模 $F^\sigma$ 在 $N(\mu)$ 中的重数是 $D^\sigma_\mu$.

(ii) 对于对称对 $(\mathfrak{sp}(2n,\mathbb{R}),\mathfrak{u}(n))$, $\mathfrak{gl}(n,\mathbb{C})$-模 $F^\sigma$ 在 $N(\mu)$ 中的重数是 $C^\sigma_\mu$.

**定理 9.8.3** ([29, 定理 5.6]) 假设 $H_D^+(L(\mu))=\sum_\xi F^\xi$, $H_D^-(L(\mu))=\sum_\eta F^\eta$. 那么

(i) 对于对称对 $(\mathfrak{so}^*(2n),\mathfrak{u}(n))$,

$$[L(\mu),F^\sigma]=\sum_\xi D^\sigma_{\xi+\rho_n}-\sum_\eta D^\sigma_{\eta+\rho_n}.$$

(ii) 对于对称对 $(\mathfrak{sp}(2n,\mathbb{R}),\mathfrak{u}(n))$,

$$[L(\mu),F^\sigma]=\sum_\xi C^\sigma_{\xi+\rho_n}-\sum_\eta C^\sigma_{\eta+\rho_n}.$$

这里 $\sigma$ 和 $\mu$ 视作 $n$-元组, 求和指数与 Dirac 上同调的一致.

## 9.9 椭圆表示与内窥理论

### 9.9.1 椭圆表示

考虑实或 $p$-adic 群 $G(F)$, 即 $G$ 是定义在特征为 0 的局部域 $F$ 上的连通约化代数群.

**定义 9.9.1** ([44, 第 913 页]) 假设 $G$ 是 Harish-Chandra 类里的约化群, 它有紧的中心. 对于 $G$ 的一个不可约容许表示, 如果 $\forall\epsilon>0$, 它的 $K$-有限矩阵系数含于 $L^{2+\epsilon}(G)$, 那么就称该表示是**缓增的**.

缓增表示的集合 $\prod_{\mathrm{temp}}(G(F))$ 包含离散序列表示和从离散序列诱导出的表示的不可约组成成分. 这些表示恰好出现在 $G(F)$ 的 Plancherel 公式中.

根据 Harish-Chandra 的理论, 无限维表示 $\pi$ 的**特征标**定义为一个广义函数

$$\Theta(\pi,f)=\mathrm{tr}\left(\int_{G(F)}f(x)\pi(x)dx\right),\quad f\in C_c^\infty(G(F)),$$

这可以等同于一个 $G(F)$ 上的函数. 换句话说,

$$\Theta(\pi, f) = \int_{G(F)} f(x)\Theta(\pi, x)dx, \quad f \in C_c^\infty(G(F)),$$

其中 $\Theta(\pi, x)$ 是 $G(F)$ 上的一个局部可积函数, 它在正则元素集合 $G_{\mathrm{reg}}(F)$ 的稠密开子集上是光滑的.

**注记 9.9.1** Harish-Chandra 证明不可约或更一般的容许表示的特征标是局部可积函数, 它在正则元素集合的稠密开子集上是光滑的. 对于实约化群 $G$, 它的**分裂连通分支**定义为 $Z_{\mathrm{vec}} := \exp(\mathfrak{p}_0 \cap \mathcal{Z}_{\mathfrak{g}_0})$. 对于一个 Cartan 子群 $\Gamma$, 如果 $\Gamma/Z_{\mathrm{vec}}$ 是紧的, 就称 $\Gamma$ 是**椭圆的**. $G$ 中的元素如果含于某个椭圆 Cartan 子群里, 就称该元素是**椭圆的**([43, 第 453 页] 和 [27, 第 143 页]). 椭圆表示有一个整体特征标, 该特征标在正则元素集合里的椭圆元素集合上非退化.

**定义 9.9.2** 对于表示 $\pi$, 如果 $\Theta(\pi, x)$ 在 $G_{\mathrm{reg}}(F)$ 的椭圆元素集合上非退化, 就称该 $\pi$ 是**椭圆的**.

[5] 的主要研究对象是正规化特征标, 它是由如下方式定义的函数:

$$\Phi(\pi, \gamma) = |D(\gamma)|^{\frac{1}{2}}\Theta(\pi, \gamma), \quad 其中\ \pi \in \prod_{\mathrm{temp,ell}}(G(F)), \quad \gamma \in G_{\mathrm{reg}}(F),$$

并且

$$D(\gamma) := \det(1 - \mathrm{Ad}(\gamma))_{\mathfrak{g}/\mathfrak{g}_\gamma} \tag{9.9.1}$$

是 Weyl 判别式, $\prod_{\mathrm{temp,ell}}(G(F))$ 是 $G(F)$ 的椭圆缓增表示的集合. 我们要研究如何把正规化特征标 $\Phi(\pi, \gamma)$ 与实群 $G(\mathbb{R})$ 的表示 $\pi$ 的 Harish-Chandra 模的 Dirac 上同调联系起来.

从现在起, 我们只研究等秩情况下连通实群 $G(\mathbb{R})$.

**注记 9.9.2** (1) $G(\mathbb{R})$ 有椭圆元素当且仅当它与 $K(\mathbb{R})$ 等秩.

(2) 从抛物真子群诱导的表示不是椭圆表示.

(3) $G(\mathbb{R})$ 的椭圆缓增表示有非零 Dirac 指标.

(4) 椭圆缓增表示实际上是基本序列.

(5) 任意的椭圆表示有非零 Dirac 指标.

如果我们视 $\mathrm{ch}_K E_\lambda$ 为 $K$ 上的一个函数, 那么级数

$$\mathrm{ch}_K X = \sum_\lambda m_\lambda \,\mathrm{ch}_K E_\lambda$$

收敛到 $K$ 上的一个广义函数, 它在 $G \cap G_{\mathrm{reg}}$ 上与 $\Theta(X)$ 一致. Dirac 指标和 $K$- 特征标与椭圆元素集合的整体特征标紧密相关.

**引理 9.9.1** ([30, 引理 8.2])　对于任意的正则椭圆元素 $\gamma$, 我们有

$$|\vartheta_\pi(\gamma)| = |\Phi(\pi, \gamma)|.$$

**定理 9.9.1** ([30, 定理 8.3])　假定 $\pi$ 是 $G(\mathbb{R})$ 的不可约容许表示, 它的 Harish-Chandra 模为 $X_\pi$. 那么 $\pi$ 是椭圆表示当且仅当 Dirac 指标 $I(X_\pi) \neq 0$.

最后, 根据引理 9.8.2, 如果 $\vartheta(X) = 0$, 那么 $X = 0$.

### 9.9.2　正交关系与超缓增广义函数

假定 $G(\mathbb{R})$ 是**尖的**, 即 (正则) 椭圆元素集合 $G_{\text{ell}}$ 非空. 令 $A_G(\mathbb{R})$ 是 $G(\mathbb{R})$ 的中心的分裂部分. $G(\mathbb{R})$ 是尖的这个条件等于是说 $G(\mathbb{R})$ 有一个极大环面 $T_{\text{ell}}(\mathbb{R})$ 使得 $T_{\text{ell}}(\mathbb{R})$ 模掉 $A_G(\mathbb{R})$ 是紧的. 假设 $\Theta_\pi$ 与 $\Theta_{\pi'}$ 是两个不可约特征标, 它们在 $A_G(\mathbb{R})$ 上有相同的中心特征标. 我们定义椭圆内积如下:

$$(\Theta_\pi, \Theta_{\pi'})_{\text{ell}} = |W(G(\mathbb{R}), T_{\text{ell}}(\mathbb{R}))|^{-1} \int_{T_{\text{ell}}(\mathbb{R})/A_G(\mathbb{R})} |D(\gamma)|\Theta_\pi(\gamma)\overline{\Theta_{\pi'}(\gamma)}d\gamma,$$

其中 $W(G(\mathbb{R}), T_{\text{ell}}(\mathbb{R}))$ 是 $(G(\mathbb{R}), T_{\text{ell}}(\mathbb{R}))$ 的 Weyl 群, $D(\gamma)$ 是由式 (9.9.1) 定义的 Weyl 判别式, $d\gamma$ 是紧交换群 $T_{\text{ell}}(\mathbb{R})/A_G(\mathbb{R})$ 上的正规化 Haar 测度, $|\cdot|$ 仍旧是计算集合里的元素的个数. 这个内积 (它是 $\mathbb{R}$- 双线性的) 可以线性延拓成关于任意两个容许表示的特征标的内积.

**定理 9.9.2** ([30, 定理 9.1])　我们有

$$(\Theta_\pi, \Theta_{\pi'})_{\text{ell}} = (\theta_\pi, \theta_{\pi'}),$$

其中右手侧的配对是 $K$ 或 $\widetilde{K}$ 的拟特征标的标准配对:

$$(\theta_\pi, \theta_{\pi'}) = \int_K \theta_\pi \cdot \overline{\theta_{\pi'}} dk.$$

我们有如下关系:

$$\begin{aligned}\{\text{Dirac 上同调非零的不可约缓增表示}\} &= \{\text{Dirac 指标非零的不可约缓增表示}\}\\ &\overset{\text{根据定理 9.9.1}}{=\!=\!=} \{\text{不可约缓增椭圆表示}\}\\ &\supseteq \{\text{离散序列表示、某些离散序列极限表示}\}.\end{aligned}$$

对于任意的缓增椭圆表示, 存在 $\theta$-稳定的 Borel 子代数 $\mathfrak{b}$, $\lambda \in \mathfrak{h}^*$, 使得 $V \cong A_{\mathfrak{b}}(\lambda)$ 且 $H_D(A_{\mathfrak{b}}(\lambda)) = E_\mu$, 即 Dirac 上同调仅是一个 $\widetilde{K}$-模.

**推论 9.9.1** ([30, 推论 9.2])　缓增椭圆表示的特征标满足正交关系. 即, 对任意的不可约缓增椭圆表示 $\pi$ 和 $\pi'$, 我们有

$$(\Theta_\pi, \Theta_{\pi'})_{\text{ell}} = \pm 1 \text{ 或} 0.$$

**注记 9.9.3** (1) 离散序列表示的特征标限制在 $G(\mathbb{R})$ 的 (正则) 椭圆集合 $G_{\text{ell}}(\mathbb{R})$ 上是正规正交的.

(2) 不可约缓增椭圆表示的特征标与 Harish-Chandra 定义的超缓增广义函数紧密相关.

对于 $G$ 的一个广义函数 $\mathscr{D}$, $\mathscr{D}_e := \mathscr{D}|_{G_{\text{ell}}}$; 当 $G_{\text{ell}}$ 是空集时, 约定 $\mathscr{D}_e = 0$.

**定理 9.9.3** ([30, 定理 9.3]) 假设 $\Theta$ 是一个 $\mathcal{Z}(\mathfrak{g})$-有限的缓增广义函数. 如果 $\Theta$ 是超缓增的, 那么 $\Theta_e = 0$ 意味着 $\Theta = 0$.

**定理 9.9.4** ([27, 第 146 页]) 记 $T(\mathbb{R})$ 的不可约特征标的集合为 $\widehat{T(\mathbb{R})}$, 对于 $\mu \in \widehat{T(\mathbb{R})}$, 存在唯一的超缓增广义函数 $\Theta_\mu$ 使得

$$'\Delta(\gamma)\Theta_\mu(\gamma) = \sum_{w \in W_K} \epsilon(w) e^{w\mu},$$

其中 $'\Delta$ 是 Weyl 分母.

**定理 9.9.5** 如果 $\pi_1$ 和 $\pi_2$ 是不可约缓增椭圆表示, 那么或者 $(\Theta_{\pi_1}, \Theta_{\pi_2})_{\text{ell}} = 0$ 或者 $\Phi_{\pi_1} = \pm\Phi_{\pi_2}$.

**推论 9.9.2** 离散序列的特征标与有相同 Dirac 指标 (在一个正负号意义下) 的离散序列极限的特征标的恰当的线性组合一起成为超缓增广义函数空间的一组正规正交基.

### 9.9.3 有正则无穷小特征标的椭圆表示

符号照旧. 假设 $K(\mathbb{R}) \subset G(\mathbb{R})$ 是等秩的, $T(\mathbb{R}) \subset K(\mathbb{R})$ 是极大环面. 令 $X$ 是有正则无穷小特征标的单 Harish-Chandra 模.

**定理 9.9.6** ([30, 定理 10.1]) 假设不可约 Harish-Chandra 模 $X$ 有正则无穷小特征标. 那么我们有

$$\operatorname{Hom}_{\widetilde{K}}(H_D^+(X), H_D^-(X)) = 0. \tag{9.9.2}$$

特别地, Dirac 指标 $I(X) = 0$(等价地, 它的特征标 $\vartheta_X = 0$) 当且仅当 Dirac 上同调 $H_D(X) = 0$.

**注记 9.9.4** (1) 假设 $\mathfrak{b} = \mathfrak{t} \oplus \mathfrak{u}$ 是 $\theta$-稳定 Borel 子代数, 那么

$$H_D^{\pm}(\mathfrak{g}, \mathfrak{t}; X) \cong H^{\pm}(\mathfrak{u}, X) \otimes Z_{\rho(\overline{\mathfrak{u}})}.$$

(2) 如果 $X$ 的无穷小特征标不是正则的, 那么配对条件

$$\operatorname{Hom}_T(H^+(\mathfrak{u}, X), H^-(\mathfrak{u}, X)) = 0$$

可能不成立.

**例 9.9.1**　假设 $G = SU(2,1)$, $\theta$-稳定抛物子代数 $\mathfrak{b}$ 既不包含 $\mathfrak{p}^+$ 也不包含 $\mathfrak{p}^-$, $X$ 是无穷小特征标为 0 的退化离散序列极限. 那么此时 $X$ 不满足上述配对条件. $H_D(X) = 0$ 且嵌入

$$H_D^{\pm}(\mathfrak{g}, \mathfrak{t}; X) \subseteq H^{\pm}(\mathfrak{u}, X) \otimes Z_{\rho(\overline{\mathfrak{u}})}$$

不是同构.

**猜想 9.9.1**　对于不可约 $(\mathfrak{g}, K)$-模, 有

$$\mathrm{Hom}_{\widetilde{K}}(H_D^+(X), H_D^-(X)) = 0.$$

**注记 9.9.5**　上述猜想对缓增 Harish-Chandra 模成立.

很自然的一个问题是对 $G(\mathbb{R})$ 的不可约椭圆酉表示进行分类, 并对有非零 Dirac 上同调的不可约酉表示进行分类. 这个问题在无穷小特征标是正则时是可以解决的. 我们首先回顾 Salamanca-Riba 的一个定理.

**定理 9.9.7** ([59])　假设 $G$ 是一个连通约化李群, $X$ 是有强正则无穷小特征标的不可约酉 $(\mathfrak{g}, K)$-模. 那么存在 $\theta$-稳定抛物子代数 $\mathfrak{q}$ 和 $\lambda$ 使得 $X \cong A_{\mathfrak{q}}(\lambda)$.

**定理 9.9.8**　假设 $(\pi, X)$ 是 $G(\mathbb{R})$ 的有正则无穷小特征标的不可约椭圆酉表示. 那么 $X_\pi \cong A_{\mathfrak{q}}(\lambda)$.

假定 $(\pi, X)$ 是一个不可约酉表示, 那么 Dirac 上同调 $H_D(X_\pi)$ 能在多大程度上决定表示 $\pi$ 本身. 对于那些有奇异无穷小特征标的表示, 存在非同构的离散序列极限 $\pi_1$ 与 $\pi_2$ 满足 $H_D(X_{\pi_1}) = H_D(X_{\pi_2})$; 对于有正则无穷小特征标的表示, 上述定理把问题转化到 $A_{\mathfrak{q}}(\lambda)$-模的情况, 此时的问题是: 如果两个酉 $A_{\mathfrak{q}}(\lambda)$-模有同构的 Dirac 上同调, 那么这两个模同构吗? 答案并不总是肯定的. 例如, 当 $G = SO(2n, 1)$ 时, 存在很多非同构的 $A_{\mathfrak{q}}(\lambda)$- 模有同构的 Dirac 上同调.

### 9.9.4　离散序列表示的伪系数函数

非交换李群的很多问题最后落脚于不变调和分析: 研究群的在共轭下不变的广义函数. 不变调和分析的基本研究对象是作为几何对象的轨道积分和作为谱对象的表示的特征标. 这两类对象间的对应反映了调和分析的核心思想.

轨道积分以 $G$ 的正则半单共轭类为参数, 对于共轭类中的一个元素 $\gamma$, **轨道积分**定义为

$$\mathcal{O}_\gamma(f) = \int_{G/G_\gamma} f(x^{-1}\gamma x)dx, \quad f \in C_c^\infty(G),$$

**稳定轨道积分**定义为

$$\mathcal{SO}_\gamma(f) = \sum_{\gamma' \in \mathcal{A}_\gamma} \mathcal{O}_{\gamma'}(f),$$

其中 $\mathcal{A}_\gamma$ 是稳定共轭类.

记 $G$ 的平凡表示为 $\mathbb{1}$, 平凡表示的 Dirac 指标的特征标记作 $\vartheta_1$, 即

$$\vartheta_1 = \operatorname{ch} H_D^+(\mathbb{1}) - \operatorname{ch} H_D^-(\mathbb{1}) = \operatorname{ch} \mathcal{S}^+ - \operatorname{ch} \mathcal{S}^-.$$

**注记 9.9.6**

$$\overline{\vartheta_1} = (-1)^q(\operatorname{ch} \mathcal{S}^+ - \operatorname{ch} \mathcal{S}^-) = (-1)^q \vartheta_1,$$

其中 $q = \frac{1}{2} \dim G(\mathbb{R})/K(\mathbb{R})$.

假如 $\vartheta_\pi$ 是 $\pi$ 的 Dirac 指标的特征标, $\pi$ 是 Dirac 上同调为 $E_\mu$ 的离散序列表示. 那么 $\vartheta_\pi = (-1)^q \chi_\mu$.

对于任意的容许表示 $\pi'$, Labesse 证明存在函数 $f_\pi$ 使得

$$\operatorname{tr} \pi'(f_\pi) = \int_K \Theta_{\pi'}(k) \overline{\vartheta_1 \cdot \vartheta_\pi} dk.$$

令 $\pi'$ 是 Dirac 上同调为 $E_{\mu'}$ 的离散序列表示, 那么

$$\operatorname{tr} \pi'(f_\pi) = (\chi_{\mu'}, \chi_\mu) = \dim \operatorname{Hom}_K(E_{\mu'}, E_\mu).$$

**定理 9.9.9** ([49]) 函数 $f_\pi$ 是离散序列 $\pi$ 的伪系数函数, 即, 对于任意的不可约缓增表示 $\pi'$,

$$\operatorname{tr} \pi'(f_\pi) = \begin{cases} 1, & \pi \cong \pi', \\ 0, & \text{其他}. \end{cases}$$

**注记 9.9.7** 对于正则半单元素 $\gamma$, 伪系数函数 $f_\pi$ 的轨道积分为

$$\mathcal{O}_\gamma(f_\pi) = \begin{cases} \Theta_\pi(\gamma^{-1}), & \gamma \text{ 是椭圆的}, \\ 0, & \gamma \text{ 不是椭圆的}. \end{cases}$$

### 9.9.5 内窥传递

稳定共轭是 Langlands 纲领里比共轭更强的一种共轭, 它扮演着重要的角色. Langlands 函子性的研究常常归结到稳定共轭意义下的对应. 内窥理论研究了普通共轭和稳定共轭的区别以及如何理解稳定共轭里的普通共轭, 通过内窥群来恢复轨道积分和特征标.

令 $G$ 是一个连通实约化代数群, $G^\vee$ 是复对偶群, $W_\mathbb{R}$ 是 Weil 群, $L$-群定义为 ${}^LG := G^\vee \rtimes W_\mathbb{R}$. **Langlands 参数**是一个 $L$- 同态:

$$\phi : W_\mathbb{R} \longrightarrow {}^LG.$$

两个 Langlands 参数如果通过 $G^\vee$ 的一个内自同构是共轭的, 那么就称这两个参数是**等价的**. 一个 Langlands 参数的等价类与一包 $G(\mathbb{R})$ 的不可约容许表示相关联. 像集有界的 Langlands 参数的 $L$- 包包含缓增表示.

离散序列 $L$- 包与有相同无穷小特征标的有限维不可约表示之间一一对应. 通过酉抛物诱导再取子表示, 我们可以构造所有的缓增表示. 对于两个缓增不可约表示 $\pi$ 和 $\pi'$, 在等价意义下, 如果 $\pi$ 和 $\pi'$ 是从属于相同 $L$-包的离散序列 $\sigma$ 和 $\sigma'$ 进行抛物诱导得到的表示的子表示, 那么 $\pi$ 和 $\pi'$ 在相同的 $L$-包里.

**定义 9.9.3** 对于任意的缓增 $L$-包 $\Pi$, 考虑所有形如 $\sum_{\pi\in\Pi}\Theta_\pi$ 的广义函数张成的空间. 该空间的闭包里的任意元素叫作**稳定广义函数**.

通过匹配稳定轨道, 上述广义函数可以转移到 $G$ 的内形式上, 但不稳定广义函数做不到.

我们参考 [50] 里的讨论来回顾内窥传递理论. 假设 $T$ 是 $G$ 的椭圆环面, $\kappa$ 是内窥特征标, $H$ 是由 $(T,\kappa)$ 定义的内窥群. $B_G\supset T$ 是 $G$ 的 Borel 子群. 令

$$\Delta_B(\gamma)=\prod_{\alpha>0}(1-\gamma^{-\alpha}),$$

其中乘积项遍历由 $B$ 定义的正根. $H$ 中的 Borel 子群只有一种选择, 它包含 $T_H$, 且与同构 $j\colon T_H\cong T$ 相容.

假设 $\eta\colon {}^LH\to {}^LG$ 是一个容许嵌入, $f$ 是 $G$ 的离散序列的任意一个伪系数函数. 那么存在函数 $f^H$, 它是 $H$ 的离散序列的伪系数函数的线性组合, 并且 $\gamma=\gamma_G=j(\gamma_H)$ 在 $T(\mathbb{R})$ 里是正则的, 那么我们有

$$\mathcal{SO}_{\gamma_H}(f^H)=\Delta(\gamma_H,\gamma_G)\mathcal{O}^\kappa_{\gamma_G}(f)\,, \tag{9.9.3}$$

其中传递因子满足

$$\Delta(\gamma_H,\gamma_G)=(-1)^{q(G)-q(H)}\chi_{G,H}(\gamma)\Delta_B(\gamma^{-1})\Delta_{B_H}(\gamma_H^{-1})^{-1}. \tag{9.9.4}$$

离散序列的伪系数函数的传递 $f\mapsto f^H$ 可以延拓到 $C_c^\infty(G(\mathbb{R}))$ 的所有的函数, 同时还能延拓对应 $\gamma_G\mapsto\gamma_H$ 使得 (9.9.3) 对所有的 $f$ 成立.

几何传递 $f\mapsto f^H$ 是表示传递的对偶. 对于 $H(\mathbb{R})$ 的任意的不可约容许表示 $\sigma$, 与之相对应的是 $G(\mathbb{R})$ 的拟表示的 Grothendieck 群的一个元素 $\sigma_G$. 假设 $\phi$ 是 $H$ 的 Langlands 参数, 那么 $\eta\circ\phi$ 是拟分裂内形式 $G^*$ 的 Langlands 参数. 假设 $\Sigma$ 是关于 Langlands 参数 $\phi$ 的 $H(\mathbb{R})$ 的不可约容许表示的 $L$-包, $\Pi$ 是关于 $\eta\circ\phi$ 的 $G(\mathbb{R})$ 的表示的 $L$-包 (如果这个参数与 $G$ 无关, 那它可以是空集).

**定理 9.9.10** ([64, 定理 4.1.1] 和 [50, 定理 6.7.3]) *存在函数 $\epsilon: \Pi \longrightarrow \pm 1$ 使得当我们考虑由*

$$\sigma_G = \sum_{\pi \in \Pi} \epsilon(\pi)\pi$$

*定义的 Grothendieck 群里的元素 $\sigma_G$ 时, 传递 $\sigma \mapsto \sigma_G$ 满足*

$$\operatorname{tr} \sigma_G(f) = \operatorname{tr} \sigma(f^H).$$

接下来我们假定 $G(\mathbb{R})$ 有一个极大环面 $T(\mathbb{R})$, 与 $G$ 和 $H$ 相对应的正根和的一半的差 $\rho - \rho_H$ 定义了 $T(\mathbb{R})$ 上的一个特征标. Labesse 在 [50] 里证明传递因子

$$\Delta(\gamma^{-1}) = (-1)^{q(G)-q(H)} \frac{\displaystyle\sum_{w \in W(\mathfrak{g})} \epsilon(w)\gamma^{w\rho}}{\displaystyle\sum_{w \in W(\mathfrak{h})} \epsilon(w)\gamma^{w\rho_H}}$$

是一个确切定义函数. 那么当 $H$ 是 $G$ 的子群时, 传递因子可以显式写出. 考虑关于一个非退化不变二次型的正交分解 $\mathfrak{g} = \mathfrak{h} \oplus \mathfrak{s}$, 该二次型限制到 $\mathfrak{s}$ 上还是非退化的. 我们记 Clifford 代数 $\mathcal{C}(\mathfrak{s})$ 的自旋模为 $\mathcal{S}(\mathfrak{g}/\mathfrak{h})$. 那么

$$\Delta(\gamma^{-1}) = \operatorname{ch} \mathcal{S}^+(\mathfrak{g}/\mathfrak{h}) - \operatorname{ch} \mathcal{S}^-(\mathfrak{g}/\mathfrak{h}).$$

换句话说, $\Delta(\gamma^{-1})$ 等于关于 Dirac 算子 $D(\mathfrak{g}, \mathfrak{h})$ 的平凡表示的 Dirac 指标的特征标.

如果一个有限维表示的特征标记为 $\Theta_\pi$, 那么 $\Delta(\gamma^{-1})\Theta_\pi$ 是 $\pi$ 的 Dirac 指标的特征标. 该特征标可以用 9.5 节里的 Kostant 公式计算. 如果我们记 $G(\mathbb{R})$ 的最高权是 $\lambda$ 的有限维不可约表示为 $F_\lambda$, $H(\mathbb{R})$ 的最高权是 $\mu$ 的有限维不可约表示为 $E_\mu$. 那么我们得到

$$\Delta(\gamma^{-1})\Theta_{F_\lambda} = \sum_{w \in W^1} \Theta_{E_{w(\lambda+\rho)-\rho_{\mathfrak{h}}}},$$

这里的 $W^1$ 是与 $W_{\mathfrak{h}} \backslash W$ 相对应的 $W$ 的子集.

鉴于注记 9.9.7, 式 (9.9.3) 右手侧是 $G(\mathbb{R})$ 的离散序列线性组合的 Dirac 指标的特征标, 左手侧是 $H(\mathbb{R})$ 的离散序列线性组合的 Dirac 指标的特征标. 根据 Harish-Chandra 关于离散序列的特征标和超缓增广义函数的关系式 (定理 9.9.4), Harish-Chandra 参数是 $\lambda$ 的离散序列 $\pi_\lambda$ 的 Dirac 指标的特征标是

$$\Delta(\gamma^{-1})\Theta\pi_\lambda = \sum_{w \in W_K^1} \operatorname{sign}(w)\Theta_{\tau_{w\lambda}},$$

这里 $\tau_{w\lambda}$ 是 Harish-Chandra 参数是 $w\lambda$ 的 $H(\mathbb{R})$ 的离散序列, $W_K^1$ 是与 $W_{H\cap K}\backslash W_K$ 相对应的 $W_K$ 的子集. 这些计算与 Labesse 关于离散序列伪系数函数的传递计算相容.

### 9.9.6 亚椭圆表示

假设 $G(\mathbb{R})\supset K(\mathbb{R})$ 不一定是等秩的. 如果 $G(\mathbb{R})$ 不是等秩的, 那么 $G(\mathbb{R})$ 没有椭圆表示.

**定义 9.9.4** 考虑表示 $\pi$, 如果它的整体特征标在一个基本 Cartan 子群的正则元素集合上不等于零, 就称 $\pi$ 是**亚椭圆表示**.

**注记 9.9.8** 根据定义, 一个椭圆表示是一个亚椭圆表示.

很自然的一个问题是亚椭圆表示与有非零 Dirac 上同调的表示的关系是怎么样的.

**猜想 9.9.2** 如果 $(\pi, X)$ 是不可约容许表示, 那么 $H_D(X_\pi)\neq 0$ 意味着 $\pi$ 是亚椭圆表示.

我们知道, 如果 $G(\mathbb{R})\supset K(\mathbb{R})$ 是等秩的, 那么一个不可约缓增表示或者是椭圆表示, 或者是从一个缓增椭圆表示抛物诱导得来的表示.

**猜想 9.9.3** 一个酉表示或者有非零 Dirac 上同调, 或者是从一个有非零 Dirac 上同调的酉表示包括其补序列表示抛物诱导而得.

**注记 9.9.9** 上述猜想对于 $GL(n,\mathbb{R})$、$GL(n,\mathbb{C})$、$GL(n,\mathbb{H})$、$\widetilde{GL}(n,\mathbb{R})$($GL(n,\mathbb{R})$ 的二重复叠群) 成立.

## 参 考 文 献

[1] Adams J. *Lifting of characters on orthogonal and metaplectic groups.* Duke Math. J., 1998, 92(1): 129–178. MR 1609329 (99h:22014)

[2] Adams J, Johnson J F. *Endoscopic groups and packets of nontempered representations.* Compositio Math. 1987, 64(3): 271–309. MR 918414 (89h:22022)

[3] Adams J, van Leeuwen M, Trapa P E, Jr Vogan D A. *Unitary representations of real reductive groups.* ArXiv e-prints, 2012.

[4] Alekseev A, Meinrenken E. *Lie theory and the Chern-Weil homomorphism.* Ann. Sci. Éole Norm. Sup., 2005, 38(4): 303–338. MR 2144989 (2006d:53020)

[5] Arthur J. *On elliptic tempered characters.* Acta. Math., 1993, 171(1): 73–138. MR 1237898 (94i:22038)

[6] Arthur J. *Problems for real groups.* Representation theory of real reductive Lie groups, Contemporary Mathematics, vol. 472. Amer. Math. Soc., Providence, RI, 2008: 39–62. MR 2478455 (2010c:22014)

[7] Atiyah M, Schmid W. *A geometric construction of the discrete series for semisimple Lie groups.* Invent. Math., 1977, 42: 1–62. MR 0463358 (57#3310)

[8] Atiyah M. *Erratum: A geometric construction of the discrete series for semisimple lie groups.* Invent. Math., 1979, 54: 189–192.

[9] Bailey T N, Knapp A W. *Representation Theory and Automorphic Forms.* Proceedings of Symposia in Pure Mathematics, vol. 61, American Mathematical Society, Providence, RI; International Centre for Mathematical Sciences (ICMS), Edinburgh, 1997, Papers from the Instructional Conference held in Edinburgh, March 17–29, 1996. MR 1476488 (98i:22001)

[10] Barbasch D, Ciubotaru D, Trapa P E. *Dirac cohomology for graded affine Hecke algebras.* Acta Math., 2012, 209(2): 197–227. MR 3001605

[11] Barbasch D, Pandžić P. *Dirac cohomology and unipotent representations of complex groups.* Noncommutative geometry and global analysis, Contemporary Mathematics, vol. 546, Amer. Math. Soc., Providence, RI, 2011: 1–22. MR 2815128 (2012h:22020)

[12] Barbasch D, Pandžić P. *Dirac cohomology of unipotent representations of* $Sp(2n, \mathbb{R})$ *and* $U(p, q)$. J. Lie Theory 2015, 25(1): 185–213. MR 3345832

[13] Bernstein I N, Gelfand I M, Gelfand S I. *Category of* $\mathfrak{g}$ *modules.* Funct. Anal. Appl., 1976, 87–92.

[14] Boe B D, Hunziker M. *Kostant modules in blocks of category* $\mathscr{O}$s. Commun. Algebra, 2009, 37(1): 323–356.

[15] Borel A, Wallach N. *Continuous Cohomology, Discrete Subgroups, and Representations of Reductive Groups.* 2nd ed. Mathematical Surveys and Monographs, vol. 67, American Mathematical Society, Providence, RI, 2000. MR 1721403 (2000j:22015)

[16] Chuah M K, Huang J S. *Dirac cohomology and geometric quantization.* J. Reine Angew. Math., 2016, 720: 33–50. MR 3565968

[17] Ciubotaru D M, Trapa P E. *Characters of Springer representations on elliptic conjugacy classes.* Duke Math. J., 2013, 162(2): 201–223. MR 3018954

[18] Dong C P, Huang J S. *Jacquet modules and Dirac cohomology.* Adv. Math. 2011, 226(4): 2911–2934. MR 2764879 (2011m:22020)

[19] Dong C P, Huang J S. *Dirac cohomology of cohomologically induced modules for reductive Lie groups.* Amer. J. Math., 2015, 137(1): 37–60. MR 3318086

[20] Enright T J. *Analogues of Kostant's* $\mathfrak{u}$*-cohomology formulas for unitary highest weight modules.* J. Reine Angew. Math., 1988, 392: 27–36.

[21] Enright T J, Hunziker M, Wallach N R. *A Pieri rule for Hermitian symmetric pairs. I.* Pacific J. Math., 2004, 214(1): 23–30. MR 2039124 (2005a:22008)

[22] Goodman R, Wallach N R. *Representations and Invariants of the Classical Groups.* Encyclopedia of Mathematics and its Applications, vol. 68. Cambridge: Cambridge University Press, 1998. MR 1606831 (99b:20073)

[23] Harish-Chandra. *The characters of semisimple Lie groups.* Trans. Amer. Math. Soc., 1956, 83: 98–163. MR 0080875 (18,318c)

[24] Harish-Chandra. *Discrete series for semisimple Lie groups. I. Construction of invariant eigendistributions.* Acta Math., 1965, 113: 241–318. MR 0219665 (36#2744)

[25] Harish-Chandra. *Discrete series for semisimple Lie groups. II. Explicit determination of the characters,* Acta Math., 1966, 116: 1–111. MR 0219666 (36#2745)

[26] Harish-Chandra. *Harmonic analysis on real reductive groups. I. The theory of the constant term,* J. Functional Analysis, 1975, 19: 104–204. MR 0399356 (53#3201)

[27] Harish-Chandra. *Supertempered distributions on real reductive groups.* Studies in applied mathematics, Advances in Mathematics, Supplementary Studies, vol. 8. New York: Academic Press, 1983: 139–153. MR 759909 (86d:22007)

[28] Huang J S. *Dirac cohomology and Dirac induction.* Sci. China Math., 2011, 54(11): 2373–2381. MR 2859700 (2012k:22018)

[29] Huang J S. *Dirac cohomology and generalization of classical branching rules.* Developments and Retrospectives in Lie Theory: Algebraic Methods, Developments in Mathematics, vol. 38. Cham: Springer International Publishing, Cham, 2014: 207–228. MR 3308785

[30] Huang J S. *Dirac cohomology, elliptic representations and endoscopy.* Representations of reductive groups, Progr. Math., vol. 312, Birkhäuser/Springer, Cham, 2015: 241–276. MR 3495799

[31] Huang J S. Kang Y F, Pandžić P. *Dirac cohomology of some Harish-Chandra modules.* Transform. Groups, 2009, 14, 1: 163–173. MR 2480856 (2010g:22030)

[32] Huang J S, Pandžić P. *Dirac cohomology, unitary representations and a proof of a conjecture of Vogan.* J. Amer. Math. Soc., 2002, 15(1): 185–202. MR 1862801 (2002h:22022)

[33] Huang J S, Pandžić P. *Dirac cohomology for Lie superalgebras.* Transform. Groups, 2005, 10(2): 201–209. MR 2195599 (2006i:17032)

[34] Huang J S, Pandžić P. *Dirac Operators in Representation Theory.* Mathematics: Theory & Applications. Boston: Birkhäuser Boston, Inc., MA, 2006. MR 2244116 (2007j:22025)

[35] Huang J S, Pandžić P, Protsak V. *Dirac cohomology of Wallach representations.* Pacific J. Math., 2011, 250(1): 163–190. MR 2780392 (2012e:22018)

[36] Huang J S, Pandžić P, Renard D. *Dirac operators and Lie algebra cohomology.* Represent. Theory, 2006, 10: 299–313. MR 2240703 (2007k:22014)

[37] Huang J S, Pandžić P, Zhu F. *Dirac cohomology, K-characters and branching laws.* Amer. J. Math., 2013, 135(5): 1253–1269. MR 3117306

[38] Huang J S, Xiao W. *Dirac cohomology of highest weight modules.* Selecta Math. (N.S.) 2012, 18(4): 803–824. MR 3000469

[39] Humphreys J E. *Introduction to Lie Algebras and Representation Theory.* Graduate

Texts in Mathematics, vol. 9. New York: Springer-Verlag, 1972, Third printing, revised. MR 499562 (81b:17007)

[40] Humphreys J E. *Representations of Semisimple Lie Algebras in the BGG Category $\mathcal{O}$*. Graduate Studies in Mathematics, vol. 94. Providence: American Mathematical Society, RI, 2008. MR 2428237 (2009f:17013)

[41] Kac V G, Möseneder Frajria P, Papi P. *Multiplets of representations, twisted Dirac operators and Vogan's conjecture in affine setting.* Adv. Math., 2008, 217(6): 2485–2562. MR 2397458 (2010b:17030)

[42] Knapp A W. *Representation Theory of Semisimple Groups, an Overview Based on Examples.* Princeton Landmarks in Mathematics, Princeton: Princeton University Press, NJ, 2001, Reprint of the 1986 original, with a new preface by the author. MR 1880691 (2002k:22011)

[43] Knapp A W. *Lie Groups Beyond an Introduction.* 2nd ed. Progress in Mathematics, vol. 140, Boston: Birkhänser Boston, Inc., MA, 2002. MR 1920389 (2003c:22001)

[44] Knapp A W, Jr Vogan D A. *Cohomological Induction and Unitary Representations.* Princeton Mathematical Series, vol. 45, Princeton University Press, Princeton, NJ, 1995. MR 1330919 (96c:22023)

[45] Kostant B. *A cubic Dirac operator and the emergence of Euler number multiplets of representations for equal rank subgroups.* Duke Math. J. 1999, 100(3): 447–501. MR 1719734 (2001k:22032)

[46] Kostant B. *A generalization of the Bott-Borel-Weil theorem and Euler number multiplets of representations.* Lett. Math. Phys., 2000, 52(1): 61–78. MR 1800491 (2001m:22028)

[47] Kostant B. *Dirac Cohomology for the Cubic Dirac Operator.* Studies in memory of Issai Schur, Progress in Mathematics, vol. 210. Boston: Birkhäuser Boston, MA, 2003: 69–93. MR 1985723 (2004h:17005)

[48] Kumar S. *Induction functor in noncommutative equivariant cohomology and Dirac cohomology.* J. Algebra, 2005, 291(1): 187–207. MR 2158518 (2006e:17029)

[49] Labesse J P. *Pseudo-coefficients très cuspidaux et K-théorie.* Math. Ann., 1991, 291(4): 607–616. MR 1135534 (93b:22026)

[50] Labesse J P. *Introduction to endoscopy.* Representation theory of real reductive Lie groups, Contemporary Mathematics, Amer. Math. Soc., Providence, RI, 2008, 472: 175–213. MR 2454335 (2011b:22033)

[51] Langlands R P. *The dimension of spaces of automorphic forms.* Amer. J. Math., 1963, 85: 99–125. MR 0156362 (27#6286)

[52] Langlands R P. *On the classification of irreducible representations of real algebraic groups.* Representation theory and harmonic analysis on semisimple Lie groups, Math-

ematical Surveys and Monographs, vol. 31, Amer. Math. Soc., Providence, RI, 1989, 31: 101–170. MR 1011897 (91e:22017)

[53] Langlands R P, Shelstad D. *On the definition of transfer factors.* Math. Ann., 1987, 278(1-4): 219–271. MR 909227 (89c:11172)

[54] Li W W. *Spectral transfer for metaplectic groups. i. local character relations.* ArXiv e-prints (2014).

[55] Mehdi S, Parthasarathy R. *Cubic Dirac cohomology for generalized Enright-Varadarajan modules.* J. Lie Theory, 2011, 21(4): 861–884. MR 2917696

[56] Mehdi S, Zierau R. *The Dirac cohomology of a finite dimensional representation.* Proc. Amer. Math. Soc., 2004, 142(5): 1507–1512. MR 3168458

[57] Parthasarathy R. *Dirac operator and the discrete series.* Ann. of Math. 1972, 96(2): 1–30. MR 0318398 (47#6945)

[58] Renard D. *Endoscopy for* $\mathrm{Mp}(2n, \mathbb{R})$. Amer. J. Math., 1999, 121(6): 1215–1243. MR 1719818 (2000i:22016)

[59] Salamanca-Riba S A. *On the unitary dual of real reductive Lie groups and the* $A_{\mathfrak{q}}(\lambda)$ *modules: the strongly regular case.* Duke Math. J., 1999, 96(3): 521–546. MR 1671213 (2000a:22023)

[60] Shelstad D. *Characters and inner forms of a quasi-split group over* **R**. Compositio Math., 1979, 39(1): 11–45. MR 539000 (80m:22023)

[61] Shelstad D. *Notes on L-indistinguishability (based on a lecture of R. P. Langlands),* Automorphic forms, representations and L-functions, Proceedings of Symposia in Pure Mathematics, vol. 33, Part 2, Amer. Math. Soc., Providence, R.I., 1979: 193–203. MR 546618 (81m:12018)

[62] Shelstad D. *Orbital integrals and a family of groups attached to a real reductive group.* Ann. Sci. École Norm. Sup., 1979, 12(4): 1–31. MR 532374 (81k:22014)

[63] Shelstad D. *Embeddings of L-groups.* Canad. J. Math., 1981, 33(3): 513–558. MR 627641 (83e:22022)

[64] Shelstad D. *L-indistinguishability for real groups.* Math. Ann., 1982, 259(3): 385–430. MR 661206 (84c:22017)

[65] Jr Vogan D A. *Irreducible characters of semisimple Lie groups. II. The Kazhdan-Lusztig conjectures.* Duke Math. J., 1979, 46(4): 805–859. MR 552528 (81f:22024)

[66] Jr Vogan D A. *Representations of Real Reductive Lie Groups.* Progress in Mathematics, vol. 15, Birkh¨äuser, Boston, Mass., 1981, 150 MR 632407 (83c:22022)

[67] Jr Vogan D A. *Dirac operator and unitary representations.* 1997, 3 talks at MIT Lie groups seminar.

[68] Jr Vogan D A, Zuckerman G J. *Unitary representations with nonzero cohomology.* Compositio Math., 1984, 53(1): 51–90. MR 762307 (86k:22040)

[69] Wallach N R. *Real Reductive Groups. I.* Pure and Applied Mathematics, vol. 132. Boston: Academic Press, Inc., MA, 1988. MR 929683 (89i:22029)

[70] 精选英汉数学词汇编委会. 精选英汉数学词汇. 北京：科学出版社，2005.

[71] 全国科学技术名词审定委员会. http://www.cnctst.cn/.

[72] 维基百科. https://zh.wikipedia.org/wiki/.

# 汉英术语对照①

| | |
|---|---|
| $A_{\mathfrak{q}}(\lambda)$-模 | $A_{\mathfrak{q}}(\lambda)$-module |
| 半单 | semisimple |
| 半-Dirac | half-Dirac |
| 伴随作用 | adjoint action |
| 边缘算子 | boundary operator |
| 标量 | scalar |
| 标准参数 | standard parameter |
| 包 | packet |
| 闭 | closed |
| 不变子空间 | invariant subspace |
| 不定 (的) 内积 | indefinite inner product |
| 不可约 | irreducible |
| 补序列表示 | complementary series representation |
| $C^\infty$-向量 | $C^\infty$-vector |
| Cartan 对合 | Cartan involution |
| Casimir 算子 | Casimir operator |
| 超缓增广义函数 | supertempered distribution |
| 传递因子 | transfer factor |
| 单 (的) | simple |
| 单位连通分支 | identity component |
| 等变算子 | equivariant operator |
| 等秩 | equal rank |
| 底 $(\mathfrak{g}, K)$-模 | underlying $(\mathfrak{g}, K)$-moudule |
| Dirac 上同调 | Dirac cohomology |
| Dirac 算子 | Dirac operator |
| Dirac 指标 | Dirac index |
| 多项式表示 | polynomial representation |
| 多项式代数 | polynomial algebra |

①汉英术语翻译参考了 [70 – 72].

| | |
|---|---|
| 对称空间 | symmetric space |
| 对称子群 | symmetric subgroup |
| 对合自同构 | involutive automorphism |
| 对角 (的) | diagonal |
| 对偶 | dual |
| 对偶代数 | dual algebra |
| 二重复叠 | double cover |
| 二次外代数 | two fold exterior algebra |
| 二次子代数 | quadratic subalgebra |
| Euler 示性数 | Euler characteristic |
| 反射 | reflection |
| 反支配 | anti-dominant |
| 泛包络代数 | universal enveloping algebra |
| 仿射 | affine |
| 分步计算 | calculation in stages |
| 分拆 | partition |
| 分裂连通分支 | split component |
| 分歧律 | branching rule |
| 复叠同态 | covering homomorphism |
| 复对偶群 | complex clual groul |
| 复化 | complexification |
| 复形 | complex |
| $(\mathfrak{g}, K)$-上同调 | $(\mathfrak{g}, K)$-cohomology |
| 根系 | root system |
| 公共零点 | simultaneous zeros |
| 共轭 | conjugate |
| 共轭类 | conjugate class |
| 光滑向量 | smooth vector |
| 广义 Verma 模 | generalized Verma module |
| 轨道积分 | orbital integral |
| Harish-Chandra 模 | Harish-Chandra module |
| Hermitian 对称 | Hermitian symmetric |
| 环面 | torus |
| 基本 3-型 | fundamental 3-form |

| | |
|---|---|
| 基本序列 (表示) | fundamental series (representation) |
| 既约的 | reduced |
| 尖的 | cuspidal |
| 几何量子化 | geometric quantization |
| 紧 | compact |
| 局部可积函数 | locally integrable function |
| 矩阵系数 | matrix coefficient |
| $K$-特征标 | $K$-character |
| $K$-型 | $K$-type |
| $K$-有限 | $K$-finite |
| $k$-元组 | $k$-tuple |
| 可分的 | separable |
| Killing 型 | Killing form |
| $L$-包 | $L$-packet |
| $L$-群 | $L$-group |
| $L$-同态 | $L$-homomorphism |
| Langlands 参数 | Langlands parameter |
| Langlands 纲领 | Langlands program |
| Langlands 函子性 | Langlands functoriality |
| 离散序列 (表示) | discrete series (representation) |
| 离散序列极限 | limit of discrete series |
| 李超代数 | Lie superalgebra |
| 李代数 | Lie algebra |
| 李群 | Lie group |
| 立方 Dirac 算子 | cubic Dirac operator |
| 零化 | annihilate |
| 滤过 | filtration |
| 满子范畴 | full subcategory |
| 迷向群 | isotropy group |
| 迷向子空间 | isotropic vector space |
| 幂零根 | nilpotent radical |
| 幂零根基 | nilradical |
| 模掉 | modulo |
| 内窥 | endoscopy |

| | |
|---|---|
| 内窥群 | endoscopic group |
| 内窥传递 | endoscopic transfer |
| 内形式 | inner form |
| 拟特征标 | virtual character |
| 拟 $(\mathfrak{g}, K)$-模 | virtual $(\mathfrak{g}, K)$-module |
| 拟分裂 | quasisplit |
| 逆步表示 | contragredient representation |
| 扭转 | twist |
| 抛物 Verma 模 | parabolic Verma module |
| 抛物诱导模 | parabolic induced module |
| 抛物真子群 | proper parabolic subgroup |
| 抛物子代数 | parabolic subalgebra |
| 配对 | pairing |
| 配极变换 | poloarization |
| 奇异 (的) | singular |
| 嵌入 | embedding |
| 强正则 | strongly regular |
| 权 | weight |
| 全纯 (的) | holomorphic |
| 容量 | size |
| 容许表示 | admissible representation |
| 容许 $(\mathfrak{g}, K)$-模 | admissible $(\mathfrak{g}, K)$-module |
| 上边缘算子 | coboundary operator |
| 上同调 | cohomology |
| 上同调诱导 | cohomologically indcued |
| 实点 | real point |
| 实仿射代数群 | affine algebraic group defined over $\mathbb{R}$ |
| 实约化代数群 | real reductive algebraic group |
| 实约化李群 | real reductive Lie group |
| 特征标 | character |
| 同调 | homology |
| 同型分支 | isotypic component |
| 退化 (的) | degenerate |
| 椭圆表示 | elliptic representation |

| | |
|---|---|
| 椭圆的 | elliptic |
| 椭圆内积 | elliptic inner product |
| $\mathfrak{u}$-上同调 | $\mathfrak{u}$-cohomology |
| 完全可约 | completely reducible |
| 缓增椭圆表示 | tempered elliptic representation |
| 稳定 | stable |
| 稳定广义函数 | stable distribution |
| 稳定轨道积分 | stable orbital integral |
| 稳定共轭类 | stable conjugacy class |
| Weyl 房 | Weyl chamber |
| Weyl 分母 | Weyl denominator |
| Weyl 判别式 | Weyl discriminant |
| Weyl 群 | Weyl group |
| Weyl 酉技巧 | Weyl unitary trick |
| 伪系数函数 | pseudo-coefficient (function) |
| 无穷小特征标 | infinitesimal character |
| 辛 Dirac 算子 | symplectic Dirac operator |
| 形式级数 | formal series |
| 形式特征标 | formal character |
| 旋量丛 | spin bundle |
| 旋量指标 | spinor index |
| 亚椭圆表示 | hypoelliptic representation |
| 移位 | shift |
| 有限复叠 | finite covering |
| 有限复叠群 | finite covering group |
| 酉 | unitary |
| 诱导 | induced |
| Young 图 | Young diagram |
| 约化李代数 | reductive Lie algebra |
| 约化群 | reductive group |
| 增广映射 | augmentation map |
| 整权 | integral weight |
| 整体特征标 | global character |
| 正根 | positive root |

| | |
|---|---|
| 正规化 Haar 测度 | normalized Haar measure |
| 正规化特征标 | normalized character |
| 正则 (的) | regular |
| 正则无穷小特征标 | regular infinitesimal character |
| 正则元 | regular element |
| 支撑 (集) | support |
| 支配 (的) | dominant |
| 直和 | direct sum |
| 中心特征标 | central character |
| 准 Hilbert 空间 | pre-Hilbert space |
| 自旋作用 | spin action |
| 自旋二重复叠 | spin double cover |
| 最低权 | lowest weight |
| 最高权模 | highest weight module |

# 彩　图

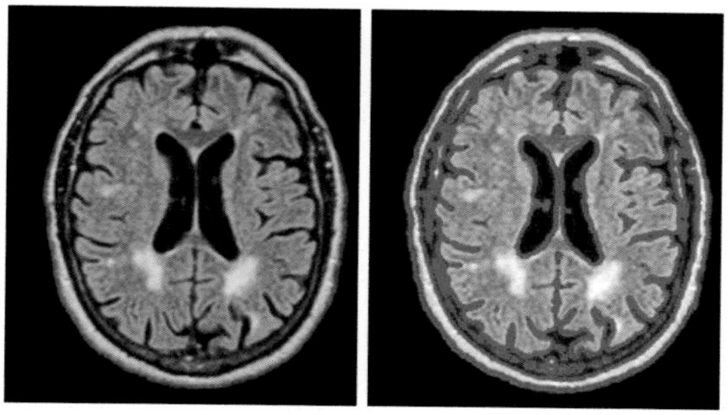

图 5　从左到右：原始图像、Chan-Vese 模型水平集法分割的结果 (第 7 章)

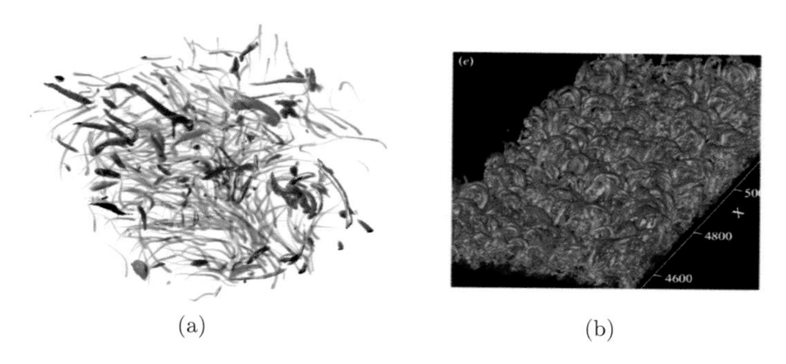


(a)　　(b)

图 1　湍流的貌似无序运动中的有序结构：(a) 均匀各向同性湍流的涡丝结构, (b) 边界层湍流的马蹄涡丛林结构 (引自论文*J.Fluid Mech.* (2009), 630: 5–41)(第 8 章)

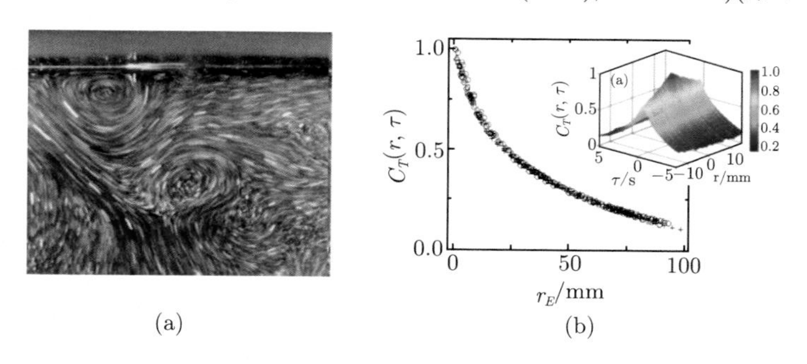


(a)　　(b)

图 3　湍流热对流实验结果支持了时空关联的 EA 模型. (a) 湍流热对流实验得到的流场 (引自论文*J. Fluid Mech.* (2000), 407: 57–84), (b) 实验得到的时空关联曲线及其采用 EA 模型重整化的结果 (第 8 章)

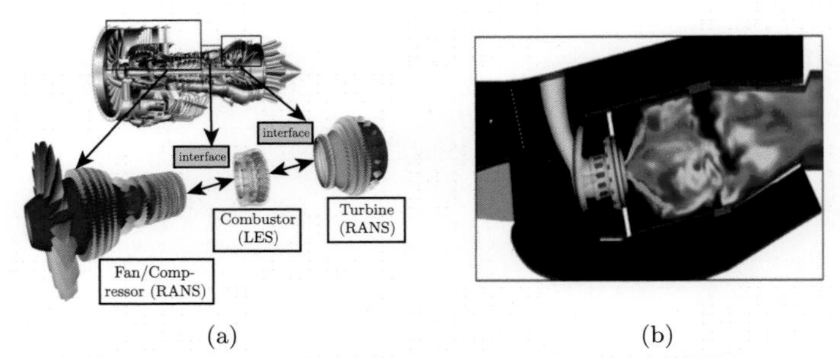


(a) (b)

图 4　航空发动机的全机数值模拟是计算流体力学继数值风洞后的重大进展. (a) 航空发动机的主要构件, (b) 航空发动机燃烧室数值模拟得到的火焰结构 (引自斯坦福大学湍流研究中心年度报告)(第 8 章)

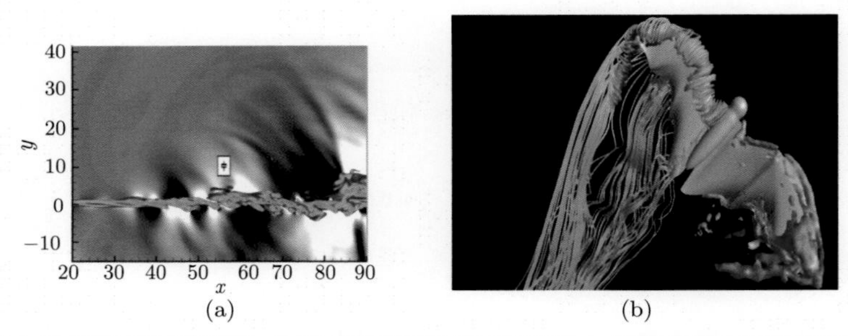


(a) (b)

图 5　湍流大涡模拟的时空耦合方法不仅能保证空间尺度上的精确性, 也能保证在时间尺度上的精确性. (a) 湍流噪声大涡模拟得到的射流流场及其辐射的噪声, (b) 蝙蝠扑翼飞行数值模拟得到的前缘涡和流线 (第 8 章)